玻尔兹曼真是太棒了……他是一位阐释问题的大师。我坚定地相信这一理论的原理是正确的。

——爱因斯坦(物理学家)

玻尔兹曼的思想可称之为我在科学上的初恋，过去没有今后也不会再有别的东西能使我这样欣喜若狂。

——薛定谔(奥地利物理学家)

（玻尔兹曼揭示的）熵和概率之间的联系，是物理学最深刻的思想之一。

——劳厄(德国物理学家)

玻尔兹曼在智力上，在科学的明晰性上都超过我们大家。

——奥斯特瓦尔德(德国物理化学家)

玻尔兹曼在其研究领域中做出了卓越成就，这使得他得以跻身于世界最伟大的科学家之列。

——《加利福尼亚日报》

本书列入“十四五”国家重点图书出版规划

科学元典丛书

The Series of the Great Classics in Science

主　　编　任定成

执行主编　周雁翎

策　　划　周雁翎

丛书主持　陈　静

科学元典是科学史和人类文明史上划时代的丰碑，是人类文化的优秀遗产，是历经时间考验的不朽之作。它们不仅是伟大的科学创造的结晶，而且是科学精神、科学思想和科学方法的载体，具有永恒的意义和价值。

科学元典丛书

玻尔兹曼气体理论讲义

Vorlesungen Über Gastheorie

[奥地利] 玻尔兹曼 著
李香莲 译

北京大学出版社
PEKING UNIVERSITY PRESS

图书在版编目（CIP）数据

玻尔兹曼气体理论讲义/（奥）玻尔兹曼著；李香莲译 .--北京：北京大学出版社，2024. 8. --（科学元典丛书）. --ISBN 978-7-301-35222-9

Ⅰ. O354

中国国家版本馆 CIP 数据核字第 20249SP440 号

Ludwig Boltzmann
VORLESUNGEN ÜOBEROBER GASTHEORIE
I. THEIL，1896
II. THEIL，1898
LEIPZIG，
VERLAG VON JOHANN AMBROSIUS BARTH
（ARTHUR MEINER）

书　　名	玻尔兹曼气体理论讲义 BO'ER ZI MAN QI TI LI LUN JIANG YI
著作责任者	［奥地利］玻尔兹曼　著　李香莲　译
丛书策划	周雁翎
丛书主持	陈　静
责任编辑	李淑方
标准书号	ISBN 978-7-301-35222-9
出版发行	北京大学出版社
地　　址	北京市海淀区成府路 205 号　100871
网　　址	http://www. pup. cn　　新浪微博：@北京大学出版社
公 众 号	通识书苑（微信号：　sartspku）　　科学元典（微信号：　kexueyuandian）
电子邮箱	编辑部 jyzx@pup. cn　总编室 zpup@pup. cn
电　　话	邮购部 010-62752015　发行部 010-62750672　编辑部 010-62767857
印 刷 者	北京中科印刷有限公司
经 销 者	新华书店
	787 毫米×1092 毫米　16 开本　23 印张　彩插 8　510 千字
	2024 年 8 月第 1 版　　2024 年 8 月第 1 次印刷
定　　价	99. 00 元

弁　言

· Preface to the Series of the Great Classics in Science ·

这套丛书中收入的著作，是自古希腊以来，主要是自文艺复兴时期现代科学诞生以来，经过足够长的历史检验的科学经典。为了区别于时下被广泛使用的“经典”一词，我们称之为“科学元典”。

我们这里所说的“经典”，不同于歌迷们所说的“经典”，也不同于表演艺术家们朗诵的“科学经典名篇”。受歌迷欢迎的流行歌曲属于“当代经典”，实际上是时尚的东西，其含义与我们所说的代表传统的经典恰恰相反。表演艺术家们朗诵的“科学经典名篇”多是表现科学家们的情感和生活态度的散文，甚至反映科学家生活的话剧台词，它们可能脍炙人口，是否属于人文领域里的经典姑且不论，但基本上没有科学内容。并非著名科学大师的一切言论或者是广为流传的作品都是科学经典。

这里所谓的科学元典，是指科学经典中最基本、最重要的著作，是在人类智识史和人类文明史上划时代的丰碑，是理性精神的载体，具有永恒的价值。

一

科学元典或者是一场深刻的科学革命的丰碑，或者是一个严密的科学体系的构架，或者是一个生机勃勃的科学领域的基石，或者是一座传播科学文明的灯塔。它们既是昔日科学成就的创造性总结，又是未来科学探索的理性依托。

哥白尼的《天体运行论》是人类历史上最具革命性的震撼心灵的著作，它向统治西方思想千余年的地心说发出了挑战，动摇了“正统宗教”学说的天文学基础。伽利略《关于托勒密和哥白尼两大世界体系的对话》以确凿的证据进一步论证了哥白尼学说，更直接地动摇了教会所庇护的托勒密学说。哈维的《心血运动论》以对人类躯体和心灵的双重关怀，满怀真挚的宗教情感，阐述了血液循环理论，推翻了同样统治西方思想千余年、被“正统宗教”所庇护的盖伦学说。笛卡儿的《几何》不仅创立了为后来诞生的微积分提供了工具的解析几何，而且折射出影响万世的思想方法论。牛顿的《自然哲学之数学原理》标志着17世纪科学革命的顶点，为后来的工业革命奠定了科学基础。分别以惠更斯的《光论》与牛顿的《光学》为代表的波动说与微粒说之间展开了长达200余年的论战。拉瓦锡在《化学基础论》中详尽论述了氧化理论，推翻了统治化学百余年之久的燃素理论，这一智识壮举被公认为历史上最自觉的科学革命。道尔顿的《化学哲学新体系》奠定了物质结构理论的基础，开创了科学中的新时代，使19世纪的化学家们有计划地向未知领域前进。傅立叶的《热的解析理论》以其对热传导问题的精湛处理，突破了牛顿的《自然哲学之数学原理》所规定的理论力学范围，开创了数学物理学的崭新领域。达尔文《物种起源》中的进化论思想不仅在生物学发展到分子水平的今天仍然是科学家们阐释的对象，而且100多年来几乎在科学、社会和人文的所有领域都在施展它有形和无形的影响。《基因论》揭示了孟德尔式遗传性状传递机理的物质基础，把生命科学推进到基因水平。爱因斯坦的《狭义与广义相对论浅说》和薛定谔的《关于波动力学的四次演讲》分别阐述了物质世界在高速和微观领域的运动规律，完全改变了自牛顿以来的世界观。魏格纳的《海陆的起源》提出了大陆漂移的猜想，为当代地球科学提供了新的发展基点。维纳的《控制论》揭示了控制系统的反馈过程，普里戈金的《从存在到演化》发现了系统可能从原来无序向新的有序态转化的机制，二者的思想在今天的影响已经远远超越了自然科学领域，影响到经济学、社会学、政治学等领域。

科学元典的永恒魅力令后人特别是后来的思想家为之倾倒。欧几里得的《几何原本》以手抄本形式流传了1800余年，又以印刷本用各种文字出了1000版以上。阿基米德写了大量的科学著作，达·芬奇把他当作偶像崇拜，热切搜求他的手稿。伽利略以他的继承人自居。莱布尼兹则说，了解他的人对后代杰出人物的成就就不会那么赞赏了。为捍卫《天体运行论》中的学说，布鲁诺被教会处以火刑。伽利略因为其《关于托勒密和哥白尼两大世界体系的对话》一书，遭教会的终身监禁，备受折磨。伽利略说吉尔伯特的《论磁》一书伟大得令人嫉妒。拉普拉斯说，牛顿的《自然哲学之数学原理》揭示了宇宙的最伟大定律，它将永远成为深邃智慧的纪念碑。拉瓦锡在他的《化学基础论》出版后5年被法国革命法庭处死，传说拉格朗日悲愤地说，砍掉这颗头颅只要一瞬间，再长出这样的头颅100年也不够。《化学哲学新体系》的作者道尔顿应邀访法，当他走进法国科学院会议厅时，院长和全体院士起立致敬，得到拿破仑未曾享有的殊荣。傅立叶在《热的解析理论》中阐述的强有力的数学工具深深影响了整个现代物理学，推动数学分析的发展达一个多世纪，麦克斯韦称赞该书是“一首美妙的诗”。当人们咒骂《物种起源》是“魔鬼的经典”“禽兽的哲学”的时候，赫胥黎甘做“达尔文的斗犬”，挺身捍卫进化论，撰写了《进化论与伦理学》和《人类在自然界的位置》，阐发达尔文的学说。经过严复的译述，赫胥黎的著作成为维新领袖、辛亥精英、“五四”斗士改造中国的思想武器。爱因斯坦说法拉第在《电学实验研究》中论证的磁场和电场的思想是自牛顿以来物理学基础所经历的最深刻变化。

在科学元典里，有讲述不完的传奇故事，有颠覆思想的心智波涛，有激动人心的理性思考，有万世不竭的精神甘泉。

二

按照科学计量学先驱普赖斯等人的研究，现代科学文献在多数时间里呈指数增长趋势。现代科学界，相当多的科学文献发表之后，并没有任何人引用。就是一时被引用过的科学文献，很多没过多久就被新的文献所淹没了。科学注重的是创造出新的实在知识。从这个意义上说，科学是向前看的。但是，我们也可以看到，这么多文献被淹没，也表明划时代的科学文献数量是很少的。大多数科学元典不被现代科学文献所引用，那是因为其中的知识早已成为科学中无须证明的常识了。即使这样，科学经典也会因为其中思想的恒久意义，而像人文领域里的经典一样，具有永恒的阅读价值。于是，科学经典就被一编再编、一印再印。

早期诺贝尔奖得主奥斯特瓦尔德编的物理学和化学经典丛书“精密自然科学经典”从1889年开始出版，后来以“奥斯特瓦尔德经典著作”为名一直在编辑出版，有资料说目前已经出版了250余卷。祖德霍夫编辑的“医学经典”丛书从1910年就开始陆续出版了。也是这一年，蒸馏器俱乐部编辑出版了20卷“蒸馏器俱乐部再版本”丛书，丛书中全是化学经典，这个版本甚至被化学家在20世纪的科学刊物上发表的论文所引用。一般把1789年拉瓦锡的化学革命当作现代化学诞生的标志，把1914年爆发的第一次世界大战称为化学家之战。奈特把反映这个时期化学的重大进展的文章编成一卷，把这个时期的其他9部总结性化学著作各编为一卷，辑为10卷“1789—1914年的化学发展”丛书，于1998年出版。像这样的某一科学领域的经典丛书还有很多很多。

科学领域里的经典，与人文领域里的经典一样，是经得起反复咀嚼的。两个领域里的经典一起，就可以勾勒出人类智识的发展轨迹。正因为如此，在发达国家出版的很多经典丛书中，就包含了这两个领域的重要著作。1924 年起，沃尔科特开始主编一套包括人文与科学两个领域的原始文献丛书。这个计划先后得到了美国哲学协会、美国科学促进会、美国科学史学会、美国人类学协会、美国数学协会、美国数学学会以及美国天文学学会的支持。1925 年，这套丛书中的《天文学原始文献》和《数学原始文献》出版，这两本书出版后的 25 年内市场情况一直很好。1950 年，沃尔科特把这套丛书中的科学经典部分发展成为“科学史原始文献”丛书出版。其中有《希腊科学原始文献》《中世纪科学原始文献》和《20 世纪（1900—1950 年）科学原始文献》，文艺复兴至 19 世纪则按科学学科（天文学、数学、物理学、地质学、动物生物学以及化学诸卷）编辑出版。约翰逊、米利肯和威瑟斯庞三人主编的“大师杰作丛书”中，包括了小尼德勒编的 3 卷“科学大师杰作”，后者于 1947 年初版，后来多次重印。

在综合性的经典丛书中，影响最为广泛的当推哈钦斯和艾德勒 1943 年开始主持编译的“西方世界伟大著作丛书”。这套书耗资 200 万美元，于 1952 年完成。丛书根据独创性、文献价值、历史地位和现存意义等标准，选择出 74 位西方历史文化巨人的 443 部作品，加上丛书导言和综合索引，辑为 54 卷，篇幅 2500 万单词，共 32000 页。丛书中收入不少科学著作。购买丛书的不仅有“大款”和学者，而且还有屠夫、面包师和烛台匠。迄 1965 年，丛书已重印 30 次左右，此后还多次重印，任何国家稍微像样的大学图书馆都将其列入必藏图书之列。这套丛书是 20 世纪上半叶在美国大学兴起而后扩展到全社会的经典著作研读运动的产物。这个时期，美国一些大学的寓所、校园和酒吧里都能听到学生讨论古典佳作的声音。有的大学要求学生必须深研 100 多部名著，甚至在教学中不得使用最新的实验设备，而是借助历史上的科学大师所使用的方法和仪器复制品去再现划时代的著名实验。至 20 世纪 40 年代末，美国举办古典名著学习班的城市达 300 个，学员 50000 余众。

相比之下，国人眼中的经典，往往多指人文而少有科学。一部公元前 300 年左右古希腊人写就的《几何原本》，从 1592 年到 1605 年的 13 年间先后 3 次汉译而未果，经 17 世纪初和 19 世纪 50 年代的两次努力才分别译刊出全书来。近几百年来移译的西学典籍中，成系统者甚多，但皆系人文领域。汉译科学著作，多为应景之需，所见典籍寥若晨星。借 20 世纪 70 年代末举国欢庆“科学春天”到来之良机，有好尚者发出组译出版“自然科学世界名著丛书”的呼声，但最终结果却是好尚者抱憾而终。20 世纪 90 年代初出版的“科学名著文库”，虽使科学元典的汉译初见系统，但以 10 卷之小的容量投放于偌大的中国读书界，与具有悠久文化传统的泱泱大国实不相称。

我们不得不问：一个民族只重视人文经典而忽视科学经典，何以自立于当代世界民族之林呢？

三

科学元典是科学进一步发展的灯塔和坐标。它们标识的重大突破，往往导致的是常规科学的快速发展。在常规科学时期，人们发现的多数现象和提出的多数理论，都要用科学元典中的思想来解释。而在常规科学中发现的旧范型中看似不能得到解释的现象，其重要性往往也要通过与科学元典中的思想的比较显示出来。

在常规科学时期，不仅有专注于狭窄领域常规研究的科学家，也有一些从事着常规研究但又关注着科学基础、科学思想以及科学划时代变化的科学家。随着科学发展中发现的新现象，这些科学家的头脑里自然而然地就会浮现历史上相应的划时代成就。他们会对科学元典中的相应思想，重新加以诠释，以期从中得出对新现象的说明，并有可能产生新的理念。百余年来，达尔文在《物种起源》中提出的思想，被不同的人解读出不同的信息。古脊椎动物学、古人类学、进化生物学、遗传学、动物行为学、社会生物学等领域的几乎所有重大发现，都要拿出来与《物种起源》中的思想进行比较和说明。玻尔在揭示氢光谱的结构时，提出的原子结构就类似于哥白尼等人的太阳系模型。现代量子力学揭示的微观物质的波粒二象性，就是对光的波粒二象性的拓展，而爱因斯坦揭示的光的波粒二象性就是在光的波动说和微粒说的基础上，针对光电效应，提出的全新理论。而正是与光的波动说和微粒说二者的困难的比较，我们才可以看出光的波粒二象性学说的意义。可以说，科学元典是时读时新的。

除了具体的科学思想之外，科学元典还以其方法学上的创造性而彪炳史册。这些方法学思想，永远值得后人学习和研究。当代诸多研究人的创造性的前沿领域，如认知心理学、科学哲学、人工智能、认知科学等，都涉及对科学大师的研究方法的研究。一些科学史学家以科学元典为基点，把触角延伸到科学家的信件、实验室记录、所属机构的档案等原始材料中去，揭示出许多新的历史现象。近二十多年兴起的机器发现，首先就是对科学史学家提供的材料，编制程序，在机器中重新做出历史上的伟大发现。借助于人工智能手段，人们已经在机器上重新发现了波义耳定律、开普勒行星运动第三定律，提出了燃素理论。萨伽德甚至用机器研究科学理论的竞争与接受，系统研究了拉瓦锡氧化理论、达尔文进化学说、魏格纳大陆漂移说、哥白尼日心说、牛顿力学、爱因斯坦相对论、量子论以及心理学中的行为主义和认知主义形成的革命过程和接受过程。

除了这些对于科学元典标识的重大科学成就中的创造力的研究之外，人们还曾经大规模地把这些成就的创造过程运用于基础教育之中。美国几十年前兴起的发现法教学，就是在这方面的尝试。近二十多年来，兴起了基础教育改革的全球浪潮，其目标就是提高学生的科学素养，改变片面灌输科学知识的状况。其中的一个重要举措，就是在教学中加强科学探究过程的理解和训练。因为，单就科学本身而言，它不仅外化为工艺、流程、技术及其产物等器物形态，直接表现为概念、定律和理论等知识形态，更深蕴于其特有的思想、观念和方法等精神形态之中。没有人怀疑，我们通过阅读今天的教科书就可以方便地学到科学元典著作中的科学知识，而且由于科学的进步，我们从现代教科书上所学的知识甚至比经典著作中的更完善。但是，教科书所提供的只是结晶状态的凝固知识，而科学本是历史的、创造的、流动的，在这历史、创造和流动过程之中，一些东西蒸发了，另一些东西积淀了，只有科学思想、科学观念和科学方法保持着永恒的活力。

然而，遗憾的是，我们的基础教育课本和科普读物中讲的许多科学史故事不少都是误讹相传的东西。比如，把血液循环的发现归于哈维，指责道尔顿提出二元化合物的元素原子数最简比是当时的错误，讲伽利略在比萨斜塔上做过落体实验，宣称牛顿提出了牛顿定律的诸数学表达式，等等。好像科学史就像网络上传播的八卦那样简单和耸人听闻。为避免这样的误讹，我们不妨读一读科学元典，看看历史上的伟人当时到底是如何思考的。

现在，我们的大学正处在席卷全球的通识教育浪潮之中。就我的理解，通识教育固然要对理工农医专业的学生开设一些人文社会科学的导论性课程，要对人文社会科学专业的学生开设一些理工农医的导论性课程，但是，我们也可以考虑适当跳出专与博、文与理的关系的思考路数，对所有专业的学生开设一些真正通而识之的综合性课程，或者倡导这样的阅读活动、讨论活动、交流活动甚至跨学科的研究活动，发掘文化遗产、分享古典智慧、继承高雅传统，把经典与前沿、传统与现代、创造与继承、现实与永恒等事关全民素质、民族命运和世界使命的问题联合起来进行思索。

我们面对不朽的理性群碑，也就是面对永恒的科学灵魂。在这些灵魂面前，我们不是要顶礼膜拜，而是要认真研习解读，读出历史的价值，读出时代的精神，把握科学的灵魂。我们要不断吸取深蕴其中的科学精神、科学思想和科学方法，并使之成为推动我们前进的伟大精神力量。

任定成
2005年8月6日
北京大学承泽园迪吉轩

玻尔兹曼(Ludwig Edward Boltzmann,1844—1906),奥地利物理学家,统计力学奠基人

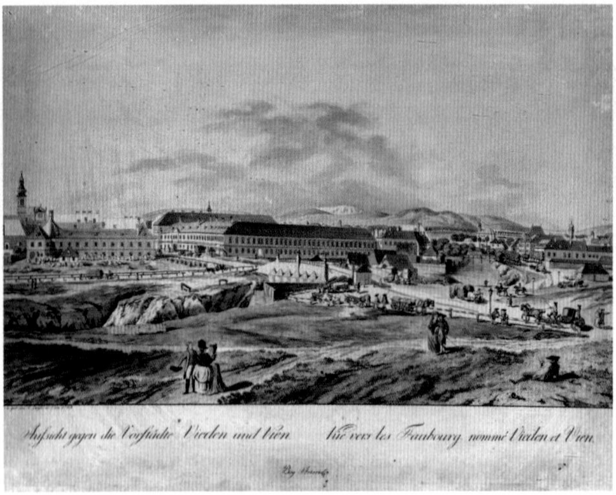

1844 年 2 月 20 日，玻尔兹曼出生于奥地利维也纳的郊区，图为一幅 19 世纪的油画，展现了维也纳郊区景象。

玻尔兹曼的祖父戈特弗里德·路德维希·玻尔兹曼(Gottfried Ludwig Boltzmann，1770—?)是一个钟表匠，早年从柏林搬到维也纳谋生，给儿子路德维希·乔治·玻尔兹曼(Ludwig Georg Boltzmann，1802—1859)提供了良好的教育。乔治后来成为一个税务官，他就是玻尔兹曼的父亲。玻尔兹曼的母亲玛丽亚·卡莎琳·保恩法因德(Maria Katharina Pauernfeind，1810—1885)，出身于一个富裕的商人家庭。

玻尔兹曼出生后不久，全家因父亲工作变动而搬离维也纳，先是去了韦尔斯，后又去了林茨。玻尔兹曼在 10 岁前接受的是家庭教师的教育，之后上了林茨的中学。上学期间，玻尔兹曼非常勤奋，成绩总是名列前茅。课余时间，玻尔兹曼也学习弹奏钢琴，还特别爱好收集甲虫、蝴蝶等标本，甚至在家里建了一个小型植物标本室。

青年时期的玻尔兹曼。

林茨是多瑙河上游的一座河港城市，图为林茨市中心俯瞰图。

1859 年，玻尔兹曼 15 岁，父亲因病去世。第二年，14 岁的弟弟阿尔伯特(Albert Boltzmann，1846—1860)去世，剩下他和母亲及妹妹海德维希(Hedwig Boltzmann，1848—1890)相依为命。连续遭受了失去亲人的打击，经济上出现了困难，但在母亲的努力下，玻尔兹曼的教育没有受到太大影响。

1863 年，玻尔兹曼进入维也纳大学学习数学和物理，师从斯特藩，于 1866 年顺利获得博士学位。

斯特藩（Stefan Josef，1835—1893），奥地利物理学家。

19 世纪末维也纳大学物理研究所，斯特藩从 1865 年一直在这工作，直到 1893 年去世。

玻尔兹曼非常喜欢斯特藩领导下的维也纳大学物理研究所的工作氛围：在这里，师生之间是一种非常密切而又平等的关系，大家做研究的兴致非常高。

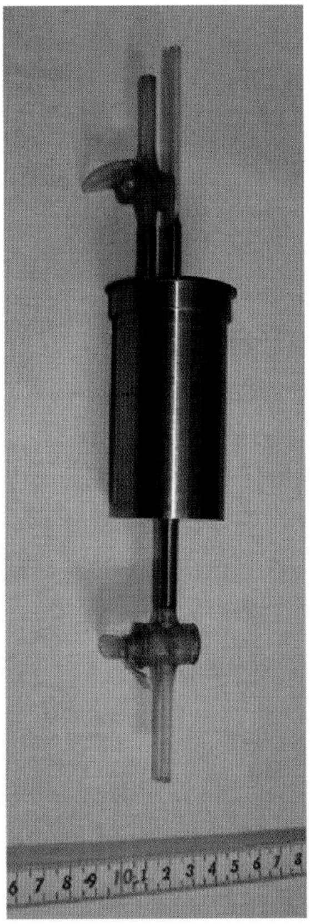

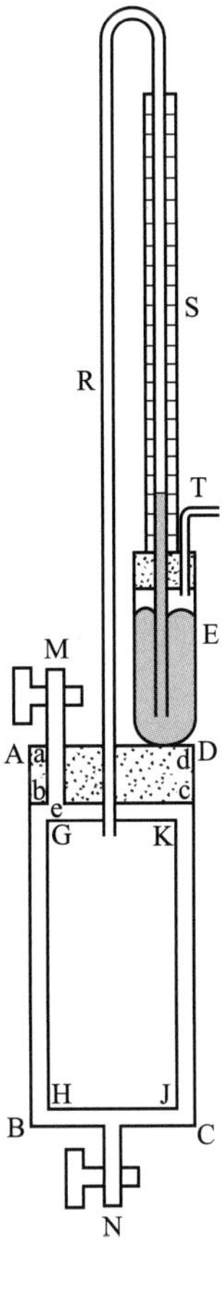

位于维也纳大学的斯特藩雕像。

斯特藩用过的用于测量气体温度的透热计及其工作原理示意图。

斯特藩很早就注意到了英国物理学家麦克斯韦的研究，同时也发现玻尔兹曼具有高超才华。正是在斯特藩的引领下，玻尔兹曼才较早地全面了解了麦克斯韦的研究工作，并找到了自己成果斐然的研究领域——气体分子运动。

麦克斯韦（James Clerk Maxwell，1831—1879），英国物理学家、数学家，经典电动力学的创始人，统计物理学的奠基人之一，代表著作《电磁通论》。图为麦克斯韦肖像，旁边是实验仪器旋转线圈。

➡ 麦克斯韦的《电磁通论》书封，北京大学出版社出版。

⬅ 洛施密特（J. J. Loschmidt，1821—1895），奥地利化学家、物理学家。他是首位正确说明苯的环状结构的化学家，也是玻尔兹曼大学期间的密友。他们常一起讨论科学问题，一起去歌剧院或者音乐厅欣赏歌剧、交响曲等。这样的业余生活及科学思想交流，对玻尔兹曼的研究有着积极的作用。图为纪念洛施密特的邮票。

➡ 1867 年，玻尔兹曼开始任维也纳大学无薪教师，并给斯特藩当了两年助手。图为玻尔兹曼照片，摄于 1868 年。

格拉茨大学主楼。

1869—1873 年，在斯特藩的推荐下，玻尔兹曼到格拉茨大学任数学物理学教授。在格拉茨大学工作期间，玻尔兹曼得到了同事兼领导的德国物理学家托耶普勒（A. Toepler，1836—1912）的支持，两度到德国进行短期访问，先后与本生（R. W. E. Bunsen，1811—1899）在海德堡共事（1869），与基尔霍夫（G. R. Kirchhoff，1824—1887）、亥姆霍兹（H. Helmholtz，1821—1894）等物理学界元老级人物在柏林共事（1871 年）。玻尔兹曼科学研究的第一个小高峰就出现在这一阶段。

1860 年，英国工程师克伦威尔·瓦利（Cromwell F. Varley，1828—1883）制造了第一台现代意义上的静电起电机。1865 年，托耶普勒对之作了重大改进。图为托耶普勒发电机。

本生，德国化学家、光谱学家，1853 年发明本生灯，1859 年与德国物理化学家基尔霍夫合作，发明了分光镜，并立即用它发现了两种新元素铯和铷，创立了光谱分析化学。基尔霍夫除了与本生合作取得的成就，1845 年，他还发表了被后人所称的基尔霍夫电路定律。图为基尔霍夫（左）和本生（右）合照。

亥姆霍兹，德国物理学家、数学家、生理学家、心理学家，能量守恒定律的创立者。图为位于柏林洪堡大学的亥姆霍兹雕像。

亥姆霍兹共鸣器，藏于格拉斯哥亨特博物馆。

在格拉茨大学工作期间，玻尔兹曼遇到了后来的妻子赫里艾特（Henriette von Aigentler，1854—1938）。

1873—1876 年，玻尔兹曼任维也纳大学数学教授。在这一职位上，他的主要任务是讲授一些应用数学的课程，偏重热的力学理论及气体分子运动理论研究。

玻尔兹曼厌倦了在维也纳大学讲授数学类课程，渴望回到物理学领域，也渴望和未婚妻团聚，恰巧格拉茨大学物理系主任及实验物理学教授职位出现空缺。这时以玻尔兹曼的声望，加上托耶普勒力荐，玻尔兹曼顺利地回到格拉茨大学。

玻尔兹曼和妻子赫里艾特合影。

再次在格拉茨大学任职的头几年，是玻尔兹曼物理学研究的又一高潮时期。图为 1887 年玻尔兹曼与格拉茨大学同事的合影，坐在正中间的是玻尔兹曼。

在格拉茨大学任职的后几年，接连发生了一些事情，使玻尔兹曼迫切地想离开这个城市。先是 1885 年 1 月，75 岁的母亲去世。1887 年 10 月，颇受玻尔兹曼尊敬的物理学家基尔霍夫去世，此时柏林大学一度出现职位空缺，然而玻尔兹曼由于奥地利当局的极力挽留而没有成行。雪上加霜的是，1889 年大儿子路德维希因病夭亡；1890 年，妹妹海德维希去世。亲人的接连去世使他深感沮丧和悲伤。他的科学研究因此停顿。

玻尔兹曼一家。

1890—1894 年，玻尔兹曼任慕尼黑大学理论物理学教授。

慕尼黑大学主图书馆。

1893 年 1 月，玻尔兹曼的恩师斯特藩去世。于是，1894—1900 年，玻尔兹曼接替斯特藩任维也纳大学理论物理学教授。

1900—1902 年，玻尔兹曼应昔日好友奥斯特瓦尔德（Friedrich Wilhelm Ostwald，1853—1932）邀请，到莱比锡大学任职。

纪念斯特藩的邮票

1902 年，玻尔兹曼回到维也纳大学，此后再也没有离开。图为维也纳大学主楼院子拱廊中的玻尔兹曼雕像。

当时，玻尔兹曼工作、生活所在的奥地利处于哈布斯堡王朝的统治之下。19 世纪末 20 世纪初，各民族之间的矛盾突出，人们平静的生活受到了影响，自杀事件频发。这种动荡不安的社会环境，对玻尔兹曼产生了消极的影响。

1906 年 9 月 5 日，玻尔兹曼以自缢的方式结束了自己的生命。

目　录

导　读

李香莲
（华中科技大学）

· Introduction to Chinese Version ·

玻尔兹曼最主要的贡献首先是在物理学定律中首次引入概率……其次是建立了玻尔兹曼方程（又称输运方程），用来描述气体从非平衡态到平衡态过渡的过程。爱因斯坦在1900年给米列娃的信中说："玻尔兹曼真是太棒了……他是一位阐释问题的大师。我坚定地相信这一理论的原理是正确的……"

一、玻尔兹曼的一生

玻尔兹曼（Ludwig Edward Boltzmann，1844—1906）于1844年2月20日诞生于奥地利维也纳的郊区。玻尔兹曼的祖父戈特弗里德·路德维希·玻尔兹曼（Gottfried Ludwig Boltzmann，1770—?）是一个钟表匠，早年从柏林来到维也纳谋生。戈特弗里德大概从世界各地工业革命的大趋势中感觉到了危机，所以，他努力赚钱，给自己的儿子路德维希·乔治·玻尔兹曼（Ludwig Georg Boltzmann，1802—1859）提供了良好的教育，使他能够摆脱手工业而进入更好的行当。乔治后来成为一个税务官，他就是玻尔兹曼的父亲。玻尔兹曼的母亲玛丽亚·卡莎琳·保恩法因德（Maria Katharina Pauernfeind，1810—1885）原籍萨尔茨堡，出身于一个富裕的商人家庭。

玻尔兹曼出生后不久，全家就因为他父亲的工作搬离了维也纳。他们先是去了韦尔斯（Wels），后又去了林茨。玻尔兹曼在10岁之前由家庭教师在家里对他施行基础教育，之后在林茨上中学。上学期间，玻尔兹曼非常勤奋，他的成绩总是名列前茅。课余时间，玻尔兹曼也学习弹奏钢琴。此外，他还特别爱好收集甲虫、蝴蝶等标本，甚至在家里建了一个小型植物标本室。总而言之，玻尔兹曼的父母非常重视和支持对他的全方位教育。

1859年，玻尔兹曼15岁时遭受了人生中第一个重大打击——他的父亲因病去世了；第二年，他的弟弟阿尔伯特（Albert Boltzmann，1846—1860）在14岁时去世，剩下他和母亲及妹妹海德维希（Hedwig Boltzmann，1848—1890）相依为命。虽然经济上出现了一些困难，但在他母亲的努力下，玻尔兹曼的教育没有受到影响。

1863年，玻尔兹曼进入维也纳大学学习数学和物理，师从斯特藩（Stefan Josef，1835—1893），并于1866年顺利拿到博士学位。毕业后玻尔兹曼于1867年开始任维也纳大学无薪教师，并给斯特藩当了两年助手。斯特藩是一位看问题非常有前瞻性的物理学家，他很早就注意到了英国物理学家麦克斯韦（James Clerk Maxwell，1831—1879）的研究工作，包括电磁学领域和分子运动论方面的研究，同时他也看出玻尔兹曼高超的才华。正是在他的引领下，玻尔兹曼才较早地全面了解了麦克斯韦的研究工作，并找到了自己成果斐然的研究领域——气体分子运动。

玻尔兹曼非常推崇斯特藩领导下维也纳大学物理研究所的工作氛围：在这里，师生之间是一种非常密切而又平等的关系，大家做研究的兴致非常高。在此期间，玻尔兹曼还结识了另外一位大器晚成的物理学家洛施密特（Johann Josef Loschmidt，1821—1895）。他们经常一起讨论科学问题，一起去歌剧院或者音乐厅欣赏歌剧、交响曲等。这样的业余生活及科学思想交流，对玻尔兹曼的研究有着积极的作用。

1866—1869年期间，玻尔兹曼在科学研究方面初露锋芒。但也正是一开始就有如此和谐、融洽的师生、同事关系，以及如此愉快的工作氛围，使得玻尔兹曼在以后每到一个新的工作单位都会产生一个较高的心理期望。不幸的是，事实往往并不能如他所愿，不是每个大学、每个部门都有这么融洽、愉快的环境。

1869—1873年，得益于斯特藩的推荐，玻尔兹曼到格拉茨大学任数学物理学教授。在此期间玻尔兹曼得到了同事兼领导托耶普勒（August Toepler，1836—1912）的支持，他两度到德国进行短期访问，先后与本生（Robert Wilhelm Eberhard Bunsen，1811—1899）在海德堡共事（1869年），与基尔霍夫（Gustav Robert Kirchhoff，1824—1887）、亥姆霍兹（Hermann Ludwig Ferdinand von Helmholtz，1821—1894）在柏林共事（1871年）。玻尔兹曼科学研究的第一个小高峰就出现在这一阶段。与此同时，他作为科学家的声望日渐提高。

在这段时间里，他还认识了后来的妻子赫里艾特（Henriette von Aigentler，1854—1938）。然而，尽管在格拉茨的生活非常惬意，和同事相处融洽，同女朋友约会也很方便，但维也纳毕竟是当时奥匈帝国的学术中心，因此对年轻气盛、才华横溢的玻尔兹曼来说更具吸引力。所以当维也纳大学出现职位空缺时，哪怕是一个数学教授职位，他也毫不犹豫地应聘了。

1873—1876年，玻尔兹曼任维也纳大学数学教授。在这一职位上，他的主要任务是讲授一些应用数学的课程，偏重热的力学理论及气体分子运动理论研究。除此之外，这段时间里他很少从事数学物理的理论研究，主要开展了一些关于电磁学方面的小实验，或是在维也纳大学斯特藩的物理研究所，或是在格拉茨托耶普勒的实验室里。

在这期间他生活中一个最大的变化是与女朋友赫里艾特订婚，在三年时间里，两人传递了100多封情书及大量的明信片。玻尔兹曼经常找机会回格拉茨做实验，其实也是为了更方便看望赫里艾特。当玻尔兹曼厌倦了维也纳大学数学类课程的讲授，渴望回到自己更擅长、更喜欢的物理学领域，同时也渴望和未婚妻团聚的时候，机会又适逢其时地来了。托耶普勒教授要赴德累斯顿就职，于是格拉茨大学的物理系主任及实验物理学教授职位空缺了。这时以玻尔兹曼的声望，加上托耶普勒的力荐，这一空缺就非玻尔兹曼莫属了。

1876—1890年，玻尔兹曼任格拉茨大学实验物理学教授，其间还于1887年任格拉茨大学校长。到格拉茨接受新职位前，玻尔兹曼于1876年7月和赫里艾特结婚了。此后，小家庭逐渐扩大，玻尔兹曼和赫里艾特有了大儿子路德维希（Ludwig Hugo Boltzmann，1878—1889）、大女儿赫里艾特（Henriette Boltzmann，1880—1945）、二儿子阿瑟（Arthur Ludwig Boltzmann，1881—1952）、二女儿爱达（Ida Boltzmann，1884—1910）、小女儿艾尔莎（Elsa Boltzmann，1891—1965）共五个子女。虽然多了一层家庭的责任，但家人也为他在物质和精神层面提供了强有力的支持。实际上，这一时期，特别是前几年，是他物理学研究的又一高峰时期。

但在格拉茨的后几年，接连发生了一些事情，使玻尔兹曼迫切地想要离开这个城市。先是1885年1月，他75岁的母亲去世。玻尔兹曼从小受到母亲的精心呵护，他所受到的各种教育也是在母亲的规划下进行的，甚至大学期间也是母亲带着妹妹一起来作陪读。事实上，玻尔兹曼结婚之前一直和母亲及妹妹生活在一起，因此他和母亲、妹妹的感情很深厚，母亲的去世使他感到深深的沮丧和悲伤。这一年，他的科学研究停顿了下来，几乎没有发表什么论文。

1887年10月，颇受玻尔兹曼尊敬的物理学家基尔霍夫去世了。一方面，玻尔兹曼因为基尔霍夫的去世而感到哀痛；另一方面，基尔霍夫的去世又使得柏林大学出现了一个职位空缺，这对玻尔兹曼来说是一个难得的机会。能成为柏林大学的物理学教授，在当时是一项很高的荣誉，玻尔兹曼当然也心向往之。对于德国物理学界来说，玻尔兹曼也是不可多得的人才，能把他吸引过来，也是德国物理学界的荣幸。但是获得这一消息的奥地利当局却极力想把玻尔兹曼留在奥地利。玻尔兹曼夹在中间两面为难，十分纠结。最终他不得不放弃去柏林任职的计划。这件事情来回折腾了有一阵子，因此在玻尔兹曼的心里产生了不小的困扰。雪上加霜的是，1889年3月他的大儿子路德维希因病夭亡；1890年，他的妹妹海德维希去世。因此玻尔兹曼想要离开格拉茨这个伤心之地的心情愈发迫切。此时慕尼黑大学向玻尔兹曼发来了邀请，面对玻尔兹曼这时遭受的痛苦，奥地利当局也不便再挽留他。

1890—1894年，玻尔兹曼任慕尼黑大学理论物理学教授。在此期间，玻尔兹曼两度赴英国。一次是1892年到都柏林参加圣三一学院300周年庆典，另一次则是1894年到牛津大学接受荣誉学位，并参加英国科学促进会年会。在参加年会期间，玻尔兹曼与英国的科学家们进行了友好的批评与交流，这与玻尔兹曼之前在德国、奥地利所受到的批评不太一样，英国科学家们对玻尔兹曼的分子运动论是持开放态度的，他们的批评是为了弄清楚玻尔兹曼理论的细节，以便更好地了解它。而德国和奥地利的一些科学家对玻尔兹曼的理论完全是持一种否定的态度，他们的批评是为了彻底打倒玻尔兹曼的理论。年会后，玻尔兹曼和英国科学家之间继续以通信或者在杂志上发表短评的方式进行交流、探讨，这令玻尔兹曼受益颇多，比如玻尔兹曼的《气体理论讲义》在内容的安排和阐述方面就受到了这些英国科学家们的影响。

在慕尼黑大学的四年里，玻尔兹曼总的来说是比较满足的：工资待遇不错，教学任务也不重，学校还能够支持他出国访问，而且身边形成了一个物理学家、数学家圈子，每星期定期碰头讨论问题。但玻尔兹曼似乎天生有一颗不安分的心。他又开始想念家乡维也纳了，而奥地利当局也因为玻尔兹曼的声望日渐提高（被德国大学高薪聘任以及获得牛津大学的荣誉学位等都证明了这一点）却不能为自己国家效劳而感到有失脸面，所以想尽一切办法吸引玻尔兹曼回国。1893 年 1 月，玻尔兹曼的恩师斯特藩去世，维也纳大学虚位以待，为玻尔兹曼提供了丰厚的聘任条件。在完成慕尼黑大学的任务之后，玻尔兹曼于 1894 年秋天回到了维也纳。

1894—1900 年，玻尔兹曼接替斯特藩任维也纳大学理论物理学教授。在此期间，恩斯特·马赫（Ernst Mach，1838—1916）于 1895 年也来到维也纳大学任哲学和科学史教授。马赫是一个反原子论者，而且他能言善辩，颇具亲和力。他的思想影响了一大批人，包括与玻尔兹曼关系还不错的化学家威廉·奥斯特瓦尔德（Friedrich Wilhelm Ostwald，1853—1932）。

在 1895 年 9 月 16 日德国自然科学家学会的吕贝克会议期间，玻尔兹曼和以奥斯特瓦尔德为代表的反原子论者之间，进行了一场著名的辩论。虽然玻尔兹曼取得了明显的辩论胜利，但他还是没有说服奥斯特瓦尔德等人相信原子论。原子论依然处在被怀疑、被压制的境遇。在这种情况下，和马赫共事变得越来越难以忍受，再加上前些年里一些亲人及恩师的去世给他造成的打击，玻尔兹曼经常处于情绪低落状态，迫切地需要变换环境以改善情绪。到 1900 年，因为辩论与玻尔兹曼的关系冷淡了几年的奥斯特瓦尔德抛来了橄榄枝，玻尔兹曼得以有机会到德国的莱比锡大学工作。

1900—1902 年，玻尔兹曼应奥斯特瓦尔德邀请，到莱比锡大学任职。但是，搬到莱比锡并没有让玻尔兹曼变得更开心，人们依然经常发现他处于焦虑不安和沮丧的状态。据说在莱比锡期间他已经尝试过一次自杀，但没有成功。所以到莱比锡没多久，玻尔兹曼就又寻求回到维也纳，当然奥地利当局也在积极地想办法把玻尔兹曼请回维也纳。1902 年秋天，玻尔兹曼终于回到了维也纳大学，此后再也没有离开。

1902 年回到维也纳后，玻尔兹曼除了讲授物理学，同时还接替因病提前退休的马赫讲授哲学。讲授哲学是玻尔兹曼主动请缨的，他原本想借机让自己熟悉一下马赫及其他一些哲学家的哲学，以便能更好地理解马赫、反驳马赫。由于他精心备课，自己一开始也是兴趣盎然，所以头几次课取得了很大的成功，吸引了一批学生。但随着他继续深入研究马赫等人的哲学，他很快发现许多哲学家的理论在他看来过于繁杂，于是失去了兴趣，对哲学课也就没那么有兴致了，这门课反过来成为他的负担，让他痛苦不堪。

好在这个时候大家都知道玻尔兹曼的身心状况不好，当局把他留在维也纳的象征意义更大于实际作用，所以不会给玻尔兹曼更多的外部压力。同事和朋友们也都担心他的身体。然而到1906年暑假，玻尔兹曼心理上已经不堪重负，哪怕有家人的陪伴和宜人的休假地，他依然在1906年9月5日这天，以极端的方式结束了自己的生命，使热爱他的亲人和朋友们陷入无限的悲痛与遗憾之中。

玻尔兹曼性格中有着明显的完美主义倾向，对自己的要求很高，但又生性敏感，非常在意别人的感受和对自己的评价。比如，他在1903年任哲学教授之前的就职演讲中说："……一位教师从青春勃发到皓首之年，也不足以把哲学传授给未来的一代，那么我能把它与另一专业并列以作为辅助的职业吗，即使那个专业也已须穷我毕生之力？……当我对挑起这副重担心存疑虑之时，我被告知他人也不会比我做得更好。这种安慰在我正要负起这份重担之时，是多么微不足道。"①

又如他在《一个德国教授的黄金国之旅》中说道，"……在第一次课上，我有点缺乏信心，但在第二次课上，我放松多了，而当最终听说学生能够很好地理解我的课，确实认为我的课清晰而且独具特色时，我很快就感到挥洒自如了……"②。他在这篇文章中，还提到在伯克利的一位重要捐资人豪华的私人庄园做客时的一个细节，"……我已经注意到当我不吃甜瓜时，校长夫人的脸色已不大好看……"③。可以看出，他是一个十分在意别人脸色的人。这样敏感的个性当然会给自己带来很多痛苦，也为他最终的人生悲剧埋下了伏笔。

二、玻尔兹曼科学研究的四个阶段

在长达40年的科学研究生涯中，玻尔兹曼共发表了一百多篇科学论文，其中绝大部分是分子运动论和统计力学方面的，也有少部分是电磁理论方面的。总的来说，他的科学研究可以大致分为四个阶段：

第一阶段是1866—1869年，这是他科学研究的起步、准备阶段，他得到了斯特藩的引导。这期间，他首先在1866年发表《力学在热力学第二定律中的地位和作用》[L. Boltzmann, *Wien. Ber.* **53**, 195 (1866)] 一文，试图对热力学第二定律作出纯力学的证明，但并没有成功。随后，玻尔兹曼又于1868年发表《运动质点活力平衡的研

① 杨仲耆、申先甲主编，《物理学思想史》，湖南教育出版社，1993年，p. 311。
② 同上书，p. 389。
③ 同上书，p. 397。

究》[L. Boltzmann，*Wien. Ber.* **58**，517（1868）]，研究了麦克斯韦的气体分子速度分布律，并证明麦克斯韦速度分布律不仅适用于单原子气体分子，而且适用于多原子气体分子以及凡是可以看成质点系的所有分子系统。

第二阶段是1869—1873年他在格拉茨大学任数学物理学教授期间，这是他科学研究的一个小高峰时期。这期间得益于物理学院院长托耶普勒的支持，玻尔兹曼得以两度访学德国，和本生、基尔霍夫、亥姆霍兹等物理学界元老级人物共事，并于1871年发表了《论多原子分子的热平衡》[L. Boltzmann，*Wien. Ber.* **63**，397（1871）]、《热平衡的某些理论》[L. Boltzmann，*Wien. Ber.* **63**，712（1871）] 等论文。他在以前研究的基础上，进一步将麦克斯韦气体分子速度分布律推广到有重力场存在的情形，并导出了一个和经验相符的气压测高公式，之后又进一步将速度分布函数推广到任意势场情形。

此外，玻尔兹曼在1871年的论文中，在讨论多原子分子组成的气体的热平衡时，首先引入近独立子系的相空间，提出可以考虑用相平均代替时间平均。玻尔兹曼这些崭新的思想，在统计物理思想的发展史上起到了非常重要的作用。在1871年的研究中，玻尔兹曼在推导中还尝试了使用能量量子化处理的方法，后来普朗克（Planck，1858—1947）正是采用玻尔兹曼的这一方法建立了量子论。

1872年玻尔兹曼发表了一篇重要的长篇论文《气体分子热平衡问题的进一步研究》[L. Boltzmann，*Wien. Ber.* **66**，275（1872）]，他在这篇论文中导出了著名的玻尔兹曼方程，这是描述分布函数随时间变化的方程，因而适用于非平衡的输运过程。也是在这篇文章中，他引入了 H 函数，提出了著名的 H 定理，即指出在物理过程中 H 永不增加，必向最小值趋近，以后保持恒定不变，分布函数也随之趋向于麦克斯韦分布，并保持不变。这一定理指明了物理过程的方向性。

第三阶段是1876—1890年，他再次回到格拉茨大学任实验物理学教授，这是玻尔兹曼发表高水平论文的又一高峰时期。首先，为了应对洛施密特等人提出的所谓“可逆性佯谬”（Reversibility Paradox），他于1877年先后发表了两篇文章，第一篇文章《对热力学问题的一些评论》[L. Boltzmann，*Wien. Ber.* **75**，62（1877）] 发表于1月，初步回答了洛施密特的可逆性佯谬问题。他指出了初始条件对物体运动状态的影响，并在文章中写道：“洛施密特的命题仅表示存在有导致似乎绝不会存在的状态的初始条件，而并不排除大量初始条件都会导致的均匀分布……第二定律是关于概率的定律，所以它的结论不能单靠一条动力学方程来检验。”① 同时，他在这篇文章中还首次提出了等概率原理。

后来他又于10月发表《论热理论的概率基础》[L. Boltzmann，*Wien. Ber.* **76**，

① 杨仲耆、申先甲主编，《物理学思想史》，湖南教育出版社，1993年，p. 470。

373 (1877)]。在这篇文章中，他对上一篇文章中的物理思想作了更详细、更具体的阐述。他在文章中写道："我们深信，我们能从研究系统中各种可能状态的概率去计算热平衡状态。在大部分情况下，初始状态是可几性很小的状态。但从初始状态开始，体系将逐渐走向可几性更大的状态，直到最后进入最可几的状态，那就是热平衡状态……"①

最后，他得出了著名的用概率表示熵的公式（后被普朗克改写为 $S=k\log W$ 的形式）。这一公式被后人评价：可以和爱因斯坦的质能关系 $E=mc^2$ 相媲美。普朗克后来正是利用这一公式，并借助于能量量子化假设，推导出了与实验相符的黑体辐射公式。1884 年，玻尔兹曼结合热力学理论和麦克斯韦的电磁理论，推导出斯特藩通过实验得到的经验辐射公式（后被称为斯特藩-玻尔兹曼定律）。1886 年他重复了赫兹验证电磁波的实验。

第四阶段是 1890 年代及以后，这一阶段，玻尔兹曼的工作和生活开始出现令他动荡不安的因素，并且他为了维护原子论思想和自己的理论，而频繁地和反对者进行论战，耗费了大量的时间和精力，也损害了他脆弱的神经，身体变得更加糟糕；尽管如此，他依然发表了不少科学及科学哲学方面的论文，还完成了《气体理论讲义》的编写。

三、玻尔兹曼所处时代的物理学背景

1. 牛顿力学的困境

牛顿力学是 17 世纪后期，牛顿（Isaac Newton，1643—1727）在总结前人工作的基础上建立起来的力学理论，牛顿力学体系的建立以《自然哲学之数学原理》为标志，其核心内容是三大运动定律。

牛顿力学体系的建立，是人们在探求自然界普遍因果关系的过程中取得的重大成功。因为它找到了万物运动变化的普遍原因：力。事实上，作为牛顿力学核心的第二运动定律，是以一个二阶常微分方程的形式出现的，它的解，即运动轨迹，完全由两

① 杨仲耆、申先甲主编，《物理学思想史》，湖南教育出版社，1993 年，p. 470。

个初始条件决定。就是说根据体系在某一时刻的运动状态和作用于这一体系的外部的力，就可以确定这个体系以往和未来的运动状态。按照这一图式，根据物质的相互作用和机械运动的规律，用数学方式解释一切自然现象是完全可能的。物理学家的工作，就是找出“力”，然后运用运动方程求解运动状态。

在这种思想指导下，人们试图用牛顿力学来解决各种问题，并取得了一系列成功。尤其是对哈雷彗星再现的成功预言，以及根据天王星轨道运动的不规则性而对海王星的成功预言（于 1846 年发现），大大地增强了人们对牛顿力学理论的信心。

因此 18—19 世纪的科学家们的一种普遍做法，是针对每一种特殊的物理现象，总试图提出相应的某种“力”作为这种现象运动变化的原因，比如电力、磁力、化学亲和力等。所以，为所有的物理学现象建立一个力学基础，是当时科学家们比较普遍的做法，玻尔兹曼所致力于的热力学也不例外。正如他在《气体理论讲义》中所说：“普通热力学同样也需要建立力学模型来对它加以描述。”而在玻尔兹曼之前，克劳修斯（Rudolf Clausius，1822—1888）、麦克斯韦等人也已经作了尝试，得到了一些失败的教训，也取得了一些成功的经验。

但是，越是普遍的理论，如牛顿力学，就越是剥离了许多物理领域所特有的一些属性。那么，随着这些领域实验事实的积累，终会出现不可调和的矛盾，从而危及旧的理论，诞生新的理论。玻尔兹曼正是在寻找宏观热力学理论的微观本质的过程中，发现仅凭牛顿力学不能成功地解释宏观热力学理论。只有当他在考虑分子热运动毫无规则的属性基础上引入概率分析时，才真正地在微观的分子运动与宏观的热力学理论之间架起桥梁。而概率的引入，对牛顿力学的决定论思想是一种极大的冲击。

2. 原子概念：从哲学到科学

这里需要说明的一点是，原子的存在并不是玻尔兹曼的气体理论逻辑上的必要条件，像马赫、奥斯特瓦尔德那样把原子看作是一个假想的概念也不是不可以，只要由此出发得到的理论能够成功解释自然现象就行。正如玻尔兹曼在本书中所说，“问题在于基本的微分方程或者原子论，最终是否能为现象提供完备的描述”。所以，尽管玻尔兹曼内心坚信原子真实地存在，但在反原子论者的围攻下，他也退而求其次，希望“不妨让不同方向的研究自由发展；远离一切教条主义，不管是原子论还是反原子论的！”当然，如果原子真实存在，而不只是一种假设的话，客观上人们会更容易理解和接受玻尔兹曼的气体理论。

物质由微小的粒子构成的观点有着十分悠久的历史，这样的观念在古印度和古希腊文化中都曾出现过，而将物质最小的、不可再分的构造单元称作原子的，是公元前 5 世纪的古希腊哲学家留基伯（Leucippus，约前 500—约前 440）和德谟克利特（Democritus，前 460—前 370）。他们之后，支持原子论思想的著名哲学家包括伊壁鸠鲁（Epicurus，前 341—前 270）及其追随者卢克莱修（Titus Lucretius Carus，约前 99—约前 55）（认为原子处于永恒的运动之中，它们之间的碰撞会创造出物质），反对者则有亚里士多德（Aristotle，前 384—前 322）等人。不过古希腊时代的原子论只是一种哲学上的猜测，并没有和定量的物理过程相联系，不能用实验来检验。因此这一阶段的原子论并非一种科学理论。

近代原子论的兴起是在文艺复兴之后，与伽桑狄（Pierre Gassendi，1592—1655）、伽利略、莱布尼兹、玻义耳（Robert Boyle，1627—1691）、牛顿、拉瓦锡、道尔顿（John Dalton，1766—1844）、阿伏伽德罗（Amedeo Avogadro，1776—1856）等人的名字联系在一起。这时它不再只是一个哲学概念，而是开始进入物理学、化学等科学领域。

就物理学而言，有关光的本质、热的本质等问题的探讨，都和原子论概念息息相关。这时的原子论概念已经需要参与到具体物理现象的定量解释中来（比如热的运动说理论中，利用原子论概念来解释热现象的发生，如热传递、扩散等；光的粒子说理论中，利用原子论概念解释光的直线传播、反射、折射等现象），俨然成为一个物理的概念。

在玻尔兹曼生活的 19 世纪后半叶至 20 世纪初，原子仍然是一个有争议的概念，玻尔兹曼、麦克斯韦、克劳修斯等人坚信原子是存在的，而一些哲学家比如马赫，以及很多的物理学家甚至那些早就在使用分子、原子概念的化学家（比如奥斯特瓦尔德），却都还认为原子只不过是一个抽象的概念，借助它可以理解很多的物理和化学现象，但过后该概念是可以丢掉不管的。毕竟之前谁也没有通过实验观测到原子，所以，玻尔兹曼碰到的反原子论势力还是很强大的，这使他有着一种挥之不去的挫折感，哪怕是在著名的吕贝克论辩之后，玻尔兹曼也没有摆脱这种失落感。

但到 20 世纪稍后的时间，人们不但证实了原子的存在，更是发现原子还有着更加复杂的内部结构，它由质子、中子、电子等更小的成分构成，甚至质子、中子也还有其内部结构。要是玻尔兹曼泉下有知，该是多么欣慰呀！

3. 玻尔兹曼与奥斯特瓦尔德的论战：原子论与唯能论

奥斯特瓦尔德是著名的德国化学家。他也是出色的教材作者和卓越的学术组织者，创立过多种期刊，培养了大量的青年研究者，使物理化学得以成为一门独立的学科，因此被认为是物理化学的创立者之一。1909 年因其在催化作用、化学平衡、化学反应速率方面的研究所做的突出贡献，被授予诺贝尔化学奖。

在奥斯特瓦尔德从事物理化学研究的早期阶段，他其实和其他许多化学家一样，是相信原子论思想的，然而到 19 世纪 80 年代他开始研究催化作用时，发现原子论不是万能的，很难解释催化现象，反倒是用能量转化的概念更能说明问题，再加上能量守恒定律与转化的思想作为自然界的普遍规律，被广泛应用于不同领域并取得了成功，所以奥斯特瓦尔德开始相信能量是一个更重要的概念。但 1891 年左右奥斯特瓦尔德开始形成了他的唯能论思想，这一思想认为能量是唯一真实的实在，物质并不是能量的负载者，而只是能量的表现形式。他随即将这一理论思想推广到了化学领域，主张物质和原子、分子的概念都是多余的，各种现象能够用能量及其转化来给出满意的解释，这引起了其他科学家的极力反对。

奥斯特瓦尔德由承认原子论和能量的二元实体论，到相信唯能论，其中主要的原因是：奥斯特瓦尔德利用能量转化的观点解释催化作用取得了成功；原子、分子的存在还没有得到实验的验证；受到马赫实证主义反原子论思想的影响；吉布斯（Josiah Willard Gibbs，1839—1903）的统计力学中没有假设原子的存在也一样取得了成功。

也许是受到 1894 年英国科学促进会年会上关于分子运动论的热烈探讨气氛的鼓舞，玻尔兹曼写信给奥斯特瓦尔德，约定在 1895 年 9 月 16 日德国自然科学家学会的吕贝克会议上，作一场对唯能论和原子论的辩论，希望对方能够参加，也希望所有的著名学者们都能参加。这场著名的辩论如期举行，玻尔兹曼和克莱因（Felix Klein，1849—1925）替原子论辩护，奥斯特瓦尔德和赫尔姆（Georg Helm，1851—1923）替唯能论辩护。整个辩论进行了差不多一整天，吸引了许多科学家和感兴趣的人士参加或者旁听。辩论结果在各方面看来都是玻尔兹曼取得了彻底的胜利，但是，他并没有说服奥斯特瓦尔德等人相信原子论。

自此，奥斯特瓦尔德和马赫成为对原子假设持怀疑态度的代表，与玻尔兹曼等人进行了长期的论战。由于奥斯特瓦尔德和马赫拥有大量支持者，这使得玻尔兹曼主张的原子论在此后的一段时间里渐渐处于不利局面，甚至后来玻尔兹曼自己也退后一步，由坚决相信原子真实存在，到愿意将原子看作一个模型，希望它能够和其他模型一起竞争，让实验事实最终裁定。但玻尔兹曼仍然感觉到来自唯能论者的压力，以至于他在《气体理论讲义》第二部分序中表达“逆时代主流”的无奈。

但是，在 1908 年法国物理学家佩兰（Jean Baptiste Perrin，1870—1942）用实验证实了爱因斯坦根据玻尔兹曼理论推导出来的布朗运动公式，从而间接验证了原子的存在，于是原子论终于取得了胜利，唯能论落寞退场；奥斯特瓦尔德也转变观点，再度承认原子论概念。到 1911 年第一届索尔维会议时，原子存在的问题已经不需要再讨论了，这时的科学家们已经在考虑原子内部结构的问题。

四、玻尔兹曼所处时代的社会背景

玻尔兹曼工作、生活所在的奥地利，处于哈布斯堡王朝的统治之下。哈布斯堡王室（House of Habsburg，6 世纪—1918），是欧洲历史上最强大的、统治领域最广的王室，曾统治神圣罗马帝国、西班牙王国、奥地利大公国、奥地利帝国及奥匈帝国。19 世纪中叶的哈布斯堡王朝所辖领域依然很广阔，包括如今奥地利、匈牙利，以及波兰、捷克、塞尔维亚、克罗地亚等的部分领土。

面对一个多民族多语言的帝国，哈布斯堡政治哲学的基本要素是让每个人都能够尽其所能地过得好。政府大力发展音乐、戏剧事业，当局认为这样可以丰富人们的业余生活，而如果人们都去歌剧院观看歌剧、去音乐厅欣赏音乐的话，他们就不会走上街头造反了。因为同样的原因，政府还大力发展大学教育，重视科学研究，鼓励年轻人进入大学接受教育。所以，哈布斯堡王朝统治下的奥地利，也算是欧洲的教育和科学强国，维也纳的音乐和歌剧尤其闻名于全世界。正是在这样的社会背景下，玻尔兹曼的祖父才有可能审时度势，让玻尔兹曼的父亲接受良好的教育，从而顺利地转入公务员行业，免受工业革命对传统手工业的冲击。这也给玻尔兹曼提供了更好的教育环境和按照兴趣选择职业的机会。

玻尔兹曼的恩师斯特藩以及好友洛施密特同样是哈布斯堡王朝这种统治下的受益者。这两个人都是出身于穷苦家庭，但又聪明能干，所以最终都能坚守自己的兴趣，找到满意的职业。特别是洛施密特，几次创业失败后，还能在四十来岁的年纪回过头来坚持初衷，从事科学研究，实在是和大环境的支持分不开的。而这些人在自己取得成功后，也会把他们对科学的满腔热情传递给下一代青年学生。玻尔兹曼正是在这样的环境下接受的大学教育。

玻尔兹曼自己开始走上工作岗位之后，更是浸沐在这种重视科学研究、重视教育的环境里。政府当局虽然不懂得玻尔兹曼所从事的研究工作，但是知道他做出了杰出的贡献，取得了重大的成就，所以要把他留在自己的帝国，来教育和鼓励青年学生，为此他们不惜一切代价。所以，无论是物质方面还是精神层面，玻尔兹曼都得到了政府的支持，使他的科学研究能够长期坚持下去。至于音乐方面，它看似和科学研究没有直接的关系，但事实上，不少做出过重大科学贡献的科学家们都喜爱音乐，比如普朗克、爱因斯坦等，玻尔兹曼也是如此。

然而，尽管哈布斯堡王朝和它的政府努力维持着这种歌舞升平的表面繁荣，但毕竟它只是一个多民族、多语言的松散联盟的政体，再温和的政策也难以化解不同民族之间的矛盾，所以民族运动还是不断地出现。1867 年成立的奥匈帝国其实就是匈牙利人民族独立运动后的一个折中的解决方案。每次出现大的民族运动，哈布斯堡王朝的集中权力就会受到折损，这几乎形成了一个恶性循环。而较小的民族矛盾更是经常爆发，大学校园内也不例外。像 19 世纪 80 年代玻尔兹曼任格拉茨大学校长时，就经常要处理不同族群学生之间的派系斗争问题，这是让他顶头疼的事情。

到 19 世纪末 20 世纪初，各民族之间的矛盾更加突出，人们平静的生活受到了影响，自杀事件频发。这种动荡不安的社会环境，多少对玻尔兹曼产生了消极的影响。而在王朝权力随着大大小小的民族运动的爆发而消耗殆尽时，皇储弗朗茨·斐迪南大公（A. F. Ferdinand，1863—1914）试图通过兼并塞尔维亚王国而重振哈布斯堡王朝，结果物极必反，斐迪南于 1914 年 6 月 28 日被刺杀。刺杀事件触发了第一次世界大战，而 1918 年大战结束时奥匈帝国就连同哈布斯堡王朝一起消亡了。此时，玻尔兹曼已经逝世 12 年了。

五、玻尔兹曼的科学贡献和影响

玻尔兹曼最主要的贡献首先是在物理学定律中首次引入概率。他将宏观系统的熵和物体微观上的状态概率联系了起来，从而得出著名的 $S=k\log W$ 的关系式，由此阐明了热力学第二定律的统计性质，劳厄（Max Felix von Laue，1879—1960）曾经指出："……熵和概率之间的联系是物理学的最深刻的思想之一。"[①]

其次是建立了玻尔兹曼方程（又称输运方程），用来描述气体从非平衡态到平衡态过渡的过程。1977 年诺贝尔化学奖得主普里戈金曾在《从混沌到有序》一书中写道："玻尔兹曼……不仅描述平衡态，而且描述达到平衡态（即达到麦克斯韦分布）的演变过程……玻尔兹曼的突破是通向过程的物理学的决定性一步。"[②] 而描述非平衡过程中

① （德）M. v. 劳厄著，范岱年、戴念祖译，《物理学史》，商务印书馆，1978 年，p. 94。

② （比）伊·普里戈金、（法）伊·斯唐热 著，曾庆宏、沈小峰 译，《从混沌到有序——人与自然的新对话》，上海译文出版社，2005 年，p. 241～242。

状态概率随时间演化的玻尔兹曼方程，至今仍然在各科技领域（如流体、等离子体、粒子物理等）中发挥着重要作用。

玻尔兹曼的理论虽然在当时并没有很快广为人知，但对接触到他理论的人产生了很大的影响。这从他被几个大学聘任时，校方给出的聘任理由及提供的丰厚条件就可看出。对于年轻物理学家而言，他的理论尤其具有指路碑的意义，而且他们也更容易接受玻尔兹曼的思想。比如，爱因斯坦在1900年给米列娃（Mileva，1875—1948）的信中说："玻尔兹曼真是太棒了……他是一位阐释问题的大师。我坚定地相信这一理论的原理是正确的……"① 据爱因斯坦自己说，他的第一篇论文就是利用玻尔兹曼关于分子涨落的假说，以证实原子的存在和某些原子的大小。而且爱因斯坦1905年有关布朗运动的重要论文，也正是在玻尔兹曼理论的启发下完成的。此外，爱因斯坦1905年发表的另一篇有关光电效应的论文，因为和普朗克的量子理论有着直接的关系，因而也和玻尔兹曼的理论有着间接的关系。

普朗克也深入研究并接受了玻尔兹曼的理论，并把玻尔兹曼有关熵与概率之间关系的公式改写成当今著名的形式；为了纪念玻尔兹曼，他还将其中的常数称为玻尔兹曼常数。普朗克正是利用这个公式，并采用玻尔兹曼早先采用过的将能量量子化的处理手段，推导出了正确的黑体辐射公式，并在此过程中提出了能量量子化的假设。

继玻尔兹曼之后对统计物理学的发展做出重大贡献的美国物理学家吉布斯，也从玻尔兹曼的理论中受益匪浅。现在被普遍归功于吉布斯的三大统计系综概念（微正则系综、正则系综及巨正则系综）的提出，也有着玻尔兹曼的贡献。玻尔兹曼在自己的理论中先于吉布斯使用了前两种统计系综，只不过他采用的是另外的名称。他的这一思想甚至还影响了麦克斯韦。后者在1879年在题为《论玻尔兹曼的质点系能量平均分布定理》②的论文中发展了玻尔兹曼的思想。遗憾的是在发表这篇论文的同一年，麦克斯韦因患肠癌去世，没来得及更深入、全面地发展系综理论。这一艰巨任务直到23年之后才由吉布斯完成。

同样也是奥地利物理学家的薛定谔（Erwin Schrödinger，1887—1961），曾于1929年说道："他（玻尔兹曼）的思想可称为我在科学上的初恋，过去没有今后也不会再有别的东西能使我这样欣喜若狂。"③

---

① （意）卡罗·切尔奇纳尼著，胡新和译，《玻尔兹曼——笃信原子的人》，上海科学技术出版社，2002年，p. 355。

② J. C. Maxwell, *Transactions of the Cambridge Philosophical Society*, **12**, 547 (1879).

③ 杨仲耆、申先甲主编，《物理学思想史》，湖南教育出版社，1993年，p. 473。

六、《气体理论讲义》的主要内容

《气体理论讲义》是玻尔兹曼在慕尼黑大学和维也纳大学讲课内容的基础上，编写的一部综合性教材，其中包含了克劳修斯、麦克斯韦以及玻尔兹曼自己在气体理论方面的一些开创性工作。讲义的阐述方式可能和现代统计物理教材不太一样，但它更多地呈现了玻尔兹曼在发展他的创造性理论时的一些思路和洞见，读者可以从中得到极大的启发。

全书分为两部分，分别于 1896 年和 1898 年出版。

第一部分的标题为“分子尺度远小于平均自由程的单原子分子气体理论”，包括第一部分序、引言以及三章正文内容。玻尔兹曼在第一部分序中交代了《气体理论讲义》写作的背景；引言部分包括两节内容，分别描述分子的力学模型，以及利用这一模型来计算宏观物理量气体压强。第一章题为“弹性球模型 不考虑外力作用和整体性运动”，包括第 § 3～§ 14，主要通过弹性球模型来分析没有外力和无整体性运动的情况下气体分子的碰撞效应，引出了 H 函数，最终证明系统趋向于稳态时，H 只能减少，而气体分子的速度必然趋向于满足麦克斯韦的速度分布率。同时，这些章节中还分析了 H 函数的数学意义与物理意义，以及气体的热学、电学等的输运性质。此外，宏观热力学定律波义耳-查尔斯-阿伏伽德罗定律以及比热公式也得到了推导。

第一部分第二章题为“分子力心模型　考虑外力和气体的整体性运动”，包括第 § 15～§ 20，在本章所采用的分子力心模型中，气体分子被当作质点。分子之间的距离小于某特定大小时，彼此发生相互作用，作用力的大小是分子间距离的函数。这是比弹性球模型更具普遍性的一种模型。除此之外，这个模型还考虑了外力和气体的整体性运动。第 § 15～§ 16 推导了适合上述普遍情形的速度分布函数所满足的偏微分方程；第 § 17 讨论了涵盖区域内所有分子的求和式的时间导数，为 § 18 熵增定理更普遍的证明及有关稳态方程的处理内容做了准备；第 § 19 推出了空气静力学（气压测高）公式及重力场中气体熵的表达式；第 § 20 推导了流体动力学方程的普遍形式。

第三章题为“分子之间与距离五次方成反比的斥力作用”，包括第 § 21～§ 24，讨论的是第二章中模型的特例，即分子之间的相互作用力与两分子间距离五次方成反比的特殊情形，并利用该特例开展了一些近似计算，比如 § 22 推导了修正黏滞性误差之后的流体动力学方程，§ 23 讨论了热传导问题的又一种更高阶近似处理方法，§ 24 则分析了非稳态条件下，也即存在黏滞现象和热量传递过程时熵的计算问题。

第二部分的标题为“范德瓦尔斯理论；复合分子气体；气体离解；结束语”，包括第二部分序和七章正文内容。

第二部分序交代了讲义第二部分出版时的时代背景，也即科学、哲学界对原子论的攻击又达到了一个新的高潮。由于担心原子论在攻击下遭到毁灭性的打击，玻尔兹曼未雨绸缪，更加坚定了出版第二部分的决心，而且在原本准备好的旧稿的基础之上加进最困难和最易遭人误解的部分内容。

第二部分第一章题为“范德瓦尔斯理论的基础”，内容包括§1～§13。本章介绍了范德瓦尔斯的非理想气体分子模型，并对气体压强、温度、体积之间的范德瓦尔斯方程进行了推导，且分析了等容及等温过程的特殊情形，讨论了临界温度、临界体积、临界压强等概念。

第二部分第二章题为“范德瓦尔斯理论的物理讨论”，内容包括§14～§24。在本章中，利用满足范德瓦尔斯状态方程的等温线，分析了各种不同的物理过程，以及气体、液体、蒸气等概念的定义。此外，本章还在范德瓦尔斯理论的框架下，分析了等密度（亦即等体积）过程、系统的等容比热和等压比热、分子大小以及毛细现象等问题。

第二部分第三章题为“气体理论需要的普遍力学原理”，内容包括§25～§35。本章主要介绍后面要用到的一些数学物理方法及概念，比如广义动量、拉格朗日方程、刘维定理、函数行列式、积分变换等。

第二部分第四章题为“复合分子气体”，内容包括§36～§47。主要是利用前面论证过的数学物理方法来研究复合分子气体的动能、比热等。

第二部分第五章题为“用维里概念的方法推导范德瓦尔斯方程”，内容包括§48～§61。其中§48～§53主要是利用维里理论来推导范德瓦尔斯方程；§54则探讨了范德瓦尔斯方程的可能的替代方程；§55～§58描述用洛伦兹的方法计算分子间相互作用力的维里；§59～§61主要讲饱和蒸气压强和范德瓦尔斯气体熵的计算问题。

第二部分第六章题为“离解理论”，内容包括§62～§73。本章主要是在建立一种同种原子或非同种原子发生相互作用的力学模型的基础之上，计算同种原子或非同种原子发生化合的概率，进而计算其相应的离解度，并分析离解度与温度、压强的关系。§69和§70分别处理了两个特例——碘化氢气体和水蒸气的离解度问题；§71推导了存在任意多种物质的任意多个原子的情况下，离解度对温度和压强的依赖关系；§72～§73讨论了本章的离解理论和吉布斯的离解理论之间的关系，以及其他可能的力学模型下的离解图景。

第二部分第七章题为“复合分子气体中热平衡定律的补充”，内容包括§74～

§93。本章内容应该就是玻尔兹曼在原本准备好的旧稿的基础之上，加进的“那些最困难和最易遭人误解的部分内容”，主要是对第二部分第四章的补充。其中§74～§82分析了分子内部运动过程中及碰撞导致的 H 的变化；§83～§86证明了在不同种类分子之间仅存在弹性碰撞的情况下（118）式是满足稳态条件的唯一可能的分布；§87～§90探讨了自然过程的单向性与初始状态的问题，指出方向性是概率意义上的，而非绝对意义上的，以及热力学第二定律应用于宇宙的问题；§91讨论了概率积分在分子物理学中的可用性问题；§92～§93分别用时间反演和循环递推的方式证明（266）式对各种可能的碰撞都成立。

值得注意的是，为避免给阅读带来困难，下面列出了哥特字母对应的英文字母：

A B C D E F G H I J K L M N O P Q R S T U V W X Y Z

𝔄 𝔅 ℭ 𝔇 𝔈 𝔉 𝔊 ℌ ℑ 𝔍 𝔎 𝔏 𝔐 𝔑 𝔒 𝔓 𝔔 ℜ 𝔖 𝔗 𝔘 𝔙 𝔚 𝔛 𝔜 ℨ

a b c d e f g h i j k l m n o p q r s t u v w x y z

𝔞 𝔟 𝔠 𝔡 𝔢 𝔣 𝔤 𝔥 𝔦 𝔧 𝔨 𝔩 𝔪 𝔫 𝔬 𝔭 𝔮 𝔯 𝔰 𝔱 𝔲 𝔳 𝔴 𝔵 𝔶 𝔷

这幅漫画中，玻尔兹曼正在加利福尼亚大学演讲，画中的玻尔兹曼像一个西部牛仔。

第一部分

分子尺度远小于平均自由程的单原子分子气体理论

Theil Ⅰ

· Theorie Der Gase Mit Einatomigen Molekülen ,Deren Dimensionen Gegen Die Mittlere Weglänge Verschwinden ·

在本书中，我首先力图以通俗易懂的方式阐述克劳修斯和麦克斯韦的开创性工作，其中也涉及我自己的一些研究，希望读者不要因此对我产生不好的看法，这些内容在基尔霍夫的讲义和庞加莱的《热力学》书后分别得到了引用，但引文和正文之间不是十分地相关。正因为如此，我感觉有必要对我的一部分研究结果进行简单而尽可能明白易懂的介绍。

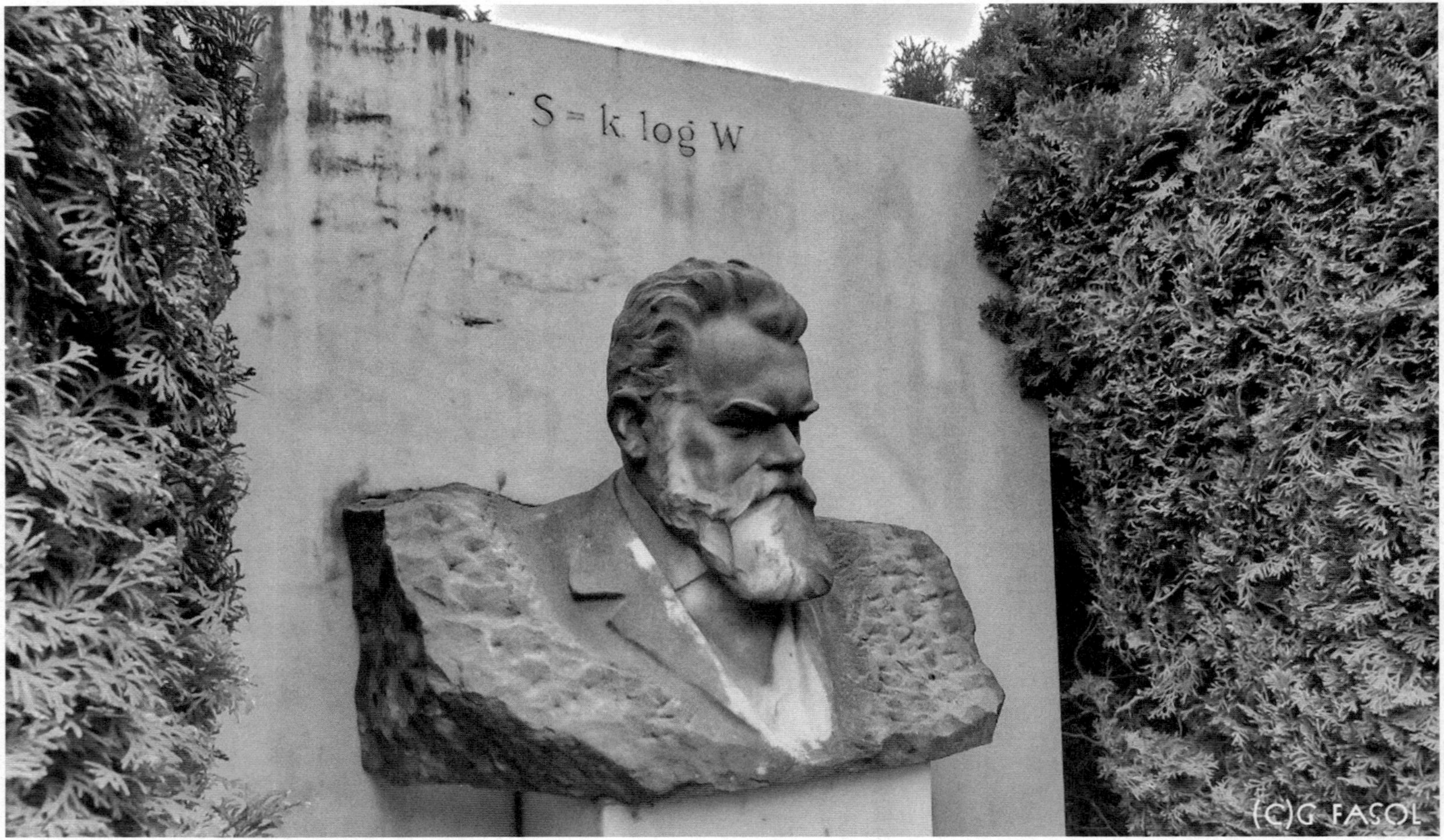

玻尔兹曼墓碑，上方有被爱因斯坦称为玻尔兹曼原理的、联系熵与概率的公式。

第一部分序

· *Vorwort* ·

凡过眼云烟者，皆为幻影！

——《气体理论讲义》

科学元典丛书／彩图珍藏版
关于两门新科学的对话
Dialogues Concerning Two New Sciences
[意大利] 伽利略◎著
39
科学元典丛书
关于两门新科学的对话
[意大利] 伽利略◎著
北京大学出版社

在此之前，我曾数度动念编写一本有关气体理论的教科书。我特别记得乌罗布莱夫斯基教授(Z. F. Wroblewski)1873年在维也纳世界博览会上的热切恳求。当我因为担心自己的眼睛过不多久会失明，因而表现出不太想编写教科书时，他干脆回答说："这更说明要赶紧行动啊！"现在，当初的理由已经不复存在，可是写这样一部教科书的时机似乎也没有当初那么迫切了。原因有两个：首先，气体理论在德国已经有些过时了；其次，迈耶(O. E. Meyer)所编写的著名教科书已经出第二版了，基尔霍夫的热学讲义更是对气体理论作出了较长篇幅的补充。然而，迈耶的书虽然说对化学家和物理化学专业的学生来说是公认的好教材，但毕竟其编写目的与我所要写的讲义有很大的不同。基尔霍夫在内容选取及阐述方面都有大师的水准，可是他的讲义只是在他去世后出版的一组热学讲演笔记，以热学为主，气体理论为辅，因而并不是一部综合性教科书。坦白地说，一方面是因为基尔霍夫在气体理论方面所表现出的兴趣，另一方面也因为他的阐述简明扼要以致有许多细节需要填补，促使我出版这本讲义，它同样也是从我在慕尼黑大学和维也纳大学的讲课内容发展而来。

在本书中，我首先力图以通俗易懂的方式阐述克劳修斯和麦克斯韦的开创性工作，其中也涉及我自己的一些研究，希望读者不要因此对我产生什么不好的看法。这些内容在基尔霍夫的讲义和庞加莱的《热力学》书后分别得到了引用，但引文和正文之间不是十分地相关。正因为如此，我感觉有必要对我的一部分研究结果进行简单而尽可能明白易懂的介绍。在内容的安排及其阐述方面，令人难忘的英国科学促进会牛津会议给了我非常大的影响，会后与许多英国科学家之间的通信也使我受益匪浅。这些信件一部分发表在《自然》杂志上，另外一些则没有公开发表。

在接下来的第二部分中，我准备阐述范德瓦尔斯理论、多原子分子气体，以及气体离解问题。方程(110a)的详细证明——为避免重复，在§16中只是简单提及——也将放在第二部分。

遗憾的是，为了表述复杂的思路，常常不可避免要使用很长的公式。可想而知，对没有通读全书的人来说，为这些复杂的公式耗费精力似乎不值当。然而，且不说很多纯数学结论虽然最初看起来似乎没什么实际意义，可随着人类认识的发展，后来都在应用科学上找到了用武之地，就连麦克斯韦电磁场理论的复杂公式，在赫兹用实验证实之前，不也常常被认为毫无用处吗！我希望气体理论不要有这样的遭遇！

路德维希・玻尔兹曼
1895年9月于维也纳

◀ 文艺复兴时期，与原子论相关的思想出现在布鲁诺(Giordano Bruno，1548—1600)、伽利略(Galileo Galilei，1564—1642)和培根(Francis Bacon，1561—1626)等人的著作中。图为伽利略所著《关于两门新科学的对话》(彩图珍藏版)，北京大学出版社出版。

L. BOLTZMANN.

引　言

• *Einleitung* •

玻尔兹曼是气体动力学的奠基人之一。

——麦克斯韦(James Clerk Maxwel,1831—1879),英国物理学家

§1 气体行为的力学类比

克劳修斯明确界定了两种热学理论：一种是广义的热学理论，它建立在热力学两条重要定律的基础之上；另一种是狭义的热学理论，它以一个特定的假设，即热是分子运动——为出发点，并试图对这种运动的本质构建一种更准确的描述。

广义的热学理论同样也需要在实验事实之外提出一些假设。但是，它不像狭义热学理论那么依赖于特定的假设，因此把它和狭义热学理论区分开来、并且证明它和后者的主观假设无关，是可取且必要的。克劳修斯已经很明确地这么做了，事实上，他正是采用这一原则来把他的书分成相应的两部分，所以这里不再赘述这一做法。

近来，这两个热学理论分支之间的相互关系发生了一些变化。在对各种不同物理现象中所呈现出来的能量性质的有趣相似性与差异性进行比较研究的过程中，兴起了所谓"唯能论"的学说，它对热是分子运动的观点产生了冲击。事实上，广义的热学理论并不需要分子运动论，而且众所周知，罗伯特·迈尔(Robert Mayer)就不支持分子运动论。唯能论的进一步发展对科学当然非常重要；但到目前为止，它的概念还十分不清晰，它的定理也缺乏准确的表述，所以，在处理结果尚未可知的特殊新问题时，它还不能替代旧的热学理论。

电学理论也遇到了同样的情况，用超距作用来解释电学现象——在德国尤其如此——的旧机械论观点，遭到了毁灭性的打击。实际上，麦克斯韦对威尔海姆·韦伯(Wilhelm Weber)的理论满怀敬意，因为它确定了静电与电磁单位的转换因子，并揭示了该因子与光速之间的关系，从而奠定了光的电磁理论的基础；但人们不得不承认，韦伯关于电相互作用的超距论假设，对科学的进程是有阻碍作用的。

在英国，关于热的本质和原子论方面的观点相对而言没有发生多大的改变。但在欧洲大陆，由于早先发生过这样的事情，即天文学上很有用的有心力假设，被泛化为认识论的要求，从而导致麦克斯韦的电学理论在15年左右的时间里没有得到应有的关注(一切都是泛化的错！)，于是矫枉过正的事情发生了，人们转而夸大一切假说的临时性，并得出结论说：关于热是物质最小粒子之运动的假设，最终会被证明是错误的而遭到抛弃。

但我们必须记住，分子运动论和有心力学说之间的任何相似性纯属巧合。实际上气

◀ 伽桑狄(1592—1655)，法国物理学家、数学家和哲学家，他复兴了古希腊的原子论思想。

体理论和麦克斯韦的电学理论有着非常密切的关系；在稳定或者近乎稳定的状态中，气体的整体性运动、黏滞性及热运动，被认为是本质上不同的现象，但在某些特定的渐变情形中（比如伴随产热过程的高频声波、极度稀薄气体中的黏滞性或者热传导问题等），整体性运动和热运动之间已经不再有明确的区分（参见§24）。同样，按照麦克斯韦的电学理论，在边界区域中，诸如静电力和电磁力等物理量之间也再无明确的区分。正是在这种渐变区域，麦克斯韦的电学理论得出了新的结论；气体理论同样也是在这些渐变区域催生了全新的定律，而通常的流体力学方程，在针对黏滞性和热传导进行修正之后，成为新定律的近似公式（参见§23）。上述全新的定律首次出现在麦克斯韦16年前题为“论稀薄气体中的压力”的文章中。以旧流体力学知识为基础的理论所不能解释的现象，是那些和辐射计作用相联系的现象。在各种不同条件下所进行的研究，以及一些定量观测，都毫无疑义地表明，这一前所未有的实验研究领域发展的推动力，只可能来源于气体理论；同样，麦克斯韦的电学理论也在长达20多年的时间里，对实验研究起着巨大的推动作用，但却很少被人提起。

虽说在下面的阐述中，不涉及热能和机械能之间的任何本质区别，但在处理分子碰撞问题时会保留势能和动能之间的传统区分。从根本上来讲，这并不会影响到所讨论问题的本质。有关碰撞中分子间相互作用的假设是有附带条件的，终究会被其他假设替代。我也研究过这样一种气体理论，那就是不去管碰撞中的受力作用，只考虑赫兹力学（赫兹身后发表的力学）意义上的条件方程，它们比弹性碰撞方程更具普遍性；但是我最终放弃了这个理论，因为要作出更多新的主观假设。

经验告诉我们，要想作出新的发现，几乎只能通过建立特殊力学模型的办法。麦克斯韦本人一眼就发现了韦伯电学理论的缺陷；而相比之下，他却热情地追捧气体理论及力学类比的方法，这种类比超越了他所称为纯数学公式的方法。

在找到更好、更清晰的描述之前，我们尚需要突破广义热学理论的范畴，并且在不否认其重要性的前提下，发展、完善狭义热学理论的旧假说。事实上，既然科学发展的历史表明，认识论泛化的结果往往被发现是错误的，那么，谁又能保证目前的狭义描述，以及本质上不同形式能量之间的区分的不讨喜，以后会没有转机呢？将来的事情谁能说得清？不妨让不同方向的研究自由发展；远离一切教条主义，不管是原子论还是反原子论的！用力学类比的方法来描述气体理论时，“类比”一词实际上已经意味着，我们已经远离这样一个观点，即在可见物质中可以看得到物质最小粒子的真正性质。

我们将先运用现代纯描述的观点，采纳用于描述固体和流体内部运动的现有微分方程。由此出发可以推断，在诸如两固态物体碰撞、封闭容器中的流体运动等之类的情形中，只要物体的形状偏离其单纯的几何形状哪怕一丁点，也会产生波，这些波会越来越随机地交织纠缠在一起，最终必然会导致原来整体性可见运动的动能消散为不可见的波运动。描述这些现象的方程,其数学结果(在某种程度上自行)导向这样一个假说,即最小粒子的全部振动——那些逐渐减弱的波最终必然会转变为物质粒子的振动——必定与我们观测到的产热相一致,热通常就是微小——对于我们来说是不可见的——区域中的运动。

由此产生了这样一种古老的观点,即物体并非像数学意义上那样连续地充满整个空间,而是由分立的分子构成的。这些分子很小,所以人们无法观测到它们。这种观点背后是有其哲学上的原因的。一个真正的连续体必然包含无穷多个部分;但所谓无穷多却又无法定义。再者,如果假设物体是真正的连续体,就必须把描述物体内部行为的偏微分方程本身,当作原始的公设。然而,(正如赫兹在有关电学理论方面所特别强调的那样)最好是将可以接受经验检验的偏微分方程和它们的力学基础区分开来。因此,偏微分方程的力学基础,如果建立在微观粒子——它们严格满足各种平均值条件——的来回运动这一模型的基础之上,则其合理性将大大增加;另外,迄今为止原子论也是唯一能够从力学上成功解释这些自然现象的理论。

再说,物体实际上的不连续性,已经被无数定量的实验事实所证明。原子论在解释化学和晶体学现象方面尤其不可或缺。任何一门科学其实验事实和分立粒子对称关系之间的力学相似性,涉及的都是那些最基本的特征。这些特征和用来描述它们的、不断变化的所有概念相比,更加富有生命力,尽管后者本身有可能被视作既定事实。因此,关于恒星是数百万英里[①]之外的巨大天体的假说,如今同样也已经被看作是依照太阳作用及来自其他天体的微弱视觉感的力学描述,进行类比所推得的产物,该假说也可能会基于如下理由而遭到非难:它用一个虚拟的物质世界来替代我们的感觉世界,而且这种虚拟世界还不是唯一的,人们可以在不改变观察事实的情况下用其他虚拟世界来替换它。

接下来我希望证明,热力学第二定律赖以成立的实验事实和气体分子运动统计定律之间的力学类比,也不仅仅是表面上的相似。

基尔霍夫强调,原子论描述的有效性问题当然完全不受如下事实的影响,即我们的理论与自然之间的关系无异于符号与含义之间的关系,比如字母与语音、音符与音调之间的关系。为了提醒我们自己这些理论与自然之间的关系,而简单地把理论称为描述,这样的做法是否没那么管用的问题,同样也不会影响到原子论描述的有效性。实际上,问题在于基本的微分方程或者原子论,最终是否能为现象提供完备的描述。

一旦你承认,如果假定存在大量毗邻的分立粒子,且假定这些粒子遵守力学定律,就可以更好地理解连续体现象的话,那么你将会被引向进一步的假设:热是永不停歇的分子运

① 1英里≈1.61千米。——编辑注

动。这些分子必须通过力的作用控制在它们的相对位置，至于作用力的来源，你可以随意设想。然而，施加于可见物体之上、但并不是均匀作用于所有分子之上的力，必定导致分子之间的相对运动，而由于动能的不可毁灭性，这些运动不可能停止，只会永远进行下去。

事实上，经验告诉我们，只要作用力均匀施加于物体的各个部分——比方说像自由落体那样——那么，所有的动能都是整体性的、可见的。而在所有其他的情况下，就会有一部分可见动能损失掉，也因此有热量产生出来。显然，分子中产生了相对运动，我们看不见这些运动，因为我们看不见单个的分子，但这些运动通过接触传递到了我们的神经，因此产生了热的感觉。热量总是从分子运动更快的物体向分子运动更慢的物体转移，由于动能的不可毁灭性，所以热量像物质一样不会消失，除非转化为可见的动能或者功。

我们并不清楚是何种性质的力将固态物质的分子控制在它们的相对位置之上，不知道它是超距作用还是媒递作用，亦不知热运动对它有什么样的影响。因为它抗得住压缩，也同样经得起膨胀，所以，我们显然可以通过假设固体中每个分子都有一个平衡位置，而获得一幅粗略的图景。如果一个分子靠近其相邻分子，它将会受到来自该相邻分子的排斥作用，而如果远离相邻分子则会受到它的吸引作用。因此，热运动首先会导致分子在其平衡位置 A(图 1 中标出了各分子的质心)附近沿直线或者椭圆路径作类摆振动。如果它向 A' 运动，相邻的 B 分子和 C 分子会对它产生排斥作用，而 D 分子和 E 分子又会对它产生吸引作用，最终促使它回到原来的平衡位置。如果每个分子都在其固定的平衡位置附近作振动，那么物体将具有固定的形态；它处于凝聚的固体状态。热运动的唯一作用是分子的平衡位置会分得更开一些，以致物体会发生某种程度的膨胀。不过，如果热运动快到一定程度，以至于 A 分子挤过两个相邻分子而运动到 A'' 处(见图 1)。这时它将再也回不到原来的平衡位置了，反倒是可以保持在现有位置。假如很多分子都出现了这样的状况，那么它们将像蚯蚓一样彼此交织，缓慢穿行，于是固体熔化。虽然你可能会觉得这样的描述太简陋、太幼稚，但后面还可以做进一步的修改，表观排斥力也许是运动直接引起的。不管怎样，你得承认，当分子运动超出一定强度时，物体表面上的单个分子可以逃逸并最终自由飞入空间，于是物体蒸发了。如果物体处于一个封闭的容器里，那么，容器中将会充满自由运动的分子，这些分子偶尔也会再次进入物体内部；平均而言，当再次凝聚的分子数等于蒸发的分子数时，我们说容器中所讨论物质的蒸气饱和了。

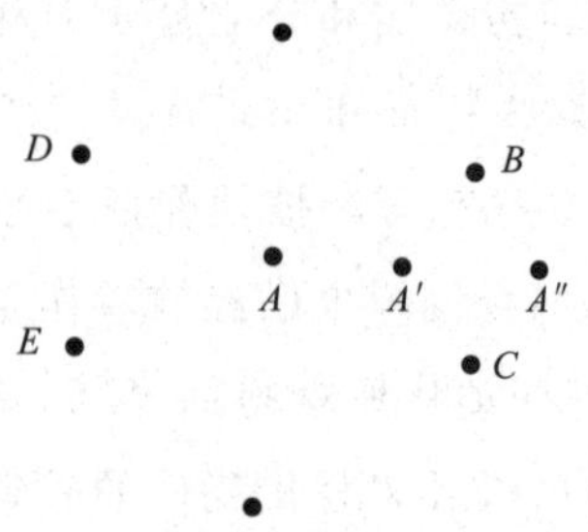

图 1

所谓的气体，我们可以设想为这样一种图景，即在一个足够大的封闭空间里，只有自由运动的分子。如果这些分子不受任何外力作用的话，它们大部分时候都会像枪管里射出的子弹一样，以恒定的速度作直线运动。一个分子只有当它极近距离地通过另一个分子,或者靠近器壁时,才会偏离其直线轨迹。气体的压强被理解为是这些分子对容器壁所产生的作用。

§2 气体压强的计算

下面我们将对这样一种气体进行更详细的分析。因为我们假设分子遵守普遍的力学定律,所以在分子之间及分子与容器壁的碰撞中,动能守恒定理和质心运动守恒定理都得成立。关于分子的内部性质,我们可以任意选择不同的模型;只要这两个定理成立,我们所构建的系统就会显示出与实际气体之间明确的力学相似性。其中最简单的模型是将分子看作形变可以忽略不计的、完全弹性的小球,将容器壁看作是完全光滑的弹性表面。然而,如果方便的话,我们也可以假设另一种力学法则。这样一种法则——假定它和普遍的力学原理保持一致——将既不比最初的弹性球假设更不合理,也不比它更合理。

我们假设一个体积为 Ω 的任意形状的容器,里面装满气体,气体分子在碰到容器壁时会像一个完全弹性的球体那样发生反弹。令容器壁的一部分 AB 的表面积为 φ。取该表面由里向外的法线方向为横坐标轴正方向。为考虑面元 AB 所受压力,不妨设该面元后面有一个以 AB 为底的正圆柱,其中面元 AB 就像一个可以平移的活塞。在分子的碰撞作用下,该活塞将被推入圆柱中。如果有一个力 P 从外面沿横坐标轴负方向作用在活塞上,那么我们可以选取其强度大小,使之与气体分子的碰撞作用保持平衡,从而活塞不发生向里或向外的可见运动。

在任何一个 $\mathrm{d}t$ 瞬间,都可能有好几个分子与活塞 AB 发生碰撞:第一个分子向活塞施加力 q_1,第二个分子施加力 q_2,以此类推,方向均为沿横坐标轴正方向。如果用 M 表示活塞的质量,用 U 表示沿正方向的速度,那么,可得如下方程:

$$M\frac{\mathrm{d}U}{\mathrm{d}t}=-P+q_1+q_2+\cdots$$

如果方程两边乘以 $\mathrm{d}t$,并从 0 到任意时间 t 积分,则有

$$M(U_1-U_0)=-Pt+\sum\int_0^t q\,\mathrm{d}t\text{。}$$

如果 P 等于气体压力的话,那么,除了一些看不见的涨落之外,活塞必然不会有明显的运动。在上面的公式中,U_0 是初始时刻活塞在横坐标轴方向的速度,U_1 是 t 时间之后的速度值。两个量都非常小;实际上,由于在各种微小涨落中,活塞的速度必然会周期性地呈现相同的大小,所以我们不妨选取适当的时间 t,使 $U_1=U_0$。无论如何,U_1-U_0 不可能随时间不断增加,因此,随着时间的延长,商值 $\frac{U_1-U_0}{t}$ 必然趋近于 0。由此可得:

$$P=\frac{1}{t}\sum\int_0^t q\,\mathrm{d}t。\tag{1}$$

因此，P 等于各碰撞分子在不同时刻施加于活塞之上的微小压力总和的平均值。下面我们来计算时间 t 内活塞与一个分子之间所发生的任何一次碰撞的 $\int q\,\mathrm{d}t$。令分子的质量为 m，它在横坐标轴方向的速度分量为 u。碰撞开始于 t_1 时刻，结束于 $t_1+\tau$ 时刻；t_1 时刻之前和 $t_1+\tau$ 时刻之后分子基本上不对活塞施加力的作用。那么，我们有

$$\int_0^t q\,\mathrm{d}t=\int_{t_1}^{t_1+\tau} q\,\mathrm{d}t。$$

但是，在碰撞期间分子施加于活塞之上的力和活塞施加于分子之上的力是大小相同、方向相反的，因此：

$$m\frac{\mathrm{d}u}{\mathrm{d}t}=-q。$$

如果用 ξ 表示碰撞前分子在横坐标轴正方向的速度分量，用 $-\xi$ 表示同一分量在碰撞后的值，那么有

$$\int_{t_1}^{t_1+\tau} q\,\mathrm{d}t=2m\xi。$$

因为对发生碰撞的所有其他分子来说，上式也都成立，所以由方程(1)可得：

$$P=\frac{2}{t}\sum m\xi。\tag{2}$$

方程中的求和范围是所有在 0 时刻和 t 时刻之间碰撞活塞的分子。只是这样一来，恰好在 0 时刻和 t 时刻与活塞处于碰撞之中的分子被遗漏了，但假如总的时间间隔 t 远远大于单次碰撞所维持的时间，那么这一遗漏也并无大碍。

我们将发现(参见 § 3)，即便容器中只有一种气体，也绝不可能所有分子都具有相同的速度。为了保持最大的普遍性，我们假定容器中有多种不同的分子，但它们在和容器壁碰撞时都像弹性球一样发生反弹。假设 $n_1\Omega$ 个分子具有质量 m_1 和速率 c_1，其中速度在三个坐标轴方向的分量分别为 ξ_1,η_1,ζ_1。平均而言，这些分子应该均匀分布在容器内部体积 Ω 之中，因此单位体积内有 n_1 个分子。同样，另有 $n_2\Omega$ 个分子也均匀分布在容器内部体积 Ω 之中，它们具有另一不同的速率 c_2。三个速度分量分别为 ξ_2,η_2,ζ_2，它们的质量可能也不相同，记为 m_2。以此类推，有 $n_3,c_3,\xi_3,\eta_3,\zeta_3,m_3$ 等等，一直到 $n_i,c_i,\xi_i,\eta_i,\zeta_i,m_i$。容器中气体的状态在 t 时间内应该保持稳定，因此，如果在时间 τ 之内，$n_1\Omega$ 个分子中有一些分子因为和其他分子或者容器壁发生碰撞，因而

速度分量偏离了 ξ_1, η_1, ζ_1，那么一般而言，在相同的时间里将会有同样多的分子获得该速度分量。

首先，我们必须计算 t 时间内 $n_1\Omega$ 个分子中平均有多少个与活塞发生碰撞。在很短的 $\mathrm{d}t$ 时间内，所有 $n_1\Omega$ 个分子都产生了 $c_1\mathrm{d}t$ 的位移，该位移在坐标轴上的投影分别是 $\xi_1\mathrm{d}t, \eta_1\mathrm{d}t, \zeta_1\mathrm{d}t$。如果 ξ_1 是负数，那么，所考虑的分子不能与活塞发生碰撞。如果它是正数，我们就在容器中构建一个斜圆柱，该圆柱的底是活塞 AB，它的侧面沿与路径 $c_1\mathrm{d}t$ 相同的方向。那么，$n_1\Omega$ 个分子中，会在 $\mathrm{d}t$ 时间内与活塞发生碰撞的，是且只可能是在 $\mathrm{d}t$ 的起始时刻就位于该圆柱中的那些分子——它们的数目我们将用 $\mathrm{d}\nu$ 表示。平均而言，$n_1\Omega$ 个分子均匀分布在整个容器中，而且这一均匀分布甚至扩展到容器壁，因为分子被容器壁弹回而朝相反方向的运动，和假设容器壁不存在，而容器外存在另外一种同性质气体时的效果相当。因此，$n_1\Omega$ 和 $\mathrm{d}\nu$ 之比就等于 Ω 和斜圆柱体积之比；①而斜圆柱的体积等于 $\varphi\xi_1\mathrm{d}t$，由此可知：

$$\mathrm{d}\nu = n_1\varphi\xi_1\mathrm{d}t。\tag{3}$$

由于容器中的气体状态保持稳定，因此在任意 t 时间内，所考虑的 $n_1\Omega$ 个分子中，与活塞发生碰撞的分子数目为 $n_1\varphi\xi_1 t$。碰撞前它们的质量都为 m_1，在横坐标轴方向的速度分量都为 ξ_1，所以它们对方程(2)中求和项 $\sum m\xi$ 的贡献是

$$\varphi t n_1 m_1 \xi_1^2,$$

而因为上式适用于所有分子，所以有

$$\frac{P}{\varphi} = 2\sum n_h m_h (+\xi_h)^2,$$

这里，求和范围为容器中横坐标轴方向的速度分量为正值的所有分子。$\frac{P}{\varphi} = p$ 对应于单位面积上的压力，即压强。当 φ 趋于无穷小时上式依然成立，因此容器壁不必处处平整。如果假设在稳态气体中，分子往各方向运动的机会均等(这一假设的正确性将在§19中予以证明)，则对每种分子而言，沿横坐标轴负方向运动的分子数必然和沿正方向运动的分子数一样多，因此，求和项 $\sum n_h m_h \xi_h^2$ 对所有 ξ_h 取负值的分子求和所得结果，与对所有 ξ_h 取正值的分子求和所得的结果一样，于是有

$$p = \sum_{h=1}^{h=i} n_h m_h \xi_h^2,\tag{4}$$

这里，求和范围已经变为容器中所有分子，因而 h 的取值范围是从 $h=1$ 到 $h=i$。

若对于任何一个物理量 g，其取值为 g_1 的分子数有 n_1 个，取值为 g_2 的分子数有 n_2

---

① 关于相似比成立的条件，参见§3。

个，…，取值为 g_i 的分子数有 n_i 个，那么下述表达式

$$\frac{\sum_{h=1}^{h=i} n_h g_h}{n}$$

将被表示为 $\bar{g}$，并被称为 g 的平均值。注意到

$$n=\sum_{h=1}^{h=i} n_h$$

是所有分子的总数。所以(4)式可以改写为

$$p=nm\overline{\xi^2}。\tag{5}$$

如果所有分子都具有相同的质量，那么有

$$p=nm\overline{\xi^2}。$$

因为气体在各个方向的性质相同，所以 $\xi^2=\eta^2=\zeta^2$。又因为对每个分子而言，$c^2=\xi^2+\eta^2+\zeta^2$，因此 $\overline{c^2}=\overline{\xi^2}+\overline{\eta^2}+\overline{\zeta^2}$，且有 $\overline{\xi^2}=\frac{1}{3}\overline{c^2}$。于是可得

$$p=\frac{1}{3}nm\overline{c^2};\tag{6}$$

其中 nm 是单位体积气体中所包含的总质量，即气体密度 ρ；因此有

$$p=\frac{1}{3}\rho\overline{c^2}\tag{7}$$

由于 p 和 ρ 都可以用实验测得，因此可以计算出 $\overline{c^2}$。有人算得 0℃时氧气的 $\sqrt{\overline{c^2}}$ 是 461m/s；氮气的 $\sqrt{\overline{c^2}}$ 是 492m/s；氢气的 $\sqrt{\overline{c^2}}$ 是 1844m/s。这正是气体分子的方均根速率；如果假设所有分子都有相同的速率、并且在空间各方向运动的机会均等，或者假设三分之一的分子在垂直于所考虑容器表面的方向上来回运动，而三分之二的分子在平行于容器表面的方向上运动，那么，只有当所有分子的运动速率都等于这一方均根速率时，才能产生与通常情况一致的压强。另一方面，$\sqrt{\overline{c^2}}$ 和分子的平均速率有相同的数量级，但相差一个倍数(参见§7)。

假如容器中还存在其他气体，则令 n', n'' 等为单位体积中各不同气体的分子数，m', m'' 等为不同气体的分子质量，ρ', ρ'' 等为它们的分密度(partial density)，即，假设每种气体单独存在于容器中时所具有的密度。那么，从方程(4)和(5)不难发现，

$$p=\frac{1}{3}(n'm'\overline{c'^2}+n''m''\overline{c''^2}+\cdots)=\frac{1}{3}(\rho'\overline{c'^2}+\rho''\overline{c''^2}+\cdots)\tag{8}$$

是气体混合物的总压强；它也等于各分压——每种气体单独存在于容器中时所产生的压强——之和。

两个分子在碰撞中彼此施加的作用力可以随意假设，唯一的前提是其作用距离与平均自由程相比非常小。另一方面，应当假定分子和容器壁碰撞后的反弹类似于弹性球的反弹。不过在§20中我们将解除这后一限制条件的约束。本书第二部分§50将从维里定理出发，来对本节公式进行更普遍的推导。

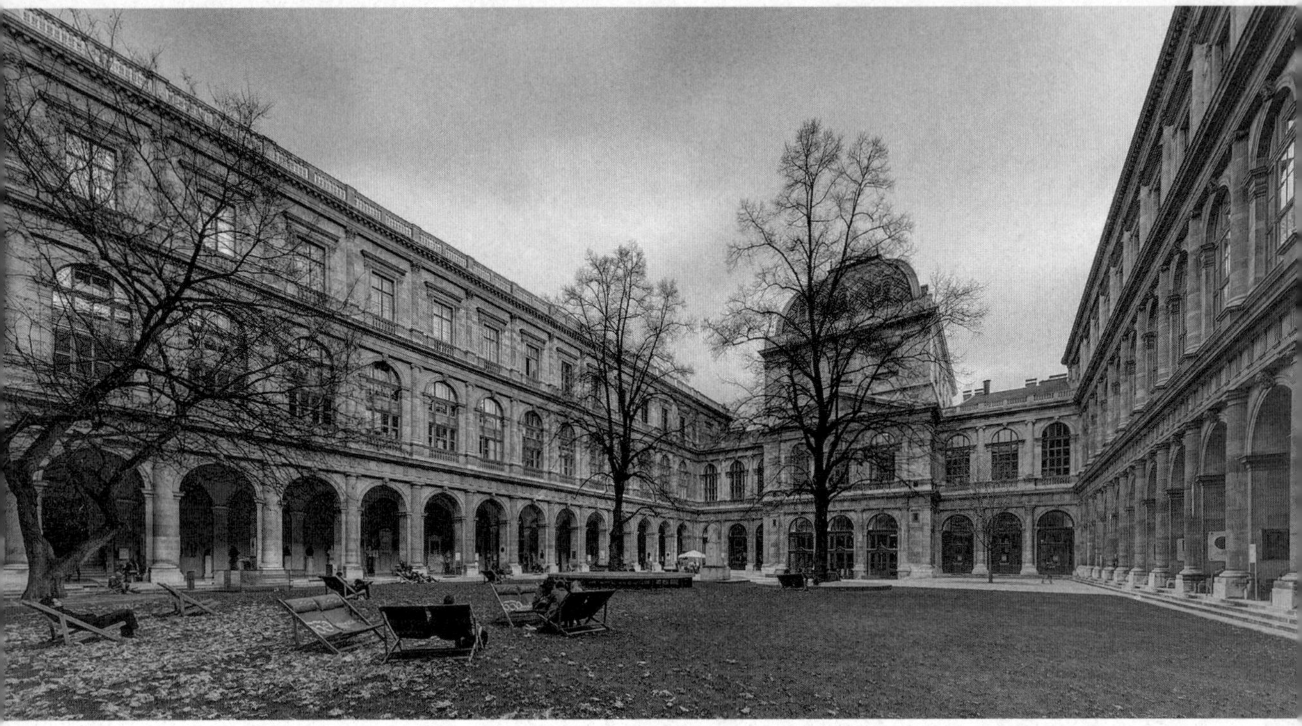

维也纳大学校园一角

第一章

弹性球模型　不考虑外力作用和整体性运动

Abschnitt I

· Die Moleküle sind elastische Kugeln. Aeussere Kräfte und sichtbare Massenbewegungen fehlen ·

我把下述这点看作是我人生的任务，尽可能清晰和逻辑有序地构造经典理论成果的体系，以确保大部分我认为包含于其中的有价值的和 持久可用的材料，无须再于某天被重新发现，这样的事情在科学中屡见不鲜。

——玻尔兹曼

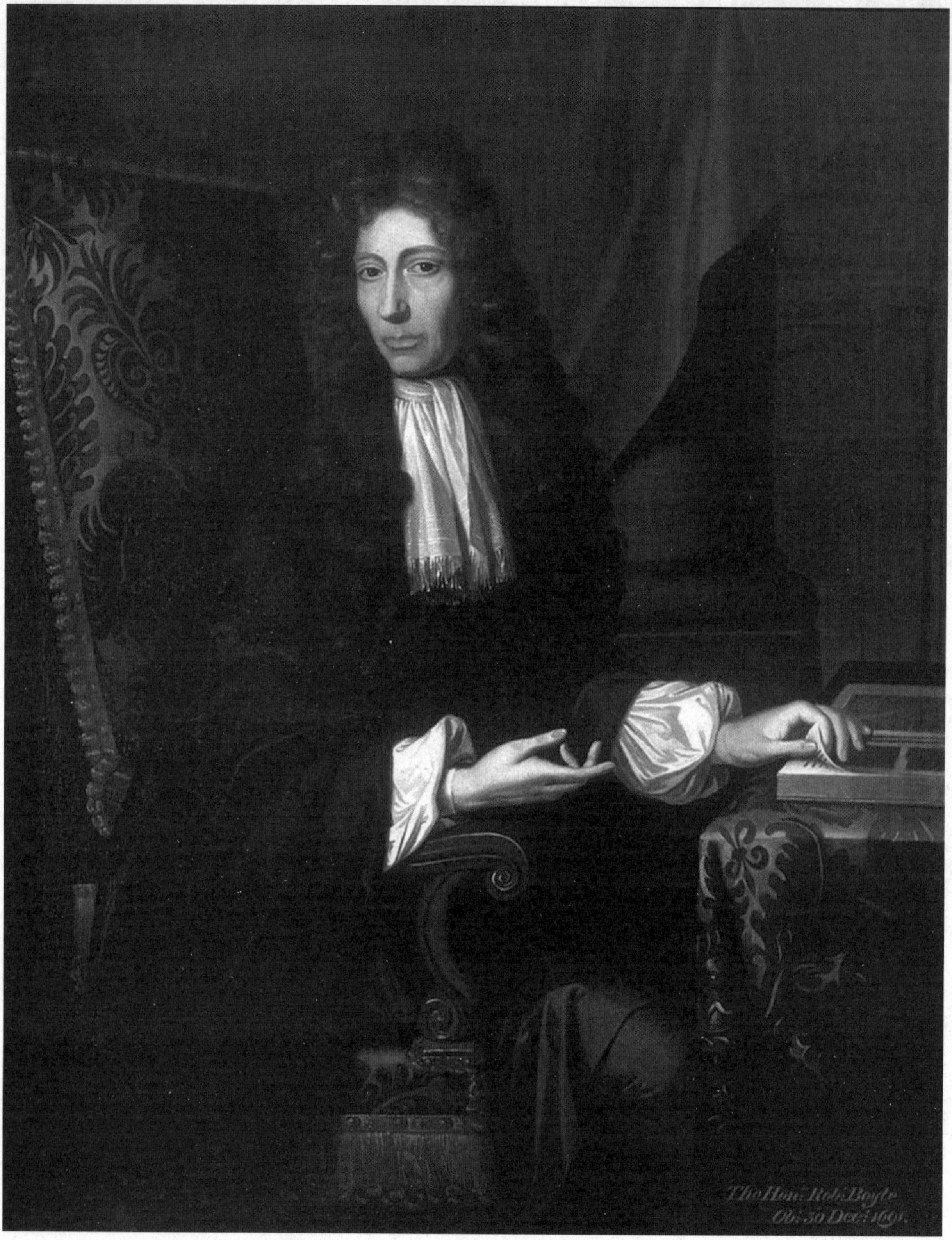
The Hon: Rob: Boyle
Ob: 30 Dec: 1691.

§3　麦克斯韦速度分布律的证明；碰撞频率

我们暂时先假设容器中只有一种全同的分子。同时，从现在开始也假定——除非另作说明——分子在彼此碰撞时，其行为与完全弹性的球体一样。即便所有分子的初始速度大小相同，但可能很快就会发生这样的碰撞：参与碰撞的一个分子正大致沿两分子质心连线的方向运动，另一个分子则可能沿几乎与之垂直的方向运动。于是，碰撞后第一个分子的速度可能几乎变为零，而另一个分子的速度可能变为原来的$\sqrt{2}$倍。如果分子数目足够巨大，那么在碰撞的过程中，分子中可能会出现各种不同大小的速度，从零到远远大于所有分子原来所共有的速度之值，应有尽有；那么，接下来就是计算碰撞后所致末态中分子速度的分布规律，也即如通常所简称的那样，找到速度分布律。为了实现这一目的，我们将考虑一种更普遍的情形。假设容器中有两种分子。第一种分子每个的质量是 m，第二种分子每个的质量是 m_1。任意 t 时刻的主流速度分布，可以用（从坐标原点出发）画直线的方式来表示，直线的条数和单位体积中 m 分子的数目相同。每条直线的长度及方向与对应分子的速度大小及方向一致。直线的末端被称为对应分子的速度点。下面，我们设

$$f(\xi,\eta,\zeta,t)\mathrm{d}\xi\mathrm{d}\eta\mathrm{d}\zeta=f\mathrm{d}\omega \tag{9}$$

式中 f 为速度分布函数，上式表示 t 时刻分子速度在三个坐标轴方向的速度分量处于下述范围：

$$\xi\sim\xi+\mathrm{d}\xi \text{ 之间},\eta\sim\eta+\mathrm{d}\eta \text{ 之间},\zeta\sim\zeta+\mathrm{d}\zeta \text{ 之间} \tag{10}$$

的 m 分子数目。对该范围内的 m 分子而言，速度点都在这样一个平行六面体之内：它的一个顶点是坐标为(ξ,η,ζ)的点，有三条棱边分别与坐标轴平行且长度分别为 $\mathrm{d}\xi,\mathrm{d}\eta,\mathrm{d}\zeta$。我们将始终把这一六面体叫作平行六面体 $\mathrm{d}\omega$。同时我们也把 $\mathrm{d}\omega$ 用作 $\mathrm{d}\xi\mathrm{d}\eta\mathrm{d}\zeta$ 的缩写，以及把 f 当作 $f(\xi,\eta,\zeta,t)$的缩写。如果 $\mathrm{d}\omega$ 是任何其他形状但依然无限小的体积元，则速度点位于 $\mathrm{d}\omega$ 之内的 m 分子数仍然等于

$$f(\xi,\eta,\zeta,t)\mathrm{d}\omega, \tag{11}$$

关于这一点，你只要试着将体积元 $\mathrm{d}\omega$ 分成更小的平行六面体，便可发现确实如此。如果函数 f 在某 t 时刻的值已知，那么 m 分子在 t 时刻的速度分布便可确定。同理，我们也可以用一个速度点来表示每个 m_1 分子，用

◀ 波义耳(Robert Boyle，1627—1691)，英国化学家，物理学家。

$$F(\xi_1,\eta_1,\zeta_1,t)\mathrm{d}\xi_1\mathrm{d}\eta_1\mathrm{d}\zeta_1=F_1\mathrm{d}\omega_1 \tag{12}$$

表示速度分量处于

$$\xi_1\sim\xi_1+\mathrm{d}\xi_1\text{ 之间},\eta_1\sim\eta_1+\mathrm{d}\eta_1\text{ 之间},\zeta_1\sim\zeta_1+\mathrm{d}\zeta\text{ 之间} \tag{13}$$

的 m_1 分子数目，因此对该范围内的 m_1 分子而言，速度点也都在一个类似的平行六面体 $\mathrm{d}\omega_1$ 之内。同样，我们把 $\mathrm{d}\xi_1\mathrm{d}\eta_1\mathrm{d}\zeta_1$ 写作 $\mathrm{d}\omega_1$，把 $F(\xi_1,\eta_1,\zeta_1,t)$ 写作 F_1。此外，我们将完全排除任何外力，并假定容器壁是完全弹性和光滑的。因此，与容器壁碰撞而被反弹的那些分子，看起来就像是来自和容器内气体完全等价的它的镜像气体；容器壁被看作是反射面。根据这些假设，容器中各处都具有相同的条件，如果在一个气体体积元内，速度分量满足条件(10)式的分子数，开始时处处相同，那么此后任何时刻也都会处处相同。如果我们假定这一点，那么可以推得，任何体积 Φ 中满足条件(10)式的 m 分子数与体积 Φ 成正比，因此等于

$$\Phi f\,\mathrm{d}\omega; \tag{14}$$

同样，体积 Φ 中满足条件(13)式的 m_1 分子数是：

$$\Phi F_1\mathrm{d}\omega_1。 \tag{14a}$$

由这些假设可知，因为直进式运动而离开任何空间的分子，一般来说都可以被来自临近空间或者容器壁反射的相同数目的分子所替补，所以速度分布只会因碰撞而改变，不会因分子的直进运动而改变。在§15～§18 我们将摆脱(目前为了简化计算而作出的)这些限制条件，那时重力及其他外力的作用都将被考虑进来。

接下来我们只考虑 m 分子与 m_1 分子之间的碰撞，事实上，我们将从时间间隔 $\mathrm{d}t$ 内所能发生的全部碰撞中，挑选出满足如下三方面条件的那些碰撞：

1. 碰撞前 m 分子的速度分量满足(10)式，因此其速度点位于平行六面体 $\mathrm{d}\omega$ 中。

2. 碰撞前 m_1 分子的速度分量满足(13)式，因此其速度点位于平行六面体 $\mathrm{d}\omega_1$ 中。所有满足条件 1 的 m 分子将被称为"特种 m 分子"，同样，满足相应条件的 m_1 分子被称为"特种 m_1 分子"。

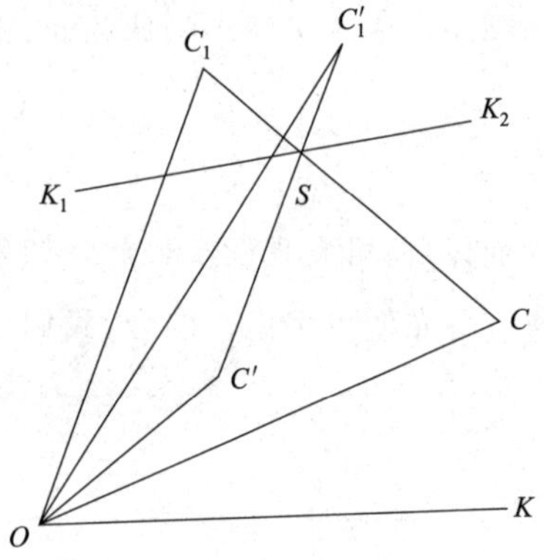

图 2

3. 构造一个球心位于坐标原点、半径为单位长度的球体，并在球面上选取面元 $\mathrm{d}\lambda$。从 m 画向 m_1 的两碰撞分子的质心连线，在碰撞瞬间必须平行于从原点到面元 $\mathrm{d}\lambda$ 上某点的连线。这些连线的集合构成锥体 $\mathrm{d}\lambda$。

$$\text{锥体 }\mathrm{d}\lambda\text{ 中的 }mm_1\text{ 方向。} \tag{15}$$

满足这三个条件的所有碰撞将被称为"特种碰撞"，我们要解决的问题，就是求出 $\mathrm{d}t$ 时间内，单位体积中所发生的特种碰撞数 $\mathrm{d}\nu$。这些碰撞可以用图 2

所示的方式来表示。设 O 为坐标原点，C 和 C_1 是碰撞前两个分子的速度点，因而线段 OC 和 OC_1 分别表示碰撞前速度的大小和方向。C 点必然位于平行六面体 $d\omega$ 之内，而 C_1 点必然位于平行六面体 $d\omega_1$ 之内。（图中没有画出这两个平行六面体。）设 OK 为一条具有单位长度、方向平行于碰撞瞬间从 m 到 m_1 的两分子质心连线方向的线段。因此 K 点必然位于面元 $d\lambda$ 之内，只是该面元也没有在图中画出来。线段 $C_1C=g$ 代表碰撞前 m 分子对 m_1 分子的相对速度，因为它在坐标轴上的投影分别是 $\xi-\xi_1$，$\eta-\eta_1$，以及 $\zeta-\zeta_1$。碰撞频率显然只和相对速度有关。所以，为了求出特种碰撞数，我们可以设想特种 m_1 分子处于静止，而特种 m 分子以速度 g 运动。再进一步设想每个 m 分子上固连着一个半径为 σ 的球（σ 球），该球的球心和分子的质心总是保持一致。σ 的大小应该等于两个分子的半径之和。一旦该球的球面和一个 m_1 分子的质心接触，即意味着碰撞发生。下面我们从每个 σ 球的球心出发画一个圆锥，其形状及位置都和圆锥 $d\lambda$ 相似。这样一来，每个 σ 球的球面都会被截出一块面积为 $\sigma^2 d\lambda$ 的面元。因为所有的球都和对应的分子刚性相连，所以每个面元都相对于特种 m_1 分子运动了距离 $g\,dt$。任何时候，只要其中一个面元和某个特种 m_1 分子的质心接触——当然，这种情况只可能出现在线段 C_1C 和 OK 之间的夹角 ϑ 为锐角的时候，即会发生特种碰撞。每个面元在朝 m_1 分子作相对运动的过程中形成一个底面积为 $\sigma^2 d\lambda$、高为 $g\cos\vartheta\,dt$ 的斜圆柱。因为单位体积内有 $f\,d\omega$ 个特种 m 分子，所以由全部面元用这种方式所产生的斜圆柱的总体积为

$$\Phi=f\,d\omega\sigma^2 g\cos\vartheta\,d\lambda\,dt\,。\tag{16}$$

质心位于体积 Φ 之内的所有特种 m_1 分子，都会在 dt 时间内碰触到一个面元 $\sigma^2 d\lambda$，因此 dt 时间内体积元中所发生的特种碰撞数 $d\nu$，等于 dt 起始时刻位于体积 Φ 中的特种 m_1 分子质心数目 Z_Φ。而根据(14a)式

$$Z_\Phi=\Phi F_1 d\omega_1\,。\tag{17}$$

正如伯伯里(Burbury)[①]曾明确强调过的那样，上述公式中包含有一个特殊的假设。根据力学观点，容器中的气体作任何方式的排布都是有可能的；在这样的排布中，对于气体空间的不同部分，决定分子运动的变量可能具有不同的平均值，比如，容器中一半气体的密度或者分子的平均速率比另一半的大，或者更一般地说，某个有限部分气体的性质和另一有限部分气体的性质不一样。这样一种分布将被称为摩尔有序(molar-ordered)分布。方程(14)和(14a)适合摩尔无序分布的情形。不过，即便分子的排布不具有上述不同有限区域之间表现不同的宏观规则性——也即摩尔无序——那么，两个或者多个分子组成的分子团也依然可以呈现出明确的规则性。呈现出这种规则性的分布将被称为分子有

① Burbury, *Nature* 51, 78 (1894)。同时参见 Boltzmann, Weitere Bermerkungen über Wärmetheorie, *Wien. Ber*. 78 (June 1878)，倒数第三页和倒数第二页。

序(molecular-ordered)分布。比如——这里仅从众多可能的例子中选取两个——每个分子都朝其最近邻分子运动,又或者速度位于某特定范围之内的每个分子拥有10个速度慢得多的最近邻分子,那么,相应的分布便是一种分子有序分布。如果这些特殊组群并不局限于容器中的特定位置,而是平均而言机会均等地分布于整个容器中,那么对应的分布便是摩尔无序分布。因此方程(14)和(14a)对单个分子而言总是成立的,而方程(17)则不然,因为 m 分子的邻域会受到 m_1 分子在空间 Φ 中的概率的影响。所以,概率计算中不能将 m_1 分子在 Φ 空间的存在,看作是和 m 分子的邻域无关的事件。因此,我们可以这么说:如果一个状态分布是分子无序的,则意味着方程(17)和描述 m 分子之间或 m_1 分子之间相互碰撞的两个类似方程成立。

如果气体中的平均自由程和两近邻分子之间的平均距离相比很大,那么在短时间内,一个分子将先后与全然不同的分子互为最近邻。一个分子有序但摩尔无序的分布,极有可能在短时间之内变为一个分子无序的分布。每个分子相邻两次碰撞地点之间的距离非常之远,所以(在统计计算中),我们可以认为另一个分子以一定的运动状态出现在第二次碰撞发生地点的事件,是和第一个分子从哪里来不相关的独立事件(对第一个分子的运动状态而言也是同样的情况)。但是,如果在事先针对每个分子路径所做计算的基础上来选择初始位形,从而刻意破坏了概率定理,那么我们当然就可以构建一种持续的规律性,或者说构建一种近乎分子无序的分布,但该无序分布将在特定的时候变为分子有序的分布。同时,基尔霍夫①在定义概率的概念时也假设状态是分子无序的。

考虑到证明的严格性,有必要先对这一假设作出详细说明,这是我在讨论所谓的 H 定理或者最小值定理时就首先注意到了的。但是,如果认为这一假设仅只是证明该定理时所必需的,那就大错特错了。由于不可能像天文学家们计算所有行星位置那样计算所有分子在每一时刻的位置,所以若没有这样一个假设的话,是不可能证明气体理论的定理的。在黏滞性、热导率等物理量的计算中也用到了这一假设。同样,若没有这一假设的话,关于麦克斯韦速度分布律是一种可能的分布,即,该分布一旦形成,将持续无限长时间 ——的证明也将是不可能的。因为我们不能证明分布总是保持分子无序。实际上,如果麦克斯韦的状态是从其他某状态演变而来,那么足够长时间之后,后者终会重现(参见§6后半部分)。因此,一个状态刚开始时可能无限接近麦克斯韦状态,最终却变成了一个完全不同的状态。最小值定理和无序假设捆绑在一起并不是件坏事,甚至很有好处,因为这一定理帮助我们澄清了一些概念,从而使我们认识到这一假设的必要性。

下面我们明确假设,运动是摩尔无序的,也是分子无序的,且在后续所有时间里都保持这种状态。因此方程(17)成立,由此可得

---

① Kirchhoff, *Vorlesungen über Wärmetheorie*, 14th lecture, §2, p. 145, line 5.

$$d\nu = Z_{\Phi} = \Phi F_1 d\omega_1 = f d\omega F_1 d\omega_1 \sigma^2 g \cos\vartheta d\lambda dt。\qquad (18)$$

这是 dt 时间内发生于单位体积中的特种碰撞数，后面将对它进行计算。忽略擦边碰撞——这样的碰撞数在任何情况下都会是高阶小量——因此，在每次碰撞中，每个分子至少有一个速度分量发生了有限大小的改变。在每个特种碰撞中，速度分量满足(10)式条件的 m 分子——也即我们所称作的特种 m 分子——的数目 $f d\omega$，以及特种 m_1 分子数 $F_1 d\omega_1$，都会减少一个。为了求出 dt 时间内 m 分子与 m_1 分子之间发生的所有碰撞(质心连线的长度和方向不限)所致 $f d\omega$ 的减少量 $\int d\nu$，我们必须把(18)式中的 ξ,η,ζ，$d\omega$，及 dt 当作常数，而将 $d\omega_1$ 和 $d\lambda$ 对所有可能的值积分，即，将 $d\omega_1$ 对所有空间积分，将 $d\lambda$ 对 ϑ 为锐角的所有面元积分。这一积分的结果将用 $\int d\nu$ 来表示。

m 分子相互之间的碰撞所致 $f d\omega$ 的减少量 $d\mathfrak{n}$，显然由一个完全相似的公式给出；我们就用 ξ_1,η_1,ζ_1 来表示另一个 m 分子碰撞前的速度分量。除了将 m_1 替换为 m、将函数 F 替换为 f、将 σ 替换为 m 分子的直径 s，所有其他物理量都具有相同的意义。这样，我们就可以将 $d\nu$ 的表达式替换为

$$d\mathfrak{n} = f f_1 d\omega d\omega_1 s^2 g \cos\vartheta d\lambda dt，\qquad (19)$$

其中 f_1 是 $f(\xi_1,\eta_1,\zeta_1,t)$ 的缩写。显然，为了求得 $\int d\mathfrak{n}$，即 dt 时间内 m 分子之间发生的全部碰撞所导致的 $f d\omega$ 减少量——必须把 $\xi,\eta,\zeta,d\omega$，及 dt 当作常数，而将 $d\omega_1$ 和 $d\lambda$ 对所有可能的值积分。所以，dt 时间内 $f d\omega$ 的总减少量等于 $\int d\nu + \int d\mathfrak{n}$。如果系统处于稳态，那么上述总减少量必然恰好等于这样一群 m 分子的数目：在 dt 的起始时刻，它们的速度并不在(10)式范围之内，但在 dt 时间内因碰撞而发生改变后就满足(10)式条件了，即碰撞后它们的新速度位于(10)式范围之内。换句话说，$\int d\nu + \int d\mathfrak{n}$ 也必然等于碰撞所引起的 $f d\omega$ 的总增量。

§4　连续性；碰撞后变量的值；逆碰撞

为了求出这一增量，我们接下来要分析发生特种碰撞后两个分子的速度。碰撞前，质量为 m 的分子具有速度分量 ξ,η,ζ，而质量为 m_1 的分子的速度分量为 ξ_1,η_1,ζ_1。碰撞瞬间，从 m 指向 m_1 的两分子质心连线，与 m 分子对 m_1 分子的相对速度形成夹角 ϑ。如果这两条线所在平面与任何其他已知平面——比如碰撞前两分子速度所在平面——之间的夹角 ε 已知，那么碰撞就完全确定了。这样的话，碰后两分子的速度分量 ξ',η'，

ζ'，及 ξ_1'，η_1'，ζ_1' 就可以表示为 8 个变量 $\xi,\eta,\zeta,\xi_1,\eta_1,\zeta_1,\vartheta,\varepsilon$ 的显函数：

$$\begin{cases}\xi'=\psi_1(\xi,\eta,\zeta,\xi_1,\eta_1,\zeta_1,\vartheta,\varepsilon)\\ \eta'=\psi_2(\xi,\eta,\zeta,\xi_1,\eta_1,\zeta_1,\vartheta,\varepsilon)。\\ \cdots\cdots\end{cases}\tag{20}$$

但相比代数演算，我们更喜欢采用几何作图的方法。因此我们回到第 24 页的图 2。将线段 C_1C 在 S 点分成两段，使

$$C_1S:CS=m:m_1。$$

那么 OS 将代表两个分子共同质心的速度；因为我们可以证明它在坐标轴上的投影分别是

$$\frac{m\xi+m_1\xi_1}{m+m_1},\frac{m\eta+m_1\eta_1}{m+m_1},\frac{m\zeta+m_1\zeta_1}{m+m_1},\tag{21}$$

而上式中各量实际上正好是共同质心的速度分量。正如我们曾经所发现的 C_1C 是 m 分子对 m_1 分子的相对速度一样，SC 和 SC_1 也分别是碰撞前两个分子对共同质心的相对速度。这些相对速度在质心连线 OK 的垂线方向的分量不会因碰撞而改变。假如它们在 OK 方向的分量碰撞前分别是 p 和 p_1，碰撞后分别是 p'和 p_1'。那么根据质心运动守恒定理：

$$mp+m_1p_1=mp'+m_1p_1'=0,$$

以及动能守恒定理：

$$mp^2+m_1p_1^2=mp'^2+m_1p_1'^2,$$

可得

$$p'=p,p_1'=p_1,$$

或者

$$p'=-p,p_1'=-p_1,$$

不难发现，只有后一种解是可行的，因为碰撞后分子一定会分开，由此也不难发现，两个分子对质心的相对速度在 $K_1K_2//OK$ 方向上的分量，会在碰撞的作用下发生反向。

根据上面的分析，可以用下述方法画出两条线段 OC'和 OC_1'，来表示碰撞后两个分子速度的大小和方向。过 S 点画线 K_1K_2；再在 K_1K_2 和 C_1C 所在平面内画线 SC'和 SC_1'，它们的长度分别与 SC 和 SC_1 相同，方向上它们与 K_1K_2 之间倾斜的角度和 SC、SC_1 与 K_1K_2 之间倾斜的角度大小相同，但倾斜方向相反。后面两条线的端点 C'和 C_1' 同时也就是求作线段 OC'和 OC_1' 的端点。我们也可以将这两个端点称为碰撞后两分子的速度点。因此，OC'和 OC_1' 在三个坐标轴上的投影分别是碰撞后两分子的速度分量 ξ',η',ζ'，及 ξ_1',η'_1,ζ_1'。这些几何图线完全代替了(20)式的代数演算。点 C'、S 和 C_1' 显然处于同一直线之上。线段 C'_1C'代表碰撞后 m 分子对 m_1 分子的相对速度，从图中可以看出，它的长度和 C_1C 相同，而它和 OK 之间的夹角则是 $180°-\vartheta$。

到目前为止，我们只考虑了一个特种碰撞，并画出了碰撞之后的速度。接下来我们

要考虑所有的特种碰撞，并探求所有这些碰撞——碰撞前满足条件(10)，(13)及(15)式的所有碰撞——发生之后各变量值所处的范围。既然我们假定碰撞的持续时间无限小，那么，质心连线的方向在碰后和碰前就都是一样的，我们要探求的也就是碰撞后速度分量 ξ'，η'，ζ'，及 ξ_1'，η_1'，ζ_1' 处于什么范围之内。假如是用代数方法来演算(20)式，那么我们应该把 ϑ 和 ε 当作常数，而把 $\xi,\eta,\zeta,\xi_1,\eta_1,\zeta_1$ 当作独立变量，并借助著名的雅可比函数行列式的方法，用 $\mathrm{d}\xi\mathrm{d}\eta\mathrm{d}\zeta\mathrm{d}\xi_1\mathrm{d}\eta_1\mathrm{d}\zeta_1$ 来表示 $\mathrm{d}\xi'\mathrm{d}\eta'\mathrm{d}\zeta'\mathrm{d}\xi_1'\mathrm{d}\eta_1'\mathrm{d}\zeta_1'$。然而，我们更喜欢用几何作图的方法，因此必须回答这样的问题：如果我们令点 C 和 C_1 描述体积元 $\mathrm{d}\omega$ 和 $\mathrm{d}\omega_1$，那么，在不改变线段 OK 方向的情况下，点 C' 和 C_1' 描述的体积元将是什么样的呢？首先，令 C 点位置和 OK 的方向保持不变，而让 C_1 扫画出整个平行六面体 $\mathrm{d}\omega_1$。根据图形的完美对称性可知，C_1' 描述的是一个和 $\mathrm{d}\omega_1$ 全等的镜像平行六面体。同样，如果 C_1 点固定不动，而让 C 点扫画出平行六面体 $\mathrm{d}\omega$，那么 C' 点将扫画出一个和 $\mathrm{d}\omega$ 全等的平行六面体。对我们之前称为特种碰撞的所有碰撞来说，碰撞之后 m 分子的速度点处于平行六面体 $\mathrm{d}\omega'$ 之内，m_1 分子的速度点处于 $\mathrm{d}\omega_1'$ 之内，并且 $\mathrm{d}\omega'\mathrm{d}\omega_1'=\mathrm{d}\omega\mathrm{d}\omega_1$ 恒成立。如果直接对(20)式展开代数演算，并构造函数行列式①

$$\sum\pm\frac{\partial\xi'}{\partial\xi}\frac{\partial\eta'}{\partial\eta}\cdots\frac{\partial\zeta_1'}{\partial\zeta_1},$$

也可以得到相同的结果。

下面我们来考虑 m 分子和 m_1 分子之间发生的另一种碰撞，这种碰撞我们将称为“逆碰撞”。它们满足如下条件：

1. 碰撞前 m 分子的速度点位于体积元 $\mathrm{d}\omega'$ 内；单位体积中满足这一条件的 m 分子数类似于方程(9)，为 $f'\mathrm{d}\omega'$，其中 f' 是将函数 f 的自变量 ξ,η,ζ 用 ξ',η',ζ' 代替时的函数值，即为 $f(\xi'、\eta'、\zeta',t)$。

2. 碰撞前 m_1 分子的速度点位于体积元 $\mathrm{d}\omega_1'$ 内；单位体积中满足这一条件的 m_1 分子数为 $F_1'\mathrm{d}\omega_1'$，其中 F_1' 是 $F(\xi_1'、\eta_1'、\zeta_1',t)$ 的缩写。

3. 碰撞瞬间两分子的质心连线——从 m_1 画向 m——平行于锥元 $\mathrm{d}\lambda$ 中某条从坐标原点出发画出的线段(在涉及同种分子碰撞的积分中，质量为 m_1 的分子，当然要被速度分量为 ξ_1,η_1,ζ_1 但质量却是 m 的 m 分子替代)。

图 3 代表的是和图 2 中相同的碰撞，两图中的有关线段尽可能保持了一致。图 4 代表逆碰撞。指向分子质心的箭头始终表示它碰撞前的速度，而背离分子质心的箭头则总是表示碰撞后的速度。在所有逆碰撞中，碰撞前 m 分子对 m_1 分子的相对速度用图 2 中

---

① 参见 *Wien. Ber.* 94，625 (1886)；Stankevitsch，*Ann. Physik* [3] 29，153 (1886)。角度 ϑ 和 ε 也与 c 和 c_1 的位置有关的事实，并不会削弱文中的论点。我们可以先不引入 ϑ 和 ε，而引入决定 OK 在空间中的绝对位置的两个角度，然后把 $\xi,\eta,\cdots\zeta_1$ 变换为 $\xi',\eta',\cdots,\zeta_1'$，最后再引入 ϑ 和 ε。

的线段 $C_1'C'$ 表示。因为质心连线方向也同时反向了，所以该相对速度的大小还是 g，它与从 m 指向 m_1 的两质心连线也依然成夹角 ϑ。当然，只有当 ϑ 是锐角的时候，才可能发生碰撞。由(18)式类推，dt 时间内，单位体积中发生的逆碰撞数为

$$d\nu'=f'F_1'\,d\omega'\,d\omega_1'\sigma^2 g\cos\vartheta\,d\lambda\,dt。\tag{22}$$

我们之所以把这些碰撞叫作逆碰撞，是因为它们所经历的过程与之前指定的特种碰撞正好相反，所以碰撞之后两个分子的速度满足(10)式和(13)式条件，与原特种碰撞中两分子碰撞之前速度所满足的条件一样。

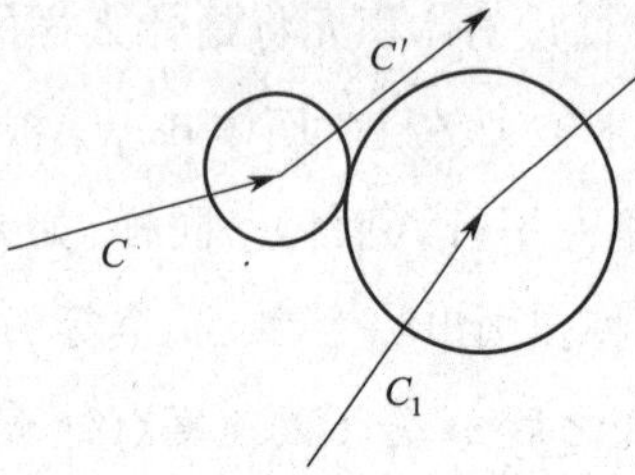

图 3

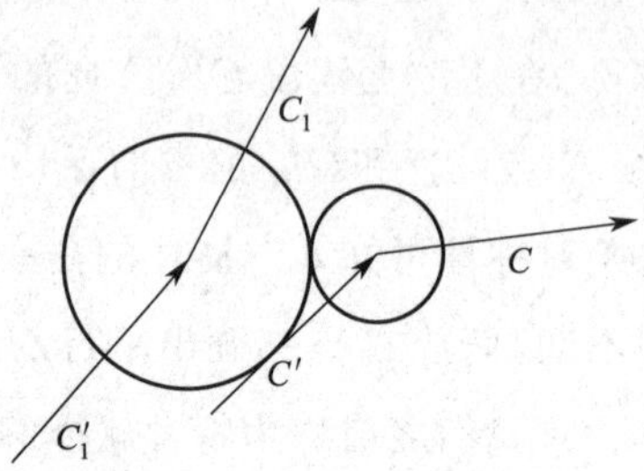

图 4

逆碰撞会使 $f\,d\omega$ 和 $F_1\,d\omega_1$ 分别增加 1。为了求出 dt 时间内 m 分子和 m_1 分子之间所有碰撞所致 $f\,d\omega$ 的总增加量，我们必须先将 $\xi',\eta',\zeta',\xi_1',\eta_1',\zeta_1'$ 用 $\xi,\eta,\zeta,\xi_1,\eta_1,\zeta_1,\vartheta,\varepsilon$ 表示出来。因为 $d\omega'd\omega_1'=d\omega d\omega_1$，所以有

$$d\nu'=f'F_1'\,d\omega\,d\omega_1\sigma^2 g\cos\vartheta\,d\lambda\,dt。\tag{23}$$

方程中含有字母 f',F_1'，及 $d\lambda$，但我们要记住，它们的自变量 $\xi',\eta',\zeta',\xi_1',\eta_1',\zeta_1'$ 是 $\xi,\eta,\zeta,\xi_1,\eta_1,\zeta_1,\vartheta,\varepsilon$ 的函数，同时也和 $d\lambda$ 有关联(因为 $d\lambda$ 与角度 ϑ、ε 的微分有关)。众所周知，我们可以证得 $d\lambda=\sin\vartheta\,d\vartheta\,d\varepsilon$(参见 § 9 开头部分)。我们现在把微分表达式(23)中的 ξ、η、ζ、$d\omega$ 及 dt 看作常数，而将 $d\omega_1$ 和 $d\lambda$ 对所有可能的值积分。这样，m_1 分子和碰撞前速度分量满足(10)式条件的 m 分子之间所能发生的全部碰撞，不加任何限制地，全都被包括了进来。所以，积分结果 $\int d\nu'$ 给出了 dt 时间内 m 分子和 m_1 分子之间所有碰撞所致 $f\,d\omega$ 的总增加量。类似地，m 分子相互之间的碰撞也会使 $f\,d\omega$ 产生一个增量 $\int dn'$，其中

$$dn'=f'f_1'\,d\omega\,d\omega_1 s^2 g\cos\vartheta\,d\lambda\,dt。\tag{24}$$

同样，这里的 f_1' 是 $f(\xi_1',\eta_1',\zeta_1',t)$ 的缩写。而 $\xi',\eta',\zeta',\xi_1',\eta_1',\zeta_1'$ 是 $\xi,\eta,\zeta,\xi_1,\eta_1,\zeta_1,\vartheta$ 及 ε 的函数，因为前者代表一次碰撞之后的速度分量，它们取决于初始条件(10)，(13)及(15)式，只不过这些方程中两个分子的质量将都为 m。

将 $f\,d\omega$ 的总增量减去总减量，可得 $f\,d\omega$ 时间内 $f\,d\omega$ 的净变化量

$$\frac{df}{dt}d\omega\,dt。$$

因此有：

$$\frac{\mathrm{d}f}{\mathrm{d}t}\mathrm{d}\omega\,\mathrm{d}t=\int\mathrm{d}\nu'-\int\mathrm{d}\nu+\int\mathrm{d}\mathfrak{n}'-\int\mathrm{d}\mathfrak{n}。$$

$\int\mathrm{d}\nu$ 和 $\int\mathrm{d}\nu'$ 这两个积分中的积分变量是相同的，$\int\mathrm{d}\mathfrak{n}$ 和 $\int\mathrm{d}\mathfrak{n}'$ 也一样。

将这些积分联立起来，并将整个方程的两边同时除以 $\mathrm{d}\omega\cdot\mathrm{d}t$，那么由(18)，(19)，(23)及(24)式可得：

$$\begin{cases}\dfrac{\partial f}{\partial t}=\displaystyle\int(f'F'_1-fF_1)\sigma^2 g\cos\vartheta\,\mathrm{d}\omega_1\,\mathrm{d}\lambda\\[2ex] \qquad+\displaystyle\int(f'f'_1-ff_1)s^2 g\cos\vartheta\,\mathrm{d}\omega_1\,\mathrm{d}\lambda。\end{cases}\tag{25}$$

积分范围是所有可能的 $\mathrm{d}\omega_1$ 和 $\mathrm{d}\lambda$ 值。同样，可得对应于函数 F 的方程为

$$\begin{cases}\dfrac{\partial F_1}{\partial t}=\displaystyle\int(f'F'_1-fF_1)\sigma^2 g\cos\vartheta\,\mathrm{d}w\,\mathrm{d}\lambda\\[2ex] \qquad+\displaystyle\int(F'F'_1-FF_1)s_1^2 g\cos\vartheta\,\mathrm{d}w\,\mathrm{d}\lambda。\end{cases}\tag{26}$$

这里，s_1 是 m_1 分子的直径；在(26)式中，ξ_1、η_1 及 ζ_1 是任意的，积分时应被看作常数，而 ξ、η 及 ζ 需要在它们所有可能的值上积分。在第一个积分中，ξ'，η'，ζ'，ξ'_1，η'_1，ζ'_1 是质量分别为 m 和 m_1 的分子发生特种碰撞后的速度分量；在第二个积分中，它们则代表两个质量同为 m_1 的分子碰撞后的速度分量。$\frac{\partial F_1}{\partial t}$、$F$、$F'$ 分别是 $\frac{\partial F(\xi_1,\eta_1,\zeta_1,t)}{\partial t}$，$F(\xi,\eta,\zeta,t)$ 和 $F(\xi',\eta',\zeta',t)$ 的缩写。

系统处于稳态的条件是 $\frac{\partial f}{\partial t}$ 及 $\frac{\partial F_1}{\partial t}$ 恒等于零。因此，若所有积分中的被积函数在积分变量取任何值时都恒等于零——因而对 m 分子相互之间、m_1 分子相互之间及 m 分子和 m_1 分子之间有可能发生的所有碰撞而言，如下三个等式

$$ff_1=f'f'_1,\ FF_1=F'F'_1,\ fF_1=f'F'_1,\tag{27}$$

成立，那么上述稳态条件就自然得到了满足。因为原定特种碰撞的概率由(18)式给出，逆碰撞的概率由(23)式给出，所以，(27)式中第三个等式的普遍有效性，相当于表明，不管 $\mathrm{d}\omega$、$\mathrm{d}\omega_1$ 及 $\mathrm{d}\lambda$ 怎么取值，原定特种(或者简称为“直接”)碰撞和逆碰撞概率相同。换句话说，两个分子以某种方式分开和它们以相反的方式发生碰撞的概率相同。对(27)式中有关 m 分子相互之间及 m_1 分子相互之间碰撞的另两个等式，也可以得出相同的结论。不管怎样，我们很容易发现，如果两个分子在碰撞后彼此分开和以相反的方式彼此靠拢而发生碰撞的概率相同，那么状态分布就必然保持稳定。

§5 证明麦克斯韦速度分布是唯一可能的分布

我们将于稍后处理(27)式的求解问题,这并没有什么特别难的地方。它必然会导向著名的麦克斯韦速度分布律。在这种情况下,$\frac{\partial f}{\partial t}$和$\frac{\partial F}{\partial t}$等于零,因为所有积分中的被积函数恒等于零。同时还有待证明,麦克斯韦速度分布一旦形成,就不再会因进一步的碰撞而发生改变。另外,我们也还没有证明,(25)式和(26)式不存在其他非恒等于零的解。读者尽可以认为这样的可能性有多不重要;但我还是倾向于通过一种特殊的证明来排除这样的可能性。因为这一证明看起来与熵增原理之间有着并非无趣的联系,所以我将采用洛伦兹的方法重新给出该证明。

我们考虑和前面一样的气体混合物,并继续采用早先的符号。此外,我们分别用 $\ln f$ 和 $\ln F$ 来表示函数 f 和 F 的自然对数。将一个质量为 m 的特定分子在 t 时刻的速度分量代入 $\ln f$ 中的 ξ、η、ζ 后,所得结果被称为所考虑分子在所考虑时刻的对数函数值。同理,我们可以得到任何时刻任何 m_1 分子的对数函数值,只要将该分子在该时刻的速度分量 ξ_1、η_1、ζ_1 代入 $\ln F_1$ 中即可。下面我们来计算某个特定时刻,体积元内所有 m 分子和 m_1 分子的各对数函数值之和 H。在 t 时刻,体积元内有 $f\mathrm{d}\omega$ 个特种 m 分子,即速度分量满足(10)式条件的 m 分子。显然,这些分子对和值 H 的贡献为 $f\cdot\ln f\cdot\mathrm{d}\omega$。如果再加上和 m_1 分子相对应的类似表达式,并对所有可取的变量值积分,那么可得:

$$H=\int f\cdot\ln f\cdot\mathrm{d}\omega+\int F_1\cdot\ln F_1\cdot\mathrm{d}\omega_1。\tag{28}$$

接下来我们计算 H 在极短时间 $\mathrm{d}t$ 之内的变化。引起它变化的因素有下面两个:[①]

① 关于正文中的证明,可以给出如下更加详细的形式。在将(28)式中的积分式对所有变量从$-\infty$到$+\infty$积分时,当然将满足条件的值都包含了进来。但在气体中不出现的速度对积分不会有贡献,因为对这些速度而言,f 或者 F 必然为零。因此,积分限是定值,我们可以通过在积分号内对 t 求导数的方式得到$\frac{\mathrm{d}H}{\mathrm{d}t}$,即:

$$\frac{\mathrm{d}H}{\mathrm{d}t}=\int\frac{\partial f}{\partial t}\mathrm{d}\omega+\int\frac{\partial F_1}{\partial t}\mathrm{d}\omega_1+\int\ln f\,\frac{\partial f}{\partial t}\mathrm{d}\omega+\int\ln F_1\,\frac{\partial F_1}{\partial t}\mathrm{d}\omega_1。$$

不难看出,上式的前两项代表正文中所谓的第一个因素引起的 H 增量,也由于正文中所给出的理由,这一增量的值为零。另两项代表第二个因素引起的 H 增量,代入(25)、(26)式中的$\frac{\partial f}{\partial t}$和$\frac{\partial F_1}{\partial t}$值后可得

$$\frac{\mathrm{d}H}{\mathrm{d}t}=\int\ln f(f'F'_1-fF_1)\mathrm{d}\rho+\int\ln f(ff'_1-ff_1)\mathrm{d}r+\int\ln F_1(f'F'_1-fF_1)\mathrm{d}\rho+\int\ln F_1(F'F'_1-FF_1)\mathrm{d}r_1,\tag{29}$$

其中 $\mathrm{d}\rho=\sigma^2 g\cos\vartheta\mathrm{d}\omega\mathrm{d}\omega_1\mathrm{d}\lambda$,$\mathrm{d}r=s^2 g\cos\vartheta d\omega d\omega_1 d\lambda$,$\mathrm{d}r_1=s_1^2 g\cos\vartheta\mathrm{d}\omega\mathrm{d}\omega_1\mathrm{d}\lambda$。所有积分的积分范围均遍布各变量的全部取值范围。(转下页)

1. t 时刻每个特种 m 分子对(28)式的贡献为 $\ln f$。经过 $\mathrm{d}t$ 时间之后，函数 f 产生增量

$$\frac{\partial f}{\partial t}\mathrm{d}t。$$

因此 $\ln f$ 也获得增量

$$\frac{1}{f}\frac{\partial f}{\partial t}\mathrm{d}t,$$

这样，每个特种 m 分子对(28)式的贡献变为

$$\ln f+\frac{1}{f}\frac{\partial f}{\partial t}\mathrm{d}t。$$

而全部特种 m 分子的总贡献为

$$\left(\ln f+\frac{1}{f}\frac{\partial f}{\partial t}\mathrm{d}t\right)f\,\mathrm{d}\omega。$$

对所有其他 m 分子和 m_1 分子作同样的推理，可得因(28)式积分号内 $\ln f$ 和 $\ln F$ 的变

(接上页)不难发现，$\int f'\cdot\ln f'\cdot\mathrm{d}\omega'+\int F'_1\cdot\ln F'_1\cdot\mathrm{d}\omega'_1$ 同样等于 H。将它对时间求导后可得：

$$\frac{\mathrm{d}H}{\mathrm{d}t}=\int\frac{\partial f'}{\partial t}\mathrm{d}\omega'+\int\frac{\partial F'_1}{\partial t}\mathrm{d}\omega'_1+\int\ln f'\,\frac{\partial f'}{\partial t}\mathrm{d}\omega'+\int\ln F'_1\,\frac{\partial F_1}{\partial t}\mathrm{d}\omega'_1。\tag{30}$$

如果把考虑碰撞前后的速度分量分别为 $\xi,\eta,\zeta,\xi_1,\eta_1,\zeta_1$ 和 $\xi',\eta',\zeta',\xi'_1,\eta'_1,\zeta'_1$ 的碰撞，改为考虑碰撞前后的速度分量分别为 $\xi',\eta',\zeta',\xi'_1,\eta'_1,\zeta'_1$ 和 $\xi,\eta,\zeta,\xi_1,\eta_1,\zeta_1$ 的碰撞，则可以用计算 $\frac{\partial f}{\partial t}$ 和 $\frac{\partial F}{\partial t}$ 时所采用的同样的方法，来计算 $\frac{\partial f'}{\partial t}$ 和 $\frac{\partial F'}{\partial t}$。那么，根据对称性可知

$$\frac{\partial f'}{\partial t}=\int(fF_1-f'F'_1)\sigma^2g\cos\vartheta\,\mathrm{d}\omega'_1f\,\mathrm{d}\lambda+\int(f_1f-f'f'_1)s^2g\cos\vartheta\,\mathrm{d}\omega'_1f\,\mathrm{d}\lambda;$$

对 $\frac{\partial F'}{\partial t}$ 也可得到类似的公式。把这些值代入方程(30)(同时考虑到方程右边前两项为零，且 $\mathrm{d}\omega'\mathrm{d}\omega'_1=\mathrm{d}\omega\mathrm{d}\omega_1$)可得：

$$\frac{\mathrm{d}H}{\mathrm{d}t}=\int\ln f'(fF_1-f'F'_1)\mathrm{d}\rho+\int\ln f'(ff_1-f'f'_1)\mathrm{d}r+\int\ln F'_1(fF_1-f'F'_1)\mathrm{d}\rho+\int\ln F'_1(FF_1-F'F'_1)\mathrm{d}r_1。\tag{31}$$

因为在 m 分子相互之间或者 m_1 分子相互之间的碰撞中，两个碰撞分子所起作用相同，所以有

$$\int\ln f(f'f'_1-ff_1)\mathrm{d}r=\int\ln f_1(f'f'_1-ff_1)\mathrm{d}r$$

$$\int\ln f'(ff_1-f'f'_1)\mathrm{d}r=\int\ln f'_1(ff_1-f'f'_1)\mathrm{d}r$$

对 F 来说也有类似的两个方程。因此，对 $\frac{\mathrm{d}H}{\mathrm{d}t}$ 的两个值(30)式和(31)式求平均，可得正文中给出的如下关系式：

$$\left\{\begin{aligned}\frac{\mathrm{d}H}{\mathrm{d}t}=&-\frac{1}{2}\int[\ln(f'F'_1)-\ln(fF_1)]\cdot(f'F'_1-fF_1)\mathrm{d}\rho\\&-\frac{1}{4}\int[\ln(f'f'_1)-\ln(ff_1)]\cdot(f'f'_1-ff_1)\mathrm{d}r\\&-\frac{1}{4}\int[\ln(F'F'_1)-\ln(FF_1)]\cdot(F'F'_1-FF_1)\mathrm{d}r。\end{aligned}\right.$$

这个证明相对短一点，但它似乎依赖于特定的数学条件——比如积分号内求导的合理性，等——不过这些条件影响到的只是证明的繁简，而不是其有效性，因为问题中涉及的数字实际上虽然巨大但并非无限。在发表于 *Wien. Ber*. 66, *Oct*. 1872, *Section* II 上的一篇文章中，我给出了一个不需引入定积分的证明。

化，而导致 H 的总变化量为：

$$\int \frac{\partial f}{\partial t} \mathrm{d}t \, \mathrm{d}\omega + \int \frac{\partial F}{\partial t} \mathrm{d}t \, \mathrm{d}\omega_1 。$$

但这正是单位体积内总分子数的变化量，它必然等于零，因为不管是容器的大小还是分子的均匀分布，都不会发生变化。

2. 碰撞不仅会改变 $\ln f$ 和 $\ln F$，也会改变 $f\mathrm{d}\omega$ 和 $F_1\mathrm{d}\omega_1$，即特种分子的数目会发生微小的变化。根据上面的讨论，这第二个因素所致 H 的变化 $\mathrm{d}H$，等于 $\mathrm{d}t$ 时间内 H 的总变化量。为了求出这一变化量，我们还是用 $\mathrm{d}\nu$ 来表示 $\mathrm{d}t$ 时间内，单位体积中发生的特种碰撞数。每个这样的碰撞都会使 $f\mathrm{d}\omega$ 和 $F_1\mathrm{d}\omega_1$ 减少 1。

因为每个 m 分子对(28)式贡献加数 $\ln f$，每个 m_1 分子贡献加数 $\ln F_1$，所以碰撞所致 H 的总减少量为

$$(\ln f + \ln F_1)\mathrm{d}\nu$$

每个碰撞会使 $f'\mathrm{d}\omega'$增加 1，因而会导致 H 增加 $\ln f'\mathrm{d}\nu$。同样，每个碰撞使 $F_1'\mathrm{d}\omega_1'$ 增加 1，并导致 H 增加 $\ln F_1'\mathrm{d}\nu$。所以 $\mathrm{d}t$ 时间内 H 的总增量为：

$$(\ln f' + \ln F_1' - \ln f - \ln F_1)\mathrm{d}\nu = (\ln f' + \ln F_1' - \ln f - \ln F_1) f F_1 \mathrm{d}\omega \mathrm{d}\omega_1 \sigma^2 g \cos\vartheta \mathrm{d}\lambda \mathrm{d}t 。$$

[参看(18)式]。

如果把上式中的 $\mathrm{d}t$ 当作常数，而对所有其他变量积分(其中 $\xi',\eta',\zeta',\xi_1',\eta_1',\zeta_1'$ 当然得被看作是 $\xi,\eta,\zeta,\xi_1,\eta_1,\zeta_1$ 的函数)，那么，可以得到由 m 分子和 m_1 分子之间所有碰撞所致的 H 的增量 $\mathrm{d}H_1$。我们将其写成如下形式：

$$\mathrm{d}H_1 = \mathrm{d}t \int (\ln f' + \ln F'_1 - \ln f - \ln F_1) f \cdot F_1 \cdot \mathrm{d}\omega \cdot \mathrm{d}\omega_1 \sigma^2 g \cos\vartheta \mathrm{d}\lambda 。 \quad (31a)$$

我们也可以通过考虑逆碰撞——$\mathrm{d}t$ 时间内发生的逆碰撞次数为 $\mathrm{d}\nu'$——的办法来计算该量。这些碰撞将分别使 $f'\mathrm{d}\omega'$和 $F_1'\mathrm{d}\omega_1'$ 减少 1，使 $f\mathrm{d}\omega$ 和 $F_1\mathrm{d}\omega_1$ 增加 1。因此，逆碰撞导致的 H 增量为

$$(\ln f + \ln F_1 - \ln f' - \ln F_1')\mathrm{d}\nu' = (\ln f + \ln F_1 - \ln f' - \ln F_1') f' F_1' \mathrm{d}\omega \mathrm{d}\omega_1 \sigma^2 g \cos\vartheta \mathrm{d}\lambda \mathrm{d}t$$

[参看(23)式]。

如果将 $\mathrm{d}t$ 当作常数，而对所有其他变量积分，并将所得结果和(31a)式求平均，则可得 $\mathrm{d}H_1$ 的值为

$$\mathrm{d}H_1 = \frac{\mathrm{d}t}{2} \int [\ln(f'F'_1 - \ln(fF_1)] \cdot [fF_1 - f'F'_1] \mathrm{d}\omega \mathrm{d}\omega_1 \sigma^2 g \cos\vartheta \mathrm{d}\lambda 。 \quad (32)$$

这是 $\mathrm{d}t$ 时间内所有发生于 m 分子和 m_1 分子之间的碰撞所导致的 H 总增量。m 分子之间的碰撞所致的 H 增量 $\mathrm{d}H_2$ 可以用完全相同的方法求得。我们只需要将 m_1, F, σ 分别替换为 m, f 及 s 就可以。但是，我们必须记住，当发生碰撞的两个分子全同时，积分表达式中的每个碰撞都会被统计两次，所以最后的结果必须除以 2。[计算自电位(self-potential)和自感系数时也会遇到同样的情况。]因此可得

$$dH_2=\frac{dt}{4}\int[\ln(f'f'_1)-\ln(ff_1)]\cdot[ff_1-f'f'_1]d\omega d\omega_1 s^2 g\cos\vartheta d\lambda\ ,$$

其中 f_1 和 f'_1 的意义和之前相同。如果再用同样的方法计算 m_1 分子之间的碰撞所导致的 H 增量,那么可得 dt 时间内 H 的总变化率为:

$$\begin{aligned}\frac{dH}{dt}=&-\frac{1}{2}\int[\ln(f'F'_1)-\ln(fF_1)][f'F'_1-fF_1]\sigma^2 g\cos\vartheta d\omega d\omega_1 d\lambda\\&-\frac{1}{4}\int[\ln(f'f'_1)-\ln(ff_1)][f'f'_1-ff_1]s^2 g\cos\vartheta d\omega d\omega_1 d\lambda\\&-\frac{1}{4}\int[\ln(F'F'_1)-\ln(FF_1)][F'F'_1-FF_1]s_1^2 g\cos\vartheta d\omega d\omega_1 d\lambda\ 。\end{aligned}\tag{33}$$

因为对数函数总是随其自变量的增加而增加,所以在上式的每个积分中,两个中括号项的正负号相同。同时,因为 ϑ 本质上是正的,ϑ 角总是锐角,所以被积函数中所有的量实际上都是正的,它们只可能在擦边碰撞或相对速度为零的碰撞中取零值。因此,上述三个积分只包含本质上为正数的项,从而我们所称作 H 的量只能减少;顶多可以维持不变,但也只会发生在三个积分中所有的项全都变为零的情况下,也即当(27)式对所有碰撞都成立时。由于在稳态过程中 H 不会随时间改变,所以我们也就相当于证明了,对稳态过程来说,所有的碰撞都必然满足(27)式。这里所做的唯一假设是,一开始速度分布是分子无序的,之后也一直如此。有了这一假设,我们可以证明,H 只能减少,而且速度分布必然趋向于麦克斯韦分布。

§6　H 的数学意义

我们暂时撇开(27)式的求解问题,而先对 H 的数学意义做些探讨。它的意义有两方面的。其一是数学意义,其二是物理意义。我们将只就具有单位体积的容器中装有单一气体这样一种简单情形,来讨论它的数学意义。采用这一假设,我们自然能够简化所得到的结论,不过也因此必须放弃阿伏伽德罗定律的证明。

首先,我们对概率积分原理作些分析。假设一个罐子里装有数量相同的许多白球和黑球,它们除了颜色不同之外,其他性质都一样。现完全随机地从中取球 20 次。所取出的球全为黑球的概率,和第一次取出黑球,第二次取出白球,第三次取出黑球等的概率相比,不会小一丝一毫。之所以我们取出 10 个黑球和 10 个白球的可能性比取出 20 个黑球的可能性大,是因为前者发生的方式比后者多。前一事件发生的概率和后一事件发生的概率之比值

为$\frac{20!}{10!\,10!}$，这告诉我们，在将所有黑球和所有白球分别看作全同的情况下，10 个白球和 10 个黑球可以有多少种排列组合方式。其中每一种排列都代表着一个事件，该事件发生的概率和全为黑球的事件发生的概率相同。如果罐子里装着大量颜色各异、其他全同的球，比如特定数量的白球，同样数量的黑球、蓝球、红球等，那么，从罐中取出 a 个白球，b 个黑球，c 个蓝球等的概率和取出同一色球的概率之比值为

$$\frac{(a+b+c+\cdots)!}{a!\,b!\,c!} \tag{34}$$

正如这一简单例子中的情形一样，所有气体分子都具有大小和方向均完全相同的速度这一事件的概率，和它们具有某一特定时刻各气体分子所实际具有的速度的概率相比，完全一样。但是，如果我们将第一个事件和气体分子的速度满足麦克斯韦速度分布这一事件作比较，就会发现，可以归为后一类的等概率速度组合还有其他许许多多。

为了用排列数的方式来表示这两个事件的相对概率，我们采用下述方法：首先，我们已经发现，对于碰撞前碰撞分子之一的速度点处于同一体积微元内的所有碰撞来说，碰撞发生后，那些分子的速度点将处于另一个大小相同的体积元内（假定描述碰撞的其他变量保持不变）。将总空间分为许多（ζ）个大小相同的体积元 ω（元胞），从而一个分子的速度点处于这样一个体积元内，将被看作是和它处于其他每个体积元内等概率的事件——就像之前我们认为从罐中取出黑球、白球或者蓝球的概率相同一样。和取出白球的次数 a 相对应的，是速度点位于第一个体积元 ω 内的分子数目 $n_1\omega$；和取出黑球的次数 b 相对应的，是速度点位于第二个体积元 ω 内的分子数目 $n_2\omega$，依此类推。和(34)式相对应的为

$$Z=\frac{n!}{(n_1\omega)!\,(n_2\omega)!\,(n_3\omega)!\,\cdots}, \tag{35}$$

它描述的是 $n_1\omega$ 个分子的速度点位于第一个体积元、$n_2\omega$ 个分子的速度点位于第二个体积元等的相对概率。而 $n=(n_1+n_2+n_3+\cdots)\omega$ 是气体中所有分子的总数。比如，所有分子速度大小和方向都相同的事件，相当于所有速度点处于同一个元胞中。因此有 $Z=\frac{n!}{n!}=1$；不可能再有其他的排列方式。和所有分子都具有同一大小和方向的速度相比，一半分子具有某相同大小和方向的速度、另一半分子具有另一相同大小和方向的速度的概率就已经大得多了。这时，一半的速度点处于一个元胞内，另一半处于另一个元胞内，从而

$$Z=\frac{n!}{\left(\frac{n}{2}\right)!\,\left(\frac{n}{2}\right)!},$$

其他情形依此类推。

由于相关的分子数目巨大，所以 $n_1\omega$，$n_2\omega$ 等可以当作大数处理。

我们将采用近似公式

$$p!=\sqrt{2p\pi}\left(\frac{p}{e}\right)^p,$$

其中 e 是自然对数的底数，p 是一个任意的大数。[①]

用 ln 表示自然对数，我们发现：

$$\ln[(n_1\omega)!]=\left(n_1\omega+\frac{1}{2}\right)\ln n_1+n_1\omega(\ln\omega-1)+\frac{1}{2}(\ln\omega+\ln 2\pi)。$$

忽略和 $n_1\omega$ 相比非常小的 $\frac{1}{2}$，同时用类似的方式处理 $(n_2\omega)!$，$(n_3\omega)!$ 等，则可得：

$$\ln Z=-\omega(n_1\ln n_1+n_2\ln n_2+\cdots)+C,$$

其中

$$C=\ln(n!)-n(\ln\omega-1)-\frac{\zeta}{2}(\ln\omega+\ln 2\pi)$$

对于所有速度分布来说具有相同的值，因而可被当作常数。接下来我们分析不同的速度点在元胞中分布的相对概率，其中元胞的划分、元胞 ω 的大小、元胞数 ζ、总分子数 n 及总动能自然都被看作是不变的。分子速度点在元胞中的最可几(most probable，又称最概然)分布是 $\ln Z$ 取最大值的分布；因此表达式

$$\omega[n_1\ln n_1+n_2\ln n_2+\cdots]$$

将为最小值。如果 ω 用 $d\xi d\eta d\zeta$ 表示，n_1、n_2 等用 $f(\xi,\eta,\zeta)$ 表示，并将求和变为积分，那么可得

$$\omega(n_1\ln n_1+n_2\ln n_2+\cdots)=\int f(\xi,\eta,\zeta)\ln f(\xi,\eta,\zeta)d\xi d\eta d\zeta。$$

而在只有一种气体的情况下，(28)式所给出的 H 表达式和上述表达式完全相同。只要状态是分子无序的，并因此引入了概率积分，那么由前一节的定理，即碰撞使 H 减小——不难看出，碰撞使气体分子的速度分布越来越接近于最可几分布。这里我只能给出这样一个简单解释，更多细节问题请读者查阅其他资料。[②]

与此相关，人们应该还会提及下述观点，这也是洛施密特(Loschmidt)早在很久以前就提出过的。假设气体封装在器壁绝对光滑且有弹性的容器中。初始时刻气体处在一种可能性极小然而分子无序的状态——比如，所有分子具有相同的速率 c。经过一定的时间以后，麦克斯韦分布近乎形成。现在假设，在 t 时刻，每个分子的速度方向发生反转，但其大小保持不变。那么气体将沿相同的变化路径向初始状态方向倒退。于是我们获

① 参见 Schlömilch, *Comp. der höh. Analysis*, Vol. 1, p. 437, 3rd ed。

② Boltzmann, *Wien. Ber.* 76 (Oct. 1877).

得了这样的过程，即一个更可几的分布经过碰撞后变成了一个不那么可几的分布，同时，碰撞使物理量 H 增加了。这和§5 中所作的证明并不矛盾；那里所作的关于状态分布为分子无序分布的假设，在这里并没有得到满足，因为在所有速度都恰好反转之后，每个分子并不是按照概率定理来和其他分子发生碰撞，而是必须按照之前计算的方式发生碰撞。在我们曾假定的所有分子具有相同质量的例子中，所有分子一开始都具有相同的速率 c。当经过一段时间，平均每个分子都经历了一次碰撞之后，许多分子将具有速率 γ。然而，在忽略少数经历了多次碰撞的分子的情况下，所有这些分子都是经历了一次碰撞，与之碰撞的分子获得新速率$\sqrt{2c^2-\gamma^2}$。如果现在使所有速度反向，那么，几乎所有速率为 γ 的分子将只和速率为$\sqrt{2c^2-\gamma^2}$的分子发生碰撞，从而表现出分子有序分布的特征。

而且，这里 H 增加的事实和概率定理之间也并不矛盾；因为它们预言的只是 H 增加的不可几性，而非其不可能性。事实上，概率定理明确告诉我们，一种状态分布即便极不可几，其概率也是不为零的，虽然这一概率值很小。同样，当气体状态符合麦克斯韦分布时，一个分子速度取其目前实际值，第二个分子、第三个分子及所有其他分子均如此的状态，和所有分子都具有相同速度的状态相比，其概率没有一丁点的不同。

如果就此得出结论说，任何令 H 减小的运动和速度反转、H 增加的运动是等概率的事件，那就大错特错了。考虑从 t_0 时刻到 t_1 时刻 H 减小的任意运动。如果将 t_0 时刻的所有速度反转，绝非意味着得到一个 H 必定增加的运动；相反，H 很可能还是减小的。只有将 t_1 时刻的速度反转时，我们才会得到一个在时间间隔 t_1-t_0 之内 H 必定增加的运动，但之后 H 依然很有可能减小，以至于达到这样的效果，即促使 H 继续保持在其最小值附近的运动是最最可几的运动。而促使 H 激增或者从一个大值骤降至最小值的运动，其概率同等程度地小；但我们知道，在某个特定的时间间隔里，H 有许多较大的值，因而它减小的概率必定很大。①

普朗克曾经试图以这一可逆性原理为基础，来证明麦克斯韦速度分布是唯一可能的稳态分布。就我所知，他尚未从哈密顿原理出发来证明，反转后每个稳态分布必然会变成另一个稳态分布。但我们依然可以发现：假如我们在状态分布 A（它是一个任意近似度下的稳态分布）维持了一段任意长的时间之后，突然将所有速度反转，那么所得到的运动 B 也会在同样长的时间里保持（相同近似程度下的）稳定。我们发现，在所有的速度反转之后，一个分子无序的分布可以变为一个分子有序的分布；因此我们可以认为运动 B 是分子有序的。对某些特定形状的容器来说，当然可能存在分子有序且在任意长的时间里保持稳定的运动。但一旦任何时候，容器形状发生了哪怕很小的改变，这些运动似乎

① 参见 *Nature* 51, 413 (Feb. 1895)。

都有可能被破坏掉。我们假定状态分布 B 在其持续期间不能一直保持分子有序。此外，对状态分布 A，我们假定每个速度和它的相反值具有相同的概率。这样一来，状态分布 B 和状态分布 A 必然是全同的，因为根据第二个假设，B 中每个速度的大小和方向出现的概率和 A 中每个速度的大小和方向出现的概率一样，而根据第一个假设，碰撞遵循概率定理。但是，B 中每个逆碰撞发生的频率，必然和 A 中相应的直接碰撞发生的频率一样，因为这两种碰撞互相朝相反方向进行。因此，B 中每个逆碰撞的概率，必定和 A 中对应的直接碰撞相同。但由于两个分布是全同的，所以在每个分布中，一个直接碰撞和其对应的逆碰撞概率相同，于是(27)式成立，而麦克斯韦分布正是该式的必然结果。

若不能先验地假设每个速度和其相反速度概率相同——比如，存在重力作用时——那么，普朗克的证明似乎就不适用了，但最小作用量定理仍然有效。①

这里有必要强调几句。前面用 $d\omega = d\xi d\eta d\zeta$，而现在用 ω 表示的量是体积元，因而它们实际上只是微元。单位体积中的分子数实际上巨大，但仍然是有限的。(如果体积元选取立方厘米的大小，那么对常规条件下的空气而言，这一数字是几万亿。)所以，我们把 $n_1\omega, n_2\omega$ 及 $f(\xi,\eta,\zeta,t)d\xi d\eta d\zeta$ 当作大数处理可能会让有些人感到惊奇。我们也可以假设这些量是一些分数，而开展同样的计算；这样它们就只不过是代表概率了。但物体的实际数目比概率的概念更加通俗易懂，而前面所进行的分析若是采用概率概念的话，该需要借助复杂的比方和解释了，因为我们毕竟不能讲一个分数的排列数。不过这种思想提醒我们，我们完全可以自由地选择尽可能大的体积单位。也可以假设单位体积中有许许多多种等效气体，从而即便 ω 选得很小，里面亦包含有大量分子的速度点。所选择的单位体积，其体积的数量级和体积元 ω 及 $d\xi d\eta d\zeta$ 的数量级完全无关。

我们后面将要作出的如下假设更加令人心存疑虑，即不但单位体积中，其速度点位于一个体积微元之内的分子数目无限大，而且其质心处于这样一个体积微元内的分子数也无限大。当你需要处理的现象中，气体性质在和平均自由程相比不大的距离上存在有限区别[比如厚度为 $\frac{1}{100}$ 毫米的激波、辐射计现象、斯普伦格尔真空(Sprengel vacuum)中的气体黏滞性等]时，后一假设不再合理。所有其他现象都发生在足够大的空间，从而我

① 必须证明下述情形不可能出现：1. 除麦克斯韦分布律之外还有另一种分子无序的稳态分布，在该分布中，每个速度和其相反速度概率不同；以及还有第三种分布，该分布在将其速度反向时变为第二种分布。2. 除(最可几的)麦克斯韦分布——它通常不会在速度反向时变为一个分子有序的状态，因为一个分子有序态和无序态概率相同——之外，另存在一种稀有的分子无序态分布，它在速度反转时会变为分子有序分布。3. 还存在分子有序的稳态分布。情形 2 和 3 同时也和存在外力的情形有关。情形 3 不能用最小作用量定理来证明，也很可能无法在没有特殊条件限制的前提下作出普遍证明。显然，“分子无序”的概念只是一个极限情况，理论上一个最初分子有序的运动只有在经过无限长时间之后才会趋近于分子无序的状态，尽管实际上这一过程很快。

们可以构建一个适当的体积元，其中气体的整体运动可以被当作微元，但体积元里依然包含了大量的分子。这里忽略了一些微小量，它们的数量级和最终结果中出现的那些项的数量级完全没有关系，忽略这种小量，和忽略那种与计算过程中保留下来的中间量数量级相同的项，影响是不一样的，需要严加区分(参见§14开头部分)。后一种忽略会使计算结果产生误差，而前一种忽略则只是原子论概念的必然结果，它表征了所得结果的意义，和可见物体相比，分子的维度越小，则这一忽略越合理。实际上，从原子论观点的角度，弹性理论和流体力学理论的微分方程并不精确成立，它们本身是近似公式，但随着整体运动所发生的空间与分子尺度相比越来越大，它就变得越来越接近精确成立。同样，只要分子的数目不是数学上无限大，分子速度分布律就不是精确有效的。然而放弃流体力学微分方程所应有的严格有效性虽然有其弊端，但却换来了更大的明晰性。

§7　波义耳-查尔斯-阿伏伽德罗定律

我们接下来求解(27)式。它们是§18将要处理的(147)式的特殊情况。由那些方程可知——后面会给出明确的证明——函数 f 和 F 必然只和速度大小有关，而与速度的方向无关。这里我们也能够就一个特殊情形来给出同样的证明。为避免重复，我们在没有证明的情况下假设，状态分布既不受容器形状的影响，也不受任何特殊环境的影响。因此，空间所有方向都是等价的，函数 f 和 F 与速度的方向无关，只是以有关速率 c 和 c_1 为变量的函数。如果令 $f=e^{\varphi(mc^2)}$、$F=e^{\Phi(m_1c_1^2)}$，那么(27)式最后一个方程变为

$$\varphi(mc^2)+\Phi(m_1c_1^2)=\varphi(mc'^2)+\Phi(mc^2+m_1c_1^2-mc'^2)$$

这里，mc^2 和 $m_1c_1^2$ 显然是两个互不相关的量，而第三个量 mc'^2 可以在不受前两个量影响的情况下，独立地取从 0 到 $mc^2+m_1c_1^2$ 的任何值。将这三个量表示为 x,y,z，并将最后一个方程先对 x 求导数，再对 y 求导数，最后再对 z 求导数，可得：

$$\varphi'(x)=\Phi'(x+y-z)$$

$$\Phi'(y)=\Phi'(x+y-z)$$

$$0=\varphi'(z)-\Phi'(x+y-z),$$

因此有

$$\varphi'(x)=\Phi'(y)=\varphi'(z)。$$

由于上述第一个表达式中不包含 y 和 z，而第二、第三式又必定等于第一式，所以第二式不能包含 y，第三式不能包含 z。由于它们不含有任何其他变量，因此必然为常数；又因为它们彼此相等，从而 φ 和 Φ 的导数必然等于同一常数，$-h$，所以有：

$$f=a\mathrm{e}^{-hmc^2},F=A\mathrm{e}^{-hm_1c_1^2}。\tag{36}$$

显然，单位体积内所包含的速度大小处于 c 到 $c+\mathrm{d}c$ 之间、方向任意的 m 分子的数目，等于速度点位于球心为坐标原点、半径分别为 c 和 $c+\mathrm{d}c$ 的两个球面之间，从而处于体积为 $\mathrm{d}\omega=4\pi c^2\mathrm{d}c$ 的球壳空间的分子数目。因此，根据(11)式可知：

$$\mathrm{d}n_c=4\pi a\mathrm{e}^{-hmc^2}c^2\mathrm{d}c。\tag{37}$$

速度大小处于 c 到 $c+\mathrm{d}c$ 之间、其方向与一固定直线(比如横坐标轴)之夹角位于 ϑ 到 $\vartheta+\mathrm{d}\vartheta$ 之间的分子，相当于速度点位于由半径分别为 c 和 $c+\mathrm{d}c$ 的两个球面及以坐标原点为顶点、以横坐标方向为中心轴、母线与该中心轴间夹角处于 ϑ 与 $\vartheta+\mathrm{d}\vartheta$ 之间的两个圆锥面所围成的环形区域之中的分子。因为这个环形区域的体积为 $2\pi c^2\sin\vartheta\cdot\mathrm{d}c\,\mathrm{d}\vartheta$，所以这些分子的数目由下式给出：

$$\mathrm{d}n_{c,\vartheta}=2\pi a\mathrm{e}^{-hmc^2}c^2\sin\vartheta\cdot\mathrm{d}c\,\mathrm{d}\vartheta=\frac{\mathrm{d}n_c\sin\vartheta\cdot\mathrm{d}\vartheta}{2}。\tag{38}$$

如果将(37)式对所有可能的速率即 c 从 0 到 ∞ 积分，可得单位体积中的总分子数 n。利用如下两个著名的积分公式：

$$\begin{cases}\displaystyle\int_0^\infty c^{2k}\mathrm{e}^{-\lambda c^2}\mathrm{d}c=\frac{1\cdot 3\cdots(2k-1)\sqrt{\pi}}{2^{k+1}\sqrt{\lambda^{2k+1}}},\\ \displaystyle\int_0^\infty c^{2k+1}\mathrm{e}^{-\lambda c^2}\mathrm{d}c=\frac{k!}{2\lambda^{k+1}},\end{cases}\tag{39}$$

则(37)式及后续的积分很容易计算。其中可得总分子数为：

$$n=a\sqrt{\frac{\pi^3}{h^3m^3}},\tag{40}$$

于是(36)式和(37)式可以改写为

$$f=n\sqrt{\frac{h^3m^3}{\pi^3}}\mathrm{e}^{-hmc^2},\tag{41}$$

$$F=n_1\sqrt{\frac{h^3m_1^3}{\pi^3}}\mathrm{e}^{-hm_1c_1^2},\tag{42}$$

$$\mathrm{d}n_c=4n\sqrt{\frac{h^3m^3}{\pi}}\mathrm{e}^{-hmc^2}c^2\mathrm{d}c。\tag{43}$$

如果将分子数 $\mathrm{d}n_c$ 乘以它所对应的那部分分子的速率平方，c^2，然后对所有可能的速率积分，最后再除以单位体积中的总分子数，那么就可以得到用$\overline{c^2}$ 表示的、被称为方均速率的物理量。它的值为：

$$\overline{c^2}=\frac{\int_0^\infty c^2\mathrm{d}n_c}{\int_0^\infty \mathrm{d}n_c}=\frac{3}{2hm}。\tag{44}$$

用同样的方法可以求得平均速率的值：

$$\overline{c}=\frac{\int_0^\infty c\,dn_c}{\int_0^\infty dn_c}=\frac{2}{\sqrt{\pi hm}}。\tag{45}$$

进而有：

$$\frac{\overline{c^2}}{(\overline{c})^2}=\frac{3\pi}{8}=1.178\cdots\tag{46}$$

下面我们把 c 的各种取值搬到横坐标轴上来，并一一建立起相应的纵坐标，高度分别为 $c^2e^{-hmc^2}$，和速率取值位于 c 到 $c+dc$（其中对所有的 c 而言，dc 应该具有相同的大小）之间的概率成正比。这样我们就得到了一条曲线，其峰值出现在横坐标轴上如下位置：

$$c_w=\frac{1}{\sqrt{hm}}。\tag{47}$$

这一横坐标值 c_w 通常被称为最可几速率。

如果改为将速率的平方，$x=c^2$，放到横坐标轴上，并让纵坐标和 c^2 之值处在 x 到 $x+dx$ 之间的概率成正比，其中微分 dx 对所有 x 而言具有相同的值，那么纵坐标将和 $\sqrt{x}\,e^{-hmx}$ 成正比。纵坐标最大值出现在 $x=\frac{1}{2}hm$ 之处，它并不对应于速率 $c=c_w$，而是对应于 $c=\frac{c_w}{\sqrt{2}}$。因此从某种意义上说，$\frac{c_w^2}{2}$可谓是最可几平方速率。

如果我们考虑气体中一个具有单位面积的表面，然后计算单位时间内撞到该表面的全部分子的平均或者最可几速率，那么，所得结果和之前所定义的平均或者最可几量将又有所不同。

因此，所有这些表达式都没有准确的定义；我们所谓的平均值绝不是可以唯一确定的量。同样，平均自由程的定义也存在意义不明确的问题。

由下式

$$c^2=\xi^2+\eta^2+\zeta^2\tag{48}$$

可得

$$\overline{\xi^2}=\overline{\eta^2}=\overline{\zeta^2}=\frac{1}{3}\overline{c^2}=\frac{1}{2hm}。$$

许多其他平均值也可以用同样的方法算得。比如，

$$\begin{aligned}\overline{\xi^4}&=\frac{\iiint_{-\infty}^{+\infty}\xi^4e^{-hm(\xi^2+\eta^2+\zeta^2)}\,d\xi d\eta d\zeta}{\iiint_{-\infty}^{+\infty}e^{-hm(\xi^2+\eta^2+\zeta^2)}\,d\xi d\eta d\zeta}\\&=\frac{\int_0^\infty\xi^4e^{-hm\xi^2}\,d\xi}{\int_0^\infty e^{-hm\xi^2}\,d\xi}=\frac{3}{4h^2m^2}=3\left(\overline{\xi^2}\right)^2。\end{aligned}\tag{49}$$

上述处理当然也适用于第二种气体，而因为对混合物中两种气体而言，h 必定具有相同的值，所以对两种混合气体来说，不管每种气体的密度如何，都可以从(44)式得出

$$m\overline{c^2}=m_1\overline{c_1^2}。\tag{50}$$

如果同一空间存在两种混合的气体，那么，一般而言两种气体之间可能会发生动能的交换。上述方程指出，不管发生什么过程，也不管它们的密度及其他性质如何，达成热平衡时两者都具有麦克斯韦分布，且两种气体分子具有相同的平均动能。

为了弄清两种气体是否具有相同的温度，或者，其中一种气体在其密度较高时的温度，和在其密度较低时的温度是否一样，我们必须设想用一种导热墙来将气体隔开，并求出这种情形下的热平衡状态。这样一个导热墙中的分子过程，是不能根据上述计算中所采用的那些简单原理来处理的，然而上述热平衡条件似乎可能——也可以在作出某些特定假设的基础上通过计算加以证明——仍然成立(参见§19中讨论的由布莱恩所设计的力学装置)。实验上的发现，即真空中气体的膨胀过程和两种气体的扩散过程都没有明显的热量产生，也证明了这一点。根据同样的假设，通常必然有这样的结论：当两种性质不同，或者性质相同但密度不同的气体达成热平衡时，它们具有相同的温度，同时两种分子的平均动能也一定具有相同的值。因此，对所有气体来说，温度是具有相同形式的平均动能的函数。由(6)式可知，对于相同温度下的两种气体，若表面的压强也相同，则 $n=n_1$，即单位体积中的分子数相同——这就是著名的阿伏伽德罗定律。另外，由于同种气体 m 相同，所以当气体温度不变而压强变化时，$\overline{c^2}$ 保持不变，因此由(7)式可知，压强 p 和密度 ρ 成正比——此即波义耳或者马略特定律①。

下面我们选取一种尽可能完美的气体——比如氢气——作为标准气体(normal gas). 对于标准气体，其压强、密度、分子质量及速率将分别用 P、ρ'、M、C 表示。对任何其他气体，则用小写字母表示。我们选择体积不变因而密度不变的标准气体作为测温物质，即，我们选择这样一种温标，其中温度 T 和具有恒定密度的标准气体的压强成正比。那么，由于 ρ' 恒定不变时，温度 T 必然和 P 成正比，所以根据公式 $P=\frac{\rho'\overline{C^2}}{3}$ 可知，它也必定和 $\overline{C^2}$ 成正比。我们将比例因子记为 $3R$，因此该密度下

$$\overline{C^2}=3RT。\tag{51}$$

如果标准气体处于另一密度下，那么当 $\overline{C^2}$ 保持不变时 T 亦保持不变。因此 R 也和密度无关，公式 $P=\frac{\rho'\overline{C^2}}{3}$ 变为 $P=R\rho' T$。可以通过将常数 R 选为合适的大小，使得气体

---

① 此即波义耳或者马略特定律(在欧洲大陆，波义耳定律在很长一段时间里都被称为“马略特定律”，但有研究表明，马略特并非在英国科学家波义耳之前独立发现该定律。——译注

在与冰接触时所达温度和它与沸水接触时所达温度之差值等于100。由此可以确定冰水混合物温度的绝对大小。该值与水的冰点和沸点之温差(100)的比值,必然等于氢气在冰点温度下的压强与它在两温度下的压强之差的比值(这里,所有压强都是相同密度下的值)。由这一比值可得冰的熔点为273。

对另一种气体——相关的物理量将用小写字母来表示——而言,用同样的方法可得$p=\frac{\rho\overline{c^2}}{3}$,又因为在相同的温度下$m\overline{c^2}=M\overline{C^2}$,所以由(51)式可得

$$\overline{c^2}=\frac{M\overline{C^2}}{m}=3\frac{M}{m}RT=\frac{3R}{\mu}T=3rT。\tag{51a}$$

其中$\mu=\frac{m}{M}$是所谓的分子量,即,所考虑气体中一个分子(自由运动粒子)的质量与标准气体分子质量之比值。如果把上述$\overline{c^2}$的值代入方程$p=\frac{\rho\overline{c^2}}{3}$中,那么,对任何其他气体有:

$$p=\frac{R}{\mu}\rho T=r\rho T,\tag{52}$$

其中r是所考虑气体的气体常数,但R是所有气体的普适常数。(52)式正是著名的波义耳-查尔斯-阿伏伽德罗定律的表示式。

§8 比热;*H* 的物理意义

下面假设任意体积Ω之中装有一种简单气体。现引入(用力学单位来量度的)热量$\mathrm{d}Q$,它使温度升高$\mathrm{d}T$,体积膨胀$\mathrm{d}\Omega$。令$\mathrm{d}Q=\mathrm{d}Q_1+\mathrm{d}Q_4$,其中$\mathrm{d}Q_1$表示用于增加分子能量的热量,$\mathrm{d}Q_4$则表示用来对外部做功的热量。如果气体分子是完全光滑的球体,那么碰撞中将不会有力使其发生旋转。我们假设一般不存在这样的力。因此,假若碰撞前分子恰好已经具有旋转运动,那么这一运动也不会因为热量$\mathrm{d}Q$的引入而发生改变。这样一来,热量$\mathrm{d}Q_1$将全部用于增加分子之间彼此作相对运动的动能,这一动能我们称为平动(progressive motion)动能。到目前为止我们还只是考虑了这种情况;然而,为了不致后面重复同样的计算,下面我们要进行有关更普遍情形的计算,其中分子具有其他形状,或者包含好几种彼此作相对运动的粒子(原子)。这样的话,就不只是存在平动,还会有分子内部运动,以及存在由于克服分子内部作用力而做功(即分子内做功)的问题。这种情况下我们令$\mathrm{d}Q_1=\mathrm{d}Q_2+\mathrm{d}Q_3$,其中$\mathrm{d}Q_2$表示用来增加平动动能的热量,$\mathrm{d}Q_3$表示用来增加分子内部运动动能和实现分子内做功的热量。这里所说的分子平动动能,指的是分子总质量的动能,被认为集中在它的质心之上。

我们已经证明,如果气体在恒温下发生膨胀,则平动动能以及分子中不同平动速度

的分布律均会保持不变。分子之间只是彼此分得更开——两次碰撞之间的间隔会更长。虽然我们并没有考虑内部运动，但这不影响我们作出这样的判断：在简单的恒温膨胀中，平均而言，不管是碰撞中发生的内部运动，还是两次碰撞之间发生的内部运动，都不会仅仅因为碰撞频率的减少而受到影响。碰撞持续的时间和先后两次碰撞间隔的时间相比，更要小到可以忽略不计。像平动动能一样，分子内部的运动和内部势能只和温度有关。所以，这些能量的增量等于温度的增量 $\mathrm{d}T$ 乘以一个温度函数，若设 $\mathrm{d}Q_3=\beta \mathrm{d}Q_2$ 的话，那么 β 将只和温度有关。只要令 $\beta=0$，我们就可以回到前面讨论过的完全光滑的球形分子的情形。气体体积 Ω 中的分子数是 $n\Omega$，而由于一个分子的平均平动动能是 $\frac{m\overline{c^2}}{2}$，因此所有分子的总平动动能是

$$\frac{n\Omega m}{2}\overline{c^2},$$

如果将气体的总质量表示为 k 的话，那么由于 $k=\rho\Omega=n\Omega m$，于是上式也可以写成

$$\frac{k}{2}\overline{c^2}。$$

再者，由于气体的总质量 k 不因热量的增加而发生改变，所以平动动能的增量为

$$\frac{k}{2}\mathrm{d}\overline{c^2}。$$

如果热量采用力学单位，那么上式也等于 $\mathrm{d}Q_2$。而根据(51a)式有

$$\mathrm{d}\overline{c^2}=\frac{3R}{\mu}\mathrm{d}T,$$

因此

$$\mathrm{d}Q_2=\frac{3kR}{2\mu}\mathrm{d}T,$$

$$\mathrm{d}Q_1=\mathrm{d}Q_2+\mathrm{d}Q_3=\frac{3(1+\beta)kR}{2\mu}\mathrm{d}T,$$

气体对外做的功为 $p\cdot\mathrm{d}\Omega$；同样，它也和采用力学单位的热量 $\mathrm{d}Q_4$ 相等。因为气体的总质量保持不变，所以

$$\mathrm{d}\Omega=k\,\mathrm{d}\left(\frac{1}{\rho}\right),$$

而根据(52)式可知，

$$\frac{1}{\rho}=\frac{R}{\mu}\frac{T}{p},$$

因此

$$\mathrm{d}Q_4=\frac{Rkp}{\mu}\mathrm{d}\left(\frac{T}{p}\right)=\frac{Rk}{\mu}\rho T\,\mathrm{d}\left(\frac{1}{\rho}\right)。$$

代入上述各值，可得总热量的值为：

$$\begin{cases} dQ = dQ_1 + dQ_4 = \dfrac{Rk}{\mu}\left[\dfrac{3(1+\beta)}{2}dT + p\,d\left(\dfrac{T}{p}\right)\right] \\ \qquad = \dfrac{Rk}{\mu}\left[\dfrac{3(1+\beta)}{2}dT + \rho T\,d\left(\dfrac{1}{\rho}\right)\right]。\end{cases} \tag{53}$$

如果体积保持不变，那么$\frac{d\Omega}{k}=d\left(\frac{1}{\rho}\right)=0$，热量的增量将为

$$dQ_v = \frac{3Rk}{2\mu}(1+\beta)dT。$$

另一方面，如果压强不变，那么$d\left(\frac{T}{p}\right)=\frac{dT}{p}$，从而热量的增量可以写为

$$dQ_p = \frac{Rk}{2\mu}[3(1+\beta)+2]dT。$$

如果用总质量 k 去除 dQ，那么可以得到单位质量的热增量。若用 dT 去除，则可以得到温度每升高一度所必须提供的热量，即所谓的比热。因此，在体积不变的情况下，单位质量的气体比热为：

$$\gamma_v = \frac{dQ_v}{k \cdot dT} = \frac{3R}{2\mu}(1+\beta)。 \tag{54}$$

另一方面，压强不变的情况下单位质量的比热为：

$$\gamma_p = \frac{R}{2\mu}[3(1+\beta)+2]。 \tag{55}$$

上面两个方程中，除 β 之外所有物理量都是常数。而 β 可以随温度变化。由于 R 只和标准气体有关，因此对所有气体而言它具有相同的值，而对于 β 值相同——比方说 β 等于零这样一种特殊情况——的所有气体来说，乘积 $\gamma_p \cdot \mu$ 及 $\gamma_v \cdot \mu$ 也具有相同的值。对所有的气体来说，两比热之差恒等于气体常数本身：

$$\gamma_p - \gamma_v = r = \frac{R}{\mu}。 \tag{55a}$$

而这一差值和分子量 μ 的乘积对所有气体而言恒等于R。两种比热的比值为

$$\kappa = \frac{\gamma_p}{\gamma_v} = 1 + \frac{2}{3(1+\beta)}。 \tag{56}$$

反过来，

$$\beta = \frac{2}{3(\kappa-1)} - 1。 \tag{57}$$

在分子是完美球形的情况下，由于前面已经假设此时 $\beta=0$，所以 $\kappa=1\frac{2}{3}$。事实上，孔特和瓦伯格已经在汞蒸气中观测到了这一结果，而最近拉姆齐在氩气和氦气中也得到了同样的结果；但对迄今为止研究过的所有其他气体而言，观测到的 κ 值比上述值小，因

此，必定存在分子内部运动。本书第二部分我们将会再次讨论这一问题。

dQ 的一般表示式(53)并非变量 T 和 ρ 的全微分；但是如果将它除以 T，那么，由于 β 只是 T 的函数，所以可得到一个全微分。若 β 是常数的话，将有

$$\int \frac{dQ}{T} = \frac{Rk}{\mu} \ln[T^{\frac{3(1+\beta)}{2}} \rho^{-1}] + \text{常数。}$$

因此，上式正是所谓气体的熵。

如果不同的容器中分别装有好几种气体，那么热量的总增量自然等于每种气体的热增量之和，因此不管它们的温度是否相同，它们的总熵都等于每种气体的熵之和。假如一个体积为 Ω 的容器中混合有多种气体，它们的质量分别为 $k_1, k_2, \cdots$，分压分别为 p_1，$p_2, \cdots$，分密度分别为 $\rho_1, \rho_2, \cdots$，那么，总的分子能量总是等于各部分分子能量之和。气体所做的总功为 $(p_1 + p_2 + \cdots) d\Omega$，其中

$$\Omega = \frac{k_1}{\rho_1} = \frac{k_2}{\rho_2} \cdots, p_1 = \frac{R}{\mu_1} \rho_1 T, p_2 = \frac{R}{\mu_2} \rho_2 T \cdots$$

因此，可以推得混合气体的热增量为：

$$dQ = R \sum \frac{k}{\mu} \left[\frac{3(1+\beta)}{2} T + \rho T d\left(\frac{1}{\rho}\right) \right]$$

由此可知，对于 β 值为相同常数的各种气体而言，它们的总熵为

$$R \sum \frac{k}{\mu} \ln[T^{\frac{3(1+\beta)}{2}} \rho^{-1}] + \text{常数。} \tag{58}$$

其中有些气体分别处于不同的容器之中，而另一些则可能混合在一起；只是后一情形中 ρ 为分密度，且混合中的各气体自然拥有相同的温度。经验告诉我们，如果 p 和 ρ 保持不变，那么，常数是不会因混合而发生改变的。

既然到目前为止，我们已经得知所有其他相关量的物理意义，那么就可以来分析 §5 中用 H 表示的那个量的物理意义了；我们暂且先仅限于 §5 中所考虑的情形，其中分子为完美的球形，因而比热比为 $\kappa = 1\frac{2}{3}$。

由(28)式可知，对于单位体积中的同种气体，$H = \int f \ln f d\omega$；因为在稳态条件下

$$f = a e^{-hmc^2},$$

所以有

$$H = \ln a \int f d\omega - hm \int c^2 f d\omega。$$

上式中 $\int f d\omega$ 等于总分子数，而且

$$\int c^2 f d\omega = n\overline{c^2} = \frac{3n}{2hm},$$

所以

$$H=n\left(\ln a-\frac{3}{2}\right)。$$

另外，由(44)和(51a)两式有

$$\frac{3}{2hm}=\overline{c^2}=\frac{3RM}{m}T,$$

因此

$$h=\frac{1}{2RMT},$$

而且由方程(40)可得

$$a=n\sqrt{\frac{h^3m^3}{\pi^3}}=\rho T^{\left(-\frac{3}{2}\right)}\sqrt{\frac{m}{8\pi^3R^3M^3}}。$$

因此，若将常数抛开不计，则有

$$H=n\ln(\rho T^{\left(-\frac{3}{2}\right)})。$$

由上式可以看出，若抛开常数不计，$-H$ 代表了所考虑气体状态概率的对数。

几个事件同时发生的概率，等于单个事件发生概率的乘积；因此前一概率的对数等于单个事件概率的对数之和。所以两倍体积气体中某状态概率的对数是 $-2H$；三倍体积的为 $-3H$；体积为 Ω 时，相应的状态概率对数为 $-\Omega\mathrm{H}$。几种气体中分子排列及其状态分布之概率 $\mathfrak{W}$ 的对数为

$$\ln\mathfrak{W}=-\sum\Omega H=-\sum\Omega n\ln(\rho T^{-\frac{3}{2}}),$$

其中求和范围是所包含的全部气体。其实，概率对数可加性这一特点，已经表现在描述气体混合物的(28)式之中。

如果方程两边同时乘以常数 RM（M 是氢气分子的质量），则可得

$$RM\ln\mathfrak{W}=-\sum RM\Omega n\ln(\rho T^{-\frac{3}{2}})=R\sum\frac{k}{\mu}\ln(\rho^{-1}T^{\frac{3}{2}})。$$

本质上，变化的趋势总是从概率较小的状态到概率较大的状态。因此，如果第一种状态的 $\mathfrak{W}$ 值比第二种状态的小，那么，也许需要有外力的作用，才可能促使第一种状态变为第二种状态，但这种变化仍然可以在不对任何外部物体产生永久性影响的情况下发生。另一方面，当第一种状态的 $\mathfrak{W}$ 值比第二种状态的大时，该变化的发生则必然意味着另有物体变为概率更大的状态。由于物理量 $RM\ln\mathfrak{W}$——该量和 $-H$ 只差一个常数因子和加数——随 $\mathfrak{W}$ 的增减而增减，所以，关于 $RM\ln\mathfrak{W}$ 我们也可以作出相应的推断。但因为在我们的情形中，比热比等于 $1\frac{2}{3}$，所以 $RM\ln\mathfrak{W}$ 实际上是所有气体的总熵。

如果令经验公式(58)中 $\beta=0$，我们就很容易发现这一点。自然界中熵趋向于朝最大值演变的事实表明，对实际气体中发生的所有相互作用（扩散、热传导等）来说，单个分子在相互作用中的表现是按照一种满足概率定理的方式来进行的，或者至少说明，实际气体在行为上类似于我们心目中的分子无序气体。

因此热力学第二定律被认为是一条概率定理。为了不致因为太笼统而不易理解，我们

自然只是利用特例来对此进行了证明。而且，关于对任意体积中同种气体而言，物理量ΩH——以及对多种气体而言物理量$\sum\Omega H$——在碰撞过程中只减不增，从而可被看作状态概率的量度这一论断的证明，也只作了含蓄的暗示。其实该论断也很容易直接证明，具体的证明过程我们将放到§19的后面。但我们还是需要推广和深化我们的结论的。

即便人们只承认气体理论是一种有效的力学模型，我也仍然相信它所引出的这一熵原理的概念，以一种正确的方式触及了问题的核心。在某一方面，我们甚至已经都推广了熵原理了，因为我们已经定义了非稳态气体中的熵。

§9　碰撞数

下面我们再来分析§3中考虑过的两种气体的混合物，并沿用与§3中一样的符号。我们从(18)式给出的碰撞数着手——其中的碰撞是单位体积中，满足条件(10)，(13)，(15)的m分子(质量为m的第一种气体分子)和m_1分子(质量为m_1的第二种气体分子)之间在dt时间内发生的那些碰撞。

现在我们只考虑热平衡状态。对于这种状态，我们已经在§7中推出了方程(41)和(42)。

先考虑dt时间内，单位体积中发生在m分子和m_1分子之间的全部碰撞——无任何限制条件——之数目。这个问题我们可以通过去掉三个限制条件的方法来解决，即对微元积分。为了找到积分限，我们用图5中的线段OC和OC_1来表示碰撞前两个分子的速度c和c_1。线段OG应该平行于碰撞前m分子相对于m_1分子的速度C_1C，并和以O为球心、半径为1的球(球E)交于G点。线段OK应和从m指向m_1的质心连线平行，并和球E交于K点。因此$\angle KOG$就是标示为ϑ的角。我们允许线段OK的方向以这样的方式发生变化：当两平面KOG和COC_1之间的夹角ε增加$d\varepsilon$时，ϑ角增加$d\vartheta$。图5中所示的圆应为球E和平面COC_1相交形成，当我们设想(此时已经完全不需要依赖的)坐标轴为处于某个倾斜的方向时，我们可以将它当作参考图平面。当ϑ和ε分别取ϑ至$\vartheta+d\vartheta$之间与ε至$\varepsilon+d\varepsilon$之间所有值时，点K在球E表面上描画出一块面积为$\sin\vartheta\cdot d\vartheta\cdot d\varepsilon$的面元。如§3中所指出的那样，我们可以把这一面元选为面元$d\lambda$，从而根据(18)式可得

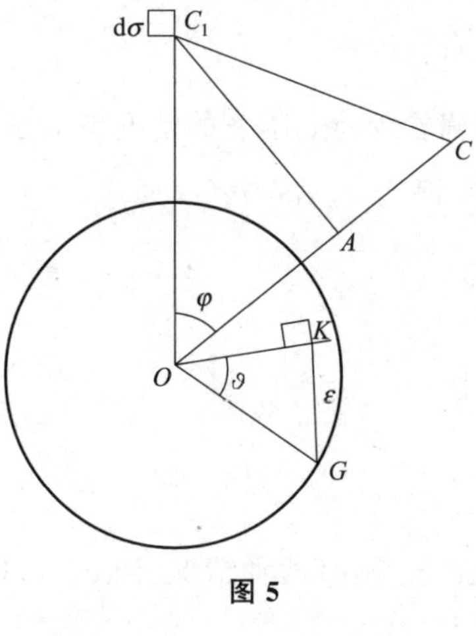

图 5

$$d\nu = f\,d\omega F_1\,d\omega_1\,g\sigma^2\cos\vartheta\sin\vartheta\,d\vartheta\,d\varepsilon\,dt。$$

下面我们令分别包含C点和C_1点的两个体积元$d\omega$和$d\omega_1$保持不变，而将$d\nu$对所

有 ϑ 及 ε 的取值进行积分，即，将 ϑ 从 0 到 $\frac{\pi}{2}$、ε 从 0 到 2π 积分(参看§3 中提到的条件)。积分的结果表示为 $d\nu_1$，因此有①

$$d\nu_1 = f d\omega F_1 d\omega_1 g\sigma^2 \pi dt。\tag{59}$$

所以上式表示了 dt 时间内，单位体积中发生于 m 分子和 m_1 分子之间，且满足下述条件的总碰撞数：

1. 碰撞前 m 分子的速度点位于体积元 $d\omega$ 之中，

2. 碰撞前 m_1 分子的速度点位于体积元 $d\omega_1$ 之中。

另一方面，条件(15)取消了，因此质心连线的方向不受任何限制。下面我们用 φ 来表示图 5 中的 $\angle COC_1$，其中 C 固定不动，而 C_1 变化，使得线段 OC_1 可取 c_1 至 c_1+dc_1 之间所有值、角度 φ 可取 φ 至 $\varphi+d\varphi$ 之间所有值。由此，我们得到一块和线段 OC 相距 $C_1A=c_1\sin\varphi$、面积为 $c_1dc_1d\varphi$ 的面元，即图 5 中的 $d\sigma$。如果让这一面元以 OC 为轴旋转，那么它将扫出一个体积为 $2\pi c_1^2\sin\varphi dc_1 d\varphi$ 的圆环 R。关于 φ 和 c_1 的两个积分每次都可以用这同样的方式操作，从而 m_1 分子的速度点 C_1 总是位于圆环 R 之内。通过将表达式 $d\nu_1$ 对 $d\omega_1$ 在整个圆环 R 的区域内积分的办法，可得 dt 时间内，单位体积中发生于速度点位于 $d\omega$ 之内的 m 分子和速度点位于圆环 R 之内的 m_1 分子之间的总碰撞数 $d\nu$。换句话说，我们只要令 $d\nu_1$ 中

$$d\omega_1 = 2\pi c_1^2 \sin\varphi dc_1 d\varphi,$$

就可以得到

$$d\nu_2 = 2\pi^2 f d\omega F_1 c_1^2 g\sigma^2 \sin\varphi dc_1 d\varphi dt。\tag{61}$$

为了解除速度 c_1 在大小和方向上的任何限制，我们只需在保持 c 不变的情况下对 φ 和 c_1 的所有值积分即可。因此，将 φ 从 0 到 π、c_1 从 0 到 ∞ 积分，然后可得

$$d\nu_3 = 2\pi^2\sigma^2 dt f d\omega \int_0^\infty \int_0^\pi F_1 c_1^2 g \sin\varphi dc_1 d\varphi。\tag{62}$$

因为 $g^2=c^2+c_1^2-2cc_1\cos\varphi$，$\sin\varphi d\varphi=\frac{g dg}{cc_1}$，所以有

$$\int_0^\pi g\sin\varphi d\varphi = \frac{g_\pi^3 - g_0^3}{3cc_1}。$$

$\varphi=\pi$ 时的相对速度 g_π 为 $c+c_1$。$\varphi=0$ 时的相对速度 g_0 则有两种情况：当 $c_1<c$

---

① 如果将这个公式中的 $fd\omega$ 代为 1，$F_1 d\omega_1$ 代为 n，g 代为 c，dt 代为 1，那么可得单位时间内一个在静止的全同分子中以匀速 c 运动的分子，将要经历的碰撞数为

$$v_r = \pi n\sigma^2 c。$$

σ 是一个运动分子和一个静止分子的半径之和。运动分子在相邻两次碰撞之间所走过的距离平均为

$$\lambda_r = \frac{c}{v_r} = \frac{1}{\pi n\sigma^2}。\tag{60}$$

时为 $c-c_1$，当 $c_1>c$ 时为 c_1-c。因此有

$$\int_0^\pi g\sin\varphi\,\mathrm{d}\varphi=\frac{2(c_1^2+3c^2)}{3c},\quad \text{当 } c_1<c \text{ 时},$$
$$=\frac{2(c^2+3c_1^2)}{3c_1},\quad \text{当 } c_1>c \text{ 时}。$$

这样一来，我们必须将(62)式中的积分分成两部分：①

$$\mathrm{d}\nu_3=\frac{4}{3}\pi^2\sigma^2 f\,\mathrm{d}\omega\,\mathrm{d}t\left[\int_0^c F_1c_1^2\frac{c_1^2+3c^2}{c}\mathrm{d}c_1+\int_c^\infty F_1c_1^2\frac{c^2+3c_1^2}{c_1}\mathrm{d}c_1\right]。\tag{63}$$

因此，上式中的物理量 $\mathrm{d}\nu_3$ 表示速度点位于 $\mathrm{d}\omega$ 中的 m 分子与任意 m_1 分子之间的总碰撞数。如果将它除以 $f\,\mathrm{d}\omega$（上述 m 分子的数目），并把所得商值叫作 ν_c，那么，我们可以得到一个速率为 c 的 m 分子在 $\mathrm{d}t$ 时间内与一个 m_1 分子发生碰撞的概率；即，商值

$$\nu_c\,\mathrm{d}t=\frac{\mathrm{d}\nu_3}{f\,\mathrm{d}\omega}\tag{64}$$

告诉我们，气体混合物里以速率 c 运动的、数目巨大的 A 个 m 分子中，有多大一部分会在 $\mathrm{d}t$ 时间内与 m_1 分子发生碰撞。

我们也可以这么说：设想一个 m 分子以恒定速率 c 在气体混合物中运动。在每一次碰撞之后，由于某个外部的原因它的速率将恢复原来的值 c，同时气体混合物中的速度分布也不受到这个分子的干扰。那么，$\nu_c\,\mathrm{d}t$ 将是这个分子在 $\mathrm{d}t$ 时间内与一个 m_1 分子发生

---

① 如果在(61)式中用 n_1 替换 $4\pi F_1c_1^2\mathrm{d}c_1$，用 1 替换 $\mathrm{d}t$ 和 $f\,\mathrm{d}\omega$，并像正文中一样，将 φ 从 0 到 π 积分，那么就可以得到以速度 c 作匀速运动的 m 分子，在单位时间内碰撞 m_1 分子的次数 ν'。因此，假定单位体积中有 n_1 个 m_1 分子，它们全都以相同大小的速度运动，但它们的速度方向均匀分布于空间中所有可能的方向上。积分的结果为

$$\begin{cases}\nu'=\dfrac{\pi\sigma^2n_1}{3c}(c_1^2+3c^2),\quad \text{当 } c_1<c \text{ 时},\\[2ex] \nu'=\dfrac{\pi\sigma^2n_1}{3c_1}(c^2+3c_1^2),\quad \text{当 } c_1>c \text{ 时}。\end{cases}\tag{65}$$

若再假设 m_1 分子和 m 分子完全相同，单位体积中的分子总数为 n，同时 $c=c_1$，s 为分子直径，那么可得单位时间内一个分子与以相同大小的速度沿所有不同方向运动的全同分子之间的碰撞数为

$$\nu''=\frac{4}{3}\pi ns^2c,\tag{66}$$

（相邻两次碰撞之间的）平均路程为

$$\lambda_{\text{Claus}}=\frac{c}{\nu''}=\frac{3}{4\pi ns^2}=\frac{3}{4}\lambda_r。\tag{67}$$

这是克劳修斯算得的平均自由程；在数值上，它和正文中麦克斯韦计算的结果略有不同。

如果单位体积中有 n 个直径为 s 的分子，n_1 个直径为 $s_1=2\sigma-s$ 的分子，且全部 n 个第一种分子的速度大小都为 c，全部 n_1 个第二种分子的速度大小全为 c_1，而两种分子的速度方向则都均匀分布于空间各方向，那么单位时间内 n 个分子中每一个会遭遇 $\nu'+\nu''$ 次碰撞，它的平均自由程为：

$$\begin{cases}\lambda'=\dfrac{c}{\nu'+\nu''}=\dfrac{3c^2}{4\pi ns^2c^2+\pi\sigma^2n_1(c_1^2+3c^2)},\quad \text{当 } c_1<c \text{ 时},\\[2ex] \quad=\dfrac{3cc_1}{4\pi ns^2cc_1+\pi\sigma^2n_1(c^2+3c_1^2)},\quad \text{当 } c_1>c \text{ 时}。\end{cases}\tag{68}$$

碰撞的概率；从而 ν_c 将是单位时间内，这个分子和 m_1 分子发生碰撞的平均次数。联立方程(63)和(64)，并将 F_1 代为(42)式给出的结果，可得：

$$\begin{aligned}\nu_c &= \frac{4}{3}n_1\sigma^2\sqrt{\pi h^3 m_1^3}\left[\int_0^c c_1^2 e^{-hm_1c_1^2}\frac{c_1^2+3c^2}{c}dc_1+\int_c^\infty c_1^2 e^{-hm_1c_1^2}\frac{c^2+3c_1^2}{c_1}dc_1\right]\\ &= \frac{4}{3}n_1\sigma^2\sqrt{\pi h^3 m_1^3}\left[\left(2hm_1c^2+\frac{3}{2}\right)\frac{1}{h^2m_1^2}e^{-hm_1c^2}+\int_0^c c_1^2 e^{-hm_1c_1^2}\frac{c_1^2+3c^2}{c}dc_1\right],\end{aligned} \tag{69}$$

而由于

$$\int c_1^{2n}e^{-\lambda c_1^2}dc_1=-\frac{1}{2\lambda}c_1^{2n-1}e^{-\lambda c_1^2}+\frac{2n-1}{2\lambda}\int c_1^{2n-2}e^{-\lambda c_1^2}dc_1,$$

所以有

$$\nu_c=n_1\sigma^2\sqrt{\frac{\pi}{hm_1}}\left[e^{-hm_1c^2}+\frac{2hm_1c^2+1}{c\sqrt{hm_1}}\int_0^{c\sqrt{hm_1}}e^{-x^2}dx\right]。\tag{70}$$

如果将第二种分子的参数全都替换为第一种分子的参数，即，将 n_1，m_1，σ 替换为 n，m，s，那么上式中的 ν_c 变为

$$\mathfrak{n}_c=ns^2\sqrt{\frac{\pi}{hm}}\left[e^{-hmc^2}+\frac{2hmc^2+1}{c\sqrt{hm}}\int_0^{c\sqrt{hm}}e^{-x^2}dx\right]。\tag{71}$$

$\mathfrak{n}_c$ 是以恒定速率 c 在气体混合物中运动的 m 分子，在单位时间之内和另一个 m 分子发生碰撞的平均次数。

(43)式给出的物理量 dn_c 表示 n 个 m 分子中，平均速率处于 c 到 $c+dc$ 之间的分子个数；所以，$\frac{dn_c}{n}$是一个 m 分子的速率处于上述区间的概率，而如果在足够长的时间 T 内跟踪一个 m 分子，则在这段时间里该分子速率处于 c 到 $c+dc$ 之间的时间为$\frac{Tdn_c}{n}$。在$\frac{Tdn_c}{n}$时间内，该 m 分子和 m_1 分子之间发生$\frac{\nu_c Tdn_c}{n}$次碰撞，和其他 m 分子之间发生$\frac{\mathfrak{n}_c Tdn_c}{n}$次碰撞。因此，每个 m 分子和 m_1 分子之间发生的总碰撞数为 $\left(\frac{T}{n}\right)\int\nu_c dn_c$，它与其他 m 分子之间发生的总碰撞数为 $\left(\frac{T}{n}\right)\int\mathfrak{n}_c dn_c$。所以，单位时间内每个 m 分子和 m_1 分子之间平均发生 $\nu=\left(\frac{1}{n}\right)\int\nu_c dn_c$ 次碰撞，每个 m 分子和其他m 分子之间平均发生 $\mathfrak{n}=\left(\frac{1}{n}\right)\int\mathfrak{n}_c dn_c$ 次碰撞，从而总共发生($\nu+\mathfrak{n}$)次碰撞。

对(69)式积分可得：

$$\nu=\frac{16}{3}n_1 s^2 h^3\sqrt{m^3 m_1^3}(J_1+J_2),$$

其中

$$\begin{aligned}J_1&=\int_0^\infty e^{-hmc^2}c^2\mathrm{d}c\int_c^\infty c_1^2 e^{-hm_1c_1^2}\frac{c^2+3c_1^2}{c_1}\mathrm{d}c_1,\\&=\frac{1}{h^2m_1^2}\int_0^\infty e^{-h(m+m_1)c^2}c^2\mathrm{d}c\left(2hm_1c^2+\frac{3}{2}\right)\\&=\frac{3(m+3m_1)}{8m_1^2}\sqrt{\frac{\pi}{h^7(m+m_1)^5}},\end{aligned}$$

$$J_2=\int_0^\infty e^{-hmc^2}c^2\mathrm{d}c\int_0^c c_1^2 e^{-hm_1c_1^2}\frac{c_1^2+3c^2}{c}\mathrm{d}c_1。$$

在后一积分中，c 可取从 0 到无穷的所有值，但对每个给定的 c 来说，c_1 只能取比 c 小的值。如果改变积分次序，则 c_1 可取从 0 到无穷的所有值，而 c 只能取比 c_1 大的值。因此：

$$J_2=\int_0^\infty e^{-hm_1c_1^2}c_1^2\mathrm{d}c_1\int_{c_1}^\infty e^{-hmc^2}\frac{c_1^2+3c^2}{c}c^2\mathrm{d}c。$$

由于定积分中的变量符号可以任意选取，所以我们可以将 c_1 和 c 交换。如此处理后得到的 J_2 表达式与上面给出的 J_1 表达式除了 m_1 和 m 的位置互换之外，完全一样。所以通过交换 J_1 表达式中 m_1 和 m 之位置的办法，可得 J_2 的值为：

$$J_2=\frac{3(m_1+3m)}{8m^2}\sqrt{\frac{\pi}{h^7(m+m_1)^5}},$$

因此

$$\begin{aligned}\nu&=2\sigma^2n_1\sqrt{\frac{\pi(m+m_1)}{hmm_1}}=\pi\sigma^2n_1\sqrt{\frac{m+m_1}{m_1}}\cdot\bar{c}\\&=\pi s^2n_1\sqrt{(\bar{c})^2+(\bar{c}_1)^2}=2\sqrt{\frac{2\pi}{3}}n_1\sigma^2\sqrt{\overline{c^2}+\overline{c_1^2}}。\end{aligned}\tag{72}$$

如果将 n_1,m_1,σ 替换为 n,m,s，可得：

$$\mathfrak{n}=2ns^2\sqrt{\frac{2\pi}{mh}}=\pi ns^2\bar{c}\sqrt{2}。\tag{73}$$

由于单位体积中有 n 个 m 分子，每个分子在单位时间内和 m_1 分子发生 ν 次碰撞，所以 m 分子与 m_1 分子之间总共发生

$$\nu n=2\sigma^2nn_1\sqrt{\pi}\sqrt{\frac{m+m_1}{hmm_1}}\tag{74}$$

次碰撞。但在两个 m 分子之间的碰撞中，涉及的总是两个相同的分子，所以 m 分子之间的碰撞数为：

$$\frac{\mathfrak{n}n}{2}=s^2n^2\sqrt{\frac{2\pi}{hm}}。\tag{75}$$

m_1 分子之间的碰撞也是同样的情况。

§10 平均自由程

假设单位体积中有 n 个 m 分子；令第一个分子的速率为 c_1，第二个分子的速率为 c_2，等。那么 $\overline{c_z}=\frac{c_1+c_2+\cdots}{n}$ 就是平均速率。我们将称为数均(number-average)。因为是稳态，所以 $\overline{c_z}$ 不随时间改变。如果将上式两边乘以 $\mathrm{d}t$，并在很长的一段时间 T 范围内积分，则有

$$nT\overline{c_z}=\int_0^T c_1\,\mathrm{d}t+\int_0^T c_2\,\mathrm{d}t+\cdots$$

由于在很长的一段时间里，所有分子的行为都相同，因此所有的被加数相等，从而 $\overline{c_z}=\overline{c_t}$，其中

$$\overline{c_t}=\frac{1}{T}\int_0^T c\,\mathrm{d}t$$

是任意单个分子速率的时间平均值。

$$\int_0^T c\,\mathrm{d}t=T\overline{c_t}$$

是时间 T 内它所走过的全部距离之和。但既然在这段时间里它会和其他分子发生 $T(\nu+\mathfrak{n})$ 次碰撞，那么它在相邻两次碰撞之间走过的平均距离(所有相邻两次碰撞之间的距离的算术平均值)为：

$$\lambda=\frac{\overline{c}}{\nu+\mathfrak{n}}=\frac{1}{\pi\left(\sigma^2 n_1\sqrt{\frac{m+m_1}{m}}+s^2 n\sqrt{2}\right)}。\tag{76}$$

我们将忽略数均和时间平均的区别，因为两者相等。如果把 λ 定义为单位体积和单位时间里，所有 m 分子在相邻两次碰撞之间所产生的运动距离的平均值，那么当然可以得到同样的结果。对于简单气体我们有：

$$\lambda=\frac{\overline{c}}{\mathfrak{n}}=\frac{1}{\pi n s^2\sqrt{2}}=\frac{\lambda_r}{\sqrt{2}}。\tag{77}$$

这个值是克劳修斯计算出来的值 λ_{Claus} 的 $\frac{2\sqrt{2}}{3}$ 倍[参见(60)式和(70)式]。

之前假设以恒定速率 c 穿行于气体混合物之中的分子，在单位时间内运动的距离为 c，而由于该时间内它与其他分子发生了 $\nu_c+\mathfrak{n}_c$ 次碰撞，所以它在相邻两次碰撞之间经过

的平均距离为：[①]

$$\lambda_c = \frac{c}{\nu_c + \mathfrak{n}_c}。\tag{78}$$

因为任何时刻所有速率为 c 的分子都服从相同的条件，所以 λ_c 也是这样一个分子从某任意时刻运动到下一次碰撞之前所经过的距离。当某任意时刻许多 m 分子具有相同的速率 c，且我们对其中每个分子从该时刻到下一次碰撞之前所经历的路径求平均时，那么我们也会得到相同的 λ_c。如果按时间回溯，自然也会有同样的结论。在某特定时刻 t，应该有许多 m 分子具有相同的速率 c。此时如果计算这些分子从最后一次碰撞到 t 时刻所经历的平均距离，那么我们得到的依然是相同的 λ_c。

值得一提的是，人们由此得出了一个错误的推论，对此克劳修斯也曾作出过澄清。我们依旧考虑一个在长时间里以恒定速率 c 运动的 m 分子。在某 t 时刻，它运动到了 B 点。我们来分析它最后一次发生碰撞的地点与 B 点之间的距离，并将所有可能的 B 点位置所对应的全部距离求平均。其结果应该等于 λ_c。

同样，我们可以计算 t 时刻之后，该分子首次遭遇碰撞的地点与 B 点之间的距离。这后一距离的平均值同样也将等于 λ_c。但由于从前一次碰撞地点到 B 点的距离和从后一次碰撞地点到 B 点的距离之和，应该等于两次碰撞之间的路程，所以人们可能会认为，相继两次碰撞之间的平均距离等于 $2\lambda_c$。这一结论是错误的，因为 B 点位于较长路径的概率比位于较短路径的概率大。实际上，和令 B 点为 m 分子的整个路径上任意各点、然后再将 B 点与前一次碰撞或者后一次碰撞地点之间各种大小的距离求平均的过程相比，在对相继两次碰撞之间所有路程求平均时，较短路程出现的频率相对更大。

这里，我们不妨举一个简单的小例子，它比长篇大论的解释更能说明问题。我们多次投掷一个真实的骰子；在两次投出"一点"之间，平均出现五次其他的点数。考虑相继两次投掷之间的某段间隔 J。在间隔 J 与下一次投出"一点"之间，平均出现 5 次而不是 $2\frac{1}{2}$次其他点数。同样地，在间隔 J 与上一次投出"一点"之间，也是平均出现 5 次其他点数。

泰特(Tait)采用了另一种不同的方式来定义平均自由程 λ。上面我们已经看到，在某特定时刻 t，单位体积中有 dn_c 个其速率位于 c 到 $c+dc$ 之间的分子，而且所有这些分子在从某任意时刻到其下一次碰撞之间平均移动距离 λ_c。如果我们考虑某任意时刻单位体积内全部 n 个 m 分子，并对它们从该时刻到下一次碰撞之前的所有路径求平均，那么可得：

---

① 如果将 ν_c 和 $\mathfrak{n}_c$ 的值代入，我们很容易发现，随着 c 的增加，λ_c 趋近于极限 λ_r[方程(60)]。事实上，当所考虑的分子以很大的速率运动时，其他分子看起来就像是处于静止状态。在所有速率都增加或者减小同样大小的量时，平均自由程当然会保持不变；所以，只要分子还可以被看作是形变可以忽略的弹性物体，λ 就不会在密度不变的情况下随温度的变化而变化。

$$\lambda_T = \frac{1}{n}\int \lambda_c \mathrm{d}n_c = \frac{1}{n}\int \frac{c\,\mathrm{d}n_c}{\nu_c + \mathfrak{n}_c} \tag{79}$$

在代入(70),(71)式并作初步简化之后,可得:

$$\lambda_T = \frac{1}{\pi n s^2}\int_0^\infty \frac{4x^2 \mathrm{e}^{-x^2}\mathrm{d}x}{\psi(x) + \frac{n_1\sigma^2}{ns^2}\psi\left(x\sqrt{\frac{m_1}{m}}\right)}, \tag{80}$$

其中

$$\psi(x) = \frac{1}{x}\mathrm{e}^{-x^2} + \left(2 + \frac{1}{x^2}\right)\int_0^x \mathrm{e}^{-x^2}\mathrm{d}x。 \tag{81}$$

当只存在 m 分子时,(80)式简化为:

$$\lambda_T = \frac{1}{\pi n s^2}\int_0^\infty \frac{4x^2\mathrm{e}^{-x^2}\mathrm{d}x}{\psi(x)}。$$

我计算出的定积分值为 0.677464。[①] 泰特的计算结果与这一结果相比,前三位小数相同。[②] 因此:

$$\lambda_T = \frac{0.677464}{\pi n s^2}。 \tag{82}$$

我们很容易发现,λ_T 必然小于之前用λ 来表示的平均值。之前λ 是单位时间内单位体积中所有分子经历的所有路径之平均大小。所以,每个分子对算术平均贡献的路径数目和它在单位时间内经历的碰撞数目一样多。但根据泰特的方法,每个分子只贡献了一段路径。由于快速分子碰撞的频率比慢速分子大,它在相邻两次碰撞之间运动的距离也比慢速分子长,所以在第一种方法中,较长路径出现的次数相对更多;因此算得的平均值也比第二种方法大。

泰特指出,平均路程也可以定义为相邻两次碰撞的平均时间间隔和平均速率的乘积,即

$$\overline{c}\cdot\int \frac{\mathrm{d}n_c}{\nu_c + \mathfrak{n}_c},$$

对于简单气体,由上式可得:

$$\frac{0.734}{\pi n s^2}。$$

对两次碰撞之间持续时间的平均值,同样可以用另一种不同的方法进行定义;但我们在这些无关紧要的概念上已经花费了太多的时间,唯一的理由只可能是力求对基本概念有尽可能最清楚的理解。

当我们得到关于平均自由程的不同结果时,原因显然不在于计算误差。每个值在其

---

① Boltzmann, *Wien. Ber.* 96, 905 (Oct. 1887)。

② Tait, *Trans. R. S.* Edinburgh 33, 74 (1886)。

定义的基础上都是准确的。如果在精确计算的基础上，得到一个包含平均自由程的最终公式，那么无论如何，从计算过程本身将可以看出使用了哪一种定义。如果存在任何不确定的地方，只能说明得出公式的计算过程存在疑问。

§11　分子运动所产生的输运过程

下面我们考虑竖立圆柱形容器中的一种简单气体，它的分子质量为 m。我们沿竖直向上的方向画出 z 轴，设平面 $z=z_0$ 为气柱的底面，平面 $z=z_1$ 为气柱的顶面。按照惯例，我们假设两平面之间的距离和气柱的截面积相比很小，从而容器侧面对气柱的反弹效应可以忽略不计。设 Q 是反映气体分子属性的一种物理量，其值可取不同大小。假设容器顶部具有这样一种特性，即每个分子不管碰撞前情况如何，反射后其 Q 值将具有平均值 G_1。同样，每个分子从容器底部反弹后其 Q 值将具有平均值 G_0。例如，若分子是具有导电性、直径为 s 的球体，而容器顶部和底部都是金属板，其电势分别保持为 1 和 0，那么每个分子从底部反弹后将不带电，但从顶部反弹后将携带电量 $\frac{s}{2}$。这时物理量 Q 就是电量，相关的物理过程就是导电过程。如果容器底部静止，而顶部在其平面内沿横坐标轴方向运动，那么就会有黏滞过程，物理量 Q 将为横坐标轴方向的动量。如果顶部和底部处于不同的温度，那么气体中就会有导热过程。

为便于具体说明，我们假设 G_1 比 G_0 大。对任何 z，也即顶面和底面之间任何平行于 xy 平面的层面——我们称为 z 层——每个分子的 Q 值平均为 $G(z)$。

假设这一层面上有一块具有单位面积的面元 AB；一个从上往下穿过 AB 的分子，穿过 AB 之前在更高的层面上经历其最末一次碰撞。

简而言之，它来自高一层面。因此平均而言，它的 Q 值大于 $G(z)$。自下而上穿过 AB 的分子所具有的 Q 值平均而言将小于 $G(z)$，因此，单位时间内将有一定的 Q 量 Γ 从上层传递给下层，接下来的问题就是求出这一 Γ 值。在全部的分子中，我们只考虑速率位于 c 到 $c+\mathrm{d}c$ 之间的那部分分子。单位体积中这部分分子的数目为 $\mathrm{d}n_c$。根据(38)式，这些分子中有

$$\mathrm{d}n_{c,\vartheta}=\frac{\mathrm{d}n_c\sin\vartheta\,\mathrm{d}\vartheta}{2}$$

个分子的速度方向与负 z 轴所成夹角在 ϑ 到 $\vartheta+\mathrm{d}\vartheta$ 之间。每个分子在 $\mathrm{d}t$ 时间内走过一段长为 $c\mathrm{d}t$ 的路径，该路径与负 z 轴形成夹角 ϑ。

因此，在所考虑的分子中，在 $\mathrm{d}t$ 时间内通过 AB 的数目，等于 $\mathrm{d}t$ 的起始时刻位于以

AB 为底、体积为 $c\cos\vartheta dt$ 的斜圆柱中的分子数目。这一数目即为

$$\frac{dn_c}{2}c\sin\vartheta\cos\vartheta d\vartheta dt$$

[参见 § 2 中(3)式的推导]。

因此,在单位时间内,当系统处于稳态时,将有

$$d\mathfrak{N}=\frac{1}{2}dn_c c\sin\vartheta\cos\vartheta d\vartheta$$

个分子自上而下通过 AB,它们的速率处于 c 到 $c+dc$ 之间,运动方向与负 z 轴所成夹角在 ϑ 到 $\vartheta+d\vartheta$ 到之间。如果考虑其中某一特殊分子,并设该分子在 t 时刻通过 AB,我们将它从之前最末一次碰撞到 t 时刻所经历的路程记为 λ',那么,它显然来自 z 坐标值为 $z+\lambda'\cos\vartheta$ 的层面,该层面上每个分子的 Q 量平均值为 $G(z+\lambda'\cos\vartheta)$;显然,这就是它将通过 AB 输运的 Q 量,由于 λ' 值很小,因此这一量值可以等价为

$$G(z)+\lambda'\cos\vartheta\frac{\partial G}{\partial z}。$$

所以,上述全部 $d\mathfrak{N}$ 个分子将通过 AB 自上而下输运 Q 量

$$d\mathfrak{N}\cdot G(z)+\frac{\partial G}{\partial z}\cos\vartheta\sum\lambda',$$

其中 $\sum\lambda'$ 是全部 $d\mathfrak{N}$ 个分子的路程之和。我们可以设 $\sum\lambda'$ 等于这些分子的数目 $d\mathfrak{N}$ 与平均自由程的乘积。根据正文中紧随(78)式所作的讨论,这个平均自由程与用 λ_c 表示的量相同。因此 $\sum\lambda'=\lambda_c d\mathfrak{N}$,同时可得单位时间内全部 $d\mathfrak{N}$ 个分子自上而下通过单位面积而输运的 Q 量为:

$$d\mathfrak{N}\cdot\left[G(z)+\lambda_c\cos\vartheta\frac{\partial G}{\partial z}\right]。$$

如果代入 $d\mathfrak{N}$ 的值,并注意到 dn_c,λ_c,G 及 $\frac{\partial G}{\partial z}$ 都不是 ϑ 的函数,那么在将 ϑ 从 0 到 $\frac{\pi}{2}$ 积分后,可得速率位于 c 到 $c+dc$ 之间的那部分分子自上而下输运的总 Q 量为:

$$\frac{c}{4}dn_c G(z)+\frac{c\lambda_c dn_c}{6}\frac{\partial G}{\partial z}。\tag{83}$$

同样,我们可以求出位于相同速率范围的一部分分子自下而上输运的总 Q 量为:

$$\frac{c}{4}dn_c G(z)-\frac{c\lambda_c dn_c}{6}\frac{\partial G}{\partial z}。\tag{84}$$

所以,这两部分分子输运的 Q 量中,自上而下的输运量比自下而上的输运量多出

$$d\Gamma=\frac{c\lambda_c dn_c}{3}\frac{\partial G}{\partial z}。\tag{85}$$

如果我们做这样一个简化假设，即认为所有分子都具有相同的速率 c，那么在场的所有分子的速率都在 c 到 $c+\mathrm{d}c$ 之间。这时需要将公式中的 $\mathrm{d}n_c$ 替换为 n，λ_c 替换为其中每个分子的平均自由程。那么，$\mathrm{d}\Gamma$ 将和单位时间内分子自上而下通过单位面积而输运的 Q 量，减去沿相反方向输运的 Q 量后所得净 Q 量的总值 Γ 相同。同时，注意到这里可以应用克劳修斯的平均自由程公式。因此有

$$\Gamma=\frac{n}{3}c\lambda\frac{\partial G}{\partial z}=\frac{c}{4\pi s^2}\frac{\partial G}{\partial z}。\tag{86}$$

如果我们不作所有分子具有相同速率这样一个简化假设，那么就需要将上述 $\mathrm{d}\Gamma$ 对所有可能的值积分来获得 Γ 的值。(78)式给出(因为只存在一种气体)

$$\lambda_c=\frac{c}{\mathfrak{n}_c}。$$

如果将(71)式和(43)式分别代入 $\mathfrak{n}_c$ 和 $\mathrm{d}n_c$，那么，在经过一些便捷的简化之后可得：

$$\Gamma=\frac{1}{3\pi s^2}\frac{1}{\sqrt{hm}}\frac{\partial G}{\partial z}\int_0^\infty\frac{4x^3\mathrm{e}^{-x^2}\mathrm{d}x}{\psi(x)},\tag{87}$$

其中 $\psi(x)$ 是(81)式定义的函数。

我用机械求积法(mechanical quadrature)得到定积分的值为 0.838264。[①] 泰特后来得到一个有三位小数的值，与我的结果保持一致。[②]

联立方程(44)，(45)及(47)，可得：

$$\frac{1}{\sqrt{hm}}=c_w=\frac{\sqrt{\pi}}{2}\bar{c}=\sqrt{\frac{2}{3}}\sqrt{\overline{c^2}}。$$

同样，从方程(67)，(77)及(82)可得：

$$\frac{1}{\pi s^2}=\lambda n\sqrt{2}=\frac{n\lambda_T}{0.677464}=\frac{4}{3}n\lambda_{\text{Claus}}。$$

若将 $\frac{1}{\sqrt{hm}}$ 和 $\frac{1}{\pi s^2}$ 分别代为上述各种值之一，我们可得如下形式的方程

$$\Gamma=knc\lambda\frac{\partial G}{\partial z},\tag{88}$$

其中 c 可以取最可几速率，或者平均速率，也可以取方均根速率；平均自由程 λ 可以是麦克斯韦定义下的，也可以是泰特定义下的，或者克劳修斯定义下的，而 k 是在不同情况下取值不同的常数。如果我们把 c 理解为平均速率、把 λ 理解为麦克斯韦平均自由程，那么：

① Boltzmann, *Wien. Ber.* 84, 45 (Oct. 1881).

② Tait, *Trans. R. S.* Edinburgh 33, 260 (1887).

$$k=\frac{1}{3}\sqrt{\frac{\pi}{2}}\int_0^\infty \frac{4x^3 e^{-x^2}\,dx}{\psi(x)}=0.350271。\tag{89}$$

因此，这一系数和(86)式中的系数$\frac{1}{3}$只有微小的差别。

§12　气体的导电性和黏滞性

我们将特意先考虑物理量Q并非分子纯力学性质的一个例子。假设容器顶面和底面是导电性很好的两块平板，电势分别保持为1和0。两板间距为1。侧面器壁的作用依旧忽略不计。我们仅仅将这个问题当作练习，因此假设球形气体分子是良导体，它的分子运动不受所带电荷的影响，而无须妄称这些条件在自然界可以实现。这时，E是分子上积聚的电量. 对于从容器底面反弹的分子，G值为$G_0=0$，而对从容器顶部反弹的分子来说，G值为$G_1=\frac{s}{2}$。对于后一情况，内部和表面的电势必然等于1。这一电势等于电量G_1除以半径$\frac{s}{2}$。假如系统处于稳态，那么每个横截面内的Γ值都必然具有相同的大小。由于我们假定分子运动不受带电过程的影响，所以对于每个横截面来说，(88)式中出现的其他量也都具有相同的值，而且从该式可知，$\frac{\partial G}{\partial z}$和$z$无关。如果顶面和底面之间的距离为1，那么：

$$\frac{\partial G}{\partial z}=\frac{s}{2}。$$

因此，根据(88)式可知，单位时间内分子通过单位面积自上而下输运的电量，减去沿相反方向输运的电量后，所得净电量的总值为：

$$\Gamma=\frac{k}{2}nc\lambda s。\tag{90}$$

根据我们的假设(当然未加证明)，这应该为气体的电导率。

接下来我们将处理另外一个例子。容器底部静止，但容器顶部以恒定速度沿横坐标轴方向移动。结果，靠近容器顶部的气体分子被拖拽而动，但靠近容器底部的分子则停滞不前。因此，分子在横坐标轴方向的平均速度分量，即，分子在该方向上的整体运动速度，将随z坐标的增大而增大。在z层面上，它的值设为u。现在我们把G理解为一个分子在横坐标轴方向的平均动量mu，因此有：

$$\frac{\partial G}{\partial z}=m\frac{\partial u}{\partial z},\Gamma=knc\lambda m\frac{\partial u}{\partial z}=k\rho c\lambda\frac{\partial u}{\partial z}。$$

如果用M表示容器底部与z层之间气体的总质量，用$\mathfrak{x}$表示其质心在横坐标轴方向

的速率分量，那么有

$$\mathfrak{x}=\frac{\sum m\xi}{M},$$

其中$\sum m\xi$是所有粒子在横坐标轴方向的动量之和。由于气体分子运动的结果，单位时间里通过单位面积由上而下输运的动量，要比由下而上输运的动量多Γ。因此，$\sum m\xi$在$\mathrm{d}t$时间里产生的增量为

$$\Gamma\omega\mathrm{d}t,$$

而M保持不变。这里，ω是气缸截面的面积。所以，$\mathfrak{x}$由于分子运动而增加

$$\mathrm{d}\mathfrak{x}=\frac{1}{M}\Gamma\omega\mathrm{d}t。$$

这和由于受到外力$\frac{M\mathrm{d}\mathfrak{x}}{\mathrm{d}t}$的作用而产生的增量相同。如果系统处于稳态，那么气体质量M必然受到大小相同方向相反的外力作用。这一作用力只能来自容器底部，而由于作用力和反作用力大小相等，所以气体对容器底部产生一个沿横坐标轴正方向的作用力

$$M\frac{\mathrm{d}\mathfrak{x}}{\mathrm{d}t}=\Gamma\omega=k\rho c\lambda\omega\frac{\partial u}{\partial z}。$$

这个力就是气体黏滞力。它和面积ω成正比，也和切向速度u对法向z的偏导数成正比。

比例系数就是黏滞系数。它的值为

$$\mathfrak{R}=k\rho c\lambda。\tag{91}$$

对于标准大气压下15℃的空气来说，麦克斯韦①、迈耶②，以及孔特和瓦伯格③的实验结果差不多一样，给出的黏滞系数为

$$\mathfrak{R}=0.00019\ \frac{\mathrm{g}}{\mathrm{cm\cdot s}}。$$

由于氧气和氮气的性质极其相似，而且这个公式毕竟也只是一个近似公式，所以我们可以假设它等于氮气的黏滞系数。为此，我们算得0℃时，$\sqrt{\overline{c^2}}=492\mathrm{m/s}$。由于$\bar{c}=2\sqrt{\frac{2\overline{c^2}}{3\pi}}$，且因为$\bar{c}$和绝对温度的平方根成正比，所以对于15℃下的氮气来说，可得：

$$\bar{c}=467\mathrm{m/s}。$$

如果将(91)式中的c理解为平均速率，从而可以取$k=0.350271$，则可得：

$$\lambda=0.00001\mathrm{cm}。$$

---

① Maxwell, *Phil. Trans.* 156, 249 (1866); *Scientific Papers* 2, 24。

② O.E. Meyer, *Ann. Physik.* [2] 148, 226 (1873)。

③ Kundt and Warburg, *Ann. Physik.* [2] 155, 539 (1875)。

关于在标准大气压和15℃下一个氮气分子每秒钟所经历的碰撞数，可得如下结果：

$$n=\frac{\overline{c}}{\lambda}=47\text{ 亿。}$$

由于根据(77)式有

$$\lambda=\frac{1}{\sqrt{2}\pi n s^2},$$

所以 n 和 s 这两个量不能单独给定。但只要找到它们之间的另一种关系式，就可以同时求出这两个量。

按照洛施密特[①]的观点，可以通过以下推理过程——他利用考察各种物质分子体积的办法，对该推导的合理性进行了证明——来实现这一目的。被看作球体的分子体积为 $\frac{\pi s^3}{6}$。如果你头脑里没有这样一幅简化的分子图景，你也可以将它看作是直径等于碰撞中两分子质心之间最近距离的一个球体的体积。因此，如果将分子看作大小如上的球体，那么 $\frac{\pi n s^3}{6}$ 就是整个气体体积(设其为1)中被分子占据的部分，而在各分子之间，还存在 $1-\frac{\pi n s^3}{6}$ 的庞大空间。

假设气体可以液化，并假设液态时总体积是分子所占空间的 ε 倍；那么气体液化后所得液体体积为 $\frac{\varepsilon\pi n s^3}{6}$，而由于气体的体积为1，所以有

$$\frac{\varepsilon\pi n s^3}{6}=\frac{v_f}{v_g},$$

其中 v_g 是分子数密度为 n 的气体中，任意量气体的体积，而 v_f 是等量气体处于液态时的体积。将上述方程和(77)式联立起来，可得：

$$s=\frac{6\sqrt{2}}{\varepsilon}\frac{v_f}{v_g}\lambda\text{。}$$

这时液体的体积不再会因为温度或压强的变化而发生显著的改变，此外，我们在实验室条件下能够对液体施加的力，很可能还没有碰撞中两个气体分子之间的相互作用力大。[②] 因此，我们完全可以大胆假设，液体体积不会比这样一个体积——当相邻分子之间的距离等于碰撞中两气体分子之间最小距离时应有的体积——的10倍更大，一般也不会小于该体积，所以 ε 位于1到10之间。乌罗布莱夫斯基(Wroblewski)发现，液氮的密度和水的密度没有太大的不同。同时，由原子体积的情况可知，两个密度的差别没有大到在这里的近似计算中不能忽略不计的程度。如果假设两个密度相同，那么可得氮气在

① Loschmidt, *Wien. Ber.* 52, 395 (1865)。

② Boltzmann, *Wien. Ber.* 66, 218 (July 1872)。

大气压、及15℃的条件下：$\frac{v_g}{v_f}=813$；如果令 $\varepsilon=1$，还可进一步求得 $s=0.0000001\text{cm}$＝百万分之一毫米。所以我们很可以认为，液氮中相邻两个分子质心之间的平均距离，和氮气中两个发生碰撞的分子之间所能靠近的平均最小距离一样，处于该值和其十分之一大小之间的范围。

至于25℃及大气压下1立方厘米氮气中的分子数目 $n=\frac{1}{\sqrt{2}\pi s^2\lambda}$，可得其结果无论如何都会处于2.5万亿和250万亿之间。

将这一结果代入方程(90)可得：$\Gamma=(23\times10^9/\text{s})$。这应该是静电单位制的绝对电导率。所以电磁单位制中的电阻率(electromagnetic specific resistance)应该是：

$$(9\times10^{20}\text{cm}^2/\Gamma\text{s}^2)=(4\times10^{10}\text{cm}^2/\text{s})$$

边长为1厘米的氮气立方体的电阻为$(4\times10^{10}\text{cm/s})=(40\Omega)$，而同样大小的水银立方体电阻为$\frac{1}{10600}\Omega$。因为氮气的导电性比水银差得多，所以，假设分子是导体球就不再合适了。

后来L. 迈耶①，斯托尼②，开尔文勋爵③，麦克斯韦④，以及范德瓦尔斯⑤等人计算了分子直径的数量级大小，他们采用的方法完全不同，但所得结果都和上述结果相一致。

为了找到黏滞系数与所考虑气体的性质及状态之间的关系，我们将 ρ 代为 nm，并将(77)式所得结果代入 λ。这样，我们得到：

$$\mathfrak{R}=\frac{km\bar{c}}{\sqrt{2}\pi s^2},$$

而由(46)和(51a)式可知：

$$\mathfrak{R}=\frac{2k}{s^2}\sqrt{\frac{RMTm}{\pi^3}}。$$

所以，黏滞系数与温度的平方根成正比，而与气体的密度无关。黏滞系数与密度无关这一特性，得到了实验的验证，尤其是得到了孔特和瓦伯格所做实验的验证，但其正确性当然只在我们计算中设定的条件——平均自由程和容器顶面与底面之间距离相比很小——得到满足的情况下成立。就黏滞系数与温度的关系而言，麦克斯韦(在上述引文中)的实验得出了一个它和温度的一次方成正比的结果，但这一结果只对易压缩气体成

---

① L. Meyer, *Ann. Chem. Pharm.* 5 (Suppl.) 129 (1867)。

② Stoney, *Phil. Mag.* [4] 36, 132 (1868)。

③ Kelvin, *Nature* 1, 551 (March 1870); *Amer. J. Sci.* 50, 38 (1870)。

④ Maxwell, *Phil. Mag.* [4] 46, 463 (1873); *Scientific Papers* 2, 372。

⑤ van der Waals, *Die Continuität des Gasförmigen und Flüssigen Zustandes* (Leipzig, 1881), Chap. 10.

立，特别是二氧化碳。对于不太容易压缩的气体，后来有好几位观测者得到了与我们这里的公式中所给出的黏滞系数符合得很好的结果，但更多的结果介于上述计算结果和麦克斯韦的实验结果之间。[①]

这里要强调的第一点是，黏滞性随温度升高而增加的程度比绝对温度的平方根更快，其原因不能归咎于计算的误差，因为你很容易发现：如果温度升高而密度不变，那么根据形变可以忽略不计的弹性分子的假设，除了速率随绝对温度的平方根线性增加之外，分子运动的其他方面平均而言完全不变。这就好比时间按上述比例缩短了一样，从而单位时间里输运的动量必然也有同样程度的增加。另一方面，根据斯特藩的观点，[②]s 有可能随温度升高而减小。这一结论有着如下意义：分子并不是绝对刚性的，它们会因为碰撞而变瘪，以至于分子直径有些减小，而且温度升得越高，直径减小得越多。麦克斯韦假设分子是力心，分子之间彼此施加的力在距离很大时可以忽略不计，但当两分子靠近时，作用力就变为随距离减小而快速增长的排斥力，因而这一作用力应该是距离的合适函数。为了解释他得到的黏滞系数，他假设这一函数为距离的负 5 次方。我曾经指出，如果用和距离存在适当关系的纯引力来代替这一排斥力，我们就可以得到气体的所有基本性质，从而也可以解释离解现象和著名的焦耳-汤姆逊实验。由于我们对分子性质的不了解，所有这些模型自然都只被看作是力学类比，但在实验结果作出判决之前，我们应对它们一视同仁。然而不管怎样，分子直径很可能是一个定义并不明确的物理量。不过，液态中的近邻分子一定是处在相互间能发生强烈相互作用的距离上，两个以上分子的相互作用也不再是特例。因此，分子的间距和气体分子显著偏离直线路径时的间距大致相同。前面用 s 和 σ 来表示的物理量仅仅能够代表这个距离的数量级。为了使计算不失去意义，我们再次回到之前的假设，把分子看作几乎不发生形变的球体。因此，由上述最后一个关于黏滞系数的公式可知，对同一温度下不同的气体来说，黏滞系数和分子质量的平方根成正比，和分子直径的平方成反比。

§13　气体的热传导和扩散

为了利用(88)式来计算热导率，我们得假设容器的底面和顶面分别维持在高低不同的两个恒定温度下。这时 G 为分子所包含的平均热量。分子的平均平动动能为

① 参看 O. E. Meyer, *Die Kinetische Theorie der Gase* (Breslau: Maruschke & Berendt, 1877)，第 157 页及其后。

② Stefan, *Wien. Ber.* 65 (2) 339 (1872).

$$\frac{m}{2}\overline{c^2}。$$

假设一个分子内部运动的总平均能量为

$$\beta\frac{m}{2}\overline{c^2},$$

那么,分子运动的总平均能量为

$$\frac{1+\beta}{2}m\overline{c^2},$$

或者利用(57)式将其改写为

$$\frac{1}{3(\kappa-1)}m\overline{c^2}。$$

因为根据我们的假设,热无非是分子运动的总能量,所以分子所具有的热量 G 将采用力学单位来量度。如果假设比热比 κ 保持不变——至少对永久气体来说,这很可能是真实的情形——那么可得

$$\frac{\partial G}{\partial z}=\frac{1}{3(\kappa-1)}m\frac{\partial\overline{c^2}}{\partial z}。$$

根据方程(51a),

$$\overline{c^2}=\frac{3RT}{\mu},$$

其中,$\mu=\frac{m}{M}$如前所述为气体的分子量。于是有

$$\frac{\partial G}{\partial z}=\frac{Rm}{(\kappa-1)\mu}\frac{\partial T}{\partial z},$$

所以由(88)式可得

$$\Gamma=\frac{kR\rho\bar{c}\lambda}{(\kappa-1)\mu}\frac{\partial T}{\partial z}。$$

$\frac{\partial T}{\partial z}$的系数就是所谓的气体的热导率 $\mathfrak{L}$。因此

$$\mathfrak{L}=\frac{R\mathfrak{R}}{(\kappa-1)\mu}=\frac{2k}{(\kappa-1)s^2}\sqrt{\frac{R^3M^3T}{\pi^3m}}。\tag{92}$$

因此,只要 κ 是常数,则热导率对密度及温度的依赖关系就和黏滞系数一样。特别地,由于对恒温下的永久气体来说,κ 几乎不随密度变化,所以热导率也不随密度变化,这一结论已经得到了斯特藩及孔特和瓦伯格的实验验证。

对 κ 值几乎一样的不同气体来说,导热系数正比于黏滞系数和分子量的比值——或者,如(92)式中后一表达式所示,和直径平方及分子量的平方根成反比。因此,小而轻的分子的导热系数比大而重的分子的导热系数大得多。这一结论也已得到了实验的证实。

如果我们分别用 γ_p 和 γ_v 来表示一定质量的气体在等压和等容条件下的比热，其中热量还是采用力学单位，那么有[方程(55a)]

$$\frac{R}{\mu}=\gamma_p-\gamma_v=\gamma_v(\kappa-1)=\frac{\gamma_p}{\kappa}(\kappa-1),$$

所以

$$\mathfrak{L}=\gamma_v\mathfrak{R}=\frac{1}{\kappa}\gamma_p\mathfrak{R}。\tag{93}$$

在最后一个式子中，热量的单位是任意的。如果对于0℃和大气压下的空气，我们取

$$\kappa=1.4,\gamma_p=0.2376\ \frac{\mathrm{cal}}{\mathrm{g}\cdot{}^\circ\mathrm{C}},$$

$\mathfrak{R}$ 采用前面所给出的值，那么可得：

$$\mathfrak{L}=0.000032\ \frac{\mathrm{cal}}{\mathrm{cm}\cdot\mathrm{s}\cdot{}^\circ\mathrm{C}}。$$

对于空气的热导率，不同观测者所得结果位于0.000048和0.000058之间，其中所采用的单位同上式。① 我们认为理论结果和实验之间还是符合得很好的，因为我们毕竟只进行了近似计算。

为了计算两种气体的扩散，我们将再次回到§11中考虑的气柱上来。设气体是两种简单气体的混合物。第一种气体分子质量为 m，直径为 s；第二种气体分子的质量为 m_1，直径为 s_1。z 层上(单位体积内)有 n 个第一种分子和 n_1 个第二种分子，其中 n 和 n_1 都是 z 的函数。同样，速度大小位于 c 到 $c+\mathrm{d}c$ 之间的第一种分子数 $\mathrm{d}n_c$ 也是 z 的函数。用和§11中类似的方法，可得单位时间内穿过单位面积的分子中，速度大小为 c 到 $c+\mathrm{d}c$ 之间，方向与负 z 轴成 ϑ 到 $\vartheta+\mathrm{d}\vartheta$ 之间夹角的第一种分子数目为

$$\mathrm{d}\mathfrak{N}_{c,\vartheta}=\frac{\mathrm{d}n_c}{2}c\sin\vartheta\cos\vartheta\,\mathrm{d}\vartheta。$$

这些分子大都来自 z 坐标为 $z+\lambda_c\cos\vartheta$ 的层面，该层和 $\mathrm{d}n_c$ 相对应的量为：

$$\mathrm{d}n_c+\lambda_c\cos\vartheta\ \frac{\partial\,\mathrm{d}n_c}{\partial z}。$$

如果将 ϑ 从0到 $\frac{\pi}{2}$ 积分，那么可得单位时间内通过单位面积、运动方向任意而速度大小为 c 到 $c+\mathrm{d}c$ 之间的第一种分子数为：

$$\frac{c\,\mathrm{d}n_c}{4}+\frac{c\lambda_c}{6}\frac{\partial\,\mathrm{d}n_c}{\partial z};$$

---

① O. E. Meyer, *Die Kinetische Theorie der Gase*, p. 194。根据一个改进后的近似公式，库塔(Kutta)从温克曼(Winkelmann)的实验中得到的值为0.000058[Münchn. Dissert. 1894; *Ann. Physik*. [3] 54, 104 (1895)]。

同样，从下往上通过的相应分子数为：

$$\frac{c\,\mathrm{d}n_c}{4}-\frac{c\lambda_c}{6}\frac{\partial \mathrm{d}n_c}{\partial z}$$

所以，第一种气体分子从上往下的净流量为

$$\mathrm{d}\mathfrak{N}_c=\frac{c\lambda_c}{3}\frac{\partial \mathrm{d}n_c}{\partial z}。\tag{94}$$

如果采用所有分子都具有相同的速率这一简化假设，那么我们只需要用单位时间内从上往下通过单位面积的第一种分子总净流量 $\mathfrak{N}$ 来代替 $\mathrm{d}\mathfrak{N}_c$，并用 z 层单位体积内第一种分子的总数目 n 来代替 $\mathrm{d}n_c$，便可得到：

$$\mathfrak{N}=\frac{c\lambda}{3}\frac{\partial n}{\partial z}。\tag{95}$$

我们只在两种气体分子的质量和直径都相同这样一种最简单的情形中，来考虑同种分子具有不同速率的问题。在这种麦克斯韦称为自扩散的情形中，我们假设扩散过程中各层面上每种气体分子都服从麦克斯韦速率分布律，从而(43)式

$$\mathrm{d}n_c=4n\sqrt{\frac{h^3m^3}{\pi}}c^2\mathrm{e}^{-hmc^2}\mathrm{d}c。$$

依然成立，只是 n 为 z 的函数，由此可得：

$$\frac{\partial dn_c}{\partial z}=\frac{4\partial n}{\partial z}\sqrt{\frac{h^3m^3}{\pi}}c^2\mathrm{e}^{-hmc^2}\mathrm{d}c。$$

同时，λ_c 的值和它在简单气体的情况下单位体积中有 $n+n_1$ 个分子时的取值相同。这样一来，若令 $\nu_c=0$，且用(71)式代入 $\mathfrak{n}_c$，便可由(78)式求得 λ_c 的值。其中在(71)式中，应将 n 代为 $n+n_1$，s 则表示分子的直径，对于两种气体来说它具有相同的值。将所有这些值代入(94)式并将 c 从 0 到∞积分，可得从上而下通过单位面积的第一种分子数减去逆流分子数后所剩下的总净流量为：

$$\mathfrak{N}=\frac{1}{3\pi s^2\sqrt{hm}\,(n+n_1)}\frac{\partial n}{\partial z}\int_0^\infty\frac{4x^3}{\psi(x)}\mathrm{e}^{-x^2}\mathrm{d}x\ ,\tag{96}$$

该公式也可以通过将 Γ 代为 $\mathfrak{N}$、G 代为 $\frac{n}{n+n_1}$ 而直接由(87)式获得。因此，一个分子属于第一种气体的概率，完全可以当作§11 中所引入的分子 Q 量来处理，此时 Γ 表示单位时间内从上往下通过单位体积的第一种分子数减去反向通过的分子数后剩余的净分子数。这就是所谓的自扩散过程，它和§12 中所设想的导电过程一样，遵从我们的近似公式；我们只需要把分子所带的电荷替换为第一或第二种分子所具有的属性即可。但在涉及我们有关碰撞中两个碰撞分子的电量平均分配的假设时，存在本质上的区别。不过，由于我们在推导公式的过程中，假设了每个分子在碰撞后沿空间各方向运动的概率相同，所

以必然会导致这样的结论,即当分子在彼此之间的碰撞中表现为理想绝缘体时,其导电的速度与当它们在和容器顶面或底面的碰撞中表现为理想导体时一样快。这样的话,导电过程和扩散过程就完全类似了。

如果在(96)式中引入(89)式定义的 k,则有:

$$\mathfrak{N}=k\lambda\bar{c}\frac{\partial n}{\partial z}=\frac{\Re}{\rho}\frac{\partial n}{\partial z}。$$

将上式两边同时乘以常数 m,可得:

$$\mathfrak{N}m=k\lambda\bar{c}\frac{\partial(nm)}{\partial z}=\frac{\Re}{\rho}\frac{\partial(nm)}{\partial z}。$$

$\mathfrak{N}m$ 是从上往下通过表面的第一种气体的净质量,而 nm 是 z 层单位体积中第一种气体的质量,所以 $\frac{\partial(nm)}{\partial z}$ 是它在 z 方向的梯度。因此,上述最后一个方程中该项的系数就是我们所称作的扩散系数。在前述 $\Re$ 值的基础上,可求得 15℃及大气压下空气的扩散系数值为 0.155cm²/s;而洛施密特[①]求出和空气相似的各种混合气体的扩散系数分别处于 0.142 到 0.180 之间。如果考虑 ρ 对温度和压强的依赖关系,则会发现,扩散系数与绝对温度的 $\frac{3}{2}$ 次方成正比,与两种气体的总压强成反比。在相同的温度和总压强下,自扩散系数和热导率一样,与 $s^2\sqrt{m}$ 成反比,这一关系可由(96)式得出,因为 h 和 $n+n_1$ 都是常数。

在两种气体分子的质量和直径都相同这样一种最简单的扩散情形中,两种气体的混合物在行为上和单一稳态气体类似。如果我们分别用 $\mathrm{d}N_{c,\vartheta}$,$\mathrm{d}n_{c,\vartheta}$、$\mathrm{d}n^1_{c,\vartheta}$ 来表示两种气体中速度大小处于 c 到 $c+\mathrm{d}c$ 之间,方向与负 z 轴成 ϑ 到 $\vartheta+\mathrm{d}\vartheta$ 之间夹角的分子总数,及其中第一和第二种气体各自满足相同条件的分子数,则由(38)式可得:

$$\mathrm{d}N_{c,\vartheta}=2\sqrt{\frac{h^3m^3}{\pi}}(n+n_1)c^2\mathrm{e}^{-hmc^2}\mathrm{d}c\sin\vartheta\,\mathrm{d}\vartheta。$$

你可能会认为,对于如此简单的情形,我们的计算应该完全准确。然而,我们将发现,当分子被看作弹性球时,速度越快的分子扩散得越快,速度越慢的分子扩散得越慢。[②]在 n 很小的地方,也即另一种气体分子在数目上超过扩散分子而占主导地位的地方,当 c 值很大时,$\mathrm{d}n_{c,\vartheta}$ 将大于

$$\frac{n}{n+n_1}\mathrm{d}N_{c,\vartheta},$$

① Loschmidt, *Wien. Ber.* 61, 367 (1870); 62, 468 (1870)。

② 这一结论可从 $\int_0^\infty gb\mathrm{d}b\cos^2\vartheta$ 中 g 的存在形式推得(参见 §18 和 §21)。

而当 c 值较小时，$\mathrm{d}n_{c,\vartheta}$ 将小于该值。但在同样的地方，对另一种气体来说，必然是相反的情况。因此，我们所得方程

$$\mathrm{d}n_{c,\vartheta}=\frac{n}{n+n_1}\mathrm{d}N_{c,\vartheta}$$

的准确性是存疑的。同样，在一个层面内发生碰撞的分子（按照克劳修斯的说法，就是从一个层面发送出去的分子），其速度在所有方向上是否机会均等也很难说。

§14　两种近似；两种不同气体的扩散

从到目前为止所作的分析中，我们也许认为(87)式及其衍生出来的(88)式和系数表达式(89)式，都是严格正确的；这当然是一种错觉。实际上，我们在推导它们的时候作过假设，认为与分子相关联的 Q 量不会改变分子的速率分布。在很多情况下，比如在黏滞性问题中，当整体运动的速度大小与分子的平均速率相比很小时，速率分布只会发生轻微的改变；但(83)式中 $\mathrm{d}n_c$ 的值和(84)式中 $\mathrm{d}n_c$ 的值 $\mathrm{d}n_c'$ 却永远不相同。因此(85)式中会产生一个附加项

$$\frac{c}{4}G(z)(\mathrm{d}n_c-\mathrm{d}n_c'),$$

它的大小和(85)式本身在同一个数量级上。另外，分子在各个方向上运动的概率相同这样一个假设也是值得怀疑的。

我们最后所作的假设是，每个分子通过 AB 面输运的 Q 量，是该分子经历最末一次碰撞所在层面上分子的平均 Q 值 $G(z+\lambda'\cos\vartheta)$。这个假设同样也颇具主观性。对于以不同大小的速度、沿不同的方向离开该层面的分子来说，这个量是不同的；因此它是 c 和 ϑ 的函数，可以表示为 Φ，从而在后续对 c 和 ϑ 的积分中不能将 $\frac{\partial G}{\partial z}$ 提到积分号之外。这样一来，一个分子通过 AB 面输运的 Q 量不但和它经历末次碰撞时所在的层面有关，也和它发生倒数第二次碰撞的地点有关，甚至还可能和更早的碰撞地点有关。

这和之前比较扩散过程和导电过程时所讨论过的一种情形有些关联。在碰撞中，有可能每个碰撞分子都保持碰撞前所具有的 Q 量；但是，平均分配的情况也可能发生。如果我们把 Q 量叫作电量，那么，前一情况相当于两个分子是外覆绝缘层的导体，它们和容器顶面及底面发生碰撞时绝缘层会被击穿，但在分子之间的碰撞中不会被击穿；后一种情况相当于分子从里到外都是由导电材料构成的。

两种情况下 Φ 函数有可能不同，以至于即便两种情况下 z 层分子中 G 的平均值相同，即都等于

$$G_0+\frac{(G_1-G_0)(z-z_0)}{z_1-z_0},$$

输运的 Q 量也会不一样。事实上，一个分子在碰撞后更可能继续沿原来的方向而不是相反方向运动。从后面推得的(201)式和(203)式就可以看出这一点。因此当 Q 量在两碰撞分子之间平均分配时，Q 量的输运相对于非平均分配情形会更加受阻，因而也更慢。

针对这些假设所导致的一些忽略项的影响，克劳修斯、L. 迈耶及泰特等物理学家们开展了很多研究。但是，在弹性球的模型中，黏滞性、扩散，以及热传导过程对速度分布的扰动还没有人精确计算过，因此在所有相关公式中，都有一些项被舍去了，而其中有些项和保留下来用于计算最后结果的项数量级相当，所以那些公式本质上并不比这里用简单方法得出的公式更好。

这些项的舍弃，导致计算结果不再是所做假设的逻辑结果，从而成为数学上不正确的结果，这种舍弃必须和物理上近似正确的假设——比如碰撞的持续时间和两次碰撞之间的时间相比非常小的假设——区分开来（正如 §6 中所解释的那样）。在后一种近似假设的情况下，所得计算结果将是物理上不准确的结果，也就是说，它们的正确性只能由实验来决定。但是，这些物理近似并不影响结果在数学上的正确性，因为它们提供了一种极限情形，而当真实条件逼近假设条件时，实际的物理规律必然更快地趋向于极限结果。

下面我们来计算分子质量和直径不同的两种气体中的扩散，不过我们只考虑第一种气体分子的速率全都为 c，第二种气体分子的速率全都为 c_1 的简化情况。

对第一种气体而言，(95)式成立。其平均自由程当然也就可以从(68)式求得。但是，由于只是近似计算，我们不打算在这里考虑存在不同速率的情况，这样可以使计算简化，而且可以使用(76)式。于是，我们求得单位时间内、单位面积上第一种气体分子自上往下通过的数量减去自下往上通过的数量后的剩余量

$$\mathfrak{N}=\mathfrak{D}_1\frac{\partial n}{\partial z},$$

其中

$$\mathfrak{D}_1=\frac{c}{3\pi\left[s^2 n\sqrt{2}+\left(\frac{s+s_1}{2}\right)^2 n_1\sqrt{\frac{m+m_1}{m}}\right]}。$$

用同样的方法，可得单位时间内、单位面积上第二种气体分子自下往上的净通过数量 $\mathfrak{N}_1$ 为

$$\mathfrak{N}_1 = -\mathfrak{D}_2 \frac{\partial n_1}{\partial z} = +\mathfrak{D}_2 \frac{\partial n}{\partial z},$$

因为整个气体的分子数$(n+n_1)$是常数。上式中

$$\mathfrak{D}_2 = \frac{c_1}{3\pi\left[s_1^2 n_1 \sqrt{2} + \left(\frac{s+s_1}{2}\right)^2 n \sqrt{\frac{m+m_1}{m_1}}\right]}。$$

现在出现了这样的困难：两种气体的扩散常数大小不一样，即，根据公式，通过每一个截面的分子数都是一个方向比另一个方向多。这种情况实际上会发生在极狭窄的通道或者多孔壁上的扩散现象中。但在我们的例子中，已经假设混合物处于静止且容器侧壁的作用忽略不计，因此压强总是处处相等的，从而根据阿伏伽德罗定律，朝各个方向运动的分子数应该是一样的。

我们的公式给出了错误的结果。同样，麦克斯韦的第一个热传导公式得出了导热气体存在整体性质量流动的结论。克劳修斯和 O. E. 迈耶得出的热传导公式虽然避免了整体性质量流动的问题，但却得到了气体中不同位置压强不同的结论。虽说实际上这种情况在极其稀薄的气体中存在，比如对于辐射计来说，理论计算和实验观测一致表明存在这种现象，但是像他们的公式所导出的那么大的压强差，还是难以令人接受的。[①] 因此这也是所有这些计算不够准确的明证。

在我们目前所关注的扩散情形中，O. E. 迈耶用如下方式消除了这一矛盾：他在这里计算出的分子运动——在该运动中，单位时间内从上往下通过单位面积的分子数比从下往上通过单位面积的分子数多 $\mathfrak{N}-\mathfrak{N}_1$ 个——之上，叠加一个大小相同、方向相反的混合粒子流。由于混合物中包含 $n+n_1$ 个分子，其中第一种气体分子 n 个，第二种气体分子 n_1 个，所以混合粒子流的情形可以设想为：第一种气体分子中从上往下流动的数目比从下往上流动的数目多 $\frac{n(\mathfrak{N}_1-\mathfrak{N})}{(n+n_1)}$，而对第二种气体分子而言，相应的数值为 $\frac{n_1(\mathfrak{N}_1-\mathfrak{N})}{(n+n_1)}$。所以，叠加这样一种分子流之后，第一种气体分子中从上往下流动的数目比从下往上流动的数目多出

$$\mathfrak{N} + \frac{n(\mathfrak{N}_1-\mathfrak{N})}{n+n_1} = \frac{n_1\mathfrak{N} + n\mathfrak{N}_1}{n+n_1} = \frac{n\mathfrak{D}_1 + n_1\mathfrak{D}_2}{n+n_1}\frac{\partial n}{\partial z},$$

而对第二种气体分子来说，则是从下往上流动的分子比从上往下流动的分子多出同样大小的数目。这时扩散系数为

① Kirchhoff, *Vorlesungen über die Theorie der Wärme*, ed. By Max Planck (Leipzig: B. G. Teubner, 1894, p. 210)。

$$\frac{n_1\mathfrak{D}_1+n\mathfrak{D}_2}{n+n_1},$$

其中 $\mathfrak{D}_1$,$\mathfrak{D}_2$ 按之前给出的公式取值。根据上式,扩散系数和混合比有关,因此在混合物的不同层面上扩散系数具有不同的值,从而稳态条件下 n_1 和 n 也就都不是 z 的线性函数。斯特藩[①]在其他原理的基础上导出了扩散的另外一种近似理论,他发现,扩散系数不应该依赖于混合比。这个问题在实验上尚有待解决。但像上述公式所给出的扩散系数具有如此大反差的情况,似乎应该排除。

至于对上述各种各样的黏滞理论、扩散理论及热传导理论所进行的各式各样的修正,它们和各种不同气体的实验结果之间的比较,及其所能得出的有关各种气体分子性质的结论,均不便在此深入讨论。在 O.E. 迈耶所著内容非常详尽的《气体分子运动论》一书中可以找到相关的内容。在后续发表的研究中,值得一提的是泰特[②]所做的工作。

① Stefan, *Wien. Ber.* 65, 323 (1872)。

② P. G. Tait, *Trans. R. S.* Edinburgh 33, 65, 251 (1887); 36, 257 (1889-1891)。

第二章

分子力心模型
考虑外力和气体的整体性运动

Abschnitt Ⅱ

• Die Moleküle sind Kraftcentra.Betrachtung äusserer Kräfte und sichtbarer Bewegungen des Gsers •

玻尔兹曼在其研究领域中作出了卓越成就，这使得他以跻身于世界最伟大的科学家之列。他在数学物理学中取得的成就，就像阿伦尼乌斯在物理化学中所取得的成就一样。

——《加利福尼亚日报》

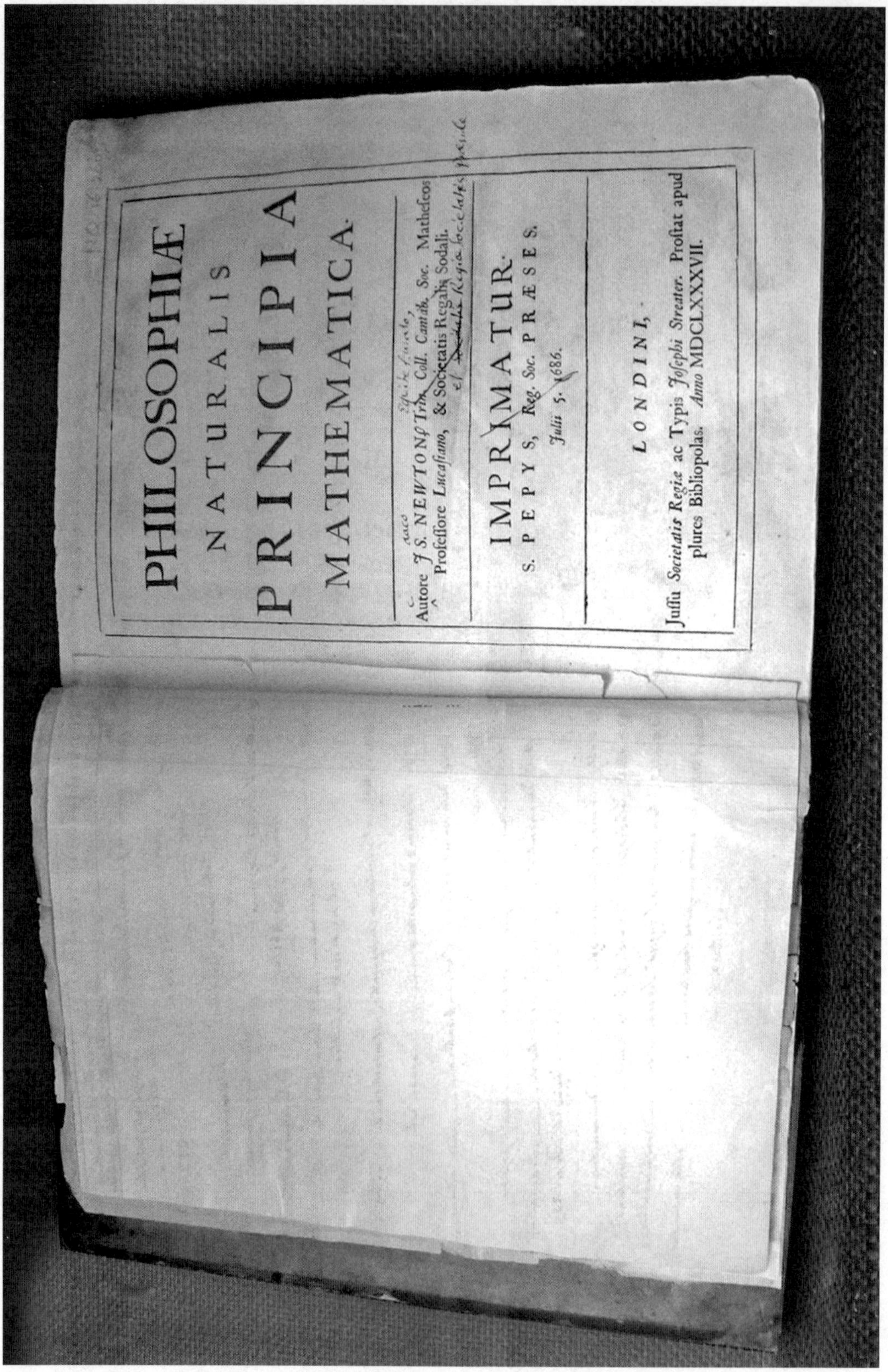
PHILOSOPHIÆ
NATURALIS
PRINCIPIA
MATHEMATICA.
Autore J S. NEWTON, Trin. Coll. Cantab. Soc. Matheseos
Professore Lucasiano, & Societatis Regalis Sodali.
IMPRIMATUR.
S. PEPYS, Reg. Soc. PRÆSES.
Julii 5. 1686.
LONDINI,
Jussu Societatis Regiæ ac Typis Josephi Streater. Prostat apud
plures Bibliopolas. Anno MDCLXXXVII.

§15　建立有关 f 和 F 的偏微分方程

下面我们转而考虑有外力作用的情形，同时，碰撞中出现的相互作用也可有任意不同的形式。为了避免后面需要推广改写公式，我们还是直接考虑两种气体组成的混合物，其中两种分子的质量分别设为 m 和 m_1。为简单起见，我们依旧分别把它们称为 m 分子和 m_1 分子。每个分子在其大部分的运动中几乎完全不受其他分子的影响；只有当两个分子靠得非常近的时候，它们的速度大小和方向才会发生重大的改变。同时有三个分子相互发生作用的情形罕见，因此忽略不计。为了获得精确的阐述，我们将分子看作质点。只要一个 m 分子和另一个 m_1 分子之间的距离 r 大于某个特定的极小距离 σ，它们之间就不发生相互作用；但只要 r 小于 σ，则两个分子之间可以产生任何力的作用，作用力的强度 $\psi(r)$ 是两分子之间距离 r 的函数，这一作用力足以使它们偏离直线运动。只要 r 变得和 σ 一样大，我们就说碰撞开始了。为简便起见，我们不考虑会使两个分子粘在一起的那些作用力模型，尽管这些模型非常有趣，因为它们可能有助于解释离解现象；短时间之后，r 又会重新等于 σ，在这个被称为碰撞结束点的瞬间，相互作用停止。对于同种 m 分子或者 m_1 分子之间的碰撞，我们分别将 σ 和 $\psi(r)$ 替换为 s 和 $\Psi(r)$，s_1 和 $\Psi_1(r)$。如果假设函数 $\psi(r)$，$\Psi(r)$ 及 $\Psi_1(r)$ 代表排斥力，而且只要当 r 变得分别比 σ, s, s_1 小哪怕一丁点，该排斥力的强度也会无限变大，那么就会得到特殊的弹性球模型。因此，到目前为止所呈现的全部结果，都可以作为特例，而从这里将要推出的方程中得到。除了分子之间的这些作用力之外，我们现在还考虑外界作用于分子之上的那些力，并将它们简称为外力。我们在气体中任意选取一个固定的坐标系统。作用于任何 m 分子之上的外力分量 mX, mY, mZ 应该和时间及速度分量无关，只是所考虑分子的坐标 x, y, z 的函数，而且对所有 m 分子来说它们具有相同的函数形式。因此，X, Y, Z 是所谓的加速力。对应于第二种分子的相关物理量都加上下标 1。气体中的外力实际上可能随位置的不同而有所不同，但只要坐标的变化和力的作用范围(用 σ, s, s_1 来表征)相比不是很大，外力的变化就不至于太显著。最后，我们不排除气体处于整体运动之中的情形。我们既不能先验地假设速度在所有方向上概率相同，也不能假设气体中各部分的分子数密度或者速度分布相同，同时也

◀ 牛顿继承了波义耳的微粒哲学思想，从力学的角度发展了物质构造和微粒思想。图为牛顿《自然哲学之数学原理》第一版扉页，上面有牛顿为第二版所作的修改字迹。

不能假设它们不随时间发生变化。

我们关注这样一个平行六面体，它代表坐标处于下述范围的所有空间点：

$$x \sim x+\mathrm{d}x, y \sim y+\mathrm{d}y, z \sim z+\mathrm{d}z。 \tag{97}$$

我们令 $\mathrm{d}o=\mathrm{d}x\mathrm{d}y\mathrm{d}z$，并始终把这个平行六面体叫作平行六面体 $\mathrm{d}o$。

遵照前面提到过的原理，我们假设这个平行六面体可以无限小，但依然包含许多分子。对 t 时刻处于该平行六面体之内的每一个分子，我们将用一条从原点出发的线段来表示它此刻的速度，线段的终点 C 照旧被称为分子的速度点。C 点的直角坐标等于分子在各坐标轴方向的速度分量 ξ,η,ζ。

接下来我们构建另一个长方体，它包含坐标处于下述范围的所有点：

$$\xi \sim \xi+\mathrm{d}\xi, \eta \sim \eta+\mathrm{d}\eta, \zeta \sim \zeta+\mathrm{d}\zeta。 \tag{98}$$

我们假设它的体积为

$$\mathrm{d}\xi\mathrm{d}\eta\mathrm{d}\zeta=\mathrm{d}\omega$$

并把它叫作平行六面体 $\mathrm{d}\omega$。t 时刻位于 $\mathrm{d}o$ 之内且其速度点位于 $\mathrm{d}\omega$ 之内的 m 分子将依然被称为特种分子，或者"$\mathrm{d}n$ 分子。"它们的数目显然和乘积 $\mathrm{d}o\cdot\mathrm{d}\omega$ 成正比。而紧挨着 $\mathrm{d}o$ 的所有体积元也都满足类似的条件，所以如果平行六面体变大一倍，所包含的分子数就会增加一倍。因此我们可设这个数目为

$$\mathrm{d}n=f(x,y,z,\xi,\eta,\zeta,t)\mathrm{d}o\,\mathrm{d}\omega。 \tag{99}$$

同样，t 时刻满足条件(97)，(98)的 m_1 分子数为

$$\mathrm{d}N=F(x,y,z,\xi,\eta,\zeta,t)\mathrm{d}o\,\mathrm{d}\omega=F\mathrm{d}o\,\mathrm{d}\omega。 \tag{100}$$

函数 f 与 F 完全表征了气体混合物中各不同位置的运动状态，混合比以及速度分布。如果初始时刻 $t=0$ 时各自变量的值已知，同时外力，分子力，以及容器壁处的边界条件也已知，那么问题就完全确定了，而且只要求出函数 f、F 与时间 t 的函数关系，问题也就完全解决了。现在，我们需要找到函数 f 在极短时间内的变化所满足的偏微分方程。

假设经过了极短的一段时间 $\mathrm{d}t$，在这段时间里，$\mathrm{d}o$ 和 $\mathrm{d}\omega$ 的大小及位置均完全保持原样不变。根据(99)式，$t+\mathrm{d}t$ 时刻满足条件(97)，(98)的 m 分子数

$$\mathrm{d}n'=f(x,y,z,\xi,\eta,\zeta,t+\mathrm{d}t)\mathrm{d}o\,\mathrm{d}\omega。$$

$\mathrm{d}n$ 在 $\mathrm{d}t$ 时间内的总增量为

$$\mathrm{d}n'-\mathrm{d}n=\frac{\partial f}{\partial t}\mathrm{d}o\,\mathrm{d}\omega\,\mathrm{d}t。 \tag{101}$$

引起分子数 $\mathrm{d}n$ 增加的因素有如下四个不同的方面。

1. 速度点在 $\mathrm{d}\omega$ 之中的所有 m 分子，在 x 轴方向以速度 ξ 运动，在 y 方向以速度 η 运动，在 z 方向则以速度 ζ 运动。

因此，dt 时间内会有一些满足(98)式的分子从左侧经平行六面体 do 朝向横坐标轴负方向的那个表面进入，新进入的分子数等于 dt 起始时刻处在以 $dy dz$ 为底，高为 ξdt 的平行六面体中的分子数，即

$$\mathfrak{x}=\xi \cdot f(x,y,z,\xi,\eta,\zeta,t)\,dy\,dz\,d\omega\,dt$$

个分子。那么，由于后一平行六面体无限小且无限靠近 do，所以两个平行六面体中所包含的分子数 $\mathfrak{x}$，$f\,do\,d\omega$ 分别与平行六面体的体积 $\xi dy\,dz\,dt$，do 成正比。同样，可得 dt 时间内满足(98)式而从 do 朝向横坐标轴正方向的那个表面出去的 m 分子数为

$$\xi \cdot f(x+dx,y,z,\xi,\eta,\zeta,t)\,dy\,dz\,d\omega\,dt。$$

用同样的方法分析从平行六面体另外四个面进出的分子数，可知 dt 时间内满足(98)式的分子中，进入 do 的分子数目比从 do 中出去的分子数目多

$$-\left(\xi \frac{\partial f}{\partial x}+\eta \frac{\partial f}{\partial y}+\zeta \frac{\partial f}{\partial z}\right) do \cdot d\omega\,dt$$

个。因此，这就是由于分子的运动而导致 dt 时间内 dn 所产生的增量 V_1。

2. 由于外力的作用，所有分子的速度分量都会随时间发生变化，因此 do 中分子的速度点会发生移动。一些速度点离开 $d\omega$，另一些则进入其中，而由于 dn 总是只包含速度点位于 $d\omega$ 之中的那些分子，所以 dn 也会因此而发生变化。

ξ,η,ζ 是速度点的直角坐标。虽然这个点只是一个虚构的点，但它还是会像分子本身一样在空间发生移动。由于 X,Y,Z 是加速力的分量，所以有：

$$\frac{d\xi}{dt}=X,\quad \frac{d\eta}{dt}=Y,\quad \frac{d\zeta}{dt}=Z。$$

因此，所有速度点在 x 轴方向以速度 X 移动，在 y 轴方向以速度 Y 移动，z 轴方向以速度 Z 移动，从而我们可以用和分析 do 中分子进出情况完全一样的方式，来分析速度点出入 $d\omega$ 的情况。你会发现，属于 do 中 m 分子的速度点中，将在 dt 时间内经平行六面体 $d\omega$ 左侧平行于 yz 平面的表面进入的数目为

$$X \cdot f(x,y,z,\xi,\eta,\zeta,t)\,do\,d\eta\,d\zeta\,dt,$$

而从相对的另一侧面出去的速度点数目为

$$X \cdot f(x,y,z,\xi+d\xi,\eta,\zeta,t)\,do\,d\eta\,d\zeta\,dt。$$

如果用同样的方法分析平行六面体 $d\omega$ 另四个侧面进出的速度点数，那么可知(do 中)m 分子的速度点中进入 $d\omega$ 的数目比离开 $d\omega$ 的数目多

$$V_2=-\left(X \frac{\partial f}{\partial \xi}+Y \frac{\partial f}{\partial \eta}+Z \frac{\partial f}{\partial \zeta}\right) do\,d\omega\,dt。$$

由于如前面所说，dn 中所包含的分子不但其本身处于 do 之中，同时其速度点也位于 $d\omega$ 之中，因此上式代表了速度点的移动所导致的 dn 增量。但 dt 时间内进入 do 且同

一时间内其速度点也进入 $d\omega$ 的分子并没有包括进来，此外，dt 时间内进入 do、而同一时间内其速度点离开 $d\omega$ 的分子也没有包括进来；另一方面，dt 时间内离开 do，且同一时间内其速度点进入或者离开 $d\omega$ 的那部分分子既算在了 V_1 之中，又算在了 V_2 之中，因此被统计了两次。不过这没有很大的影响，因为所有这部分分子数仅只是一个数量级和 $(dt)^2$ 一样的无穷小量。

§16　续篇　有关碰撞效应的讨论

3. 显然，dn 分子中那些在 dt 时间内发生碰撞的分子，碰撞之后其速度分量一般会发生变化。因此它们的速度点可以说将因为碰撞而被挤出所在的平行六面体，并进入另一个完全不同的平行六面体。于是 dn 的数目减小了。另一方面，其他平行六面体中的 m 分子速度点也有因为碰撞而加入 $d\omega$ 之中的，从而导致 dn 增加。接下来就是求出由于任意 m 分子和任意 m_1 分子之间发生碰撞，而导致 dt 时间内 dn 的总增加量 V_3。

为了实现这一目的，我们将只关注 dt 时间内 dn 分子和 m_1 分子之间所发生的总碰撞数 ν_1 中很小的一部分。我们建构第三个平行六面体，它包含坐标满足下述条件的所有速度点：

$$\xi_1 \sim \xi_1 + d\xi_1, \eta_1 \sim \eta_1 + d\eta_1, \zeta_1 \sim \zeta_1 + d\zeta_1。\tag{102}$$

它的体积是 $d\omega_1 = d\xi_1 d\eta_1 d\zeta_1$；我们称为平行六面体 $d\omega_1$。由(100)式类推，t 时刻处于 do 之中、同时其速度点处于 $d\omega_1$ 之中的分子数为：

$$dN_1 = F_1 do\, d\omega_1。\tag{103}$$

这里，F_1 是 $F(x, y, z, \xi_1, \eta_1, \zeta_1, t)$ 的缩写。

下面我们来分析 dt 时间内 dn 个 m 分子中，每一个和满足如下条件的 m_1 分子发生碰撞的次数 ν_2：碰前 m_1 分子的速度点 C_1 位于 $d\omega_1$ 之中。我们还是分别用 C 和 C_1 来表示碰撞之前两个分子的速度点，因此从原点指向 C 和 C_1 的线段 OC 和 OC_1 分别代表碰撞前两个分子速度的大小和方向。线段 $C_1C = g$ 给出的也是 m 分子对 m_1 分子的相对速度的大小和方向；碰撞次数显然只和相对运动有关。而且我们假设，只要 m 分子和 m_1 分子之间的距离小于 σ，碰撞即发生。这样一来，求 ν_2 的问题就简化为下述纯几何问题。平行六面体 do 中的速度点数为 $dN_1 = F_1 do\, d\omega_1$。我们依然称为 m_1 点。此外，$f\, do\, d\omega$ 个点(m 点)以速度 g 沿 C_1C 方向——简称为 g 方向——进入其中。ν_2 正好等于一个 m 点靠近任何一个 m_1 点如此之近以至于其间距离小于 σ 的次数。我们合理地假设 m 点和 m_1 点的分布是分子无序的，即完全随机。为避免考虑 dt 起始时刻或者结束时刻发生的碰撞，我们假设，虽然 $\mathrm{d}t$ 确实很小，但和碰撞持续时间相比依然很大，就像 $\mathrm{d}o$ 虽然极小但仍包含大量分子一样。

为了解决这个纯几何的问题，我们可以完全忽略分子之间的相互作用。碰撞期间及之后分子的运动当然和这种作用规律有关系。然而，这种相互作用对碰撞频率的影响，仅仅表现在 $\mathrm{d}t$ 时间内已经发生碰撞的一个分子，在同一段时间 $\mathrm{d}t$ 之内可能再次以变化了的速度发生碰撞；但是这种效应当然只是和 $(\mathrm{d}t)^2$ 同等级的小量。

我们把两点之间距离取最小值时的时刻定义为 m 点通过 m_1 点；这样一来，如果两分子之间没有相互作用，那么 m 将通过过 m_1 点且垂直于 g 方向的平面。因此，ν_2 等于一个 m 点在 $\mathrm{d}t$ 时间内近距离通过一个 m_1 点的次数，这里，近距离是指两者之间的最小距离小于 σ。为了求出这个数目，我们过每个 m_1 点画一个垂直于 g 方向的平面 E，它随 m_1 运动而运动，再画一条和 g 方向平行的线段 G。只要一个 m 点穿过 E，就意味着它通过了相应的 m_1 点。我们过每个 m_1 点画一条和横坐标轴平行且方向和该轴正方向一致的线段 m_1X。从线段 G 开始画一个半平面，该半平面经过 m_1X 且和 E 平面交于线段 m_1H，m_1 点当然也在该线段上。此外，我们再从每个 E 平面上的 m_1 点出发，画一条长为 b 的线段，该线段和 m_1H 所成夹角为 ε。E 平面上 b 和 ε 取值位于区间

$$b \sim b+\mathrm{d}b, \varepsilon \sim \varepsilon+\mathrm{d}\varepsilon \tag{104}$$

的所有点构成一个面积为 $R=b\,\mathrm{d}b\,\mathrm{d}\varepsilon$ 的长方形。所有这些线段与以 m_1 为球心的球面的交点都已标注在图 6 之中。大圆（图中的椭圆）位于 E 平面上；圆弧 GXH 位于上面所定义的半平面之上。每个 E 平面上都有一个大小和位置完全相同的长方形。我们暂时只考虑下述情况下 m 点通过 m_1 点的事件，即 m 点穿过其中的一个矩形 R。①在相对于 m_1 的运动中，每个 m 点在 $\mathrm{d}t$ 时间内沿垂直于所有这些长方形所在平面的方向走过距离 $g\,\mathrm{d}t$。因此，$\mathrm{d}t$ 初始时刻处在底为上述长方形之一，高为 $g\,\mathrm{d}t$ 的任意平行六面体之中的所有 m 点，将在 $\mathrm{d}t$ 时间内通过其中一个长方形表面。（参看第 17，57，及 77 页。系统的状态同样应该是分子无序性的。）因此，这些平行六面体每个的体积是

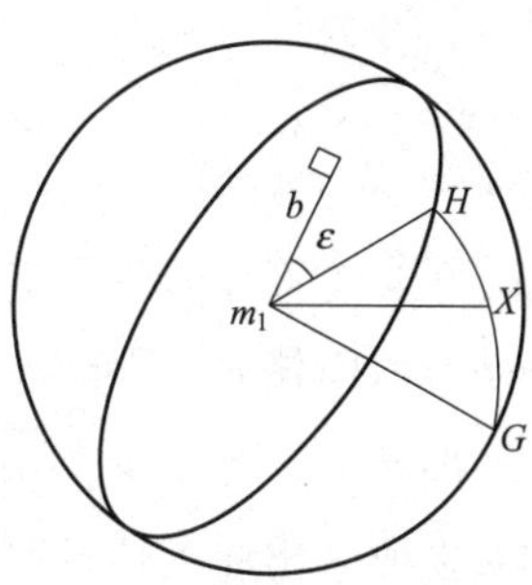

图 6

$$\Pi = b\,\mathrm{d}b\,\mathrm{d}\varepsilon g\,\mathrm{d}t,$$

由于 m_1 点的数目——平行六面体的数目——等于 $F_1\,\mathrm{d}o\,\mathrm{d}\omega_1$，因此所有平行六面体的总

① 如果两个发生碰撞的分子在碰撞前以各自的速度作直线运动，彼此不发生相互作用，那么它们之间有可能达到的最近距离是 b。换句话说，b 就是在没有相互作用的情况下，m_1 分子和 m 分子相隔最近时分别所处位置 P_1 和 P 的连线 P_1P。所以 ε 是通过相对运动方向（m_1G 连线方向），并分别平行于 P_1P 和横坐标轴方向的两个平面之间的夹角。

体积为

$$\sum\prod=F_1\mathrm{d}o\,\mathrm{d}\omega_1 gb\,\mathrm{d}b\,\mathrm{d}\varepsilon\mathrm{d}t\text{。}$$

因为这些体积元无限小，且和坐标为 x,y,z 的点相距无限近，所以由(99)式类推，可得初始时刻位于体积$\sum\prod$之中的 m 点(即速度点在 $\mathrm{d}\omega$ 中的 m 分子)数目为：

$$\nu_3=f\,\mathrm{d}\omega\sum\prod=fF_1\mathrm{d}o\,\mathrm{d}\omega\,\mathrm{d}\omega_1 gb\,\mathrm{d}b\,\mathrm{d}\varepsilon\mathrm{d}t\text{。}\tag{105}$$

这同时也是 $\mathrm{d}t$ 时间内，以ε取$\varepsilon\sim\varepsilon+\mathrm{d}\varepsilon$之间的方向、$b$ 取 $b\sim b+\mathrm{d}b$ 的距离通过一个 m_1 点的 m 点数。

我们用 ν_2 表示 $\mathrm{d}t$ 时间内以小于σ 的距离通过一个 m_1 点的 m 点数。将微分表达式 ν_3 对ε从 0 到 2π、对 b 从 0 到 σ 积分，可得 ν_2 的值。虽然这个积分很容易计算，但为了更好地说明问题，还是写成积分形式比较好，即

$$\nu_2=\mathrm{d}o\,\mathrm{d}\omega\,\mathrm{d}\omega_1\mathrm{d}t\int_0^\sigma\int_0^{2\pi}g\cdot b\cdot f\cdot F_1\cdot\mathrm{d}b\,\mathrm{d}\varepsilon\text{。}\tag{106}$$

我们知道，ν_2 同时也是 $\mathrm{d}t$ 时间内 $\mathrm{d}n$ 分子和速度点处于 $\mathrm{d}\omega_1$ 之中的 m_1 分子发生碰撞的次数。因此，通过对 $\mathrm{d}\omega_1$ 中所隐含的变量 ξ_1,η_1,ζ_1 从$-\infty$到$+\infty$积分的方法，可得 $\mathrm{d}t$ 时间内 $\mathrm{d}n$ 分子和 m_1 分子发生碰撞的总次数(亦即之前表示为 ν_1 的量)；我们用一个总积分号来表示，结果为：

$$\nu_1=\mathrm{d}o\cdot\mathrm{d}\omega\cdot\mathrm{d}t\iiint_0^\sigma\int_0^{2\pi}fF_1 gb\,\mathrm{d}\omega_1\mathrm{d}b\,\mathrm{d}\varepsilon\text{。}\tag{107}$$

在每个这样的碰撞中，只要不是无关痛痒的擦边碰撞，相关 m 分子的速度点都会离开平行六面体 $\mathrm{d}\omega$，所以 $\mathrm{d}n$ 分子会减少 1 个。

要想知道有多少个 m 分子在和 m_1 分子发生碰撞之后，其速度点会位于 $\mathrm{d}\omega$ 之中，我们只需要求出和上述过程相反的碰撞次数即可。

我们还是分析 m 分子和 m_1 分子之间发生的碰撞，它们的数目用 ν_3 表示，并由(105)式给出。这些碰撞是单位时间内发生在体积元 $\mathrm{d}o$ 中，且满足下述条件的碰撞：

(1)相互作用发生之前 m 分子和 m_1 分子的速度分量分别处在(98)式和(102)式范围。

(2)我们用 b 表示在两个分子不发生相互作用，而保持各自碰前运动速度的情况下，所能达到的最近距离。分别用 P 和 P_1 点来表示最小距离实现时两分子所处的位置，并用 g 表示发生相互作用之前两分子之间的相对速度。那么，b，以及过 g 并分别与 P_1P 和横坐标轴平行的两平面之间的夹角，处于(104)式范围之内(参看 79 页脚注 1)。

我们把所有这些碰撞简称为所考虑类型的直接碰撞(direct collision)。对这些碰撞来说，碰撞之后两个分子的速度分量处于下述范围

$$\begin{cases}\xi'\sim\xi'+d\xi',\eta'\sim\eta'+d\eta',\zeta'\sim\zeta'+d\zeta',\\ \xi_1'\sim\xi_1'+d\xi_1',\eta_1'\sim\eta_1'+d\eta_1',\zeta_1'\sim\zeta_1'+d\zeta_1'。\end{cases}\tag{108}$$

我们用 P_1P' 表示两个分子在一直都以它们碰撞后彼此分离时的速度运动的情况下，所能达到的最小距离；用 g' 表示碰撞后两者之间的相对速度。这样一来，在所有直接碰撞情形中，线段 P_1P' 的长度及过 g' 且分别平行于 P_1P' 和横坐标轴的两平面之间夹角将处于下述范围

$$b'\sim b'+db',\varepsilon'\sim\varepsilon'+d\varepsilon'。\tag{109}$$

dt 时间内，发生在体积元 do 中，且碰前变量值满足(108)式和(109)式条件的所有碰撞将被称为逆碰撞。它们显然遵循与直接碰撞相反的过程，碰撞之后各变量的值将满足(98)式，(102)式及(104)式条件。

因为我们假设碰撞中的作用力规律已知，所以碰撞之后所有变量值 $\xi',\eta',\zeta',\xi_1',\eta_1',\zeta_1',b'$ 及 ε'，都可以作为碰撞前各变量值 $\xi,\eta,\zeta,\xi_1,\eta_1,\zeta_1,b$ 及 ε 的函数而求解出来。和求得直接碰撞次数所满足的方程(105)式一样，我们可以求得逆碰撞次数为：

$$i_3=do\,d\omega'd\omega_1'dt f'F_1'g'b'db'd\varepsilon'。$$

这里，$d\omega'$ 等同于 $d\xi'd\eta'd\zeta'$，$d\omega'_1$ 等同于 $d\xi'_1d\eta'_1d\zeta'_1$，f' 和 F'_1 则分别等同于 $f(x,y,z,\xi',\eta',\zeta'.t)$ 和 $F(x,y,z,\xi_1',\eta_1',\zeta_1',t)$。为了能够进行积分，我们必须将所有变量表示为 $\xi,\eta,\zeta,\xi_1,\eta_1,\zeta_1,b$ 及 ε 的函数。

后面我们会专门研究相互作用发生期间的运动(§21)。这里我们暂时只作如下分析。我们把 m 相对于 m_1 的运动(即 m 相对于过 m_1 且始终平行于固定坐标轴的三个坐标轴的运动，$g,g',b,b',\varepsilon,\varepsilon'$ 等量正是建立在这些坐标轴的基础之上)称为相对有心运动(relative central motion)。相对有心运动与下述情形的运动相当：即令 m_1 固定不动，而 m 在受到相同作用力的情况下，以初始速度 g 沿与 m_1 之间垂直距离为 b 的直线方向运动。不过后一运动质点的质量必须用 $\dfrac{mm_1}{(m+m_1)}$ 来替换其原有实际质量。而 g' 则是相对有心运动结束时 m 的速度。b' 是相对有心运动结束 m 离开 m_1 时其运动方向与 m_1 之间的垂直距离。由有心运动普遍具有的完美对称性可知，$g'=g,b'=b$(参见§21图7)。m 在相对有心运动中的对称轴——我们称为拱线(the line of apses)——为 m 在整个相对有心运动中距 m_1 最近的点与 m_1 之间的连线。这一拱线在有心运动中的作用，与质心连线在弹性碰撞中的作用一样。相对有心运动的平面将被称为轨道平面。它包含 g,g',b 及 b' 这四条线。如果当 ε 改变 $d\varepsilon$ 时，拱线转动角度 $d\vartheta$，从而 $\xi,\eta,\zeta,\xi_1,\eta_1,\zeta_1$ 变为 $\xi',\eta',\zeta',\xi_1',\eta_1',\zeta_1'$，而另一方面，当 ϑ 改变 $d\vartheta$ 时，又致使 ε' 改变 $d\varepsilon'$，那么，我们将发现，$d\varepsilon'=d\varepsilon$；因此，用 $d\vartheta$ 及碰撞前各变量值来表示的 $d\varepsilon$ 的关系式，必然和用 $d\vartheta$ 及碰后各变量值来表示的 $d\varepsilon'$ 的关系式完全相同。

在弹性球模型中，我们已经证明了 $d\omega = d\omega'$，$d\omega_1 = d\omega_1'$。由于在证明的过程中，我们只利用了动能守恒定理和质心运动守恒定理，而这些定理在目前情形中依然成立，所以这里可以采用同样的方法来证明；不过当然要用拱线来代替质心连线。考虑所有相关的方程，我们可以写出下式：

$$i_3 = f'F_1' \, do \, d\omega \, d\omega_1 \, dt g b \, db \, d\varepsilon。 \tag{110}$$

在本书第二部分中，我们将证明一个普遍定理，而此处

$$d\omega' d\omega_1' g' b' db' d\varepsilon' = d\omega \, d\omega_1 \, g b \, db \, d\varepsilon \tag{110a}$$

仅仅是其中的一个特例。为避免不必要的重复，这里只对该定理的证明作了简要说明，但它的正确性是毋庸置疑的。

作为每次“逆”碰撞的结果，本身处于平行六面体 do 之中、同时其速度点处于平行六面体 $d\omega$ 之中的 m 分子数 dn 会增加 1。由于 m 分子和 m_1 分子之间的碰撞而导致 dn 的总增加量 i_1，可以通过将ε从 0 到 2π，b 从 0 到 σ，ξ_1、η_1、ζ_1 从 $-\infty$到$+\infty$积分的方法来求得。我们将积分结果写成如下形式：

$$i_1 = do \, d\omega \, dt \iint_0^{\sigma} \int_0^{2\pi} f'F'_1 g b \, d\omega_1 \, db \, d\varepsilon。 \tag{111}$$

当然，在作用力模式给出之前，我们不能直接计算上式中对 b 和ε的积分，因为 f' 和 F_1' 中的变量 ξ'，η'，ζ' 及 ξ_1'，η_1'，ζ_1' 都是 ξ，η，ζ，ξ_1，η_1，ζ_1，b 和ε的函数。差值 $i_1 - \nu_1$ 表示 dt 时间内，由于 m 分子和 m_1 分子之间的碰撞而导致的净增加量。因此，它等于这些碰撞所致 dn 的总增加量 V_3，即

$$V_3 = i_1 - \nu_1 = do \, d\omega \, dt \iint_0^{\sigma} \int_0^{2\pi} (f'F'_1 - fF_1) g b \, d\omega_1 \, db \, d\varepsilon。 \tag{112}$$

需要注意的是，擦边碰撞中 m 分子的速度点在碰撞前和碰撞后可能都位于平行六面体 $d\omega$ 之中。这些擦边碰撞已在(105)式统计之内，因而也包含在 ν_1 之中，所以 V_3 中已经减掉了这部分碰撞数，尽管在这些碰撞中，m 分子的速度点并没有移出 $d\omega$，而只是从该平行六面体中一个地方转移到了另一个地方。但这并不会引起误差。恰恰因为 m 分子的速度点在碰撞之后仍然处在 $d\omega$ 之中，所以这些碰撞也被统计在(110)式之内，因而包含在 i_1 中，这样一来，它们又被加回到 V_3 中。

我们可以简单地将这些碰撞理解为如下情形中的碰撞：碰撞之初 m 分子的速度点实际上被移出了 $d\omega$，但在碰撞结束时它又回到了同一个平行六面体之中。事实上，我们可以将(112)式中 b 的积分限扩展到比 σ 大的值。这样的话，我们会使 ν_1 中的通过数增加一部分，从而 V_3 中的通过数减少同样的一部分，只不过在增加或减少的这部分通过中，速度的大小和方向实际上并没有发生变化。但是，因为这部分碰撞也会统计在 i_1 中，因而又会加回到 V_3 中。显然，(107)式中 ν_1 的积分限和(111)式中 i_1 的积分限必须保持一致。另一方面，

(112)式中由于 $i_1-\nu_1$ 被整合到了一个积分式中,所以 b 的积分限可以随意扩展,因为当 b 大于 σ 时,$\xi',\eta',\zeta',\xi_1',\eta_1',\zeta_1'$ 分别和 ξ、η、ζ、ξ_1、η_1、ζ_1 相等;于是 $f'F_1'=fF_1$,积分式等于零。对于分子间相互作用随距离增加而逐渐减弱,从而作用范围不具有明显边界的各种情形,这一点非常重要。对这些情形来说,(112)式中 b 的积分限可以选择为 $0\sim\infty$,而由于这些积分限在其他情况下也可以用,所以我们后面将保持这一积分限形式。当两个分子之间不存在一个使相互作用恰好降为零的特定距离时,我们当然依旧会假定,相互作用随距离的增加而迅速减弱,从而多个分子同时发生相互作用的情形可以忽略不计。

此外,还存在这样一部分分子,它们在 $\mathrm{d}t$ 时间内发生碰撞,但由于其运动非常之快,因而即便不发生碰撞也会离开 $\mathrm{d}o$,或者它们的速度点会离开 $\mathrm{d}\omega$,这部分分子的数目当然也是和 $(\mathrm{d}t)^2$ 同级别的无穷小量。

4. 由于 m 分子之间相互碰撞而导致 $\mathrm{d}n$ 产生的增量 V_4,可以通过简单的置换而由(112)式求得。这时,我们分别用 ξ_1,η_1,ζ_1 和 ξ_1',η_1',ζ_1' 来表示另一个 m 分子碰撞之前和碰撞之后的速度分量,并分别用 f_1 和 f'_1 来表示 $f(x,y,z,\xi_1,\eta_1,\zeta_1,t)$ 和 $f(x,y,z,\xi_1',\eta_1',\zeta_1',t)$。这样,我们可得:

$$V_4=\mathrm{d}o\,\mathrm{d}\omega\,\mathrm{d}t\iint_0^\infty\int_0^{2\pi}(f'f'_1-ff_1)gb\,\mathrm{d}\omega_1\,\mathrm{d}b\,\mathrm{d}\varepsilon \tag{113}$$

由于 $V_1+V_2+V_3+V_4$ 等于 $\mathrm{d}n$ 在 $\mathrm{d}t$ 时间内的增量 $\mathrm{d}n'-\mathrm{d}n$,而根据(101)式该增量必然等于 $\left(\frac{\partial f}{\partial t}\right)\mathrm{d}o\,\mathrm{d}\omega\,\mathrm{d}t$,所以,在代入各相应值且将方程两边同时除以 $\mathrm{d}o\,\mathrm{d}\omega\,\mathrm{d}t$ 之后,可得函数 f 所满足的偏微分方程:

$$\begin{aligned}&\frac{\partial f}{\partial t}+\xi\frac{\partial f}{\partial x}+\eta\frac{\partial f}{\partial y}+\zeta\frac{\partial f}{\partial z}+X\frac{\partial f}{\partial\xi}+Y\frac{\partial f}{\partial\eta}+Z\frac{\partial f}{\partial\zeta}\\&=\iint_0^\infty\int_0^{2\pi}(f'F'_1-fF_1)gb\,\mathrm{d}\omega_1\,\mathrm{d}b\,\mathrm{d}\varepsilon+\iint_0^\infty\int_0^{2\pi}(f'f'_1-ff_1)gb\,\mathrm{d}\omega_1\,\mathrm{d}b\,\mathrm{d}\varepsilon。\end{aligned}\tag{114}$$

同理可得 F 的偏微分方程:

$$\begin{aligned}&\frac{\partial F_1}{\partial t}+\xi_1\frac{\partial F_1}{\partial x}+\eta_1\frac{\partial F_1}{\partial y}+\zeta_1\frac{\partial F_1}{\partial z}+X_1\frac{\partial F_1}{\partial\xi_1}+Y_1\frac{\partial F_1}{\partial\eta_1}+Z_1\frac{\partial F_1}{\partial\zeta_1}\\&=\iint_0^\infty\int_0^{2\pi}(f'F'_1-fF_1)gb\,\mathrm{d}\omega\,\mathrm{d}b\,\mathrm{d}\varepsilon+\iint_0^\infty\int_0^{2\pi}(F'F'_1-FF_1)gb\,\mathrm{d}\omega\,\mathrm{d}b\,\mathrm{d}\varepsilon。\end{aligned}\tag{115}$$

这里,F' 为 $F(x,y,z,\xi',\eta',\zeta',t)$ 的缩写。

§ 17 涵盖区域内所有分子的求和式的时间导数

在进入下一步讨论之前,我们将先来推导气体理论中要用到的一些普遍公式。设 φ

是 x,y,z,ξ,η,ζ,t 的任意函数。代入某个特定分子在 t 时刻的坐标和速度分量之后，所得的结果被称为相应分子在 t 时刻的 φ 值。t 时刻处在平行六面体 $\mathrm{d}o$ 中，同时其速度点也处于平行六面体 $\mathrm{d}\omega$ 之中的所有 m 分子的 φ 值之和，可以通过用 φ 乘以那些分子的数目 $f\,\mathrm{d}o\,\mathrm{d}\omega$ 的办法来得到。我们把它表示为

$$\sum\nolimits_{\mathrm{d}\omega,\mathrm{d}o}\varphi=\varphi f\,\mathrm{d}o\,\mathrm{d}\omega。\tag{116}$$

同样，我们选择 x,y,z,ξ,η,ζ,t 的函数 Φ 来描述 m_1 分子，并用

$$\sum\nolimits_{\mathrm{d}\omega_1,\mathrm{d}o}\Phi_1=\Phi_1 F_1\,\mathrm{d}o\,\mathrm{d}\omega_1\tag{117}$$

来表示平行六面体 $\mathrm{d}o$ 中其速度点处于 $\mathrm{d}\omega_1$ 之内的所有 m_1 分子的 Φ 值之和。这里，Φ_1 是 $\Phi(x,y,z,\xi_1,\eta_1,\zeta_1,t)$ 的缩写。

如果令上述表达式中 $\mathrm{d}o$ 保持不变，而对 $\mathrm{d}\omega$ 和 $\mathrm{d}\omega_1$ 在所有可能的值上积分，那么可得：

$$\sum\nolimits_{\omega,\mathrm{d}o}\varphi=\mathrm{d}o\int\varphi f\,\mathrm{d}\omega \text{ 及 } \sum\nolimits_{\omega_1,\mathrm{d}o}\Phi_1=\mathrm{d}o\int\Phi_1 F_1\,\mathrm{d}\omega_1\tag{118}$$

它们分别表示 t 时刻 $\mathrm{d}o$ 中所有两种分子——不管其速度如何——的 φ 值之和与 Φ 值之和。

如果我们也将 $\mathrm{d}o$ 对气体所有的体积元积分，则可分别得到所有两种气体分子的 φ 值总和与 Φ 值总和：

$$\sum\nolimits_{\omega,o}\varphi=\iint\varphi f\,\mathrm{d}o\,\mathrm{d}\omega \text{ 及 } \sum\nolimits_{\omega_1,o}\Phi_1=\iint\Phi_1 F_1\,\mathrm{d}o\,\mathrm{d}\omega_1。\tag{119}$$

下面我们来计算在两个体积元 $\mathrm{d}o$ 和 $\mathrm{d}\omega$ 的大小，形状及位置不发生变化的情况下，$\sum_{\mathrm{d}\omega,\mathrm{d}o}\varphi$ 在无限小的时间 $\mathrm{d}t$ 之内产生的增量 $\left(\frac{\partial\sum_{\mathrm{d}\omega,\mathrm{d}o}\varphi}{\partial t}\right)\mathrm{d}t$。根据上述前提条件——也即如符号 $\frac{\partial}{\partial t}$ 所示——我们只能对时间求偏导数。因为在 $\mathrm{d}t$ 时间内，φ 的变化量为 $\left(\frac{\partial\varphi}{\partial t}\right)\mathrm{d}t$，$f$ 的变化量为 $\left(\frac{\partial f}{\partial t}\right)\mathrm{d}t$，所以由(116)式可得：

$$\frac{\partial}{\partial t}\sum\nolimits_{\mathrm{d}\omega,\mathrm{d}o}\varphi=\left(f\frac{\partial\varphi}{\partial t}+\varphi\frac{\partial f}{\partial t}\right)\mathrm{d}o\,\mathrm{d}\omega。$$

如果代入(114)式所得之 $\frac{\partial f}{\partial t}$ 值，则上述表达式将变成五项之和，其中每项都有其独特的物理意义。因此，我们令

$$\frac{\partial}{\partial t}\sum\nolimits_{\mathrm{d}\omega,\mathrm{d}o}\varphi=[A_1(\varphi)+A_2(\varphi)+A_3(\varphi)+A_4(\varphi)+A_5(\varphi)]\mathrm{d}o\,\mathrm{d}\omega,\tag{120}$$

其中

$$A_1(\varphi)=\frac{\partial\varphi}{\partial t}f\tag{121}$$

对应于 φ 显含时间 t 所产生的效应：

$$A_2(\varphi)=-\varphi\left(\xi\frac{\partial f}{\partial x}+\eta\frac{\partial f}{\partial y}+\zeta\frac{\partial f}{\partial z}\right) \tag{122}$$

对应于分子运动所产生的效应：

$$A_3(\varphi)=-\varphi\left(X\frac{\partial f}{\partial \xi}+Y\frac{\partial f}{\partial \eta}+Z\frac{\partial f}{\partial \zeta}\right) \tag{123}$$

对应于外力所产生的效应：

$$A_4(\varphi)=\varphi\iint_0^{\infty}\int_0^{2\pi}(f'F'_1-fF_1)gb\,\mathrm{d}\omega_1\,\mathrm{d}b\,\mathrm{d}\varepsilon \tag{124}$$

对应于 m 分子和 m_1 分子之间的碰撞所产生的效应；而

$$A_5(\varphi)=\varphi\iint_0^{\infty}\int_0^{2\pi}(f'f'_1-ff_1)gb\,\mathrm{d}\omega_1\,\mathrm{d}b\,\mathrm{d}\varepsilon \tag{125}$$

对应于 m 分子之间相互碰撞所产生的效应。

要想求出$\left(\frac{\partial}{\partial t}\right)\sum_{\omega,\mathrm{d}o}\varphi$ 的值，只需将$\left(\frac{\partial}{\partial t}\right)\sum_{\mathrm{d}\omega,\mathrm{d}o}\varphi$ 对所有 $\mathrm{d}\omega$ 积分即可。我们同样将它写成如下形式：

$$\frac{\partial}{\partial t}\sum_{\omega,\mathrm{d}o}\varphi=[B_1(\varphi)+B_2(\varphi)+B_3(\varphi)+B_4(\varphi)+B_5(\varphi)]\mathrm{d}o。 \tag{126}$$

上式中每个 B 值都可以通过将相应的 A 乘以 $\mathrm{d}\omega=\mathrm{d}\xi\mathrm{d}\eta\mathrm{d}\zeta$，再将这些变量从 $-\infty$ 到 $+\infty$ 积分来得到。在后面各式中我们将统一用一个积分号来表示这些积分，因此有：

$$B_1(\varphi)=\int\frac{\partial\varphi}{\partial t}f\,\mathrm{d}\omega \tag{127}$$

$$B_2(\varphi)=-\int\varphi\left(\xi\frac{\partial f}{\partial x}+\eta\frac{\partial f}{\partial y}+\zeta\frac{\partial f}{\partial z}\right)\mathrm{d}\omega。 \tag{128}$$

对应于外力作用所致增量的第三项 B_3，也可以用另一种方式来计算。由于我们迟早要考虑所有 $\mathrm{d}\omega$ 微元，所以，对于在某段时间的起始时刻速度点处于 $\mathrm{d}\omega$ 之中的 $f\mathrm{d}o\mathrm{d}\omega$ 分子，和在同一段时间的结束时刻速度点处于 $\mathrm{d}\omega$ 之中的 $f\mathrm{d}o\mathrm{d}\omega$ 分子，我们不必去进行比较。我们可以只考虑前一种 $f\mathrm{d}o\mathrm{d}\omega$ 分子在 $\mathrm{d}t$ 时间内的运动。在该时间内，每个分子的速度分量 ξ,η,ζ 将分别改变 $X\mathrm{d}t, Y\mathrm{d}t, Z\mathrm{d}t$。因此在外力作用下，每个分子的 φ 值产生的改变量为：

$$\left(X\frac{\partial\varphi}{\partial\xi}+Y\frac{\partial\varphi}{\partial\eta}+Z\frac{\partial\varphi}{\partial\zeta}\right)\mathrm{d}t。 \tag{129}$$

这样一来，外力所产生的作用也就是相当于这些分子中每个都对求和项 $\sum_{\omega,\mathrm{d}o}\varphi$ 产生了上述附加贡献。因此，由于外力作用而导致该求和项的总增量 $B_3(\varphi)\mathrm{d}o\mathrm{d}t$，可以通过将(129)式乘以 $f\mathrm{d}o\mathrm{d}\omega$ 并对所有的 $\mathrm{d}\omega$ 值积分来获得，因此有：

$$B_3(\varphi)=\int\left(X\frac{\partial\varphi}{\partial\xi}+Y\frac{\partial\varphi}{\partial\eta}+Z\frac{\partial\varphi}{\partial\zeta}\right)f\,\mathrm{d}\omega。 \tag{130}$$

而根据(127)式和(128)式的推导方法——将(123)式乘以 $\mathrm{d}\omega$ 并将该微分在所有可能的值上积分——我们又可以得到有关 $B_3(\varphi)$的另一形式的方程：

$$B_3(\varphi)=-\int\left(X\frac{\partial f}{\partial \xi}+Y\frac{\partial f}{\partial \eta}+Z\frac{\partial f}{\partial \zeta}\right)\varphi \mathrm{d}\omega。\tag{131}$$

因为 X,Y,Z 不包含变量 ξ,η,ζ，还因为 $\mathrm{d}\omega$ 只是 $\mathrm{d}\xi\mathrm{d}\eta\mathrm{d}\zeta$ 的缩写，且(130)式和(131)式中的积分号表示 ξ,η,ζ 从 $-\infty$ 到 $+\infty$ 积分，所以不难发现，如果在第一项中对 ξ 分部积分，在第二项中对 η 分部积分，在第三项中对 ζ 分部积分，即可证明(130)式和(131)式是等价的。当 ξ,η 或者 ζ 趋于无穷时，f 必须为零，而乘积 $f\varphi$ 也必须趋近于零这个极限，否则 $\sum_{\omega,\mathrm{d}o}\varphi$ 将没有物理意义。

我们也将直接计算由于 m 分子和 m_1 分子之间的碰撞而致 $\sum_{\omega,\mathrm{d}o}\varphi$ 增加的量 $B_4(\varphi)\mathrm{d}o\,\mathrm{d}t$。

我们依旧使用"直接碰撞"一词，它指体积元 $\mathrm{d}o$ 中的 m 分子和 m_1 分子，在 $\mathrm{d}t$ 时间内发生的所有满足下述条件的碰撞：碰撞前各变量值处于(98)式，(102)式及(104)式所述范围之内。每个这样的碰撞产生的全部效应为，一个 m 分子的速度分量将由 ξ,η,ζ 变为 ξ',η',ζ'。碰撞前它在 $\sum_{\omega,\mathrm{d}o}\varphi$ 中贡献一个 φ 项，而碰撞后它在同一个求和式中贡献一个 φ' 项[φ' 是 $\varphi(x,y,z,\xi',\eta',\zeta',t)$ 的缩写]。

每个这样的碰撞都将使求和式产生一个增量 $\varphi'-\varphi$，而根据(105)式，这些直接碰撞的数目由 ν_3 给出，所以，如果将 $(\varphi'-\varphi)\nu_3$ 中的 $\mathrm{d}o$ 和 $\mathrm{d}t$ 保持不变，其他所有微分在各自所有可能的值上积分，就可以得到 m 分子和 m_1 分子之间的碰撞所导致的求和式 $\sum_{\omega\mathrm{d}o}\varphi$ 的总增量 $B_4(\varphi)\mathrm{d}o\,\mathrm{d}t$。由此所得的结果为：

$$B_4(\varphi)=\iiint_0^{\infty}\int_0^{2\pi}(\varphi'-\varphi)fF_1 gb\,\mathrm{d}\omega\,\mathrm{d}\omega_1\,\mathrm{d}b\,\mathrm{d}\varepsilon。\tag{132}$$

其实我们也可以通过考虑 m 分子和 m_1 分子之间发生的所谓"逆碰撞"——碰前各变量的值处在(108)式和(109)式所述范围的那些碰撞——的办法，来计算 $B_4(\varphi)$。对这些碰撞来说，φ' 值对应于碰撞前的 m 分子，φ 值则对应于碰撞后的 m 分子。因为每个碰撞将使求和式 $\sum_{\omega,\mathrm{d}o}\varphi$ 减少 $(\varphi-\varphi')$，所以总减少量为 $(\varphi-\varphi')i_3$，其中 i_3 是由(110)式所给出的逆碰撞数。

如果将除 $\mathrm{d}o$ 和 $\mathrm{d}t$ 之外的所有变量积分，则必然得到用 $B_4(\varphi)\mathrm{d}o\,\mathrm{d}t$ 表示的量。这时我们将得到下式：

$$B_4(\varphi)=\iiint_0^{\infty}\int_0^{2\pi}(\varphi-\varphi')f'F_1' gb\,\mathrm{d}\omega\,\mathrm{d}\omega_1\,\mathrm{d}b\,\mathrm{d}\varepsilon。\tag{133}$$

若令 $B_4(\varphi)$ 等于上述两种计算结果的算术平均值，则有：

$$B_4(\varphi)=\frac{1}{2}\iiint_0^{\infty}\int_0^{2\pi}(\varphi-\varphi')(f'F_1'-fF_1)gb\,\mathrm{d}\omega\,\mathrm{d}\omega_1\,\mathrm{d}b\,\mathrm{d}\varepsilon。\tag{134}$$

另一方面，直接由(124)式积分可得：

$$B_4(\varphi)=\iint_0^{\infty}\int_0^{2\pi}\int\varphi(f'F_1'-fF_1)gb\,\mathrm{d}\omega\,\mathrm{d}\omega_1\,\mathrm{d}b\,\mathrm{d}\varepsilon。\tag{134a}$$

不难发现，$B_4(\varphi)$ 之所以能有这么多不同的表示方式，源于下述等式：

$$\sum\varphi'\nu_3=\sum\varphi i_3,$$
$$\sum\varphi' i_3=\sum\varphi\nu_3,$$

这里的求和号表示对 i_3 或者 ν_3 中除 $\mathrm{d}o$ 和 $\mathrm{d}t$ 之外的所有微分进行积分。这两个等式的成立是不言而喻的;事实上,对所有的 i_3 或者 ν_3 求和,便包含了所有碰撞,而将前一求和换成后一求和时,φ'和 φ 彼此互换,反之亦然。

如果假设(132)式或者(133)式中的两个分子是同种分子,那么有:

$$B_5(\varphi)=\iiint_0^\infty\int_0^{2\pi}(\varphi'-\varphi)ff_1gb\,\mathrm{d}\omega\,\mathrm{d}\omega_1\,\mathrm{d}b\,\mathrm{d}\varepsilon \tag{135}$$

$$=\iiint_0^\infty\int_0^{2\pi}(\varphi-\varphi')f'f'_1gb\,\mathrm{d}\omega\,\mathrm{d}\omega_1\,\mathrm{d}b\,\mathrm{d}\varepsilon。\tag{136}$$

我们还可以认为两个碰撞分子所起的作用也相同，所以可将上述两式中带下标 1 的字母和不带下标的字母交换，而不改变 $B_5(\varphi)$ 的值。取交换前后两个 $B_5(\varphi)$ 值的算术平均值，那么由（135）式可得：

$$B_5(\varphi)=\frac{1}{2}\iiint_0^\infty\int_0^{2\pi}(\varphi'+\varphi'_1-\varphi-\varphi_1)ff_1gb\,\mathrm{d}\omega\,\mathrm{d}\omega_1\,\mathrm{d}b\,\mathrm{d}\varepsilon\,, \tag{137}$$

而由(136)式可得:

$$B_5(\varphi)=\frac{1}{2}\iiint_0^\infty\int_0^{2\pi}(\varphi+\varphi_1-\varphi'-\varphi'_1)f'f'_1gb\,\mathrm{d}\omega\,\mathrm{d}\omega_1\,\mathrm{d}b\,\mathrm{d}\varepsilon。\tag{138}$$

最后所得两个 $B_5(\varphi)$的算术平均值则为

$$B_5(\varphi)=\frac{1}{4}\iiint_0^\infty\int_0^{2\pi}(\varphi+\varphi_1-\varphi'-\varphi'_1)(f'f'_1-ff_1)gb\,\mathrm{d}\omega\,\mathrm{d}\omega_1\,\mathrm{d}b\,\mathrm{d}\varepsilon。\tag{139}$$

通过另一种方法也可以得到上述结果。我们考虑这样一个事实,即满足(98)式,(102)式及(104)式条件的每一个碰撞,将使其中一个碰撞分子的 φ 值由 φ 变为 φ',另一个碰撞分子的 φ 值由 φ_1 变为 φ'_1,因此每发生一次碰撞,求和式$\sum_{\omega,\mathrm{d}o}\varphi$ 必然增加 $\varphi'+\varphi'_1-\varphi-\varphi_1$。这里,$\varphi_1$ 和 φ'_1 分别是 $\varphi(x,y,z,\xi_1,\eta_1,\zeta_1,t)$和 $\varphi(x,y,z,\xi'_1,\eta'_1,\zeta'_1,t)$的缩写。由于 $\mathrm{d}t$ 时间内发生了

$$ff_1gb\,\mathrm{d}o\,\mathrm{d}\omega\,\mathrm{d}\omega_1\,\mathrm{d}b\,\mathrm{d}\varepsilon\mathrm{d}t$$

次这样的碰撞,因此,所有这些碰撞导致$\sum_{\omega,\mathrm{d}o}\varphi$ 的减少量为

$$(\varphi'+\varphi'_1-\varphi-\varphi_1)ff_1gb\,\mathrm{d}o\,\mathrm{d}\omega\,\mathrm{d}\omega_1\,\mathrm{d}b\,\mathrm{d}\varepsilon\mathrm{d}t。$$

如果将上式对 $\mathrm{d}\omega,\mathrm{d}\omega_1,\mathrm{d}b,\mathrm{d}\varepsilon$积分,则可得同种 m 分子之间碰撞所致$\sum_{\omega,\mathrm{d}o}\varphi$ 的增量,即 $B_5(\varphi)\mathrm{d}o\,\mathrm{d}t$。但是,由于每个碰撞都被统计了两次,所以我们必须将这一增量除以 2,这样我们就得到了(137)式。假若只考虑逆碰撞的话,则同理可得(138)式。

(136)式中 φ 与时间及坐标 x,y,z 无关的特例,将放到 § 20 来处理。

下面我们令:

$$\frac{\mathrm{d}}{\mathrm{d}t}\sum_{\omega,o}\varphi=C_1(\varphi)+C_2(\varphi)+C_3(\varphi)+C_4(\varphi)+C_5(\varphi)。\tag{140}$$

由于$\sum_{\omega,o}\varphi$ 中要对所有的 $\mathrm{d}o$ 值和 $\mathrm{d}\omega$ 值积分,所以这个量只是时间的函数。因此不

必再使用$\frac{\partial}{\partial t}$这个符号，而是可以直接用通常的拉丁字母 d 来表示微分。

上式中的每个 C 等于将相应的 B 乘以 $\mathrm{d}o$，然后再对所有体积元积分所得的结果，或者等于将相应的 A 乘以 $\mathrm{d}o\,\mathrm{d}\omega$ 再对所有的 $\mathrm{d}o$，$\mathrm{d}\omega$ 积分所得的结果。

由于总分子数保持不变，所以我们只需要考察这 $f\,\mathrm{d}o\,\mathrm{d}\omega$ 个分子在 $\mathrm{d}t$ 时间内的路径，即可计算和式$[C_1(\varphi)+C_2(\varphi)+C_3(\varphi)]\mathrm{d}t$——它包含了除碰撞所致增量之外的所有增量。在这段时间内，它们的坐标分别增加了 $\xi\mathrm{d}t$，$\eta\mathrm{d}t$，$\zeta\mathrm{d}t$，它们的速度分量则分别增加了 $X\mathrm{d}t$，$Y\mathrm{d}t$，$Z\mathrm{d}t$。因此，其中每个分子在 t 时刻对和式$\sum_{\omega,o}\varphi$ 的贡献为

$$\varphi(x,y,z,\xi,\eta,\zeta,t),$$

而在 $t+\mathrm{d}t$ 时刻对$\sum_{\omega,\mathrm{d}o}\varphi$ 的贡献，则在上式的基础上增加了

$$\mathrm{d}t\left(\frac{\partial\varphi}{\partial t}+\xi\frac{\partial\varphi}{\partial x}+\eta\frac{\partial\varphi}{\partial y}+\zeta\frac{\partial\varphi}{\partial z}+X\frac{\partial\varphi}{\partial\xi}+Y\frac{\partial\varphi}{\partial\eta}+Z\frac{\partial\varphi}{\partial\zeta}\right),$$

由于这些分子的总数为 $f\,\mathrm{d}o\,\mathrm{d}\omega$，所以需要将上式乘以这个数并对除 $\mathrm{d}t$ 以外的所有微分进行积分。在此基础之上再除以 $\mathrm{d}t$，可得：

$$\begin{aligned}&C_1(\varphi)+C_2(\varphi)+C_3(\varphi)\\&\quad=\iint f\,\mathrm{d}o\,\mathrm{d}\omega\left(\frac{\partial\varphi}{\partial t}+\xi\frac{\partial\varphi}{\partial x}+\eta\frac{\partial\varphi}{\partial y}+\zeta\frac{\partial\varphi}{\partial z}+X\frac{\partial\varphi}{\partial\xi}+Y\frac{\partial\varphi}{\partial\eta}+Z\frac{\partial\varphi}{\partial\zeta}\right)。\end{aligned}\tag{141}$$

这一结果代表由前述三个原因所引起的$\sum_{\omega,o}\varphi$ 的增量(除以 $\mathrm{d}t$)，若容器壁处于运动之中，该结果也仍然成立。如果将其中的 $C_2(\varphi)$改写为 $B_2(\varphi)\mathrm{d}o$ 的积分的话，那就得要求所有体积元的位置保持不变。因此，当容器壁运动时，就必须引入特殊项，以考虑 $\mathrm{d}t$ 时间内气体体积中新加入的部分或者失去的部分。这些因素对应于(141)式对坐标的部分积分中出现的曲面积分。

另外两个量 $C_4(\varphi)$和 $C_5(\varphi)$分别通过将 $B_4(\varphi)$和 $B_5(\varphi)$乘以 $\mathrm{d}o$，并对充满气体的空间中所有体积元积分而得到，因此有：

$$\left\{\begin{aligned}&C_4(\varphi)=\frac{1}{2}\iiint\int_0^\infty\int_0^{2\pi}(\varphi-\varphi')(f'F_1'-fF_1)gb\,\mathrm{d}o\,\mathrm{d}\omega\,\mathrm{d}\omega_1\,\mathrm{d}b\,\mathrm{d}\varepsilon,\\&C_5(\varphi)=\frac{1}{4}\iiint\int_0^\infty\int_0^{2\pi}(\varphi+\varphi_1-\varphi'-\varphi_1')(f'f_1'-ff_1)gb\,\mathrm{d}o\,\mathrm{d}\omega\,\mathrm{d}\omega_1\,\mathrm{d}b\,\mathrm{d}\varepsilon。\end{aligned}\right.\tag{142}$$

这里，我们并没有考虑容器壁的运动所产生的任何效应，因为在由于容器壁的运动而进入所考虑空间的体积元中发生碰撞的分子，所贡献的项只是$(\mathrm{d}t)^2$ 数量级的，因而忽略不计。

由于$\sum_{\mathrm{d}\omega_1,\mathrm{d}o}\Phi_1$，$\sum_{\omega_1,\mathrm{d}o}\Phi_1$ 及$\sum_{\omega_1,o}\Phi_1$ 的时间导数表达式也是用同样的方法来建构，所以就不一一赘述了。

因为 A，B，C 只是由特定原因引起的某些具体物理量的增量，因此有些作者将它们

表示为那些量的导数。比如，麦克斯韦将 $B_5(\varphi)$ 表示为 $\left(\frac{\partial}{\partial t}\right)\sum_{\omega,\mathrm{d}o}\varphi$，而基尔霍夫则将它表示为 $\left(\frac{D}{Dt}\right)\sum_{\omega,\mathrm{d}o}\varphi$ 等。和所有的微分一样，两个函数之和的 A 值，等于两个函数各自 A 值之和，因此，对于任意的下标 k，有：

$$\begin{cases} A_k(\varphi+\psi)=A_k(\varphi)+A_k(\psi), \\ B_k(\varphi+\psi)=B_k(\varphi)+B_k(\psi), \\ C_k(\varphi+\psi)=C_k(\varphi)+C_k(\psi)。\end{cases} \tag{143}$$

上述方程之所以成立，是因为所有积分式 A,B,C 中出现的 φ 都是线性的。

§ 18　熵增定理更普遍的证明及有关稳态方程的处理

下面考虑 $\varphi=\ln f$ 及 $\Phi=\ln F$ 的特殊情形，其中 ln 代表自然对数。在这种特殊情况下

$$\sum\nolimits_{\omega,o}\varphi=\sum\nolimits_{\omega,o}\ln f=\iint f\ln f\,\mathrm{d}o\,\mathrm{d}\omega,$$

$$\sum\nolimits_{\omega_1,o}\Phi_1=\sum\nolimits_{\omega_1,o}\ln F_1=\iint F_1\ln F_1\,\mathrm{d}o\,\mathrm{d}\omega_1,$$

再令

$$H=\sum\nolimits_{\omega,o}\ln f+\sum\nolimits_{\omega_1,o}\ln F_1=\iint f\ln f\,\mathrm{d}o\,\mathrm{d}\omega+\iint F_1\ln F_1\,\mathrm{d}o\,\mathrm{d}\omega_1。\tag{144}$$

那么，由(141)式可得：

$$\begin{aligned} &C_1(\ln f)+C_2(\ln f)+C_3(\ln f) \\ &=\iint \mathrm{d}o\,\mathrm{d}\omega\left(\frac{\partial f}{\partial t}+\xi\frac{\partial f}{\partial x}+\eta\frac{\partial f}{\partial y}+\zeta\frac{\partial f}{\partial z}+X\frac{\partial f}{\partial \xi}+Y\frac{\partial f}{\partial \eta}+Z\frac{\partial f}{\partial \zeta}\right)。\end{aligned} \tag{145}$$

如果将括号内第五项对 ξ 积分、第六项对 η 积分、第七项对 ζ 积分，则每次积分结果都为零，因为 X,Y,Z 不是 ξ,η,ζ 的函数，而 f 在极限$(-\infty,+\infty)$下取值为零。如果将第二、第三、第四项分别对 x,y,z 积分，则所得结果为对气体整个外部表面的一个积分 J。假如 $\mathrm{d}S$ 是这个表面的面元，N 是一个 m 分子向外的速度，方向垂直于 $\mathrm{d}S$，那么可得 $J=\iint \mathrm{d}S\,\mathrm{d}\omega N f$。

不难看出，$J\,\mathrm{d}t$ 表示从整个表面 S 离开的分子数比从该表面进来的分子数所多出的数量 K；而(145)式右边第一项和 $\mathrm{d}t$ 的乘积，即

$$\mathrm{d}t\iint\frac{\partial f}{\partial t}\mathrm{d}o\,\mathrm{d}\omega$$

代表 S 面内的 m 分子数在 $\mathrm{d}t$ 时间内的总增量 L。

需要解释一下的是，我们没有要求体积元 do 固定不动，而是允许它随分子运动。如果气体被真空包围，那么表面 S 和具有不同速度的分子总是一起运动。所以不可能有分子进出 S 面，从而 $L=K=0$。假如气体被静止不动的容器壁包围，而分子从容器壁上的反弹类似弹性球[①]的行为，那么，每当一个分子由于其朝着器壁运动而进入毗邻容器壁的一个体积元 do 之中，一定会有另一个完全相同的镜像分子同时出现，两分子的区别仅仅在于它们沿容器壁法线方向的速度分量方向相反。因此也有 $L=K=0$。

只要容器壁是静止的，且既不产生动能，也不吸收动能，[②]那么就会存在上述相反运动之间的对称性和等概率性（即便容器壁作用具有其他的形式也是如此），从而上述论点就站得住脚。在所有这些情形中，$\left(\frac{\mathrm{d}}{\mathrm{d}t}\right)\sum_{\omega,o}\ln f$ 简化为由碰撞产生的 $C_4(\ln f)+C_5(\ln f)$，因此由(140)式和(142)式可得：

---

① 不难看出，在这一假设的基础上，一个非常平滑的容器壁在其自身平面所在方向上的运动，不会受到任何阻力的作用。

② 我们依旧把 S 理解为将气体全部包围在内的任意表面，表面上各点可以距离容器壁任意近，对 do 的积分只涉及这一表面以内的全部体积元，而对 dS 的积分则涉及全部的面元。我们用 $K'\mathrm{d}t$ 表示 $\mathrm{d}t$ 时间内从 S 面出去的分子比从 S 面进来的分子所多出的数目；用 $L'\mathrm{d}t$ 表示 S 面内分子数的减少量，因此总有 $K'+L'=0$。但是 K'，L' 和正文中的 K，L 不同，因为在计算 $\left(\frac{\mathrm{d}}{\mathrm{d}t}\right)\sum_{\omega,o}\ln f$ 时，我们是跟踪每个分子在 $\mathrm{d}t$ 时间内的路径。因此不管是在 $\mathrm{d}t$ 结束的时刻，还是在 $\mathrm{d}t$ 起始的时刻，求和式中的分子都一样，两个时刻的和式之差再除以 $\mathrm{d}t$，便是上述结果。因此，我们假设体积元 do 随所考虑的分子一起运动，同时这批分子也总是保留在 S 面之内。如果 S 不跟随分子运动的话，那情况就不是这样了。不管是在 $\mathrm{d}t$ 的起始时刻还是在 $\mathrm{d}t$ 的结束时刻，我们都将始终对同一空间元求和，从而 $\left(\frac{\mathrm{d}}{\mathrm{d}t}\right)\sum_{\omega,o}\ln f$ 就恰好是(120)式所给出的表达式对 do 和 $\mathrm{d}\omega$ 积分所得之量，当然其中的 φ 得代换为 $\ln f$。因此，在代入(121)－(125)式各值后，我们可得：

$$\frac{\mathrm{d}}{\mathrm{d}t}\sum_{\omega,o}\ln f=\iint \mathrm{d}o\,\mathrm{d}\omega\left[\frac{\partial f}{\partial t}-\ln f\left(\xi\frac{\partial f}{\partial x}+\eta\frac{\partial f}{\partial y}+\zeta\frac{\partial f}{\partial z}+X\frac{\partial f}{\partial \xi}+Y\frac{\partial f}{\partial \eta}+Z\frac{\partial f}{\partial \zeta}\right)\right]+C_4(\ln f)+C_5(\ln f)。\tag{145a}$$

$C_4(\ln f)+C_5(\ln f)$ 是和前面一样的量。上述二重积分中的第一项也是和(145)式一样，因此它等于 K。通过对 ξ,η,ζ 分部积分，上述二重积分中的后三项也可以化为与(145)式中对应项相同的形式。通过将第五项对 ξ 积分，第六项对 η 积分，第七项对 ζ 积分，结果也都将这些项化为零，因为对无穷大的 ξ,η,ζ，$f\ln f$ 必然为零(因为 $\int_{-\infty}^{\infty} f\mathrm{d}\xi$ 必须为有限大小)。在对 x,y,z 积分之后，上述二重积分中第二、第三、第四项之和可化为如下两个面积分[因为 $\mathrm{d}(f\ln f-f)=\ln f\mathrm{d}f$]

$$\iint \mathrm{d}o\,\mathrm{d}SfN-\iint \mathrm{d}o\,\mathrm{d}SNf\ln f,$$

上面两个面积分的积分范围都是整个 S 面(这时，它被认为是固定不动的)。第一项是之前表示为 K 的量；第二项乘以 $\mathrm{d}t$ 之后便为(144)式所定义的 H 的增量，它是由于 m 分子的运动而带进 S 面的 H 量减去带离 S 面的 H 量后多余的 H 量。气体内部不会产生 H，也不会有比正文中所考虑的情形中更多的 H 量。S 面内所包含的 H 总量的增加量，只会小于或者顶多等于从外面带入 S 面内的 H 量。

除非引发碰撞而产生分子运动，否则，绝不会因为外力产生整体运动或者改变运动方向，抑或是别的什么变化的发生，而导致和熵成正比的量 $-H$ 发生改变。即便一开始两种气体各自占据容器一半的空间，也不会因为分子的直进运动而使熵发生改变。混合的过程当然会导致一种更可几的状态形成，但速度的分布将更不可几，因为每种气体具有一种特定方向上的整体运动。当这种整体运动因为碰撞而消失时(被转变为无序的分子运动)，那么 H 就减小了，熵就增加了。

$$\frac{\mathrm{d}}{\mathrm{d}t}\sum_{\omega,o}\ln f=\frac{1}{4}\iiint\int_0^{\infty}\int_0^{2\pi}[\ln(ff_1)-\ln(f'f'_1)](f'f'_1-ff_1)gb\,\mathrm{d}o\,\mathrm{d}\omega\,\mathrm{d}\omega_1\,\mathrm{d}b\,\mathrm{d}\varepsilon$$
$$+\frac{1}{2}\iiint\int_0^{\infty}\int_0^{2\pi}(\ln f-\ln f')(f'F'_1-fF_1)gb\,\mathrm{d}o\,\mathrm{d}\omega\,\mathrm{d}\omega_1\,\mathrm{d}b\,\mathrm{d}\varepsilon。$$

同理可得：

$$\frac{\mathrm{d}}{\mathrm{d}t}\sum_{\omega_1,o}\ln F_1=\frac{1}{4}\iiint\int_0^{\infty}\int_0^{2\pi}[\ln(FF_1)-\ln(F'F'_1)](F'F'_1-FF_1)gb\,\mathrm{d}o\,\mathrm{d}\omega\,\mathrm{d}\omega_1\,\mathrm{d}b\,\mathrm{d}\varepsilon$$
$$+\frac{1}{2}\iiint\int_0^{\infty}\int_0^{2\pi}(\ln F_1-\ln F'_1)(f'F'_1-fF_1)gb\,\mathrm{d}o\,\mathrm{d}\omega\,\mathrm{d}\omega_1\,\mathrm{d}b\,\mathrm{d}\varepsilon。$$

所以，根据(144)式，我们有：

$$\begin{cases}\dfrac{\mathrm{d}H}{\mathrm{d}t}=-\dfrac{1}{4}\iiint\int_0^{\infty}\int_0^{2\pi}[\ln(ff_1)-\ln(f'f'_1)](ff_1-f'f'_1)gb\,\mathrm{d}o\,\mathrm{d}\omega\,\mathrm{d}\omega_1\,\mathrm{d}b\,\mathrm{d}\varepsilon\\ \quad-\dfrac{1}{4}\iiint\int_0^{\infty}\int_0^{2\pi}[\ln(FF_1)-\ln(F'F'_1)](FF_1-F'F'_1)gb\,\mathrm{d}o\,\mathrm{d}\omega\,\mathrm{d}\omega_1\,\mathrm{d}b\,\mathrm{d}\varepsilon\\ \quad-\dfrac{1}{2}\iiint\int_0^{\infty}\int_0^{2\pi}[\ln(fF_1)-\ln(f'F'_1)](fF_1-f'F'_1)gb\,\mathrm{d}o\,\mathrm{d}\omega\,\mathrm{d}\omega_1\,\mathrm{d}b\,\mathrm{d}\varepsilon。\end{cases} \tag{146}$$

和(33)式中的积分一样，这些积分项都是非负数。因此 H 不可能增加。对于存在外力作用、初始状态为任何分子无序分布状态的任意多种气体来说，我们也能够作出同样的证明。这样，当时在§8结束的时候只是略略提及的克劳修斯-吉布斯定理——在体积不变且没有外界能量输入的情况下，H 只能减小——现在对于单原子气体来说已经完全得到了证明。

$\frac{\mathrm{d}H}{\mathrm{d}t}$等于零的前提条件是所有积分中的被积函数都为零。但是对于稳定的末态——如果容器壁静止的话，气体混合物最终必然会达成这种状态——H 不可能持续减小，最终必然会保持恒定。因此(146)式中的被积函数必须恒等于零，即，对所有可能的碰撞来说，下述三个方程都必定成立：

$$ff_1=f'f'_1,FF_1=F'F'_1,fF_1=f'F'_1。 \tag{147}$$

当系统处于平衡态时，这些函数当然不可能与时间变量 t 有关；不过我们要到后面才会引入这一条件，暂时我们还是先求(147)式的含时解。

我们先处理最后一个方程，而且暂时只考察函数 f 和 F 对变量 ξ,η,ζ 的依赖关系，因而把 x,y,z 和 t 看作常数。令

$$\varphi=\ln f(x,y,z,\xi,\eta,\zeta,t),\varphi'=\ln f(x,y,z,\xi',\eta',\zeta',t)。$$

$$\Phi_1=\ln f(x,y,z,\xi_1,\eta_1,\zeta_1,t),\Phi_1'=\ln F(x,y,z,\xi_1',\eta_1',\zeta_1',t);$$

从而(147)式中最后一个方程变为

$$\varphi+\Phi_1-\varphi'-\Phi_1'=0。\tag{148}$$

在碰撞过程中,动能守恒方程和质心运动守恒方程无论如何都是会成立的。因此有:

$$\begin{cases}m(\xi^2+\eta^2+\zeta^2)+m_1(\xi_1^2+\eta_1^2+\zeta_1^2)-m(\xi'^2+\eta'^2+\zeta'^2)-m_1(\xi_1'^2+\eta_1'^2+\zeta_1'^2)=0,\\ m\xi+m_1\xi_1-m\xi'-m_1\xi_1'=0,\\ m\eta+m_1\eta_1-m\eta'-m_1\eta_1'=0,\\ m\zeta+m_1\zeta_1-m\zeta'-m_1\zeta_1'=0。\end{cases}\tag{149}$$

显然,$\xi,\eta,\zeta,\xi_1,\eta_1,\zeta_1,b,\varepsilon$这八个变量彼此互不相关,每个都可以取无限多个值;它们是所谓的独立变量。$\xi',\eta',\zeta',\xi_1',\eta_1',\zeta_1'$ 这六个变量则可以用六个方程表示为独立变量的函数。

描述如下十二个变量

$$\xi,\eta,\zeta,\xi_1,\eta_1,\zeta_1,\xi',\eta',\zeta',\xi_1',\eta_1',\zeta_1'\tag{150}$$

之间关系的所有可能的方程,只能通过将上述六个方程消去 b,ε而得到。

但是,用这种消去的方法只能得到四个方程。因此,(149)式中四个方程是描述这 12 变量之间关系的全部方程。所以(147)式和(148)式必须对这 12 变量满足(149)式四条件的所有取值都成立。我们注意到这些方程对三个坐标轴来说完全对称,因而若将由它们推导出来的方程中的坐标循环置换,并不会影响到方程的正确性。

如果将(149)式四个方程的全微分,分别和四个不同的因子 A,B,C,D 相乘,然后再和(148)式的全微分相加,那么我们就可以通过著名的未定乘子法(undetermined multipliers),而使(150)式中全部十二个量的微分彼此相关。我们总是可以选择合适的 A,B,C,D 值,以使全微分的各项系数为零。由此可得:

$$\begin{aligned}&\mathrm{d}\xi\left[\frac{\partial\varphi}{\partial\xi}+2mA\xi+mB\right]\\&+\mathrm{d}\eta\left[\frac{\partial\varphi}{\partial\eta}+2mA\eta+mC\right]+\cdots\\&+\mathrm{d}\xi_1\left[\frac{\partial\Phi_1}{\partial\xi_1}+2m_1A\xi+m_1B\right]+\cdots\\&-\mathrm{d}\xi'\left[\frac{\partial\varphi'}{\partial\xi'}+2mA\xi'+mB\right]+\cdots\\&-\mathrm{d}\xi_1'\left[\frac{\partial\Phi_1'}{\partial\xi_1'}+2m_1A\xi_1'+m_1B\right]+\cdots=0。\end{aligned}$$

选择适当大小的四个因子,使全部 12 个微分的系数都为零;因此

$$\frac{1}{m}\frac{\mathrm{d}\varphi}{\mathrm{d}\xi}+2A\xi+B=\frac{1}{m_1}\frac{\mathrm{d}\Phi_1}{\mathrm{d}\xi_1}+2A\xi_1+B=0$$

或者

$$\frac{1}{m}\frac{\partial\varphi}{\partial\xi}-\frac{1}{m_1}\frac{\partial\Phi}{\partial\xi_1}=2A(\xi_1-\xi)。$$

同理可得

$$\frac{1}{m}\frac{\partial\varphi}{\partial\eta}-\frac{1}{m_1}\frac{\partial\Phi_1}{\partial\eta_1}=2A(\eta_1-\eta)。$$

消去 A——作为一个未定乘子,无论如何也不能直接令其恒等于零——可得:

$$\left(\frac{1}{m}\frac{\partial\varphi}{\partial\xi}-\frac{1}{m_1}\frac{\partial\Phi_1}{\partial\xi_1}\right)(\eta_1-\eta)=\left(\frac{1}{m}\frac{\partial\varphi}{\partial\eta}-\frac{1}{m_1}\frac{\partial\Phi_1}{\partial\eta_1}\right)(\xi_1-\xi)。\tag{151}$$

除始终被看作常量的 x,y,z,t 之外,上式只包含了六个完全独立的变量 ξ、η、ζ、ξ_1、η_1、ζ_1。如果对 ζ 求偏导数,则可得:

$$\frac{\partial^2\varphi}{\partial\xi\partial\zeta}(\eta_1-\eta)=\frac{\partial^2\varphi}{\partial\eta\partial\zeta}(\xi_1-\xi)。$$

再将上式对 η_1 求偏导数,得:

$$\frac{\partial^2\varphi}{\partial\xi\partial\zeta}=0。$$

而对 ξ_1 求偏导数则结果为:

$$\frac{\partial^2\varphi}{\partial\eta\partial\zeta}=0,$$

经循环置换可得:

$$\frac{\partial^2\varphi}{\partial\xi\partial\eta}=0。$$

这三个方程表明,φ 必可分解为三项之和,其中第一项只包括 ξ,第二项只包括 η,第三项只包括 ζ。

同样,关于 Φ 函数我们可得:

$$\frac{\partial^2\Phi_1}{\partial\xi_1\partial\eta_1}=\frac{\partial^2\Phi_1}{\partial\xi_1\partial\zeta_1}=\frac{\partial^2\Phi_1}{\partial\eta_1\partial\zeta_1}=0。\tag{152}$$

若将(151)式对 ξ 求导数,同时考虑到 $\frac{\partial^2\varphi}{\partial\xi\partial\eta}=0$,那么将有:

$$\frac{1}{m}\frac{\partial^2\varphi}{\partial\xi^2}(\eta_1-\eta)=-\frac{1}{m}\frac{\partial\varphi}{\partial\eta}+\frac{1}{m_1}\frac{\partial\Phi_1}{\partial\eta_1}。\tag{153}$$

进一步将(153)式对 η_1 求导数,则可得:

$$\frac{1}{m}\frac{\partial^2\varphi}{\partial\xi^2}=\frac{1}{m_1}\frac{\partial^2\Phi_1}{\partial\eta_1^2}。$$

因为方程两边的表示式中包含的变量完全不同，所以只有当两者都和所有变量无关时等号才会成立，因此它们同时等于一个与 $\xi,\eta,\zeta,\xi_1,\eta_1,\zeta_1$ 无关的量。

由于 y 轴和 z 轴在待求解的方程中出现的形式完全一样，所以可以用同样的方法推得

$$\frac{1}{m}\frac{\partial^2\varphi}{\partial\xi^2}=\frac{1}{m_1}\frac{\partial^2\Phi_1}{\partial\zeta_1^2},$$

同时，上式右边也必然等于

$$\frac{1}{m}\frac{\partial^2\varphi}{\partial\eta^2}。$$

因此，所有这些二阶导数都等于同一个与 $\xi,\eta,\zeta,\xi_1,\eta_1$ 及 ζ_1 无关的量，$-2h$。由所有这些方程，我们不难得出结论，φ 必然等于 $-hm(\xi^2+\eta^2+\zeta^2)$ 加上一个 ξ,η,ζ 的线性函数。后者的系数可以选择合适的表示方式，使 φ 的关系式可以写成下述形式而又不失普遍性：

$$\varphi=-hm[(\xi-u)^2+(\eta-v)^2+(\zeta-w)^2]+\ln f_0,$$

其中 u,v,w 及 f_0 是新的常数，不过和 h 一样，它们仍然可以是 x,y,z,t 的函数。由此可得：

$$f=f_0\mathrm{e}^{-hm[(\xi-u)^2+(\eta-v)^2+(\zeta-w)^2]}, \tag{154}$$

同理可得

$$F_1=F_0\mathrm{e}^{-hm_1[(\xi_1-u_1)^2+(\eta_1-v_1)^2+(\zeta_1-w_1)^2]}。 \tag{155}$$

如果(147)式中的三个方程对于所有的变量值都成立，则函数 f 和 F_1 无论如何都会具有上述形式。而反过来，我们不难看出，假如 f 和 F_1 具有上述形式，那么实际上只有在 $u_1=u$、$v_1=v$、$w_1=w$ 时，(147)式才会成立。这里，f_0,F_0,u,v,w 及 h 可以是 x,y,z,t 的任意函数。

这些函数需要在满足：

$$\frac{\partial f}{\partial t}+\xi\frac{\partial f}{\partial x}+\eta\frac{\partial f}{\partial y}+\zeta\frac{\partial f}{\partial z}+X\frac{\partial f}{\partial\xi}+Y\frac{\partial f}{\partial\eta}+Z\frac{\partial f}{\partial\zeta}=0 \tag{156}$$

及

$$\frac{\partial F_1}{\partial t}+\xi_1\frac{\partial F_1}{\partial x}+\eta_1\frac{\partial F_1}{\partial y}+\zeta_1\frac{\partial F_1}{\partial z}+X_1\frac{\partial F_1}{\partial\xi_1}+Y_1\frac{\partial F_1}{\partial\eta_1}+Z_1\frac{\partial F_1}{\partial\zeta_1}=0 \tag{157}$$

两个方程的情况下来确定；因为(114)式和(115)式的右边同等于零，所以可以直接简化为上述形式。

在 t 时刻，速度点位于 $\mathrm{d}\omega$ 之中、本身则处于 $\mathrm{d}o$ 之中的分子数目为：

$$f\,\mathrm{d}o\,\mathrm{d}\omega=f_0\,\mathrm{d}o\,\mathrm{e}^{-hm[(\xi-u)^2+(\eta-v)^2+(\zeta-w)^2]}\mathrm{d}\xi\mathrm{d}\eta\mathrm{d}\zeta。$$

如果令

$$\xi=\mathfrak{x}+u,\eta=\mathfrak{y}+v,\zeta=\mathfrak{z}+w, \tag{158}$$

则正好得到(36)式，只不过 ξ、η、ζ 换成了 $\mathfrak{x}$、$\mathfrak{y}$、$\mathfrak{z}$

由此很容易发现，所有和(36)式有关的分析仍然有效，只是现在所有的气体分子在空间中有一个整体平动，这一整体平动的速度分量为 u、v、w。如果 $u_1=u$、$v_1=v$、$w_1=w$，那么它们就是 do 中全部气体整体运动的速度分量。如果 u、v、w 分别不同于 u_1、v_1、w_1，那么 u、v、w 就应该是 do 中第一种气体在第二种气体中穿行的速度分量。

我们也可以用下面的方式来理解。t 时刻处在 do 中的 m 分子数为：

$$\mathrm{d}n=\mathrm{d}o\int f\,\mathrm{d}\omega=\mathrm{d}o f_0\iiint_{-\infty}^{+\infty}\mathrm{e}^{-hm[(\xi-u)^2+(\eta-v)^2+(\zeta-w)^2]}\mathrm{d}\xi\mathrm{d}\eta\mathrm{d}\zeta。$$

代入(158)式得：

$$\mathrm{d}n=\mathrm{d}o f_0\iiint_{-\infty}^{+\infty}\mathrm{e}^{-hm(\mathfrak{x}^2+\mathfrak{y}^2+\mathfrak{z}^2)}\mathrm{d}\mathfrak{x}\mathrm{d}\mathfrak{y}\mathrm{d}\mathfrak{z}=\mathrm{d}o f_0\sqrt{\frac{\pi^3}{h^3m^3}}。\tag{159}$$

如果将上式两边乘以 m 再除以 do，那么可得第一种气体的分密度：

$$\rho=f_0\sqrt{\frac{\pi^3}{h^3m}}。\tag{160}$$

do 中所有 m 分子沿横坐标轴方向的速度分量的平均值 $\overline{\xi}$ 为：

$$\overline{\xi}=\frac{\int\xi f\,\mathrm{d}\omega}{\int f\,\mathrm{d}\omega}。\tag{161}$$

显然，这也是 do 中第一种气体质心速度的 x 分量。由平均速率的概念不难发现，如果一个平行于 yz 平面的面元以这个速度沿横坐标轴运动，那么，通过该面元的每种分子也将是同样的数目。因此我们可以将 $\overline{\xi}$ 称为第一种气体在 do 中沿横坐标轴方向运动的速度。

代入(158)式，则(161)式中的分子变为：

$$f_0\iiint_{-\infty}^{+\infty}\mathfrak{x}\mathrm{e}^{-hm(\mathfrak{x}^2+\mathfrak{y}^2+\mathfrak{z}^2)}\mathrm{d}\mathfrak{x}\mathrm{d}\mathfrak{y}\mathrm{d}\mathfrak{z}+f_0u\iiint_{-\infty}^{+\infty}\mathrm{e}^{-hm(\mathfrak{x}^2+\mathfrak{y}^2+\mathfrak{z}^2)}\mathrm{d}\mathfrak{x}\mathrm{d}\mathfrak{y}\mathrm{d}\mathfrak{z}。$$

不难看出，第一项结果为零，第二项简化为 $u\mathrm{d}n$。因此

$$u=\overline{\xi}\tag{162}$$

由于 $\mathfrak{x}$ 是一个气体分子对以速度 u 运动的面元的相对速度，而 f 是 $\mathfrak{x}$ 的偶函数，所以不难发现，通过垂直于 x 轴的每个面元进来和出去的第一种分子数目，平均而言是相同的。

§19　空气静力学　满足(147)式条件的重气体的熵

将(154)式代入后，方程(156)可以给出许多解，每个解对应于静止容器中受特定外力作用的气体的一种状态。容器壁满足(146)式推导过程中所假设的条件。这样一来，在所有的传热过程及扩散现象停止之后，不会有持续的热量流入或流出气体。下面我们

就来寻求这些解。显而易见的是,这些相关的量没有一个会依赖于时间。

此外,方程 $u=v=w=u_1=v_1=w_1=0$ 必然成立。因此,由(154)式和(155)式可知:

$$f=f_0\mathrm{e}^{-hm(\xi^2+\eta^2+\zeta^2)},F_1=F_0\mathrm{e}^{-hm_1(\xi_1^2+\eta_1^2+\zeta_1^2)}, \tag{163}$$

其中 f_0、F_0 及 h 仍然可以是坐标的函数。如果将上式代入(156)式,则有:

$$\begin{aligned}&-m(\xi^2+\eta^2+\zeta^2)\left(\xi\frac{\partial h}{\partial x}+\eta\frac{\partial h}{\partial y}+\zeta\frac{\partial h}{\partial z}\right)\\&+\xi\left(\frac{\partial f_0}{\partial x}-2hmf_0X\right)+\eta\left(\frac{\partial f_0}{\partial y}-2hmf_0Y\right)\\&+\zeta\left(\frac{\partial f_0}{\partial z}-2hmf_0Z\right)=0。\end{aligned}$$

由于这一方程必须对所有的 ξ、η、ζ 成立,因此:

$$\frac{\partial h}{\partial x}=\frac{\partial h}{\partial y}=\frac{\partial h}{\partial z}=0。$$

由此可知,h 必然是一个和空间坐标无关的常数。

此外,后面几项中 ξ、η、ζ 的系数必须分别为零。这种情况只会在 X、Y、Z 都是同一坐标函数 $-\chi$ 的偏导数时出现。如果这一条件不满足,那么气体通常不可能处于静止。而如果满足这一条件,则有:

$$f_0=a\mathrm{e}^{-2hm\chi}, \tag{164}$$

其中 a 是一个绝对常数。由于在每个体积元 do 中,f_0 是常数,所以(163)式和(36)式必然具有相同的形式。因此每个体积元中的速度分布和只存在一种气体且所受外力和同等分密度上所受外力相同时的情况完全一样。换句话说,虽然存在外力的作用,但一个分子的运动方向依然是空间各方向机会均等。由于 §7 开头部分处理的方程所适用的问题,仅只是这里所处理的问题的一个特殊情况,所以我们可以看到,当时未加证明的一个假设,即,分子沿各个方向运动的概率相等,在这里得到了证明。因为方程形式完全相同,所以,§7 中推得的方程及其得出的结论现在可以原封不动地应用于每个体积元。因此,与(44)式对应,一个分子的方均速率同样为:

$$\overline{c^2}=\frac{3}{2hm},$$

即,在有外力作用的情况下,每个分子的平均动能依然保持不变;第二种气体也是同样的情况,

$$\overline{c_1^2}=\frac{3}{2hm_1},$$

同时，对于两种气体来说，常数 h 必定具有相同的值。令 ρ 为第一种气体在 $\mathrm{d}o$ 中的分密度，p 为这种气体单独存在于 $\mathrm{d}o$ 中时对墙壁施加的分压；那么，根据(160)和(164)式，我们有

$$\rho=a\sqrt{\frac{\pi^3}{h^3 m}}\mathrm{e}^{-2hm\chi}。\tag{165}$$

又因为$\frac{\mathrm{d}n}{\mathrm{d}o}$是单位体积中的分子数，所以由(6)式可得

$$p=\frac{m\overline{c^2}}{3}\frac{\mathrm{d}n}{\mathrm{d}o}=\frac{\rho\overline{c^2}}{3}=\frac{\rho}{2hm}。\tag{166}$$

因此气体中各处的$\frac{p}{\rho}$值相同。由于在分密度和能量相同的情况下，每个体积元中的气体在有外力作用时的性质，和没有外力作用时的性质完全一样，所以和后一情形中相同，我们有$\frac{p}{\rho}=rT$。气体常数 r 和之前（§8）一样，等于$\frac{1}{2hmT}$。又因为$\frac{p}{\rho}$处处相同，都等于 rT，因此，即使存在外力的作用，温度也是处处相同的。

对于第二种气体来说，我们发现

$$F_0=A\mathrm{e}^{-2hm_1\chi_1},$$

和第一种气体的存在完全无关，其中

$$\chi_1=-\int(X_1\mathrm{d}x+Y_1\mathrm{d}y+Z_1\mathrm{d}z)。$$

这表明，处于平衡态中的两种气体互不干扰。所以，在完全静止且处于完全热平衡状态的空气中，每一组成成分都将各自服从上述规律，就像其他气体成分不存在一样；只是对于每种气体来说，h，进而温度，都必须具有相同的值。由(165)式得：

$$\rho=\rho_0\mathrm{e}^{-2hm(\chi-\chi_0)}=\rho_0\mathrm{e}^{\frac{\chi_0-\chi}{rT}},\tag{167}$$

同理，由(166)式可得：

$$p=p_0\mathrm{e}^{\frac{\chi_0-\chi}{rT}}。\tag{168}$$

这里，p、ρ、χ 是任意坐标 x、y、z 处的值，而 p_0、ρ_0、χ_0 是同样的物理量在另一坐标为 x_0、y_0、z_0 的位置处的值。这些公式就是著名的空气静力学（气压测高）公式。

接下来我们将采用布莱恩的方法处理下述现象，该现象虽然在自然界不会发生，但具有重要的理论意义。用一个任意的曲面 S_1 将容器中的两种气体分隔成两部分：左半部分 T_1 及右半部分。在 S_1 面的右边还有另一个曲面 S_2，该曲面上各点都和 S_1 相距极近。S_1 面和 S_2 面之间的空间被称为 τ，S_2 面右侧的空间则被称为 T_2。令整个 T_1 空间

$\chi=0$，而 S_1 面和 S_2 面之间的空间 χ 取正值、并在靠近 S_2 处趋于无穷大。因此一个 m 分子在 T_1 中不受力的作用，但进入 τ 中后就开始受到一个由 S_2 指向 S_1 的力的作用，而且在靠近 S_2 时这个力会趋于无穷大。反过来，在 T_2 中，m_1 分子也不受任何力的作用；但当它们进入 τ 时，会受到一个由 S_1 指向 S_2 的力，该力在靠近 S_1 处将趋于无穷大。所以，χ_1 在 T_2 中为零，在 τ 中为正，而在靠近 S_1 时趋于无穷大。

如果一开始 T_2 中没有 m 分子，那么也将没有 m 分子能够进入 T_2；如果一开始 T_2 中有些 m 分子，它们不受外力的作用，那么一旦某个分子到达 S_2 面，它就会被推入 T_1 中不再返回。因此无论怎样我们都可以假定，T_2 空间不包含 m 分子，T_1 空间也不包含 m_1 分子。这也就阐释了相关的公式；因为

$$f=a\mathrm{e}^{-hm(c^2+2\chi)},F=A\mathrm{e}^{-hm_1(c_1^2+2\chi_1)}。$$

在 T_1 空间，$\chi_1=\infty$，因此 $F=0$；在 T_2 空间，$\chi=\infty$，因此 $f=0$。同时，当 χ 无穷大时，(167)式给出的分密度值为零。因此 T_1 和 T_2 中都只存在单一的气体；仅仅在 χ 和 χ_1 为有限大小的 τ 空间才有混合气体。根据我们的公式，系统达成平衡态的前提条件是，两种气体具有相同的 h 值，而由(44)式可知，这意味着两种气体分子具有相同的平均动能。这和我们之前求出的两种混合气体的热平衡条件完全一样。当然，此处讨论的力学条件和用固体隔热墙分开的两种气体的条件是有些不同的；但它们之间又有着某种相似性。我们可以设想在 S_2 面右侧还有第三个面 S_3，该曲面上各点都很靠近 S_2。通过为三种不同的气体设置合适的 χ 值，我们可以做到让第一种气体分子只存在于 S_2 的左侧、第二种气体分子只存在于 S_2 的右侧，而第三种气体分子只存在于 S_1 和 S_3 之间。这样，第三种气体促进了第一种气体和第二种气体之间的热交换；因此每种气体的平均动能相等便是热平衡的条件。由于经验告诉我们，两个物体的热平衡条件和促进热交换的第三方物体的性质无关，因此，§7 中所作的假设，即当以其他的方式发生热交换——比如，通过气体隔离墙传热——时，热平衡的条件是平均动能相等，被证明其成立的概率是极大的。

在 $u=v=w=u_1=v_1=w_1=0$ 且一切都和时间无关的条件下，本节所得(156)式和(157)式的解是唯一可能的解。但是，如果我们假设这些量不等于零，那么每个方程就都有许多的解，它们代表 H 不减小因此总熵不增加的各种可能的运动。比方说，我们可能得到一种沿空间某固定方向作匀速运动的气体混合物。当然还有许多其他的解。我们很容易发现，如果容器壁是绝对光滑的旋转曲面，撞到该曲面上的分子会像弹性球一样反弹，那么

$$\frac{\mathrm{d}}{\mathrm{d}t}\sum_{\omega,o}\ln f$$

将简化为 $C_4(\ln f)+C_5(\ln f)$。这时，熵将既不流入气体、也不流出气体。稳态条件下，我们

必须有$\frac{dH}{dt}=0$，因此(147)式、(156)式及(157)式都必定成立。然而这样一种可能的稳定态，却存在于整个气体混合物像固体一样绕容器旋转轴作匀速转动的状态之中。这种状态当然肯定是由(154)式和(155)式来描述。如果 z 轴是旋转轴，那么在这一情形中

$$u=u_1=-by,v=v_1=+bx,w=w_1=0。$$

这样就可以满足(156)式和(157)式；f_0 和 F_0 将是$\sqrt{x^2+y^2}$的函数，因而将体现由于离心力的作用而引起的密度变化。这些方程的其他解，包括一些含时解，也可以求出来。① 比如，有这样一种奇特的解，其中气体从一个中心均匀地沿各个方向飞出，且既没有黏滞性，同时，尽管由于膨胀，温度当然会下降，但是空间各处温度同等程度地下降，以至于也没有热传递现象发生。不过，我们不再关注这些事情；我们只想知道在所有这些情形中 H 具有什么样的值。

如果用 H'来表示(144)式中第一种气体对 H 的贡献，那么有：

$$H'=\iint do\,d\omega f\ln f。$$

在(147)式成立的所有情形中，f 都是由(154)式给出。如果按照(160)式令

$$\rho=f_0\sqrt{\frac{\pi^3}{h^3m}},$$

则有：

$$f=\sqrt{\frac{h^3m}{\pi^3}}\rho e^{-hm[(\xi-u)^2+(\eta-v)^2+(\zeta-w)^2]}。$$

对 $d\omega=d\xi d\eta d\zeta$ 的积分很好计算；积分范围为 ξ、η、ζ 所有从$-\infty$到$+\infty$的值，这样，可得：

$$H'=\int do f_0\sqrt{\frac{\pi^3}{h^3m^3}}\left[\ln\left(\rho\sqrt{\frac{h_3m}{\pi^3}}\right)-\frac{3}{2}\right],$$

或者利用(159)式将它写为：

$$H'=\int dn\left[\ln\left(\rho\sqrt{\frac{h^3m}{\pi^3}}\right)-\frac{3}{2}\right]。\tag{169}$$

现在，$m\,dn=dm$ 是体积元中第一种气体的总质量。如果将(169)式乘以标准气体(氢气)的分子质量 M，再乘以该气体的气体常数 R，最后再乘以-1，同时假设我们依旧用 $\mu=\frac{m}{M}$来表示所考虑气体相对于标准气体的分子量，则有：

---

① Boltzmann, *Wien. Ber.* 74, 531 (1876).

$$-MRH' = -\int \frac{R\,\mathrm{d}m}{\mu}\left[\ln\left(\rho\sqrt{\frac{h^3 m}{\pi^3}}\right) - \frac{3}{2}\right]。$$

由于根据(44)式和(51a)式，

$$\overline{c^2} = \frac{3}{2hm} = \frac{3R}{\mu}T,$$

所以有：

$$\ln\left(\rho\sqrt{\frac{h^3 m}{\pi^3}}\right) = \ln(\rho T^{-\frac{3}{2}}) + \ln\sqrt{\frac{m}{8\pi^3 M^3 R^3}},$$

其中后一对数是个常数。此外，

$$\int \frac{R\,\mathrm{d}m}{\mu} = \frac{Rm}{\mu}$$

在任何情况下都是常数。如果把所有这些常数都归到一起，那么可得：

$$-MRH' = \int \frac{R\,\mathrm{d}m}{\mu}\ln(\rho^{-1} T^{\frac{3}{2}}) + 常数。\tag{170}$$

但是由(58)式可知，这正是所有体积元中所有物质的熵之和，所以它是第一种气体的总熵，而从(144)式可以看出，气体混合物的总熵等于两部分气体的熵之和。而只要(147)式成立，则不管是气体的整体平动还是外力的作用，都不会对熵产生任何影响，因此每个体积元中的速度分布由(154)和(155)式给出。这样，我们已经证明——在§8中我们仅仅给出了不完全证明——除了相差一个对所有气体来说为常数的因子$-RM$，以及一个相加性常数之外，H 和熵完全相同。

§20　流体动力学方程的普遍形式

在考虑其他更多特殊情况之前，我们先来推导一些普遍公式。由于u、v、w是第一种气体整体运动的速度分量，所以我们很容易发现，在$\mathrm{d}t$时间内，从平行六面体基元$\mathrm{d}x\,\mathrm{d}y\,\mathrm{d}z$垂直于横坐标轴的两个面通过的气体质量分别为$\rho u\,\mathrm{d}y\,\mathrm{d}z\,\mathrm{d}t$和

$$-\left[\rho u + \frac{\partial(\rho u)}{\partial x}\mathrm{d}x\right]\mathrm{d}y\,\mathrm{d}z\,\mathrm{d}t。$$

这两个量之和，再加上其他四个面的通过量，就是平行六面体中第一种气体的总增量

$$\frac{\partial \rho}{\partial t}\mathrm{d}x\,\mathrm{d}y\,\mathrm{d}z\,\mathrm{d}t;$$

因此有：

$$\frac{\partial \rho}{\partial t}+\frac{\partial(\rho u)}{\partial x}+\frac{\partial(\rho v)}{\partial y}+\frac{\partial(\rho w)}{\partial z}=0。\tag{171}$$

这就是所谓的连续性方程。如果设想一个同样的平行六面体 $do=dx\,dy\,dz$ 在空间中运动，其速度分量为 u、v、w，那么它所包含的分子的坐标在 dt 时间内将平均增加 $u\,dt$、$v\,dt$、$w\,dt$。因此，平均加速度为：

$$\frac{\partial u}{\partial t}+u\frac{\partial u}{\partial x}+v\frac{\partial u}{\partial y}+w\frac{\partial u}{\partial z}。$$

如果这些分子的总质量为

$$\sum m=\rho\,dx\,dy\,dz,$$

那么它们在横坐标轴方向的总动量增量为

$$\left(\frac{\partial u}{\partial t}+u\frac{\partial u}{\partial x}+v\frac{\partial u}{\partial y}+w\frac{\partial u}{\partial z}\right)\cdot\rho\,dx\,dy\,dz。\tag{172}$$

这个动量增量有一部分是由作用在整个气体质量 $\sum m$ 之上的外力引起的，该外力的分量可以表示为：

$$X\sum m, Y\sum m, Z\sum m。$$

如果只存在一种气体，那么总动量将不会发生改变，因为碰撞中质心运动守恒；但是，在 do 中它会由于分子的进入与离开而发生改变。如果我们用 ξ、η、ζ 来表示某个分子的速度分量，并设[参见(158)式]，$\xi=u+\mathfrak{x}$，$\eta=v+\mathfrak{y}$，$\zeta=x+\mathfrak{z}$，那么 $\mathfrak{x}$、$\mathfrak{y}$、$\mathfrak{z}$ 就是该分子相对于体积元 do 运动的速度分量。如果单位体积中有 $f\,d\omega$ 个分子的速度点位于 $d\omega$ 之中，那么，在 dt 时间内，速度点处于 $d\omega$ 之中的分子中将有

$$\mathfrak{x}f\,d\omega\,dt\,dy\,dz$$

个从平行六面体 do 朝向横坐标轴负方向的左边侧面进入 do 中；它们带入平行六面体的动量为

$$m\mathfrak{x}(u+\mathfrak{x})f\,d\omega\,dt\,dy\,dz。$$

由于 $\xi=\bar{\xi}+\mathfrak{x}$，

$$\bar{\mathfrak{x}}=\frac{\int\mathfrak{x}f\,d\omega}{\int f\,d\omega}=0,$$

因此从平行六面体 do 左侧输入的总动量为

$$m\,dy\,dz\,dt\int\mathfrak{x}^2 f\,d\omega=P,$$

其中的积分范围包括所有 $d\omega$ 体积元。

$\int f\,d\omega$ 是单位体积中的总分子数，所以，

$$m\int f\,\mathrm{d}\omega=\rho$$

是气体的密度。我们将

$$\frac{\int \mathfrak{x}^2 f\,\mathrm{d}\omega}{\int f\,\mathrm{d}\omega}$$

称为所有 $\mathfrak{x}^2$ 的平均值 $\overline{\mathfrak{x}^2}$。因此

$$P=\rho\overline{\mathfrak{x}^2}\,\mathrm{d}y\,\mathrm{d}z\,\mathrm{d}t\text{。}$$

经相反一侧，即平行六面体的右侧传递的动量为

$$-\left[\rho\overline{\mathfrak{x}^2}+\frac{\partial(\rho\overline{\mathfrak{x}^2})}{\partial x}\mathrm{d}x\right]\mathrm{d}y\,\mathrm{d}z\,\mathrm{d}t\text{。}$$

同理可得经平行六面体 do 垂直于 y 轴的两个侧面传递的横坐标轴方向的动量分别为

$$\rho\overline{\mathfrak{x}\mathfrak{y}}\mathrm{d}x\,\mathrm{d}z\,\mathrm{d}t$$

及

$$-\left[\rho\overline{\mathfrak{x}\mathfrak{y}}+\frac{\partial(\rho\overline{\mathfrak{x}\mathfrak{y}})}{\partial y}\mathrm{d}y\right]\mathrm{d}x\,\mathrm{d}z\,\mathrm{d}t\text{。}$$

如果对最后两个面也进行同样的分析，然后令横坐标轴方向的动量总增量(172)式，等于所传递的总动量与外力作用所导致的增量之和，那么可得：

$$\rho\left(\frac{\partial u}{\partial t}+u\,\frac{\partial u}{\partial x}+v\,\frac{\partial u}{\partial y}+w\,\frac{\partial u}{\partial z}\right)=\rho X-\frac{\partial(\rho\overline{\mathfrak{x}^2})}{\partial x}-\frac{\partial(\rho\overline{\mathfrak{x}\mathfrak{y}})}{\partial y}-\frac{\partial(\rho\overline{\mathfrak{x}\mathfrak{z}})}{\partial z},\tag{173}$$

在 y 轴和 z 轴方向也可以得到两个类似的公式。这些公式和(171)式一样，也只是普遍方程(126)式的特例，是麦克斯韦及(之后)基尔霍夫从该普遍式推导而来。我们可以用如下的方式来加以证明：

设 ψ 是 x、y、z、ξ、η、ζ、t 的任意函数，它和早先用 φ 表示的函数可能相同，也可能不同。那么，和 t 时刻 do 中所有分子相对应的所有 ψ 的平均值为：

$$\overline{\psi}=\frac{\int\psi f\,\mathrm{d}\omega}{\int f\,\mathrm{d}\omega}\text{。}\tag{174}$$

又因为

$$m\,\mathrm{d}o\int f\,\mathrm{d}\omega=\rho\,\mathrm{d}o$$

是体积元 do 中所包含的第一种气体的总质量，所以有：

$$m\int\psi f\,\mathrm{d}\omega=\rho\overline{\psi}。\tag{175}$$

采用这种符号，我们可得

$$m\sum\nolimits_{\omega,\mathrm{do}}\varphi=m\,\mathrm{do}\int\varphi f\,\mathrm{d}\omega=\rho\overline{\varphi}\mathrm{do}。\tag{176}$$

如果用 $\overline{\overline{\psi}}$ 表示 ψ 在气体所有体积元中的平均值，并用 $\mathfrak{m}$ 表示第一种气体的总质量，那么有

$$\overline{\overline{\psi}}=\frac{\iint\psi f\,\mathrm{do}\,\mathrm{d}\omega}{\iint f\,\mathrm{do}\,\mathrm{d}\omega},$$

$$\mathfrak{m}=m\iint f\,\mathrm{do}\,\mathrm{d}\omega,$$

因此

$$\overline{\overline{\psi}}=\frac{m}{\mathfrak{m}}\iint\psi f\,\mathrm{do}\,\mathrm{d}\omega。$$

所以，我们可以写出下式：

$$H=\frac{\mathfrak{m}}{m}\overline{\overline{\ln f}}+\frac{\mathfrak{m}_1}{m_1}\overline{\overline{\ln F}}=\mathfrak{Z}\overline{\overline{\ln f}}+\mathfrak{Z}_1\overline{\overline{\ln F}},$$

其中 $\mathfrak{Z}$ 和 $\mathfrak{Z}_1$ 分别是第一种气体和第二种气体的总分子数。

在下文中，ψ 将只是 ξ、η、ζ 的函数，因此由(127)式知：

$$B_1(\varphi)=0。$$

同样因为 ψ 不包含坐标，所以根据(128)式和(175)式：

$$mB_2(\varphi)=-m\left[\frac{\partial}{\partial x}\int\xi\varphi f\,\mathrm{d}\omega+\frac{\partial}{\partial y}\int\eta\varphi f\,\mathrm{d}\omega+\frac{\partial}{\partial z}\int\zeta\varphi f\,\mathrm{d}\omega\right]$$

$$=-\frac{\partial(\rho\,\overline{\xi\varphi})}{\partial x}-\frac{\partial(\rho\,\overline{\eta\varphi})}{\partial y}-\frac{\partial(\rho\,\overline{\zeta\varphi})}{\partial z}。$$

因为 X、Y、Z 不是 ξ、η、ζ 的函数，所以由(130)式可得：

$$mB_3(\varphi)=\rho\left[X\,\overline{\frac{\partial\varphi}{\partial\xi}}+Y\,\overline{\frac{\partial\varphi}{\partial\eta}}+Z\,\overline{\frac{\partial\varphi}{\partial\zeta}}\right]。$$

如果采用上述各项，那么在这个特例中(126)式将简化为：

$$\left\{\begin{aligned}&\frac{\partial(\rho\overline{\varphi})}{\partial t}+\frac{\partial(\rho\overline{\xi\varphi})}{\partial x}+\frac{\partial(\rho\overline{\eta\varphi})}{\partial y}+\frac{\partial(\rho\overline{\zeta\varphi})}{\partial z}\\&-\rho\left[X\,\overline{\frac{\partial\varphi}{\partial\xi}}+Y\,\overline{\frac{\partial\varphi}{\partial\eta}}+Z\,\overline{\frac{\partial\varphi}{\partial\zeta}}\right]=m[B_4(\varphi)+B_5(\varphi)]。\end{aligned}\right.\tag{177}$$

通过这一方程，麦克斯韦计算了黏滞性、扩散性，以及热传导，基尔霍夫也因此将它

称为基本理论方程。如果令 $\varphi=1$,即可得到连续性方程(171);因为由(134)和(137)式可知,$B_4(1)=B_5(1)=0$。将(177)式减去乘以 φ 之后的连续性方程[并采用代换式(158)],可得:①

$$\begin{cases}\rho\dfrac{\partial\overline{\varphi}}{\partial t}+\rho u\dfrac{\partial\overline{\varphi}}{\partial x}+\rho v\dfrac{\partial\overline{\varphi}}{\partial y}+\rho w\dfrac{\partial\overline{\varphi}}{\partial z}+\dfrac{\partial(\rho\overline{\mathfrak{x}\varphi})}{\partial x}\\ +\dfrac{\partial(\rho\overline{\mathfrak{y}\varphi})}{\partial y}+\dfrac{\partial(\rho\overline{\mathfrak{z}\varphi})}{\partial z}-\rho\left[X\overline{\dfrac{\partial\varphi}{\partial\xi}}+Y\overline{\dfrac{\partial\varphi}{\partial\eta}}+Z\overline{\dfrac{\partial\varphi}{\partial\zeta}}\right]\\ =m[B_4(\varphi)+B_5(\varphi)]。\end{cases}\tag{178}$$

如果只存在一种气体,那么 $B_4(\varphi)$ 始终为零。而假若将

$$\varphi=\xi=u+\mathfrak{x}$$

代入上述方程,那么根据动量守恒可得

$$\varphi+\varphi_1=\varphi'+\varphi_1'。$$

因此 $B_5(\varphi)$ 也恒等于零。而且

$$\overline{\mathfrak{x}}=\overline{\mathfrak{y}}=\overline{\mathfrak{z}}=0,\frac{\partial\varphi}{\partial\xi}=1,\frac{\partial\varphi}{\partial\eta}=\frac{\partial\varphi}{\partial\zeta}=0,$$

这样,我们就恰好得到(173)式。

如果采用下述表示方法:

$$\begin{cases}\text{分别用 } X_x,Y_y,Z_z,Y_z=Z_y,Z_x=X_z,X_y=Y_x\\ \text{表示 } \rho\overline{\mathfrak{x}^2},\rho\overline{\mathfrak{y}^2},\rho\overline{\mathfrak{z}^2},\rho\overline{\mathfrak{y}\mathfrak{z}},\rho\overline{\mathfrak{x}\mathfrak{z}},\rho\overline{\mathfrak{x}\mathfrak{y}},\end{cases}\tag{179}$$

那么(173)式变为:

---

① 为了更好地理解基尔霍夫《讲座》一书中第 15 次讲座的 § 3 内容,我们做如下分析:
因为 φ 只是 ξ、η、ζ 的函数,而通过代换式(158),它变成了 $\mathfrak{x}+u$,$\mathfrak{y}+v$、$\mathfrak{z}+w$ 的函数,因此

$$\frac{\partial\varphi}{\partial\xi}=\frac{\partial\varphi}{\partial u}=\frac{\partial\varphi}{\partial\mathfrak{x}},$$

在后两个导数式中 φ 被看作是 $u+\mathfrak{x}$、$v+\mathfrak{y}$、$w+\mathfrak{z}$ 的函数。因此:

$$\overline{\frac{\partial\varphi}{\partial\xi}}=\overline{\frac{\partial\varphi}{\partial u}}=\overline{\frac{\partial\varphi}{\partial\mathfrak{x}}}。$$

接着,基尔霍夫用 $\dfrac{\partial\overline{\varphi}}{\partial u}$ 来表示通过下述方法求得的导数:让 u、v、w 显含于 $\varphi(u+\mathfrak{x},v+\mathfrak{y},w+\mathfrak{z})$ 之中,然后令包含 $\mathfrak{x}$、$\mathfrak{y}$、$\mathfrak{z}$ 的系数的平均值保持不变,而对 u 求偏导数;这些系数不需要被看作 u、v、w 以及它们对坐标的导数的函数。u、v、w 同样也不需要被看作 x、y、z 的函数。因此有

$$\overline{\frac{\partial\varphi}{\partial u}}=\frac{\partial\overline{\varphi}}{\partial u},$$

同时亦有

$$\overline{\frac{\partial\varphi}{\partial\xi}}=\frac{\partial\overline{\varphi}}{\partial u}。$$

对另两个坐标来说当然也是同样的情况。

$$\begin{cases}\rho\left(\frac{\partial u}{\partial t}+u\,\frac{\partial u}{\partial x}+v\,\frac{\partial u}{\partial y}+w\,\frac{\partial u}{\partial z}\right)\\+\frac{\partial X_x}{\partial x}+\frac{\partial X_y}{\partial y}+\frac{\partial X_z}{\partial z}=\rho X;\end{cases}\tag{180}$$

对另外两个坐标轴方向当然也有两个类似的方程。

即便系统的力学条件完全不同于我们这里所考虑的情形，也将得到一模一样的方程。假设每个体积元中包含的分子除了参加速度分量为 u、v、w 的共同运动之外没有其他运动，但是像固态弹性体中的情形一样，当在气体中构建一个垂直于横坐标轴方向的面元 dS 时，紧贴 dS 左侧(朝着横坐标轴负方向的一侧)的分子会对紧贴 dS 右侧的分子施加一个力的作用，该力的分量为 $X_x dS$、$X_y dS$、$X_z dS$。在垂直于其他坐标轴的方向当然也构建同样的面元。

考虑分子力的话，我们也会得到(180)式及 y 轴和 x 轴方向的两个类似的方程。这时气体中每个体积元所表现出来的特性，就好像分子力是作用于一个面元左右两侧的分子之间一样。分子运动产生了力的现象；从某种程度上说，任何力都可以从动力学上解释为气体中的分子运动。比如，当 dS 左边分子的速率大于右边分子的速率时，那么慢分子就会向左扩散，快分子就会向右扩散；dS 右边体积元内分子的平均速率将增加，而左边体积元内分子的平均速率会降低。最终效果恰似左边分子对右边分子施加了一个指向横坐标轴正方向的力的作用，反之亦然。

因此，分子运动导致了分子力的出现，扰动气体中的压强不再处处相同，压强也不再总是垂直于表面。

现在我们设想气体封闭在一个分子不能穿越的表面之内，然后看看气体会对表面施加什么样的力。令 dS 为面元，并设其平面垂直于 x 轴。令气体以速度分量 u、v、w 在所考虑的位置运动。如果气体的运动本身不发生突变，那么当 $\mathfrak{x}$ 取正值时，dt 时间内将有 $\mathfrak{x} f d\omega dt$ 个其速度点处于 $d\omega$ 之中的分子和 dS 发生碰撞；而当 $\mathfrak{x}$ 取负值时，将有同样多个分子从 dS 反弹。

因此，反弹分子所传递的横坐标轴方向的总动量为 $m\,dS\,dt\int\mathfrak{x}^2 f d\omega=\rho\,\overline{\mathfrak{x}^2}dt\cdot dS$，同理可得它们在其他方向传递的动量分别为 $\rho\overline{\mathfrak{x}\mathfrak{y}}dt\,dS$ 和 $\rho\overline{\mathfrak{x}\mathfrak{z}}dt\,dS$。$X_x$、$Y_x$、$Z_x$ 是 dS 施加于气体，或者反过来气体施加于 dS 的单位面积上的力的分量，前提条件是表面上的运动具有连续性。同样，也可以利用分子运动论导出有关作用于器壁任意方向面元之上的力的著名公式。

特别地，当气体在静止不动的容器中保持静止时，可以直接从质心运动守恒定理推出压强定律。若将这一定理应用到对称轴平行于横坐标方向的圆柱形容器中的气体，则会发现，容器侧面受到的压强在横坐标轴方向的分量为零。而如果将该定理应用到容器端面与某个横截面之间的气体上，则会发现端面所受压强沿法线方向，大小等于通过单位截面积所传递的同一方向的动量；所以它必然等于$\rho\overline{\xi^2}$，或者也等于$\frac{1}{3}\rho(\overline{\xi^2}+\overline{\eta^2}+\overline{\zeta^2})$，因为在该情形中$\overline{\xi^2}=\overline{\eta^2}=\overline{\zeta^2}$。

只要所有变量的值都满足(147)式，那么，在体积元 do 中分子叠加于该体积元内气体整体运动基础之上的相对运动中，其相对速度分量分别处于 $\mathfrak{x}$ 到 $\mathfrak{x}+d\mathfrak{x}$、$\mathfrak{y}$ 到 $\mathfrak{y}+d\mathfrak{y}$、$\mathfrak{z}$ 到 $\mathfrak{z}+d\mathfrak{z}$ 的分子数目便等于

$$do f_0 e^{-hm(\mathfrak{x}^2+\mathfrak{y}^2+\mathfrak{z}^2)} d\mathfrak{x} d\mathfrak{y} d\mathfrak{z},$$

其中 f_0 只是 x,y,z 的函数。因此，这一相对运动的概率，由适用于稳态气体中绝对速度的同一个公式给出。唯一的区别是公式中包含速度分量为 u,v,w 的整体运动。气体的这种整体平动对其内部状态没有影响，因此也就对气体的温度和压强没有影响，因为它们以 $\mathfrak{x},\mathfrak{y},\mathfrak{z}$ 为自变量的函数形式，和稳态气体条件下以 ξ,η,ζ 为自变量的函数形式一样。因此，和之前的结果相对应，我们有

$$p=\rho\overline{\mathfrak{x}^2}=\rho\overline{\mathfrak{y}^2}=\rho\overline{\mathfrak{z}^2},\ \overline{\mathfrak{x}\mathfrak{y}}=\overline{\mathfrak{x}\mathfrak{z}}=\overline{\mathfrak{y}\mathfrak{z}}=0。\tag{181}$$

后面将会看到，只要没有外力的作用，则下述各量

$$\overline{\mathfrak{x}^2}-\overline{\mathfrak{y}^2},\ \overline{\mathfrak{x}^2}-\overline{\mathfrak{z}^2},\ \overline{\mathfrak{y}^2}-\overline{\mathfrak{z}^2},\ \overline{\mathfrak{x}\mathfrak{y}},\ \overline{\mathfrak{x}\mathfrak{z}},\ \overline{\mathfrak{y}\mathfrak{z}}\tag{182}$$

将由于碰撞的作用而迅速趋于零。当有外力阻止这一过程的时候，只要外力的影响不是极其突然或者极度猛烈，这些量也仍然会是接近于零的小量。我们暂且根据经验假设，气体中各个方向的法向压强几乎总是相等，而切向弹性力则很小，因而(181)式近似成立。将该方程给出的结果代入(173)式可得：

$$\rho\left(\frac{\partial u}{\partial t}+u\frac{\partial u}{\partial x}+v\frac{\partial u}{\partial y}+w\frac{\partial u}{\partial z}\right)+\frac{\partial p}{\partial x}-\rho X=0,\tag{183}$$

及关于 y 和 z 坐标的两个类似的方程。这些方程就是没有黏滞性和传热过程时的流体力学方程；我们应当把它们看作一级近似。

下面我们用 Φ 表示任意 x,y,z 及 t 的函数。$\left(\frac{\partial\Phi}{\partial t}\right)dt$ 是这一函数在空间某固定点 A 处的值在 dt 时间内的增量。现令 A 点以和体积元 do 中第一种气体的整体运动相同的速度(u,v,w)运动。在 dt 时间内，A 变成了 A'。如果我们用 t 时刻 A 点的 Φ 值代替 $t+dt$ 时刻 A' 的 Φ 值，并将所得的差值除以时间差值，则可得

$$\frac{\partial\Phi}{\partial t}+u\frac{\partial\Phi}{\partial x}+v\frac{\partial\Phi}{\partial y}+w\frac{\partial\Phi}{\partial z},$$

我们将这一值简记为$\frac{d\Phi}{dt}$。接下来我们可以写出下述形式的连续性方程以及第一流体动力学方程：

$$\frac{\mathrm{d}\rho}{\mathrm{d}t}+\rho\left(\frac{\partial u}{\partial x}+\frac{\partial v}{\partial y}+\frac{\partial w}{\partial z}\right)=0, \tag{184}$$

$$\rho\frac{\mathrm{d}u}{\mathrm{d}t}+\frac{\partial(\rho\overline{\mathfrak{x}^2})}{\partial x}+\frac{\partial(\rho\overline{\mathfrak{x}\mathfrak{y}})}{\partial y}+\frac{\partial(\rho\overline{\mathfrak{x}\mathfrak{z}})}{\partial z}-\rho X=0。 \tag{185}$$

后一方程的一级近似形式为：

$$\rho\frac{\mathrm{d}u}{\mathrm{d}t}+\frac{\partial p}{\partial x}-\rho X=0 \tag{186}$$

而严格精确的(178)式则可以写为：①

$$\begin{cases}\rho\dfrac{\mathrm{d}\overline{\varphi}}{\mathrm{d}t}+\dfrac{\partial(\rho\overline{\mathfrak{x}\varphi})}{\partial x}+\dfrac{\partial(\rho\overline{\mathfrak{y}\varphi})}{\partial y}+\dfrac{\partial(\rho\overline{\mathfrak{z}\varphi})}{\partial z}\\ -\rho\left[X\overline{\dfrac{\partial\varphi}{\partial\xi}}+Y\overline{\dfrac{\partial\varphi}{\partial\eta}}+Z\overline{\dfrac{\partial\varphi}{\partial\zeta}}\right]=m[B_4(\varphi)+B_5(\varphi)]。\end{cases} \tag{187}$$

下面再次假设只存在一种气体。那么有：

$$B_4(\varphi)=0。 \tag{187a}$$

令 φ 是 ξ、η、ζ 的完全函数(complete function)。那么

$$\varphi(\xi,\eta,\zeta)=\mathfrak{f}+u\frac{\partial\mathfrak{f}}{\partial\mathfrak{x}}+v\frac{\partial\mathfrak{f}}{\partial\mathfrak{y}}+w\frac{\partial\mathfrak{f}}{\partial\mathfrak{z}}+Q_2, \tag{187b}$$

其中 $\mathfrak{f}$ 是 $\varphi(\mathfrak{x},\mathfrak{y},\mathfrak{z})$ 的缩写，Q_n 为以 u,v,w 为自变量的函数，它所包含的项中 u,v,w 的幂次都不低于 n。Q_2 的系数是 $\mathfrak{x}$、$\mathfrak{y}$、$\mathfrak{z}$ 的函数。根据(143)式，

$$B_5(\varphi)=B_5(\mathfrak{f})+uB_5\left(\frac{\partial\mathfrak{f}}{\partial\mathfrak{x}}\right)+\cdots。 \tag{187c}$$

又因为

$$\frac{\partial\varphi}{\partial\xi}=\frac{\partial\varphi}{\partial u}=\frac{\partial\mathfrak{f}}{\partial\mathfrak{x}}+\frac{\partial Q_2}{\partial u},$$

所以有

$$\overline{\frac{\partial\varphi}{\partial\xi}}=\overline{\frac{\partial\mathfrak{f}}{\partial\mathfrak{x}}}+Q_1,\text{等等。} \tag{187d}$$

Q_1 的系数是 $\mathfrak{x},\mathfrak{y},\mathfrak{z}$ 函数的平均值。关于 $\overline{\dfrac{\partial\varphi}{\partial\eta}}$ 和 $\overline{\dfrac{\partial\varphi}{\partial\zeta}}$ 也有类似的方程。如果我们将(187a—d)各式关于 $\varphi,\overline{\dfrac{\partial\varphi}{\partial\xi}},\overline{\dfrac{\partial\varphi}{\partial\eta}},\overline{\dfrac{\partial\varphi}{\partial\zeta}},B_4(\varphi)$ 及 $B_5(\varphi)$ 的值代入(187)式，则可得：

$$\rho\frac{\mathrm{d}\overline{\mathfrak{f}}}{\mathrm{d}t}+\frac{\partial(\rho\overline{\mathfrak{x}\mathfrak{f}})}{\partial x}+\frac{\partial(\rho\overline{\mathfrak{y}\mathfrak{f}})}{\partial y}+\frac{\partial(\rho\overline{\mathfrak{z}\mathfrak{f}})}{\partial z}-mB_5(\mathfrak{f})$$

① 如庞加莱(C. R. Paris 116, 1017 [1893])所分析的那样，这一方程中出现的 φ 的导数只可能是 ξ、η、ζ 或者 $u+\mathfrak{x}$、$v+\mathfrak{y}$、$w+\mathfrak{z}$ 的函数；它们不可能是 u、v、w、$\mathfrak{x}$、$\mathfrak{y}$、$\mathfrak{z}$ 的任意函数。然而，在后面的方程中，$\mathfrak{f}$ 是 $\mathfrak{x}$、$\mathfrak{y}$、$\mathfrak{z}$ 的函数，而 $B_5(\mathfrak{f})$ 是将(137)式中的 φ、φ_1、φ' 及 φ_1' 替换为 $\mathfrak{f}=\varphi(\mathfrak{x},\mathfrak{y},\mathfrak{z})$、$\mathfrak{f}_1=\varphi_1(\mathfrak{x}_1,\mathfrak{y}_1,\mathfrak{z}_1)$ 等等之后所得到的表达式。因为 $\mathfrak{x}'$、$\mathfrak{y}'$、$\mathfrak{z}'$、$\mathfrak{x}_1'$、$\mathfrak{y}_1'$、$\mathfrak{z}_1'$ 是 $\mathfrak{x}$、$\mathfrak{y}$、$\mathfrak{z}$、$\mathfrak{x}_1$、$\mathfrak{y}_1$、$\mathfrak{z}_1$、b 及 ε 的已知函数，所以我们可以直接对后八个变量积分。

$$+\overline{\frac{\partial \mathfrak{f}}{\partial \mathfrak{x}}}\rho\left(\frac{\mathrm{d}u}{\mathrm{d}t}-X\right)+\rho\left(\frac{\partial u}{\partial x}\overline{\mathfrak{x}\frac{\partial \mathfrak{f}}{\partial \mathfrak{x}}}+\frac{\partial u}{\partial y}\overline{\mathfrak{y}\frac{\partial \mathfrak{f}}{\partial \mathfrak{x}}}+\frac{\partial u}{\partial z}\overline{\mathfrak{z}\frac{\partial \mathfrak{f}}{\partial \mathfrak{x}}}\right)$$

$$+\overline{\frac{\partial \mathfrak{f}}{\partial \mathfrak{y}}}\rho\left(\frac{\mathrm{d}v}{\mathrm{d}t}-Y\right)+\rho\left(\frac{\partial v}{\partial x}\overline{\mathfrak{x}\frac{\partial \mathfrak{f}}{\partial \mathfrak{y}}}+\frac{\partial v}{\partial y}\overline{\mathfrak{y}\frac{\partial \mathfrak{f}}{\partial \mathfrak{y}}}+\frac{\partial v}{\partial z}\overline{\mathfrak{z}\frac{\partial \mathfrak{f}}{\partial \mathfrak{y}}}\right)$$

$$+\overline{\frac{\partial \mathfrak{f}}{\partial \mathfrak{z}}}\rho\left(\frac{\mathrm{d}w}{\mathrm{d}t}-Z\right)+\rho\left(\frac{\partial w}{\partial x}\overline{\mathfrak{x}\frac{\partial \mathfrak{f}}{\partial \mathfrak{z}}}+\frac{\partial w}{\partial y}\overline{\mathfrak{y}\frac{\partial \mathfrak{f}}{\partial \mathfrak{z}}}+\frac{\partial w}{\partial z}\overline{\mathfrak{z}\frac{\partial \mathfrak{f}}{\partial \mathfrak{z}}}\right)=0。$$

除此之外，还有一些包含 u、v、w 的一级或更高级次的项。但由于当气体作为一个整体而在空间中产生匀速运动时，其内部状态不发生改变，所以这些项必然同时为零。对于该匀速运动而言，我们总是可以通过适当的选择，以使 $u=v=w=0$。参考(185)式，我们也可以将上面最后一个方程写为：

$$\left\{\begin{aligned}
mB_5(\mathfrak{f})=&\rho\frac{\mathrm{d}\bar{\mathfrak{f}}}{\mathrm{d}t}+\frac{\partial(\rho\overline{\mathfrak{x}\mathfrak{f}})}{\partial x}+\frac{\partial(\rho\overline{\mathfrak{y}\mathfrak{f}})}{\partial y}+\frac{\partial(\rho\overline{\mathfrak{z}\mathfrak{f}})}{\partial z}\\
&+\rho\left(\frac{\partial u}{\partial x}\overline{\mathfrak{x}\frac{\partial \mathfrak{f}}{\partial \mathfrak{x}}}+\frac{\partial u}{\partial y}\overline{\mathfrak{y}\frac{\partial \mathfrak{f}}{\partial \mathfrak{x}}}+\frac{\partial u}{\partial z}\overline{\mathfrak{z}\frac{\partial \mathfrak{f}}{\partial \mathfrak{x}}}\right)\\
&-\overline{\frac{\partial \mathfrak{f}}{\partial \mathfrak{x}}}\left(\frac{\partial(\rho\overline{\mathfrak{x}^2})}{\partial x}+\frac{\partial(\rho\overline{\mathfrak{x}\mathfrak{y}})}{\partial y}+\frac{\partial(\rho\overline{\mathfrak{x}\mathfrak{z}})}{\partial z}\right)\\
&+\rho\left(\frac{\partial v}{\partial x}\overline{\mathfrak{x}\frac{\partial \mathfrak{f}}{\partial \mathfrak{y}}}+\frac{\partial v}{\partial y}\overline{\mathfrak{y}\frac{\partial \mathfrak{f}}{\partial \mathfrak{y}}}+\frac{\partial v}{\partial z}\overline{\mathfrak{z}\frac{\partial \mathfrak{f}}{\partial \mathfrak{y}}}\right)\\
&-\overline{\frac{\partial \mathfrak{f}}{\partial \mathfrak{y}}}\left(\frac{\partial(\rho\overline{\mathfrak{x}\mathfrak{y}})}{\partial x}+\frac{\partial(\rho\overline{\mathfrak{y}^2})}{\partial y}+\frac{\partial(\rho\overline{\mathfrak{y}\mathfrak{z}})}{\partial z}\right)\\
&+\rho\left(\frac{\partial w}{\partial x}\overline{\mathfrak{x}\frac{\partial \mathfrak{f}}{\partial \mathfrak{z}}}+\frac{\partial w}{\partial y}\overline{\mathfrak{y}\frac{\partial \mathfrak{f}}{\partial \mathfrak{z}}}+\frac{\partial w}{\partial z}\overline{\mathfrak{z}\frac{\partial \mathfrak{f}}{\partial \mathfrak{z}}}\right)\\
&-\overline{\frac{\partial \mathfrak{f}}{\partial \mathfrak{z}}}\left(\frac{\partial(\rho\overline{\mathfrak{x}\mathfrak{z}})}{\partial x}+\frac{\partial(\rho\overline{\mathfrak{y}\mathfrak{z}})}{\partial y}+\frac{\partial(\rho\overline{\mathfrak{z}^2})}{\partial z}\right)
\end{aligned}\right. \tag{188}$$

如果我们在 $\mathfrak{f}=\mathfrak{x}^2$，那么，由于 $\bar{\mathfrak{x}}=0$，所以

$$\left\{\begin{aligned}
mB_5(\mathfrak{x}^2)=&\rho\frac{\mathrm{d}\overline{\mathfrak{x}^2}}{\mathrm{d}t}+\frac{\partial(\rho\overline{\mathfrak{x}^3})}{\partial x}+\frac{\partial(\rho\overline{\mathfrak{x}^2\mathfrak{y}})}{\partial y}+\frac{\partial(\rho\overline{\mathfrak{x}^2\mathfrak{z}})}{\partial z}\\
&+2\rho\left(\overline{\mathfrak{x}^2}\frac{\partial u}{\partial x}+\overline{\mathfrak{x}\mathfrak{y}}\frac{\partial u}{\partial y}+\overline{\mathfrak{x}\mathfrak{z}}\frac{\partial u}{\partial z}\right)。
\end{aligned}\right. \tag{189}$$

如果设 $\mathfrak{f}=\mathfrak{x}\mathfrak{y}$，则

$$\left\{\begin{aligned}
mB_5(\mathfrak{x}\mathfrak{y})=&\rho\frac{\mathrm{d}\overline{(\mathfrak{x}\mathfrak{y})}}{\mathrm{d}t}+\frac{\partial(\rho\overline{\mathfrak{x}^2\mathfrak{y}})}{\partial x}+\frac{\partial(\rho\overline{\mathfrak{x}\mathfrak{y}^2})}{\partial y}+\frac{\partial(\rho\overline{\mathfrak{x}\mathfrak{y}\mathfrak{z}})}{\partial z}\\
&+\rho\left\{\overline{\mathfrak{x}\mathfrak{y}}\frac{\partial u}{\partial x}+\overline{\mathfrak{y}^2}\frac{\partial u}{\partial y}+\overline{\mathfrak{y}\mathfrak{z}}\frac{\partial u}{\partial z}+\overline{\mathfrak{x}^2}\frac{\partial v}{\partial x}+\overline{\mathfrak{x}\mathfrak{y}}\frac{\partial v}{\partial y}+\overline{\mathfrak{x}\mathfrak{z}}\frac{\partial v}{\partial z}\right\}
\end{aligned}\right. \tag{190}$$

严格成立。

如果我们现在假设状态分布近似满足麦克斯韦定律，那么(181)式就是近似正确的。此外，因为碰撞，状态分布总是很快趋向于麦克斯韦分布，所以有$\overline{\mathfrak{x}^3}=\overline{\mathfrak{x}^2\mathfrak{y}}=\overline{\mathfrak{x}^2\mathfrak{z}}=\cdots=0$。因此，将在后一极限分布中等于零的任何平均值都非常小，关于这一点，到下一节我们直接分析碰撞效应的时候就会明白。在这个近似中，(189)式变为[考虑(186)式]

$$mB_5(\mathfrak{x}^2)=\rho\frac{\mathrm{d}\left(\frac{p}{\rho}\right)}{\mathrm{d}t}+2p\frac{\partial u}{\partial x}。\qquad(191)$$

接下来我们建立有关 y 轴和 z 轴的类似的方程，并将三个方程加起来，同时注意到

$$B_5(\mathfrak{x}^2)+B_5(\mathfrak{y}^2)+B_5(\mathfrak{z}^2)=B_5(\mathfrak{x}^2+\mathfrak{y}^2+\mathfrak{z}^2)=0,$$

因为两个分子的总动能不会因碰撞而改变。这样我们即可得到：

$$3\rho\frac{\mathrm{d}\left(\frac{p}{\rho}\right)}{\mathrm{d}t}+2p\left(\frac{\partial u}{\partial x}+\frac{\partial v}{\partial y}+\frac{\partial w}{\partial z}\right)=0,$$

或者，利用连续性方程(184)，将上式改写为

$$3\rho\frac{\mathrm{d}\left(\frac{p}{\rho}\right)}{\mathrm{d}t}-\frac{2p}{\rho}\frac{\mathrm{d}\rho}{\mathrm{d}t}=3\frac{\mathrm{d}p}{\mathrm{d}t}-\frac{5p}{\rho}\frac{\mathrm{d}\rho}{\mathrm{d}t}=0。$$

如果按体积元中气团的路径积分的话，可得 $p\rho^{-\frac{5}{3}}=$常数，这就是描述压强与密度之间关系的著名的泊松关系式。这里忽略了热量传递。通常我们对热辐射过程知之甚少。在此处所考虑的情形中，比热比为$\frac{5}{3}$。由于气体的内部状态和以速度分量 u、v、w 做匀速运动、并处于热平衡的气体几乎一样，所以波义耳-查尔斯定律成立。因此$p=r\rho T$，从而$T\rho^{-\frac{2}{3}}=$常数。任何压缩都和绝热升温过程相联系，任何膨胀则都伴随着降温过程。

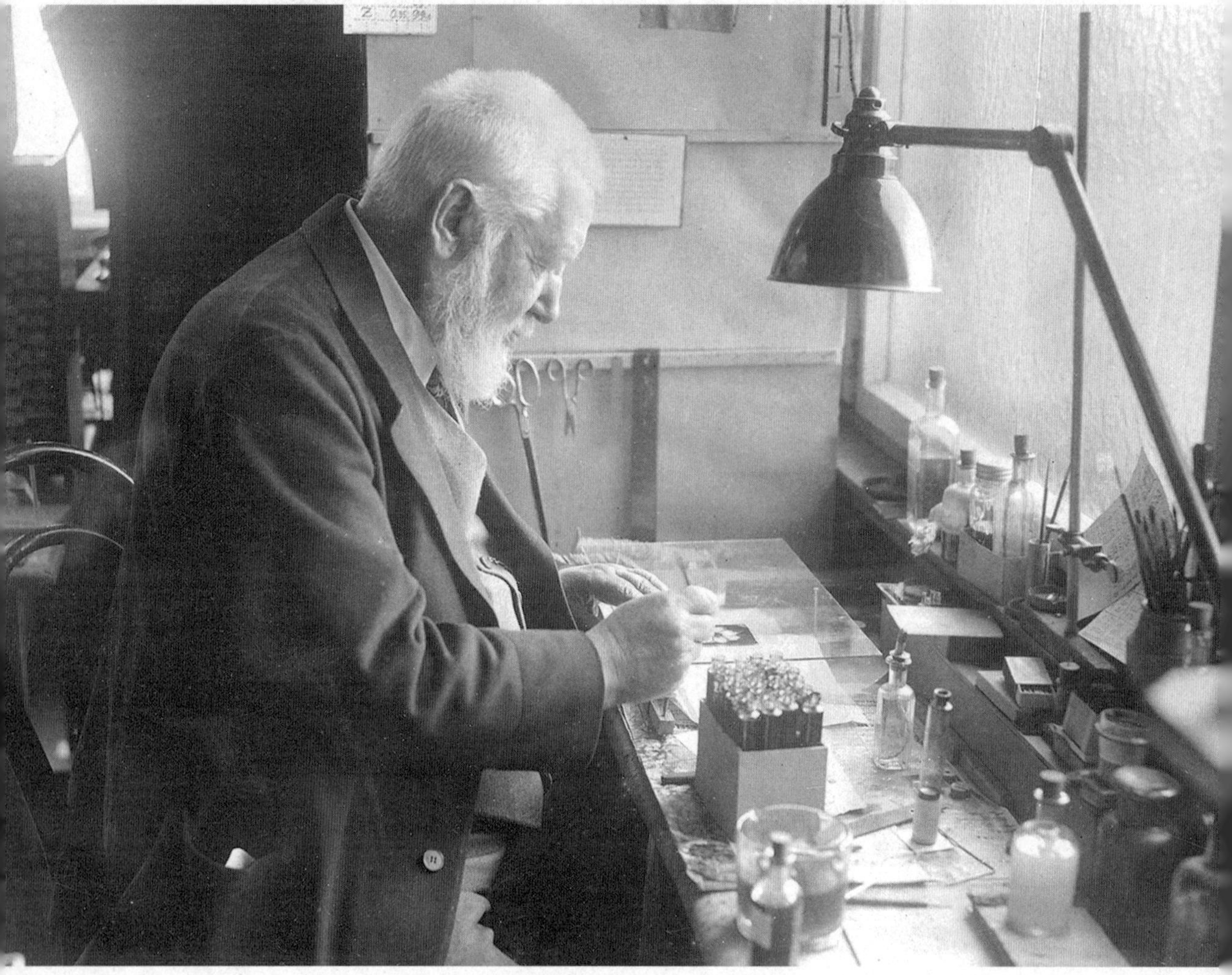

在实验室做实验的奥斯特瓦尔德

第三章

分子之间与距离五次方成反比的斥力作用

Abschnitt Ⅲ

· Die Moleküle stossen sich mit einter der fünften Potenz der Entfernung verkehrt proportionalen Kraft ab. ·

玻尔兹曼博士是如此深奥和前沿的思想家，现有的数学对于他的一些高深的研究来说，已不敷其用。因此他必须发展出他自己的数学公式来。

——《加利福尼亚日报》

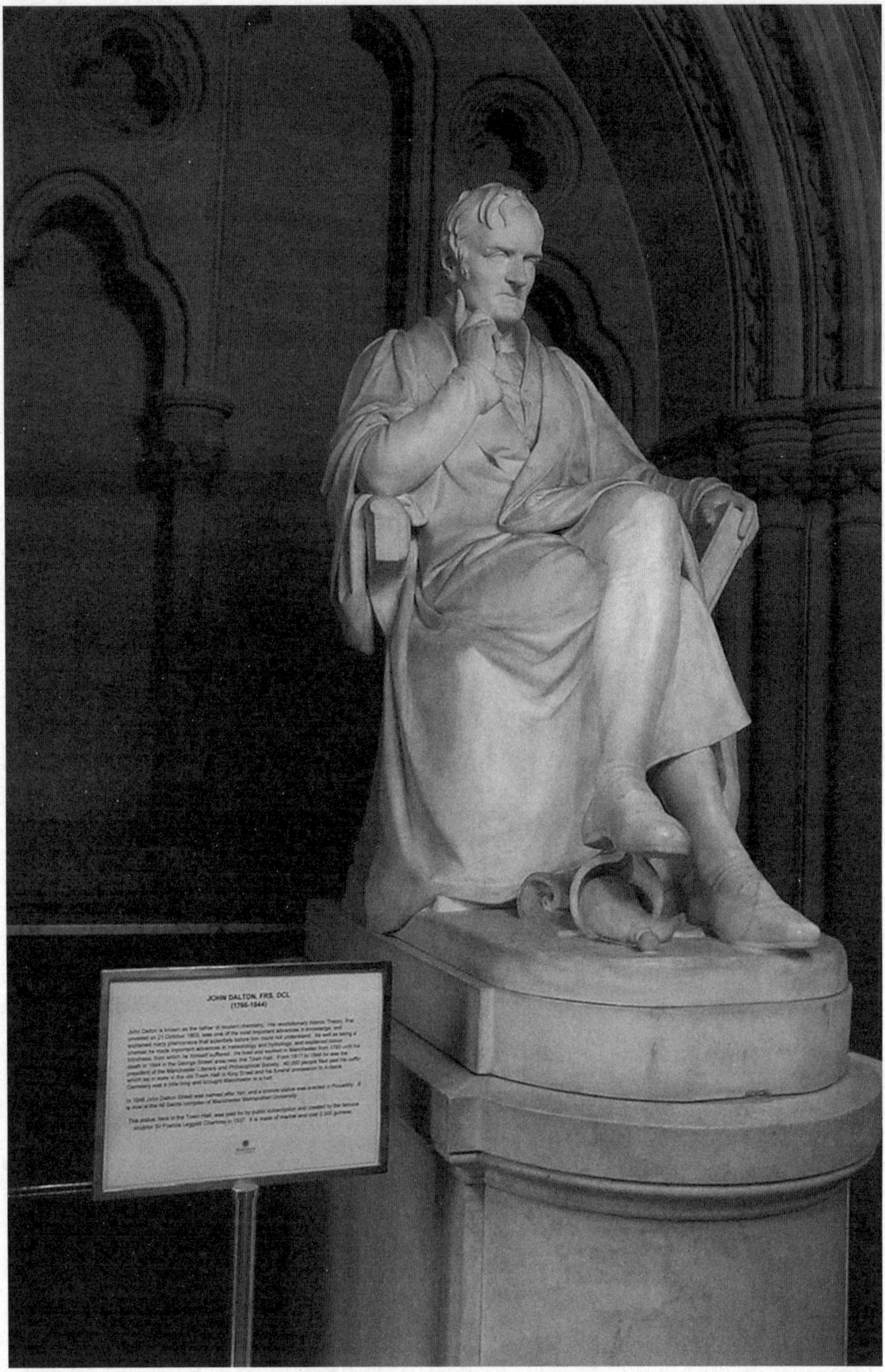
JOHN DALTON, FRS, DCL
(1766-1844)

§21　碰撞项的积分

我们现在来分析(147)式不成立的情况；为了能够求出碰撞后的变量ξ'、η'、ζ'作为它们碰撞前之值的函数，我们现在必须考虑碰撞过程的更多细节。

假设一个质量为m的分子(m分子)与另一个质量为m_1的分子(m_1分子)发生碰撞，即，发生相互作用。设x、y、z是第一个分子t时刻的坐标，x_1、y_1、z_1是第二个分子t时刻的坐标。两个分子之间的相互作用力为排斥力，作用力的方向在两分子中心连线(line of centers)r方向，作用力的大小$\psi(r)$是r的函数。运动方程为：

$$m_1 \frac{\mathrm{d}^2 x_1}{\mathrm{d}t^2}=\psi(r)\frac{x_1-x}{r},m\frac{\mathrm{d}^2 x}{\mathrm{d}t^2}=\psi(r)\frac{x-x_1}{r} \tag{191a}$$

及在其他坐标轴方向的四个类似的方程。

为了求出两个分子之间的相对运动，我们通过m_1建立一个坐标系统，它的坐标轴分别和固定坐标轴平行，它会在运动中发生平移，但总是经过m_1分子，因此m_1分子任何时候都是第二个坐标系统的原点。m分子在第二个坐标系统中的坐标，也即它相对于m_1分子的坐标，为

$$\mathfrak{a}=x-x_1,\mathfrak{b}=y-y_1,\mathfrak{c}=z-z_1。$$

如果代入

$$\mathfrak{M}=\frac{mm_1}{m+m_1},\quad 因而\quad \frac{1}{\mathfrak{M}}=\frac{1}{m}+\frac{1}{m_1},$$

那么很容易由(191a)式得到

$$\mathfrak{M}\frac{\mathrm{d}^2\mathfrak{a}}{\mathrm{d}t^2}=\psi(r)\frac{\mathfrak{a}}{r}$$

及另两个坐标轴方向的两个类似的方程。由于$r^2=\mathfrak{a}^2+\mathfrak{b}^2+\mathfrak{c}^2$，所以这些方程代表的运动，正好是假设$m_1$分子固定不动，而质量为$\mathfrak{M}$的$m$分子受到来自于它的大小为$\psi(r)$的斥力时，将会产生的有心运动(central motion)。因此，我们只需要讨论这后一种有心运动，我们将它称为相对有心运动，或者有心运动Z。它总是发生在m_1和m的初始速度所构成的平面内，也即我们在§16中所称作的轨道平面内。m分子的初始速度被认为是它在碰撞前离m_1很远时的速度，也就是我们曾经在§16中标为g的那个速度。图7中从

◀ 道尔顿(John Dalton，1766—1844)，英国化学家，物理学家。图为道尔顿雕塑。

---

m_1 画出的线 g 代表这一速度的大小和方向。它在相反方向的延长线将被称为 $m\Theta$。m 在任意 t 时刻的位置将用它与 m_1 之间的距离 r 及 r 与 $m\Theta$ 之间夹角 β 来表示。力 $\psi(r)$ 从碰撞起始时刻到时刻 t 所做的功为：

$$\int_{\infty}^{r}\psi(r)\,\mathrm{d}r=-R。$$

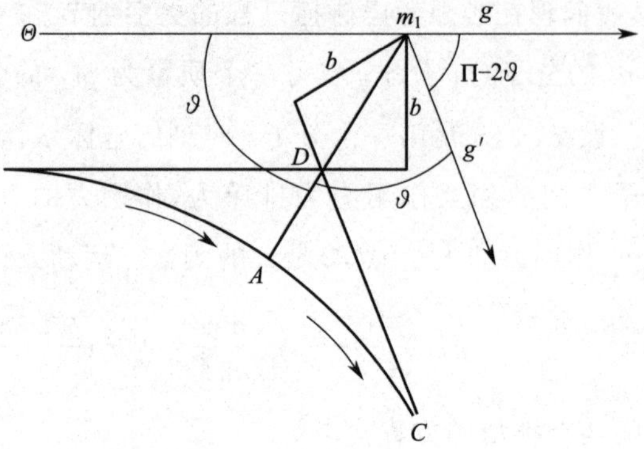

图 7

积分的下限选择 $r=\infty$ 是因为在大于作用范围的距离上 $\psi(r)=0$。我们暂时只考虑 m 分子以等效质量 $\mathfrak{M}$ 进行的有心运动 Z，因为我们知道，它和 m 相对于 m_1 的实际运动完全等效。对这个有心运动 Z 来说，碰撞之前的动能是 $\frac{\mathfrak{M}g^2}{2}$，而 t 时刻的动能则为：

$$\frac{\mathfrak{M}}{2}\left[\left(\frac{\mathrm{d}r}{\mathrm{d}t}\right)^2+r^2\left(\frac{\mathrm{d}\beta}{\mathrm{d}t}\right)^2\right]。$$

因此有心运动 Z 中的能量守恒方程可以写为：

$$\frac{\mathfrak{M}}{2}\left[\left(\frac{\mathrm{d}r}{\mathrm{d}t}\right)^2+r^2\left(\frac{\mathrm{d}\beta}{\mathrm{d}t}\right)^2\right]-\frac{\mathfrak{M}g^2}{2}=-R。\tag{192}$$

像 § 16 中一样，我们用 b 表示假如不发生相互作用，即，如果两个分子像碰撞前一样沿各自原来方向作直线运动——的话，m 分子所能靠近 m_1 分子的最小距离。因此，m 分子在有心运动 Z 中形成的轨道将具有图 7 中那样的曲线形式，它的两端伸向无穷远处；两条渐近线和 m_1 之间的距离相同，都是 b。由于碰撞前 m 分子对 m_1 分子的相对速度为 g，所以单位时间内矢径 r 扫过的面积乘以 2 等于 bg；而在时刻 t，它必然等于 $\frac{r^2\mathrm{d}\beta}{\mathrm{d}t}$。因此，根据面积定律，

$$r^2\frac{\mathrm{d}\beta}{\mathrm{d}t}=bg。\tag{193}$$

通过大家熟知的推导过程，可由上述方程及(192)式得：

$$d\beta=\frac{d\rho}{\sqrt{1-\rho^2-\frac{2R}{\mathfrak{M}g^2}}},$$

其中 $\rho=\frac{b}{r}$。由于开始时 β 和 ρ 是递增的，所以根号前面的符号必须选正号，直至根号内的值等于零为止。为了进行积分运算，我们现在指定：

$$\psi(r)=\frac{K}{r^{n+1}}。\tag{194}$$

这个函数描述的是相距为 r 的 m 分子和 m_1 分子之间的一种斥力。相同距离下两个 m 分子之间的斥力设为 $\frac{K_1}{r^{n+1}}$，而同样情况下两个 m_1 分子之间的斥力设为 $\frac{K_2}{r^{n+1}}$。

这样一来，我们有：

$$R=\frac{K}{nr^n},\quad \frac{2R}{\mathfrak{M}g^2}=\frac{2K(m+m_1)\rho^n}{nmm_1g^2b^n}。$$

如果代入：

$$b=\alpha\left[\frac{K(m+m_1)}{mm_1g^2}\right]^{\frac{1}{n}},\tag{195}$$

则有：

$$d\beta=\frac{d\rho}{\sqrt{1-\rho^2-\frac{2}{n}\left(\frac{\rho}{\alpha}\right)^n}}。$$

为了避免关于根号内物理量取值的各种讨论，我们假定，作用力始终为排斥力，因此 $\psi(r)$ 总是正的，从而 R 和 $\frac{2\rho^n}{(n\alpha^n)}$ 也总是正的。由于根据(193)式可知，β 总是随时间增加，而平方根在经过零点之前不会改变符号，所以我们发现，在满足条件

$$1-\rho^2-\frac{2}{n}\left(\frac{\rho}{\alpha}\right)^n=0\tag{196}$$

之前，ρ 总是增加的。我们将这一条件方程的最小正根记为 $\rho(\alpha)$。n 已知时，它只可能是 α 的函数。当 n 像我们假设的那样取正数时，那么，使 $\rho^2+\frac{2\rho^n}{(n\alpha^n)}$ 等于 1 的正 ρ 值只有一个；因此(196)式没有其他正根。当 $\rho=\rho(\alpha)$ 时，运动物体到达轨道上距离 m_1 最近且速度方向垂直于 r 的(近日点)A 点。由于当 ρ 继续增加时，根号里面的量将变为负值，而保持不变的情况又对应于圆轨道(对于排斥力来说这是不可能的)，于是 ρ 只能减小；因此平方根必须变号。因为问题具有完全对称性，曲线会衍生出一个全等的分支，它是 A 点之前部分轨迹(相对于过 m_1A 且垂直于轨道平面的那个平面)的镜像。矢径 $\rho(\alpha)=m_1A$ 与轨道曲线的两个渐近线方向的夹角是：

$$\vartheta=\int_0^{\rho(\alpha)}\frac{\mathrm{d}\rho}{\sqrt{1-\rho^2-\frac{2}{n}\left(\frac{\rho}{\alpha}\right)^n}}=\vartheta(\alpha)。\tag{197}$$

如果设 n 为已知量的话，上式也可以当作 α 的函数来计算。2ϑ 是轨道的两条渐近线之间的夹角，也即碰撞前 m 分子（在相对于 m_1 分子的运动中）靠近 m_1 分子时所沿直线与碰撞后远离所沿直线之间的夹角（前一直线方向与碰撞前分子运动方向相反；而后一直线方向与运动方向一致）。

代表碰撞前与碰撞后相对速度方向的两条线 g 和 g' 之间的夹角是 $\pi-2\vartheta$（这两条线分别是图 7 中的 DC 和 BD 在 D 端的延长线）。

如果两个碰撞分子都是弹性球，那么图 7 中只需要作一处修改。两个半径之和为 $m_1D=\sigma$。m 分子相对于 m_1 分子运动的轨迹不再是曲线 BAC，而是折线 BDC；若 $b\leqslant\sigma$，则有：

$$\vartheta=\arcsin\frac{b}{\sigma},\tag{198}$$

而当 b 值很大时，$\vartheta=\frac{\pi}{2}$。

现在我们设想如图 8 所示的一个球面，它的球心为 m_1，半径为 1；它和从 m_1 画出的两条分别平行于 g 和 g' 的线相交于 G 点和 G' 点，并和过 m_1 且平行于固定横坐标轴的线相交于 X 点。那么该球面上的大圆弧 GG' 的弧长等于 $\pi-2\vartheta$。

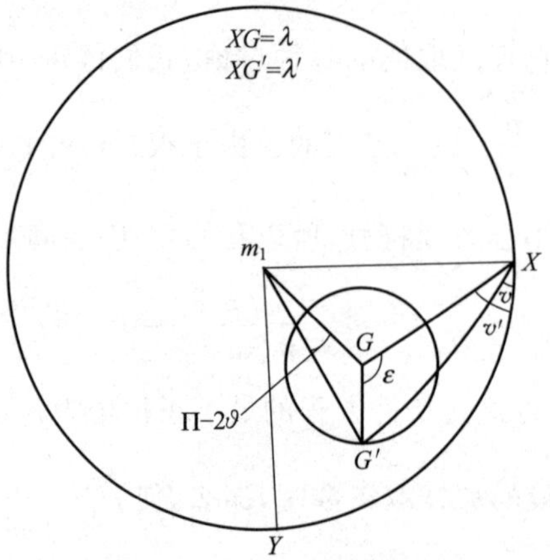

图 8

角度ε在 § 16 中是这样定义的。过 m_1 画一个垂直于 g 的平面 E。接着，过 m_1G 画两个半平面，一个包含线段 b，另一个包含正 x 轴。我们将第一个称为轨道平面。那么，ε角就是这两个半平面与 E 平面之间交线的夹角；因而也是两个半平面之间的夹角，或者上述球面上两个大圆弧 GX 和 GG' 之间的夹角，这里，我们所说的“大圆弧”永远都是指

小于 π 的那段大圆弧。

对于球面三角形，我们有①：

$$\cos(G'X)=\cos(GX)\cos(GG')+\sin(GX)\sin(GG')\cos\varepsilon \tag{199}$$

而现在：

$$GG'=\pi-2\vartheta,\ g'\cos(G'X)=\xi'-\xi_1',$$

$$g\cos(GX)=\xi-\xi_1,\ g\sin(GX)=\sqrt{g^2-(\xi-\xi_1)^2},$$

这里之所以取正根号，是因为大圆弧 $GX<\pi$。

如果我们将(199)式乘以碰撞前或者碰撞后的相对速度的大小 $g=g'$，那么有

$$\xi'-\xi_1'=(\xi-\xi_1)\cos(\pi-2\vartheta)+\sqrt{g^2-(\xi-\xi_1)^2}\sin 2\vartheta\cos\varepsilon。$$

如果将上式乘以 m_1，再和方程

$$m\xi'+m_1\xi_1'=m\xi+m_1\xi_1=(m+m_1)\xi+m_1\xi_1-m_1\xi$$

相加，则有

$$\xi'=\xi+\frac{m_1}{m+m_1}[2(\xi_1-\xi)\cos^2\vartheta+\sqrt{g^2-(\xi-\xi_1)^2}\sin 2\vartheta\cos\varepsilon]。\tag{200}$$

如果只存在一种气体，那么，$m_1=m$，$K=K_1$，从而：

$$\xi'=\xi+(\xi_1-\xi)\cos^2\vartheta+\sqrt{g^2-(\xi-\xi_1)^2}\sin\vartheta\cos\vartheta\cos\varepsilon。\tag{201}$$

如果再把 $\xi-u,\xi'-u,\eta-v$ … 表示为 $\mathfrak{x},\mathfrak{x}',\mathfrak{y}$ …，那么，可得关于 $\mathfrak{x},\mathfrak{y},\mathfrak{z}$ 的一个等价方程：

$$\mathfrak{x}'=\mathfrak{x}+(\mathfrak{x}_1-\mathfrak{x})\cos^2\vartheta+\sqrt{g^2-(\mathfrak{x}-\mathfrak{x}_1)^2}\sin\vartheta\cos\vartheta\cos\varepsilon \tag{202}$$

为了求出 $B_5(\mathfrak{x}^2)$，我们需要将

$$(\mathfrak{x}'^2+\mathfrak{x}_1'^2-\mathfrak{x}^2-\mathfrak{x}_1^2)ff_1\mathrm{d}\omega\mathrm{d}\omega_1 gb\mathrm{d}b\mathrm{d}\varepsilon$$

对 ε 从 0 到 2π 积分。而整个轨道曲线并不发生改变。接着，我们令 $\mathfrak{x}$、$\mathfrak{y}$、$\mathfrak{z}$、$\mathfrak{x}_1$、$\mathfrak{y}_1$、$\mathfrak{z}_1$ 保持不变，而对 b 积分。然后再对之前保持不变的那些量积分。由于(201)式和(202)式是等价的，所以我们只需要将 $B_5(\mathfrak{x}^2)$ 中的 $\mathfrak{x}$、$\mathfrak{y}$、$\mathfrak{z}$ 换成 ξ、η、ζ，即可得到 $B_5(\xi^2)$ 的表达式。

忽略包含 $\cos\varepsilon$ 一次方的项，我们得到

$$\begin{aligned}\mathfrak{x}'^2-\mathfrak{x}^2&=2(\mathfrak{x}_1\mathfrak{x}-\mathfrak{x}^2)\cos^2\vartheta+(\mathfrak{x}_1-\mathfrak{x})^2\cos^4\vartheta\\&\quad+\frac{1}{4}[g^2-(\mathfrak{x}-\mathfrak{x}_1)^2]\sin^2 2\vartheta\cos^2\varepsilon\\&=(\mathfrak{x}_1^2-\mathfrak{x}^2)\cos^2\vartheta-\mathfrak{p}^2\sin^2\vartheta\cos^2\vartheta\\&\quad+(g^2-\mathfrak{p}^2)\sin^2\vartheta\cos^2\vartheta\cos^2\varepsilon。\end{aligned}$$

分别用 $\mathfrak{p},\mathfrak{q},\mathfrak{r}$ 表示相对于各坐标轴方向的相对速度分量，从而

① 球面角指的是球面上大圆弧对球心所张之角，比如 $G'X$ 表示角 $G'm_1X$。——译注。

$$\begin{cases}\mathfrak{p}=\xi-\xi_1=\mathfrak{x}-\mathfrak{x}_1\\ \mathfrak{q}=\eta-\eta_1=\mathfrak{y}-\mathfrak{y}_1\\ \mathfrak{r}=\zeta-\zeta_1=\mathfrak{z}-\mathfrak{z}_1\text{。}\end{cases}\tag{203}$$

如果将 $\mathfrak{x}$ 和 $\mathfrak{x}_1$ 置换，从而将 $\mathfrak{x}'^2-\mathfrak{x}^2$ 变为 $\mathfrak{x}_1'^2-\mathfrak{x}_1^2$，那么可得：

$$\int_0^{2\pi}(\mathfrak{x}'^2+\mathfrak{x}_1'^2-\mathfrak{x}^2-\mathfrak{x}_1^2)\mathrm{d}\varepsilon=2\pi(g^2-3\mathfrak{p}^2)\sin^2\vartheta\cos^2\vartheta\text{。}$$

由于我们暂时只考虑一种气体，所以必须令 $m_1=m$、$K=K_1$，所以根据(195)式可得：

$$b=\left(\frac{2K_1}{m}\right)^{\frac{1}{n}}g^{-\frac{2}{n}}\alpha\text{。}\tag{204}$$

由于在我们目前所关注的对 b 和ε的积分中，$\mathfrak{x}$、$\mathfrak{y}$、$\mathfrak{z}$、$\mathfrak{x}_1$、$\mathfrak{y}_1$、$\mathfrak{z}_1$ 及至 g 都被看作常数，所以由上式可知：

$$\mathrm{d}b=\left(\frac{2K_1}{m}\right)^{\frac{1}{n}}g^{-\frac{2}{n}}\mathrm{d}\alpha\text{。}\tag{205}$$

因此

$$\begin{cases}\int_0^{\infty}\int_0^{2\pi}(\mathfrak{x}'^2+\mathfrak{x}_1'^2-\mathfrak{x}^2-\mathfrak{x}_1^2)b\,\mathrm{d}b\,\mathrm{d}\varepsilon\\ =2\pi(g^2-3\mathfrak{p}^2)\left(\frac{2K_1}{m}\right)^{\frac{2}{n}}g^{-\frac{4}{n}}\int_0^{\infty}\sin^2\vartheta\cos^2\vartheta\alpha\,\mathrm{d}\alpha\text{。}\end{cases}\tag{205a}$$

如果把上式代入 $B_5(\mathfrak{x}^2)$中，则积分号内将会出现一个因子 $g^{1-\left(\frac{4}{n}\right)}$；因此，由于 n 在任何时候都取正值，所以 g 的幂次一般为负值或者分数，这使积分变得十分困难。只有当$n=4$ 时，g 彻底消失，积分才相对容易一些。由于我们令两个分子之间的排斥力为 $\frac{K}{r^{n+1}}$，所以，在上述情况下两个分子之间的排斥力与距离的五次方成反比。后面我们将会看到，这种情况下得到的黏滞性系数、扩散系数，以及导热系数与温度之间的关系定律，对复合气体(水蒸气、二氧化碳)来说，和实验结果符合得很好，但对大部分常见气体(氧气、氢气、氮气)来说，两者符合得并不好。我们当然不会认为，两个气体分子在发生相互作用时的实际行为，真和两个质点受到和距离五次方成反比的排斥力时的行为一样。由于这里仅仅是一个力学模型的问题，我们采用最先由麦克斯韦引入的这一作用力规律，只是因为计算起来最容易。① 再者，在这一作用规律下，排斥力随距离减小而增加的

① 同样，如果假设两个分子之间的相互作用是和距离的五次方成反比的引力作用，也可以进行类似的简化处理[参见 *Wien. Ber.* 89, 714 (1884)]。但是，我们必须进一步假设，当距离小到作用力很强的地步时，作用力将遵循另一种规律，在该规律下，引力保持为有限的大小，或者转变为排斥力，因为不然的话，两个分子在碰撞之后将不会在有限的时间里分开。正文中我们始终假定作用力是遵循五次方反比规律的斥力。

速度如此之快，以至于分子的运动和弹性球的运动没有多大区别(除无关紧要的擦边碰撞之外)。为了证明这一点，麦克斯韦[①]发表了一个颇富启发性的示意图，图中画出了一些分子中心的运动轨迹，这些分子以同样的速度朝一个固定不动的分子运动，并分别受到不同规律的排斥力作用。为了将这些轨迹和弹性球所遵循的轨迹进行比较，我们可以这么做：设想麦克斯韦的示意图中有一个标记圆(marked circle)，S 是它的圆心，图中的虚线是它的半径，因此，它的半径是每种作用力规律下两个分子中心靠近的最短距离。现在假设分子是弹性球，它的直径是这一最小距离，并假设我们将其中一个分子固定，而将其他分子扔向它(当然不是同时将所有分子都扔向它，而是一个接一个地扔向它，以使它们互不干扰)，这样的话，麦克斯韦的图形需要作下述修改。固定分子的中心仍然是 S。运动分子的中心将如麦克斯韦的示意图中一样，沿相同的方向奔向固定分子，但最后会像极小的弹性球一样从标记圆反弹。

我们发现，用这种方式得到的弹性球轨迹，虽然和新麦克斯韦规律所产生的轨迹有量的不同，但并没有本质上的区别。

下面我们采用麦克斯韦的方案，取 $n=4$。那么由(205a)式可得：

$$\int_0^{2\pi}(\mathfrak{x}'^2+\mathfrak{x}_1'^2-\mathfrak{x}^2-\mathfrak{x}_1^2)gb\,\mathrm{d}b\,\mathrm{d}\varepsilon=\sqrt{\frac{K_1}{2m}}\cdot\frac{A_2}{g}(g^2-3\mathfrak{p}^2), \tag{206}$$

其中

$$A_2=4\pi\int_0^\infty\sin^2\vartheta\cos^2\vartheta\alpha\cdot\mathrm{d}\alpha \tag{207}$$

是一个纯数。[②]

根据(197)式：

$$\vartheta=\int_0^{\rho(\alpha)}\frac{\mathrm{d}\rho}{\sqrt{1-\rho^2-\frac{1}{2}\frac{\rho^4}{\alpha^4}}}。$$

积分上限是使根号内的量等于零的那个唯一的正数。因此 ϑ 可以用一个完全椭圆积分及 α 的函数来表示。麦克斯韦用机械求积法对积分式(207)进行了计算。他得到的结果是：

$$A_2=1.3682\cdots \tag{209}$$

---

① Maxwell, *Phil. Mag.* [4]35, 145 (1868); *Scientific Papers* 2, p. 42。

② 同样也很容易得出：

$$2\pi\int_0^\infty gb\,db\sin^2\vartheta\cos^2\vartheta=A_2\sqrt{\frac{K_1}{2m}}。 \tag{208}$$

根据(137)式,我们现在可以得到

$$B_5(\mathfrak{x}^2)=\frac{1}{2}\iiint_0^{\infty}\int_0^{2\pi}(\mathfrak{x}'^2+\mathfrak{x}_1'^2-\mathfrak{x}^2-\mathfrak{x}_1^2)ff_1 gb\,\mathrm{d}\omega\,\mathrm{d}\omega_1\,\mathrm{d}b\,\mathrm{d}\varepsilon。\tag{210}$$

将(206)式代入上式可得

$$B_5(\mathfrak{x}^2)=\frac{1}{2}\sqrt{\frac{K_1}{2m}}A_2\iint(g^2-3\mathfrak{p}^2)ff_1\,\mathrm{d}\omega\,\mathrm{d}\omega_1。\tag{211}$$

其中,

$$\begin{aligned}g^2-3\mathfrak{p}^2&=\eta^2+\eta_1^2+\zeta^2+\zeta_1^2-2\xi^2-2\xi_1^2-2\eta\eta_1-2\zeta\zeta_1+4\xi\xi_1\\&=\mathfrak{y}^2+\mathfrak{y}_1^2+\mathfrak{z}^2+\mathfrak{z}_1^2-2\mathfrak{x}^2-2\mathfrak{x}_1^2-2\mathfrak{y}\mathfrak{y}_1-2\mathfrak{z}\mathfrak{z}_1+4\mathfrak{x}\mathfrak{x}_1。\end{aligned}$$

在对 $\mathrm{d}\omega_1$ 的积分中,我们可以将 ξ、η、ζ 或者 $\mathfrak{x}$、$\mathfrak{y}$、$\mathfrak{z}$ 提到积分号外,同样,在对 $\mathrm{d}\omega$ 的积分中我们也可以将 ξ_1、η_1、ζ_1 或者 $\mathfrak{x}_1$、$\mathfrak{y}_1$、$\mathfrak{z}_1$ 提到积分号外。由(175)式可知:

$$\int\eta^2 f\,\mathrm{d}\omega=\frac{\rho}{m}\overline{\eta^2},\int\eta f\,\mathrm{d}\omega=\frac{\rho}{m}\overline{\eta},\int\mathfrak{y}^2 f\,\mathrm{d}\omega=\frac{\rho}{m}\overline{\mathfrak{y}^2},\text{等等。}\tag{212}$$

但由于两个碰撞分子的作用是同等的,或者,由于定积分中积分变量的符号可以随便写,所以有:

$$\int\eta_1^2 f_1\,\mathrm{d}\omega_1=\int\eta^2 f\,\mathrm{d}\omega=\frac{\rho}{m}\overline{\eta^2},\text{等等。}$$

又因为 $\overline{\mathfrak{x}}=\overline{\mathfrak{y}}=\overline{\mathfrak{z}}=0$,所以可得:

$$\left\{\begin{aligned}B_5(\mathfrak{x}^2)&=\sqrt{\frac{K_1}{2m^5}}A_2\rho^2(\overline{\eta^2}+\overline{\zeta^2}-2\overline{\xi^2}-\overline{\eta}\cdot\overline{\eta}-\overline{\zeta}\cdot\overline{\zeta}+2\overline{\xi}\cdot\overline{\xi})\\&=\sqrt{\frac{K_1}{2m^5}}A_2\rho^2(\overline{\mathfrak{y}^2}+\overline{\mathfrak{z}^2}-2\overline{\mathfrak{x}^2})\\&=\sqrt{\frac{K_1}{2m^5}}A_2\rho^2(\overline{\mathfrak{c}^2}-3\overline{\mathfrak{x}^2})。\end{aligned}\right.\tag{213}$$

这里,$\mathfrak{c}=\sqrt{\mathfrak{x}^2+\mathfrak{y}^2+\mathfrak{z}^2}$ 是一个分子叠加于体积元中所有分子平均运动之上的相对合速度。

$B_5(\mathfrak{x}\mathfrak{y})$ 这个量麦克斯韦是用坐标变换的方法求出来的。设想将老的 x 轴和 y 轴在 xy 平面内旋转一个角度 λ,从而得到新的 x 轴和 y 轴。我们用大写字母来表示新坐标系统中相应的量:

$$\mathfrak{x}=\mathfrak{X}\cos\lambda-\mathfrak{Y}\sin\lambda,\mathfrak{y}=\mathfrak{Y}\cos\lambda+\mathfrak{X}\sin\lambda。$$

$$\mathfrak{p}=\mathfrak{P}\cos\lambda-\mathfrak{Q}\sin\lambda,\text{等等。}$$

如果将这些值代入(206)式中,我们将在方程两边得到含有 $\cos^2\lambda$,$\cos\lambda\sin\lambda$ 及 $\sin^2\lambda$ 因子的项。假若令 $\lambda=0$,则前者,也即含有 $\cos^2\lambda$ 的项,必须单独相等;如果令 $\lambda=\frac{\pi}{2}$,则后者必须单独相等。因此方程两边含有 $\sin\lambda\cos\lambda$ 的项必须单独相等。令它们彼此相等,可得：

$$\int_0^\infty\int_0^{2\pi}(\mathfrak{X}'\mathfrak{Y}'+\mathfrak{X}_1'\mathfrak{Y}_1'-\mathfrak{X}\mathfrak{Y}-\mathfrak{X}_1\mathfrak{Y}_1)gb\,\mathrm{d}b\,\mathrm{d}\varepsilon=-3\sqrt{\frac{K_1}{2m}}A_2\mathfrak{P}\mathfrak{Q}。$$

由于新坐标轴和旧坐标轴等效，所以我们又可以将大写字母变回小写字母。如果进一步对(206)式精确积分，则可得：

$$\begin{cases} B_5(\mathfrak{x}\mathfrak{y})=\dfrac{1}{2}\iiint_0^\infty\int_0^{2\pi}(\mathfrak{x}'\mathfrak{y}'+\mathfrak{x}_1'\mathfrak{y}_1'-\mathfrak{x}\mathfrak{y}-\mathfrak{x}_1\mathfrak{y}_1)\cdot gbff_1\,\mathrm{d}\omega\,\mathrm{d}\omega_1\,\mathrm{d}b\,\mathrm{d}\varepsilon \\ \quad =-3\sqrt{\dfrac{K_1}{2m^5}}A_2\rho^2(\overline{\xi\eta}-\overline{\xi}\cdot\overline{\eta})=-3\sqrt{\dfrac{K_1}{2m^5}}\rho^2A_2\overline{\mathfrak{x}\mathfrak{y}}。\end{cases} \tag{214}$$

§ 22　弛豫时间　考虑黏滞性的流体力学方程 用球函数计算 B_5

下面我们要将这个值代入普遍方程(187)式中。先考虑一种完全理想的特殊情形：在无限大的空间分布有一种气体。没有外力。$t=0$ 时刻，任意体积元 do 中其速度分量处于 ξ 到 $\xi+\mathrm{d}\xi$，η 到 $\eta+\mathrm{d}\eta$，ζ 到 $\zeta+\mathrm{d}\zeta$ 范围的分子数目为 $f(\xi,\eta,\zeta,0)\mathrm{d}o\,\mathrm{d}\xi\mathrm{d}\eta\mathrm{d}\zeta$，其中函数 f 对所有体积元都具有相同的形式。设此后任意 t 时刻这一数目为 $f(\xi,\eta,\zeta,t)\mathrm{d}o\,\mathrm{d}\xi\mathrm{d}\eta\mathrm{d}\zeta$。因为所有体积元都具有相同的条件，所以对不同的体积元来说，$f(\xi,\eta,\zeta,t)$ 也具有相同的值。如果

$$f(\xi,\eta,\zeta,0)=a\,\mathrm{e}^{-hm[(\xi-u)^2+(\eta-v)^2+(\zeta-w)^2]},$$

其中 a,h,u,v,w 是常数，那么我们的气体是满足麦克斯韦分布的气体，但它在空间中以速度分量 u,v,w 做匀速运动。因此我们有 $\overline{(\xi-u)^2}=\overline{(\eta-v)^2}=\overline{(\zeta-w)^2}$，$\overline{(\xi-u)(\eta-v)}=\overline{(\xi-u)(\zeta-w)}=\overline{(\eta-v)(\zeta-w)}=0$，而在随气体一起运动的观察者看来，状态分布将不会随时间发生变化。如果 $f(\xi,\eta,\zeta,0)$ 是 ξ、η、ζ 的其他函数，那么初始时刻的速度分布将不同于麦克斯韦分布，但对每一个体积元来说，分布依然是相同的。这个分布随时间变化，但气体整体运动的分量

$$u=\overline{\xi}=\frac{\int\xi f\,\mathrm{d}\omega}{\int f\,\mathrm{d}\omega},v=\overline{\eta}=\frac{\int\eta f\,\mathrm{d}\omega}{\int f\,\mathrm{d}\omega},w=\overline{\zeta}=\frac{\int\zeta f\,\mathrm{d}\omega}{\int f\,\mathrm{d}\omega}$$

自然不会随时间发生变化，因为质心运动是守恒的。如果我们依旧设 $\xi-u=\mathfrak{x}$，$\eta-v=\mathfrak{y}$，$\zeta-w=\mathfrak{z}$，那么一般而言

$$\overline{\mathfrak{x}^2}-\overline{\mathfrak{y}^2},\overline{\mathfrak{x}^2}-\overline{\mathfrak{z}^2},\overline{\mathfrak{y}^2}-\overline{\mathfrak{z}^2},\overline{\mathfrak{x}\mathfrak{y}},\overline{\mathfrak{x}\mathfrak{z}}\text{ 及 }\overline{\mathfrak{y}\mathfrak{z}}$$

将不等于零，而我们正是要求出这些量随时间变化的规律。首先，由于它们都和 x、y、z 无

关，所以由(188)式可得

$$\rho \frac{\partial \bar{\mathfrak{f}}}{\partial t}=mB_5(\mathfrak{f})。\tag{215}$$

如果代入 $\mathfrak{f}=\mathfrak{x}^2$ 或者 $\mathfrak{f}=\mathfrak{x}\mathfrak{y}$，那么，联合(213)、(214)及上式可得：

$$\frac{\mathrm{d}\overline{\mathfrak{x}^2}}{\mathrm{d}t}=\sqrt{\frac{K_1}{2m^3}}A_2\rho(\overline{\mathfrak{c}^2}-3\overline{\mathfrak{x}^2}),\frac{\mathrm{d}\overline{\mathfrak{x}\mathfrak{y}}}{\mathrm{d}t}=-3\sqrt{\frac{K_1}{2m^3}}A_2\rho\overline{\mathfrak{x}\mathfrak{y}}。$$

同样，对应于上式第一个方程，我们有：

$$\frac{\mathrm{d}\overline{\mathfrak{y}^2}}{\mathrm{d}t}=\sqrt{\frac{K_1}{2m^3}}A_2\rho(\overline{\mathfrak{c}^2}-3\overline{\mathfrak{y}^2})$$

因此

$$\frac{\mathrm{d}(\overline{\mathfrak{x}^2}-\overline{\mathfrak{y}^2})}{\mathrm{d}t}=-3\sqrt{\frac{K_1}{2m^3}}A_2\rho(\overline{\mathfrak{x}^2}-\overline{\mathfrak{y}^2})。$$

由于所有量都和 x、y、z 无关，所以对时间的微商就是普通的求导。又因为所有体积元都是相同的，所以从体积元每一侧面进入的分子数等于从其对向侧面出去的分子数。因此密度 ρ 保持不变。所以，通过对这些方程积分可得：

$$\overline{\mathfrak{x}^2}-\overline{\mathfrak{y}^2}=(\overline{\mathfrak{x}_0^2}-\overline{\mathfrak{y}_0^2})\mathrm{e}^{-3\sqrt{\left(\frac{K_1}{2m^3}\right)}A_2\rho t},\overline{\mathfrak{x}\mathfrak{y}}=(\overline{\mathfrak{x}\mathfrak{y}})_0\mathrm{e}^{-3\sqrt{\left(\frac{K_1}{2m^3}\right)}A_2\rho t}。$$

其中下标 0 表示 $t=0$ 时刻的值。

方程两边乘以 ρ[注意(179)式中设立的符号]可得：

$$X_x-Y_y=(X_x^0-Y_y^0)\mathrm{e}^{-3\sqrt{\left(\frac{K_1}{2m^3}\right)}A_2\rho t},X_y=X_y^0\mathrm{e}^{-3\sqrt{\left(\frac{K_1}{2m^3}\right)}A_2\rho t}。$$

对其他坐标当然也可以得到类似的方程。在刚才讨论的简单特例中，两个不同方向的法向压强之差(比如 X_x-Y_y)及切向力(比如 X_y)以几何级数的方式随时间的增加而减小。对所有这些量来说，减小到原值$\frac{1}{e}$所需要的时间都是一样的，为

$$\frac{1}{3A_2\rho}\sqrt{\frac{2m^3}{K_1}}=\tau。\tag{216}$$

麦克斯韦将它称为弛豫时间(relaxation time)。我们将发现，这一时间极短。

下面转到普遍情形上来。一般而言我们不再有 $\rho\overline{\mathfrak{x}^2}=\rho\overline{\mathfrak{y}^2}=\rho\overline{\mathfrak{z}^2}$，但这些量仍然会近似相等。因此我们将计算它们和某个约等于它们的量之间的偏差。此处为方便起见，我们选择它们的算术平均。由于根据作为(181)式成立之前提条件的假设，它等于用 p 表示的量，这里我们再次用 p 来表示它，因此可以写出

$$p=\frac{\rho}{3}(\overline{\mathfrak{x}^2}+\overline{\mathfrak{y}^2}+\overline{\mathfrak{z}^2})=\frac{\rho}{3}\overline{\mathfrak{c}^2}。\tag{217}$$

如果将(189)式右边记为 $\mathfrak{r}$，左边则代入(213)式 $B_5(\mathfrak{x}^2)$的值，那么可得：

$$\overline{\mathfrak{c}^2}-3\overline{\mathfrak{x}^2}=\frac{1}{A_2\rho^2}\sqrt{\frac{2m^3}{K_1}}\,\mathfrak{r}。\tag{218}$$

我们比较$\overline{\mathfrak{c}^2}=\overline{\mathfrak{x}^2}+\overline{\mathfrak{y}^2}+\overline{\mathfrak{z}^2}$ 和 $3\,\overline{\mathfrak{x}^2}$ 这两个量之间的微小差值。这一差值，因而也包括上述(218)式右边的量，都是一级小量；因此方程右边只需要保留数量级最大的项就行了。数量级更小的项也都会小于$\overline{\mathfrak{c}^2}-3\,\overline{\mathfrak{x}^2}$。因此，可以令 $\mathfrak{r}$ 的表达式中

$$\rho\overline{\mathfrak{x}^2}=\rho\overline{\mathfrak{y}^2}=\rho\overline{\mathfrak{z}^2}=p,\overline{\mathfrak{x}\mathfrak{y}}=\overline{\mathfrak{x}\mathfrak{z}}=\overline{\mathfrak{y}\mathfrak{z}}=\overline{\mathfrak{x}^3}=\overline{\mathfrak{x}\mathfrak{y}^2}=\overline{\mathfrak{x}\mathfrak{z}^2}=0。$$

这样一来，我们发现[参看(191)式]

$$\mathfrak{r}=\rho\,\frac{\mathrm{d}\left(\frac{p}{\rho}\right)}{\mathrm{d}t}+2p\,\frac{\partial u}{\partial x}。$$

我们希望求出$\overline{\mathfrak{x}^2}$ 的值，进而求出 X_x 及其与瞬态的关系；因此我们必须消去包含时间导数的项。这很容易，因为在同等近似程度下

$$\rho\,\frac{\mathrm{d}\left(\frac{p}{\rho}\right)}{\mathrm{d}t}=-\frac{2p}{3}\left(\frac{\partial u}{\partial x}+\frac{\partial v}{\partial y}+\frac{\partial w}{\partial z}\right)。$$

因此，在一级近似下

$$\mathfrak{r}=\frac{2p}{3}\left(2\,\frac{\partial u}{\partial x}-\frac{\partial v}{\partial y}-\frac{\partial w}{\partial z}\right)。$$

$\mathfrak{r}$ 表达式中其他的项对$\overline{\mathfrak{c}^2}-3\,\overline{\mathfrak{x}^2}$ 所贡献的是数量级比较小的那些项，所以可以忽略不计。因此，由(218)式可得

$$\overline{\mathfrak{c}^2}-3\overline{\mathfrak{x}^2}=\frac{2p}{3A_2\rho^2}\sqrt{\frac{2m^3}{K_1}}\left(2\,\frac{\partial u}{\partial x}-\frac{\partial v}{\partial y}-\frac{\partial w}{\partial z}\right),$$

由于我们令 $\rho\,\overline{\mathfrak{c}^2}=3p$，所以有

$$X_x=\rho\overline{\mathfrak{x}^2}=p-\frac{2p}{9A_2\rho}\sqrt{\frac{2m^3}{K_1}}\left(2\,\frac{\partial u}{\partial x}-\frac{\partial v}{\partial y}-\frac{\partial w}{\partial z}\right)。$$

现在我们希望将(214)式 $B_5(\mathfrak{x}\mathfrak{y})$的值代入(190)式中。我们可以令该式右边 $\rho\,\overline{\mathfrak{x}^2}=\rho\,\overline{\mathfrak{y}^2}=\rho\,\overline{\mathfrak{z}^2}=p$，理由同前，并令平均符号下 $\mathfrak{x}$、$\mathfrak{y}$、$\mathfrak{z}$ 为奇次幂的项等于零。这样，我们就可以得到

$$\overline{\mathfrak{x}\mathfrak{y}}=-\frac{p}{3A_2\rho^2}\sqrt{\frac{2m^3}{K_1}}\left(\frac{\partial v}{\partial x}+\frac{\partial u}{\partial y}\right)。\tag{218a}$$

如果代入下述缩写符号：

$$\frac{p}{3A_2\rho}\sqrt{\frac{2m^3}{K_1}}=p\tau=\mathfrak{R},\tag{219}$$

那么可以得到下述结果：

$$\begin{cases} X_x=\rho\overline{\mathfrak{x}^2}=p-\dfrac{2\mathfrak{R}}{3}\left(2\dfrac{\partial u}{\partial x}-\dfrac{\partial v}{\partial y}-\dfrac{\partial w}{\partial z}\right), \\ Y_y=\rho\overline{\mathfrak{y}^2}=p-\dfrac{2\mathfrak{R}}{3}\left(2\dfrac{\partial v}{\partial y}-\dfrac{\partial u}{\partial x}-\dfrac{\partial w}{\partial z}\right), \\ Z_z=\rho\overline{\mathfrak{z}^2}=p-\dfrac{2\mathfrak{R}}{3}\left(2\dfrac{\partial w}{\partial z}-\dfrac{\partial u}{\partial x}-\dfrac{\partial v}{\partial y}\right), \\ X_y=Y_x=\rho\overline{\mathfrak{x}\mathfrak{y}}=-\mathfrak{R}\left(\dfrac{\partial v}{\partial x}+\dfrac{\partial u}{\partial y}\right), \\ X_z=Z_x=\rho\overline{\mathfrak{x}\mathfrak{z}}=-\mathfrak{R}\left(\dfrac{\partial w}{\partial x}+\dfrac{\partial u}{\partial z}\right), \\ Y_z=Z_y=\rho\overline{\mathfrak{y}\mathfrak{z}}=-\mathfrak{R}\left(\dfrac{\partial v}{\partial z}+\dfrac{\partial w}{\partial y}\right)。 \end{cases} \tag{220}$$

这些方程当然不是完全准确的。但是，它们的精确程度比方程 $X_x=Y_y=Z_z=p, X_y=Y_x=X_z=Z_x=Y_z=Z_y=0$ 高一个等级。将上述结果代入(185)式可得

$$\begin{cases} \rho\dfrac{\mathrm{d}u}{\mathrm{d}t}+\dfrac{\partial p}{\partial x}-\mathfrak{R}\left[\Delta u+\dfrac{1}{3}\dfrac{\partial}{\partial x}\left(\dfrac{\partial u}{\partial x}+\dfrac{\partial v}{\partial y}+\dfrac{\partial w}{\partial z}\right)\right]-\rho X=0 \\ \rho\dfrac{\mathrm{d}v}{\mathrm{d}t}+\dfrac{\partial p}{\partial y}-\mathfrak{R}\left[\Delta v+\dfrac{1}{3}\dfrac{\partial}{\partial y}\left(\dfrac{\partial u}{\partial x}+\dfrac{\partial v}{\partial y}+\dfrac{\partial w}{\partial z}\right)\right]-\rho Y=0 \\ \rho\dfrac{\mathrm{d}w}{\mathrm{d}t}+\dfrac{\partial p}{\partial z}-\mathfrak{R}\left[\Delta w+\dfrac{1}{3}\dfrac{\partial}{\partial z}\left(\dfrac{\partial u}{\partial x}+\dfrac{\partial v}{\partial y}+\dfrac{\partial w}{\partial z}\right)\right]-\rho Z=0 \end{cases} \tag{221}$$

这里，$\mathfrak{R}$ 是被当作常数处理的，这并非严格正确，因为 $\mathfrak{R}$ 是温度的函数，而温度会随着气体的压缩或者膨胀发生变化。但是，$\mathfrak{R}$ 对温度的实际依赖关系仍然存有疑问，而且，在不那么猛烈的运动中，气体的表现几乎和不可压缩流体一样，从而不会发生明显的压缩或者膨胀，这样，所产生的误差也就不那么要紧了。(221)式就是著名的流体力学方程在修正黏滞性误差后的形式。因为上述方程成立，所以，如果我们令 p 等于常数，且 $X=Y=Z=0, v=w=0$ 以及 $u=ay$，就可以得到一种可能的运动形式。平行于 xy 平面的每层气体以速度 ay 沿 x 方向运动。其中 a 是相距单位长度的两层气体之间的速度差值。其中的一层显然需要人为地固定，另一层则需要人为地保持在匀速运动状态。根据(220)式，这些层面单位面积上所受到的切向力大小为 $a\mathfrak{R}$，因此 $\mathfrak{R}$ 是我们在 § 12 中称作黏滞系数的量。由(219)式可知，它和 $\dfrac{p}{\rho}$ 成正比，因此也和绝对温度成正比，但在给定温度下，它和压强及密度都无关。当分子是弹性球时，后一结论也成立，但此时 $\mathfrak{R}$ 和绝对温度的平方根成正比。当然，由于碰撞的起始时刻和结束时刻没有明确的定义，我们现在还不能通过 $\mathfrak{R}$ 的数值结果来计算平均自由程；这个值只能告诉我们作用力规律中的常数

K_1 与分子质量 m 的关系。它也可以用来计算弛豫时间 $\tau=\frac{\mathfrak{R}}{p}$。根据§12 中所用的氮气的 $\mathfrak{R}$ 值,我们算得 15℃及大气压下的弛豫时间大约为 $\tau=2\times10^{-10}$ s。

下面我们来计算 $B_5(\mathfrak{x}^3)$,$B_5(\mathfrak{x}\mathfrak{y}^2)$等量。像计算 $B_5(\mathfrak{x}^2)$时一样,将(201)式保留到三阶项然后再积分,并不是难事。通过和之前一样的坐标变换,可以得到 $B_5(\mathfrak{x}\mathfrak{y}^2)$,$B_5(\mathfrak{x}\mathfrak{z}^2)$以及其他 B_5 值,它们的参数中包含有 $\mathfrak{x},\mathfrak{y},\mathfrak{z}$ 的三阶项。$B_5(\mathfrak{x}\mathfrak{y}\mathfrak{z})$必须通过空间(三维)坐标变换来求得。这里,我们将采用另一种方法,它是麦克斯韦生前两个月在《论稀薄气体中的压力》[①]一文中,以括弧形式添加的注解中所提到的一种方法。

我们将任何包含 x,y,z 的 n 次方且满足方程

$$\frac{\partial^2 p}{\partial x^2}+\frac{\partial^2 p}{\partial y^2}+\frac{\partial^2 p}{\partial z^2}=0$$

的函数 p 称为 n 阶球(体)函数。如果我们代入 $x=\cos\lambda$,$y=\sin\lambda\cos\nu$,$z=\sin\lambda\sin\nu$,那么它将变为一个 n 阶球面函数:$p^{(n)}(\lambda,\nu)$。此外,我们将表达式

$$(1-2\mu x+x^2)^{-\frac{1}{2}} \tag{222}$$

的幂级数展开式中 x^n 的系数记为 $P^{(n)}(\mu)$(球带函数或者单变量球函数)。接下来我们设 G 和 G'是球面上的两个点,它们的极坐标分别是 λ,ν 和 λ',ν',设 G_i 代表同一球面上另外$n+1$ 个任意的点。令 G_i 的极坐标是λ_i 和 ν_i。那么有[②]

$$p^{(n)}(\lambda',\nu')=\sum_{i=1}^{i=2n+1} c_i P^{(n)}(s'_i), \tag{223}$$

其中 s'_i 是球面角 $G'G_i$ 的余弦。c_i 是可以确定的常系数。现在令 G 和 G_i 保持不变,而让 G'点在球面上描画出一个圆,其间球面角 GG'始终保持不变。它的余弦用 μ 表示。最后,我们用ε表示大圆 GG'和过 G 点所画的一个固定圆之间的夹角。这样一来,我们有

$$\frac{1}{2\pi}\int_0^{2\pi} p^{(n)}(\lambda',\nu')\mathrm{d}\varepsilon=\sum_{i=1}^{i=2n+1}\frac{c_i}{2\pi}\int_0^{2\pi}P^{(n)}(s'_i)\mathrm{d}\varepsilon。$$

而且:[③]

$$\int_0^{2\pi}P^{(n)}(s'_i)\mathrm{d}\varepsilon=2\pi P^{(n)}(\mu)\cdot P^{(n)}(s_i),$$

其中 s_i 是球面角 GG_i 的余弦。因此有:

$$\int_0^{2\pi}p^{(n)}(\lambda',\nu')\mathrm{d}\varepsilon=2\pi P^{(n)}(\mu)\cdot\sum_{i=1}^{i=2n+1}c_iP^{(n)}(s_i)。$$

---

① Maxwell, *Phil. Trans.* 170, 231 (1879); *Scientific Papers* 2, p. 681。

② Heine, *Handbuch der Kugelfunctionen* (2nd ed.), p. 322。

③ Heine, *op. cit.*, p. 313。

和(223)式中的情况一样,后一和式的结果为 $p^{(n)}(\lambda,\nu)$。由此可得下面的公式:[①]

$$\int_0^{2\pi} p^{(n)}(\lambda',\nu')\mathrm{d}\varepsilon = 2\pi P^{(n)}(\mu)\cdot p^{(n)}(\lambda,\nu)。\tag{224}$$

我们希望通过一个特例来展示这一定理在 B_5 计算中的应用,尤其是用它来计算 $B_5(\mathfrak{x}\mathfrak{y})$。

同之前一样,我们设 $\xi,\eta,\zeta,\xi_1,\eta_1,\zeta_1,\xi',\eta',\zeta',\xi_1',\eta_1',\zeta_1'$ 分别是两个分子碰撞前、碰撞后的速度分量;设 $\mathfrak{x},\mathfrak{y},\mathfrak{z},\mathfrak{x}_1,\mathfrak{y}_1,\mathfrak{z}_1,\mathfrak{x}',\mathfrak{y}',\mathfrak{z}',\mathfrak{x}_1',\mathfrak{y}_1',\mathfrak{z}_1'$ 是它们对体积元中所有 m 分子平均运动的相对速度,因此 $\xi-\mathfrak{x}=u$,$\eta-\mathfrak{y}=v$,等等,其中 u,v,w 是体积元中所有 m 分子平均速度的分量。进一步假设

$$\mathfrak{p}=\xi-\xi_1=\mathfrak{x}-\mathfrak{x}_1,\ \mathfrak{q}=\eta-\eta_1=\mathfrak{y}-\mathfrak{y}_1,\ \mathfrak{r}=\zeta-\zeta_1=\mathfrak{z}-\mathfrak{z}_1,$$
$$\mathfrak{p}'=\xi'-\xi_1'=\mathfrak{x}'-\mathfrak{x}_1',\ \mathfrak{q}'=\eta'-\eta_1'=\mathfrak{y}'-\mathfrak{y}_1',\ \mathfrak{r}'=\zeta'-\zeta_1'=\mathfrak{z}'-\mathfrak{z}_1'$$

分别是碰撞前相对速度 g 及碰撞后相对速度 g' 的分量,这里的相对速度指的是碰撞前速度分量为 ξ,η,ζ 的分子相对于碰撞前速度分量为 ξ_1,η_1,ζ_1 的分子的速度。后一个分子依旧被称为 m_1 分子,即便实际上它的质量是 m 也同样如此。最后,我们分别用

$$\mathfrak{u}=\mathfrak{x}+\mathfrak{x}_1=\mathfrak{x}'+\mathfrak{x}_1',\ \mathfrak{v}=\mathfrak{y}+\mathfrak{y}_1=\mathfrak{y}'+\mathfrak{y}_1',\ \mathfrak{w}=\mathfrak{z}+\mathfrak{z}_1=\mathfrak{z}'+\mathfrak{z}_1'$$

表示两个碰撞分子所构成的系统的质心,对体积元中所有 m 分子平均运动的相对速度分量的两倍。这些量在碰撞前和碰撞后的值是相同的。这样一来,我们有

$$4\mathfrak{x}\mathfrak{y}=\mathfrak{p}\mathfrak{q}+\mathfrak{u}\mathfrak{q}+\mathfrak{v}\mathfrak{p}+\mathfrak{u}\mathfrak{v}$$
$$4\mathfrak{x}_1\mathfrak{y}_1=\mathfrak{p}\mathfrak{q}-\mathfrak{u}\mathfrak{q}-\mathfrak{v}\mathfrak{p}+\mathfrak{u}\mathfrak{v}$$
$$4\mathfrak{x}'\mathfrak{y}'=\mathfrak{p}'\mathfrak{q}'+\mathfrak{u}\mathfrak{q}'+\mathfrak{v}\mathfrak{p}'+\mathfrak{u}\mathfrak{v}$$
$$4\mathfrak{x}_1'\mathfrak{y}_1'=\mathfrak{p}'\mathfrak{q}'-\mathfrak{u}\mathfrak{q}'-\mathfrak{v}\mathfrak{p}'+\mathfrak{u}\mathfrak{v}$$

因此

$$2(\mathfrak{x}'\mathfrak{y}'+\mathfrak{x}_1'\mathfrak{y}_1'-\mathfrak{x}\mathfrak{y}-\mathfrak{x}_1\mathfrak{y}_1)=\mathfrak{p}'\mathfrak{q}'-\mathfrak{p}\mathfrak{q}。\tag{225}$$

现在我们以 m_1 为圆心构建一个圆,圆的半径为 1。过 m_1 且平行于横坐标轴的线,以及代表相对速度 g 和 g' 的两条线分别和球面交于 X 点,G 点及 G' 点(见图 8)。λ,ν 和 λ',ν' 分别是 G 点和 G' 点的极坐标(即,λ 和 λ' 是角 Xm_1G 和 Xm_1G',而 ν 和 ν' 分别是平面 GmX,$G'mX$ 与 xy 平面之间的夹角)。由于 $\mathfrak{p},\mathfrak{q},\mathfrak{r}$ 和 $\mathfrak{p}',\mathfrak{q}',\mathfrak{r}'$ 分别是 g 和 g' 在坐标轴上的投影,所以

$$\mathfrak{p}=g\cos\lambda,\ \mathfrak{q}=g\sin\lambda\cos\nu,\ \mathfrak{r}=g\sin\lambda\sin\nu,$$
$$\mathfrak{p}'=g\cos\lambda',\ \mathfrak{q}'=g\sin\lambda'\cos\nu',\ \mathfrak{r}'=g\sin\lambda'\sin\nu',$$

因此我们有

$$\mathfrak{p}\mathfrak{q}=g^2p^{(2)}(\lambda,\nu),\ \mathfrak{p}'\mathfrak{q}'=g^2p^{(2)}(\lambda',\nu'),$$

---

① 感谢盖根保尔(Gegenbauer)教授对麦克斯韦定理的这一证明。

其中 $p^{(2)}(\lambda,\nu)$是球函数 $\cos\lambda\sin\lambda\cos\nu$。之前我们曾用$\varepsilon$表示球面三角形的角 XGG'，用 $\pi-2\vartheta$ 表示球面角Gm_1G'。那么，根据前面引用的有关球函数的定理，

$$\int_0^{2\pi} p^{(2)}(\lambda',\nu')\mathrm{d}\varepsilon=2\pi p^{(2)}(\lambda,\nu)\cdot P^{(2)}(\mu), \tag{226}$$

其中 $\mu=\cos(\pi-2\vartheta)$。将(222)式展开可知：

$$P^{(2)}(\mu)=\frac{3}{2}\mu^2-\frac{1}{2}=\frac{3}{2}\cos^2(2\vartheta)-\frac{1}{2}=1-6\sin^2\vartheta\cos^2\vartheta。$$

因此

$$\int_0^{2\pi}(\mathfrak{x}'\mathfrak{y}'+\mathfrak{x}'_1\mathfrak{y}'_1-\mathfrak{x}\mathfrak{y}-\mathfrak{x}_1\mathfrak{y}_1)\mathrm{d}\varepsilon=-\pi g^2 p^{(2)}(\lambda,\nu)\cdot 6\sin^2\vartheta\cos^2\vartheta$$

$$=-6\pi\mathfrak{p}\mathfrak{q}\sin^2\vartheta\cos^2\vartheta。$$

由上式，并结合(208)式，我们可得

$$\int_0^{\infty} gb\,\mathrm{d}b\int_0^{2\pi}(\mathfrak{x}'\mathfrak{y}'+\mathfrak{x}'_1\mathfrak{y}'_1-\mathfrak{x}\mathfrak{y}-\mathfrak{x}_1\mathfrak{y}_1)\mathrm{d}\varepsilon=-3A_2\sqrt{\frac{K_1}{2m}}\mathfrak{p}\mathfrak{q}。$$

$$B_5(\mathfrak{x}\mathfrak{y})=\frac{1}{2}\iiint_0^{\infty}\int_0^{2\pi}(\mathfrak{x}'\mathfrak{y}'+\mathfrak{x}'_1\mathfrak{y}'_1-\mathfrak{x}\mathfrak{y}-\mathfrak{x}_1\mathfrak{y}_1)gbff_1\mathrm{d}\omega\mathrm{d}\omega_1\mathrm{d}b\mathrm{d}\varepsilon$$

$$=-\frac{3}{2}A_2\sqrt{\frac{K_1}{2m}}\iint\mathfrak{p}\mathfrak{q}ff_1\mathrm{d}\omega\mathrm{d}\omega_1。$$

进一步考虑(212)式，我们最后可得：

$$B_5(\mathfrak{x}\mathfrak{y})=-3A_2\rho^2\sqrt{\frac{K_1}{2m^5}}\overline{\mathfrak{x}\mathfrak{y}}。$$

由于(226)式对任意二阶球函数都成立，所以通常有：

$$B_5[p^{(2)}(\mathfrak{x},\mathfrak{y})]=-3A_2\rho^2\sqrt{\frac{K_1}{2m^5}}\overline{p^{(2)}(\mathfrak{x},\mathfrak{y})}。$$

例如，$B_5(\mathfrak{x}^2-\mathfrak{y}^2)=-3A_2\rho^2\sqrt{\frac{K_1}{2m^5}}(\overline{\mathfrak{x}^2}-\overline{\mathfrak{y}^2})$。

如果 f 不是 x,y,z 的函数，同时 $X=Y=Z=0$(且墙壁效应消失)，则由(188)式可得

$$\rho\frac{\mathrm{d}\bar{\mathfrak{f}}}{\mathrm{d}t}=mB_5(\mathfrak{f})。 \tag{227}$$

因此，如果 $\mathfrak{f}$ 是任何二阶球函数，那么通常有

$$\bar{\mathfrak{f}}=\bar{\mathfrak{f}}_0\mathrm{e}^{-3A_2\rho\sqrt{\frac{K_1}{2m^2}}t}。 \tag{228}$$

所以，对所有 $\mathfrak{x},\mathfrak{y},\mathfrak{z}$ 的二阶球函数而言，

$$\frac{1}{\tau}=\frac{\mathfrak{R}}{p}=3A_2\rho\sqrt{\frac{K_1}{2m^3}} \tag{229}$$

是弛豫时间，即，在碰撞的作用下，该球函数的平均值减小到初始值的$\frac{1}{e}$时所用的时间——的倒数。这证明了我们前面的结果。

下面我们着手计算三阶球函数，即$\mathfrak{x}^3-3\mathfrak{x}\mathfrak{y}^2$。由(225)式类推可得

$$4[\mathfrak{x}'^3+\mathfrak{x}_1'^3-\mathfrak{x}^3-\mathfrak{x}_1^3-3(\mathfrak{x}'\mathfrak{y}'^2+\mathfrak{x}_1'\mathfrak{y}_1^{2\prime}-\mathfrak{x}\mathfrak{y}^2-\mathfrak{x}_1\mathfrak{y}_1^2)]=3\mathfrak{u}(\mathfrak{p}'^2-\mathfrak{q}'^2-\mathfrak{p}^2+\mathfrak{q}^2)-6\mathfrak{v}(\mathfrak{p}'\mathfrak{q}'-\mathfrak{p}\mathfrak{q})。$$

如果我们将中括号内的表达式用Φ表示，那么，根据球函数定理可得

$$\int_0^{2\pi}\Phi\mathrm{d}\varepsilon=\frac{3\pi}{2}(\mathfrak{u}\mathfrak{p}^2-\mathfrak{u}\mathfrak{q}^2-2\mathfrak{v}\mathfrak{p}\mathfrak{q})\frac{3}{2}(\mu^2-1)。$$

注意到我们有$\mu^2-1=-4\sin^2\vartheta\cos^2\vartheta$。如果代入$\mathfrak{u}=\mathfrak{x}+\mathfrak{x}_1$，$\mathfrak{v}=\mathfrak{y}+\mathfrak{y}_1$，$\mathfrak{p}=\mathfrak{x}-\mathfrak{x}_1$，$\mathfrak{q}=\mathfrak{y}-\mathfrak{y}_1$，然后应用(212)式并假定$\overline{\mathfrak{x}}=\overline{\mathfrak{y}}=\overline{\mathfrak{z}}=0$，同时考虑到(208)式，则可以得到

$$\begin{cases}B_5(\mathfrak{x}^3-3\mathfrak{x}\mathfrak{y}^2)=\frac{1}{2}\iiint_0^\infty\int_0^{2\pi}\Phi ff_1gb\,\mathrm{d}\omega\,\mathrm{d}\omega_1\,\mathrm{d}b\,\mathrm{d}\varepsilon\\=-\frac{9}{2}A_2\rho^2\sqrt{\frac{K_1}{2m^5}}(\overline{\mathfrak{x}^3}-3\overline{\mathfrak{x}\mathfrak{y}^2})=-\frac{3p\rho}{2m\mathfrak{R}}(\overline{\mathfrak{x}^3}-3\overline{\mathfrak{x}\mathfrak{y}^2})。\end{cases}\tag{230}$$

这个等式对任何三阶球函数都成立。一般而言，

$$B_5[p^{(3)}(\mathfrak{x},\mathfrak{y},\mathfrak{z})]=-\frac{3p\rho}{2m\mathfrak{R}}\overline{p^{(3)}(\mathfrak{x},\mathfrak{y},\mathfrak{z})}。\tag{231}$$

因此，一个三阶球函数的弛豫时间的倒数是

$$\frac{3}{2}\frac{p}{\mathfrak{R}}。$$

任何$\mathfrak{x},\mathfrak{y},\mathfrak{z}$的三阶函数都可以表示为三阶球函数与$\mathfrak{x}(\mathfrak{x}^2+\mathfrak{y}^2+\mathfrak{z}^2)$，$\mathfrak{y}(\mathfrak{x}^2+\mathfrak{y}^2+\mathfrak{z}^2)$，$\mathfrak{z}(\mathfrak{x}^2+\mathfrak{y}^2+\mathfrak{z}^2)$这三个函数分别乘以某个常数的和。后面三个函数是一阶球函数与$(\mathfrak{x}^2+\mathfrak{y}^2+\mathfrak{z}^2)$的乘积。这些乘积的弛豫时间还有待计算。

我们有

$$2[\mathfrak{x}'(\mathfrak{x}'^2+\mathfrak{y}'^2+\mathfrak{z}'^2)+\mathfrak{x}_1'(\mathfrak{x}_1'^2+\mathfrak{y}_1'^2+\mathfrak{z}_1'^2)-\mathfrak{x}(\mathfrak{x}^2+\mathfrak{y}^2+\mathfrak{z}^2)-\mathfrak{x}_1(\mathfrak{x}_1^2+\mathfrak{y}_1^2+\mathfrak{z}_1^2)]$$
$$=\mathfrak{u}(\mathfrak{p}'^2-\mathfrak{p}^2)+\mathfrak{v}(\mathfrak{p}'\mathfrak{q}'-\mathfrak{p}\mathfrak{q})+\mathfrak{w}(\mathfrak{p}'\mathfrak{r}'-\mathfrak{p}\mathfrak{r})。$$

如果用Ψ表示中括号内的表示式，那么有

$$\int_0^{2\pi}\Psi\mathrm{d}\varepsilon=+\left[\frac{\mathfrak{u}}{6}(2\mathfrak{p}^2-\mathfrak{q}^2-\mathfrak{r}^2)+\frac{\mathfrak{v}}{2}\mathfrak{p}\mathfrak{q}+\frac{\mathfrak{w}}{2}\mathfrak{p}\mathfrak{r}\right]3\pi(\mu^2-1)。$$

$$\int_0^\infty gb\,\mathrm{d}b\int_0^{2\pi}\Psi\mathrm{d}\varepsilon=-\frac{1}{2}\mathfrak{u}(2\mathfrak{p}^2-\mathfrak{q}^2-\mathfrak{r}^2)+3\mathfrak{v}\mathfrak{p}\mathfrak{q}+3\mathfrak{w}\mathfrak{p}\mathfrak{r}]A_2\sqrt{\frac{2K_1}{m}}\tag{231a}$$

因此

$$\begin{cases} B_5[\mathfrak{x}(\mathfrak{x}^2+\mathfrak{y}^2+\mathfrak{z}^2)] = \dfrac{1}{2}\displaystyle\iiint_0^\infty\int_0^{2\pi}\Psi ff_1 gb\,\mathrm{d}\omega\,\mathrm{d}\omega_1\,\mathrm{d}b\,\mathrm{d}\varepsilon \\ = -2A_2\rho^2\sqrt{\dfrac{K_1}{2m^5}}(\overline{\mathfrak{x}^3}+\overline{\mathfrak{x}\mathfrak{y}^2}+\overline{\mathfrak{x}\mathfrak{z}^2}) = -\dfrac{2p\rho}{3m\mathfrak{R}}(\overline{\mathfrak{x}^3}+\overline{\mathfrak{x}\mathfrak{y}^2}+\overline{\mathfrak{x}\mathfrak{z}^2})。\end{cases} \tag{232}$$

所以有：

$$B_5[(\mathfrak{x}^2+\mathfrak{y}^2+\mathfrak{z}^2)p^{(1)}(\mathfrak{x},\mathfrak{y},\mathfrak{z})] = -\frac{2p\rho}{3m\mathfrak{R}}\overline{(\mathfrak{x}^2+\mathfrak{y}^2+\mathfrak{z}^2)p^{(1)}(\mathfrak{x},\mathfrak{y},\mathfrak{z})}。\tag{233}$$

故$(\mathfrak{x}^2+\mathfrak{y}^2+\mathfrak{z}^2)$与一阶球函数之积的弛豫时间的倒数是

$$\frac{2}{3}\frac{p}{\mathfrak{R}}。$$

§23　热传导　第二种近似计算法

接下来，我们准备令(188)式中$\mathfrak{f}=\mathfrak{x}^3$，并只保留其数量级最大的项，因而忽略其与作匀速运动的气体在状态分布上的偏差，所以$\overline{\mathfrak{x}^3}=\overline{\mathfrak{y}\mathfrak{x}^3}=\overline{\mathfrak{x}^2\mathfrak{y}}=\cdots=0$。因此由(188)式可得：

$$mB_5(\mathfrak{x}^3) = \frac{\partial(\rho\overline{\mathfrak{x}^4})}{\partial x} - 3\overline{\mathfrak{x}^2}\cdot\frac{\partial(\rho\overline{\mathfrak{x}^2})}{\partial x}。$$

由于目前的近似计算建立在假设服从麦克斯韦分布的基础之上，因此，如果我们将ξ,η,ζ写成$\mathfrak{x},\mathfrak{y},\mathfrak{z}$，那么就可以应用(49)式，所以有

$$\rho\overline{\mathfrak{x}^4} = 3\rho(\overline{\mathfrak{x}^2})^2 = 3\cdot\frac{p^2}{\rho},\ \rho\overline{\mathfrak{x}^2} = p。$$

从而

$$mB_5(\mathfrak{x}^3) = 3p\,\frac{\partial\left(\dfrac{p}{\rho}\right)}{\partial x}。$$

如果代入$\mathfrak{f}=\mathfrak{x}\mathfrak{y}^2$，那么通过同样的近似可得

$$mB_5(\mathfrak{x}\mathfrak{y}^2) = \frac{\partial(\rho\overline{\mathfrak{x}^2\mathfrak{y}^2})}{\partial x} - \overline{\mathfrak{y}^2}\,\frac{\partial(\rho\overline{\mathfrak{x}^2})}{\partial x}。$$

由于

$$\overline{\mathfrak{x}^2\mathfrak{y}^2} = \overline{\mathfrak{x}^2}\cdot\overline{\mathfrak{y}^2} = \frac{p^2}{\rho^2},$$

所以

$$mB_5(\mathfrak{x}\mathfrak{y}^2) = p\,\frac{\partial\left(\dfrac{p}{\rho}\right)}{\partial x}。$$

以此类推，

$$mB_5(\mathfrak{x}\mathfrak{z}^2)=p\frac{\partial\left(\frac{p}{\rho}\right)}{\partial x},$$

因此有

$$mB_5(\mathfrak{x}^3-3\mathfrak{x}\mathfrak{y}^2)=0,$$

$$mB_5(\mathfrak{x}^3+\mathfrak{x}\mathfrak{y}^2+\mathfrak{x}\mathfrak{z}^2)=5p\frac{\partial\left(\frac{p}{\rho}\right)}{\partial x},$$

而由(230)式和(232)式可得：

$$\left\{\begin{aligned}&\overline{\mathfrak{x}^3}-3\overline{\mathfrak{x}\mathfrak{y}^2}=\overline{\mathfrak{x}^3}-3\overline{\mathfrak{x}\mathfrak{z}^2}=0\\&\rho(\overline{\mathfrak{x}^3}+\overline{\mathfrak{x}\mathfrak{y}^2}+\overline{\mathfrak{x}\mathfrak{z}^2})=-\frac{15\mathfrak{R}}{2}\frac{\partial\left(\frac{p}{\rho}\right)}{\partial x}。\end{aligned}\right.\tag{234}$$

所以，我们可以得到：

$$\left\{\begin{aligned}&\overline{\mathfrak{x}^3}=-\frac{9}{2}\frac{\mathfrak{R}}{\rho}\frac{\partial\left(\frac{p}{\rho}\right)}{\partial x},\overline{\mathfrak{x}\mathfrak{y}^2}=\overline{\mathfrak{x}\mathfrak{z}^2}=-\frac{3}{2}\frac{\mathfrak{R}}{\rho}\frac{\partial\left(\frac{p}{\rho}\right)}{\partial x};\\&\text{以此类推，有}\\&\overline{\mathfrak{y}^3}=-\frac{9}{2}\frac{\mathfrak{R}}{\rho}\frac{\partial\left(\frac{p}{\rho}\right)}{\partial y},\overline{\mathfrak{x}^2\mathfrak{y}}=\overline{\mathfrak{y}\mathfrak{z}^2}=-\frac{3}{2}\frac{\mathfrak{R}}{\rho}\frac{\partial\left(\frac{p}{\rho}\right)}{\partial y}\\&\overline{\mathfrak{z}^3}=-\frac{9}{2}\frac{\mathfrak{R}}{\rho}\frac{\partial\left(\frac{p}{\rho}\right)}{\partial z},\overline{\mathfrak{x}^2\mathfrak{z}}=\overline{\mathfrak{y}^2\mathfrak{z}}=-\frac{3}{2}\frac{\mathfrak{R}}{\rho}\frac{\partial\left(\frac{p}{\rho}\right)}{\partial z}。\end{aligned}\right.\tag{235}$$

上述结果可以用来使(189)和(190)式的求解比之前更进一步。

接下来，我们给(189)式添加两个有关 y 轴和 z 轴的方程。这样可得 $B_5(\mathfrak{x}^2)+B_5(\mathfrak{y}^2)+B_5(\mathfrak{z}^2)=0$。如果考虑(234)式和通过循环置换的方法从它得到的两个方程，还有连续性方程(184)，并最终代入(220)式给出的 $\rho\overline{\mathfrak{x}^2}=X_x$，$\rho\overline{\mathfrak{x}\mathfrak{y}}=X_y$ 等值，那么可得：

$$\left\{\begin{aligned}&\frac{3\rho}{2}\frac{\mathrm{d}\left(\frac{p}{\rho}\right)}{\mathrm{d}t}=\frac{p}{\rho}\frac{\mathrm{d}\rho}{\mathrm{d}t}+\frac{15}{4}\left[\frac{\partial}{\partial x}\left[\mathfrak{R}\frac{\partial\left(\frac{p}{\rho}\right)}{\partial x}\right]+\frac{\partial}{\partial y}\left[\mathfrak{R}\frac{\partial\left(\frac{p}{\rho}\right)}{\partial y}\right]+\frac{\partial}{\partial z}\left[\mathfrak{R}\frac{\partial\left(\frac{p}{\rho}\right)}{\partial z}\right]\right]\\&\quad+\mathfrak{R}\left[2\left(\frac{\partial u}{\partial x}\right)^2+2\left(\frac{\partial v}{\partial y}\right)^2+2\left(\frac{\partial w}{\partial z}\right)^2-\frac{2}{3}\left(\frac{\partial u}{\partial x}+\frac{\partial v}{\partial y}+\frac{\partial w}{\partial z}\right)^2\right.\\&\quad\left.+\left(\frac{\partial v}{\partial z}+\frac{\partial w}{\partial y}\right)^2+\left(\frac{\partial u}{\partial z}+\frac{\partial w}{\partial x}\right)^2+\left(\frac{\partial u}{\partial y}+\frac{\partial v}{\partial x}\right)^2\right]。\end{aligned}\right.\tag{236}$$

这里，$3\frac{p}{\rho}=\overline{\mathfrak{x}^2}+\overline{\mathfrak{y}^2}+\overline{\mathfrak{z}^2}$ 是体积元 do 中分子热运动的方均速率。同时，分子的热运动是相对于 do 中气体的整体运动而言的，后者具有速度分量 u,v,w。ρdo 是 do 中所有分子的质量。因此，

$$\frac{3}{2}\rho \mathrm{d}o\cdot\frac{\mathrm{d}\left(\frac{p}{\rho}\right)}{\mathrm{d}t}\mathrm{d}t$$

是力学单位下热量的增量，即，dt 时间内 do 中所有分子热运动动能的增量。但在这里，体积元 do 的空间位置并非固定不变；相反，它在 dt 时间内必然经历了一定的形变与平动，从而促使其中的每个点都具有共同的速度分量 u,v,w。所以，do 中包含的总是同一批分子，只是分子之间会因为分子运动而发生能量交换。因此，分子运动提供的热量将被包含在黏滞性产生或者传递的热量之中。

我们在§8 中曾求出 dt 时间内，外界对气体所做的压缩功为 $-p\,\mathrm{d}\Omega=-pk\,\mathrm{d}\left(\frac{1}{\rho}\right)$。在我们现在的情形中，$k=\rho\,\mathrm{d}o$，$\mathrm{d}\left(\frac{1}{\rho}\right)=-\left(\frac{1}{\rho^2}\right)\left(\frac{\mathrm{d}\rho}{\mathrm{d}t}\right)\mathrm{d}t$。因此(236)式右边第一项乘以 do d$t$，即

$$\frac{p}{\rho}\frac{\mathrm{d}\rho}{\mathrm{d}t}\mathrm{d}t\,\mathrm{d}o$$

表示 dt 时间内，外部压强 p 对 do 所做的功，因而也是压强 p 产生的压缩热。如果采用和计算弹性物体形变功相同的分析，我们就会发现，(236)式中的最后一项，也即 $\mathfrak{R}$ 被提取到微分符号之外的那一项，乘以 do dt 之后代表一些附加力所做的总功，这些附加的力是在计算(220)式所给出的力 $X_x, X_y\cdots$时，所必须附加到压强之上的。① 因此这一项对应于黏滞性产生的热。所以，含有因子$\frac{15}{4}$的倒数第二项(如果乘以 do dt 的话)必然代表通过热传导带入体积元中的热量。如果我们把体积元想象成边长为 dx，dy，dz 的平行六面体，并按从左到右的方向画 x 轴，y 轴的方向则为从后向前，z 轴的方向为从下向上，并用 T 表示温度，用 $\mathfrak{L}$ 表示导热系数——那么，由旧的傅立叶传热理论(该理论是在实验的基础上总结出来的，至少近似成立)可知，

$$\mathfrak{L}\frac{\partial T}{\partial x}\mathrm{d}y\,\mathrm{d}z\,\mathrm{d}t,\ \mathfrak{L}\frac{\partial T}{\partial y}\mathrm{d}x\,\mathrm{d}z\,\mathrm{d}t,\text{及 }\mathfrak{L}\frac{\partial T}{\partial z}\mathrm{d}x\,\mathrm{d}y\,\mathrm{d}t$$

分别是通过左侧、后面及下面流出平行六面体的热量；而

$$\left[\mathfrak{L}\frac{\partial T}{\partial x}+\frac{\partial}{\partial x}\left(\mathfrak{L}\frac{\partial T}{\partial x}\right)\mathrm{d}x\right]\mathrm{d}y\,\mathrm{d}z\,\mathrm{d}t,$$

① 参见 Kirchhoff，*Vorlesungen über die Theorie der Wärme*（Teubner，1894），p. 118。

$$\left[\mathfrak{L}\frac{\partial T}{\partial y}+\frac{\partial}{\partial y}\left(\mathfrak{L}\frac{\partial T}{\partial y}\right)\mathrm{d}y\right]\mathrm{d}x\,\mathrm{d}z\,\mathrm{d}t,$$

以及

$$\left[\mathfrak{L}\frac{\partial T}{\partial z}+\frac{\partial}{\partial z}\left(\mathfrak{L}\frac{\partial T}{\partial z}\right)\mathrm{d}z\right]\mathrm{d}x\,\mathrm{d}y\,\mathrm{d}t。$$

分别是从相反一侧流入平行六面体 do 的热量。因此 dt 时间内通过热传递进入平行六面体 do 的总净增热量为

$$\left[\frac{\partial}{\partial x}\left(\mathfrak{L}\frac{\partial T}{\partial x}\right)+\frac{\partial}{\partial y}\left(\mathfrak{L}\frac{\partial T}{\partial y}\right)+\frac{\partial}{\partial z}\left(\mathfrak{L}\frac{\partial T}{\partial z}\right)\right]\mathrm{d}o\,\mathrm{d}t。\tag{237}$$

(236)式中含有因子$\frac{15}{4}$的项很小。因此我们可以忽略这个量的高级项,并将 u,v,w 看作常数,而 $\mathfrak{x}$,$\mathfrak{y}$,$\mathfrak{z}$ 则服从麦克斯韦速度分布。这样一来,气体的内部状态将只取决于 $\mathfrak{x}$,$\mathfrak{y}$,$\mathfrak{z}$,我们可以将它当作静止气体对待,从而应用§7和§8中的公式。如果 r 是所讨论气体的气体常数,R 是标准气体的气体常数,而$\frac{m}{\mu}$是后一种气体分子的质量,那么根据(52)式有

$$\frac{p}{\rho}=rT=\frac{R}{\mu}T。$$

因此(236)式中含有因子$\frac{15}{4}$的项,乘以 dodt 之后具有如下的形式:

$$\frac{15}{4}\frac{R}{\mu}\left[\frac{\partial}{\partial x}\left(\mathfrak{R}\frac{\partial T}{\partial x}\right)+\frac{\partial}{\partial y}\left(\mathfrak{R}\frac{\partial T}{\partial y}\right)+\frac{\partial}{\partial z}\left(\mathfrak{R}\frac{\partial T}{\partial z}\right)\right]\mathrm{d}o\,\mathrm{d}t。$$

如果令

$$\mathfrak{L}=\frac{15}{4}\frac{R\mathfrak{R}}{\mu},\tag{238}$$

则上式与经验公式(237)完全一致。

为了使结果独立于所选用的热学单位制,我们用比热代替 R。由于我们假定没有分子内运动,所以(54)式中的 β 为零,从而该方程变为:

$$\gamma_v=\frac{3R}{2\mu},$$

因此[①]

$$\mathfrak{L}=\frac{5}{2}\gamma_v\mathfrak{R}。\tag{239}$$

① 我从 *Wien. Ber.* 66, 332 (1872)中注意到,由于计算错误,麦克斯韦[*Phil. Mag.* [4]35, 216 (1868), *Scientific Papers* 2, 77, (149)式]求出的 $\mathfrak{L}$ 值只有上述值的$\frac{2}{3}$。庞加莱也注意到了这一点:*C. R. Paris*, 116, 1020 (1893)。

这个结果是(93)式所给出的结果的$\frac{5}{2}$倍，而它们偏离介于两者之间的实验结果的程度差不多相同。我们不能指望在假设条件不满足(比如不满足$\beta=0$)的情况下还能得到与实验定量一致的结果。由于R、μ及γ_v都是常数，所以，$\mathfrak{L}$对温度和压强的依赖关系，与$\mathfrak{R}$对温度和压强的依赖关系一样。

至此我们已经得到所谓的描述性理论所认可的全部公式，只是代表黏滞性的项里有一个系数在描述性理论中为任意值，而在这里有特定的值。在描述性理论中，$(p-X_x)\cdot\left(\frac{3}{2\mathfrak{R}}\right)$等于

$$3\frac{\partial u}{\partial x}-\varepsilon\left(\frac{\partial u}{\partial x}+\frac{\partial v}{\partial y}+\frac{\partial w}{\partial z}\right),$$

而在这里它等于

$$3\frac{\partial u}{\partial x}-\left(\frac{\partial u}{\partial x}+\frac{\partial v}{\partial y}+\frac{\partial w}{\partial z}\right)。$$

因此，在描述性理论中，X_x-p表示式中的压缩项

$$\frac{\partial u}{\partial x}+\frac{\partial v}{\partial y}+\frac{\partial w}{\partial z}$$

的系数与$\frac{\partial u}{\partial x}$的系数无关，而在我们的理论中，后一系数是前一系数的三倍。对Y_y、Z_z也是同样的情况。不管是在我们的理论中，还是在描述性理论中，后一系数实际上都必须是Y_z表示式中

$$\frac{\partial w}{\partial y}+\frac{\partial v}{\partial z}$$

系数的两倍，因此它是实验上可测量的黏滞系数的两倍。

根据我们的理论，所有这些公式都是近似的。进一步推进这些近似计算并不困难。但被拓展到更高级近似的方程未必总是和实验保持一致，因为我们的许多假设仍然具有随意性，但在实验发起阶段它们依然可能具有指导性意义。这些结果验证起来将很困难，但并非完全没有希望，而且它们有望为我们引出旧流体力学方程描述范围之外的新事实。为了简要说明如何进一步推进近似计算，我们将把前面刚得出的结果代入(189)和(190)式。利用后一公式，我们可从(214)，(235)，(220)，(52)，(238)式得到

$$\left\{\begin{aligned}X_y=\rho\overline{\mathfrak{x}\mathfrak{y}}=-\frac{\mathfrak{R}}{p}\bigg[&\rho\frac{\mathrm{d}\overline{\mathfrak{x}\mathfrak{y}}}{\mathrm{d}t}+X_y\frac{\partial u}{\partial x}+Y_y\frac{\partial u}{\partial y}+Y_z\frac{\partial u}{\partial z}\\&+X_x\frac{\partial v}{\partial x}+X_y\frac{\partial v}{\partial y}+X_z\frac{\partial v}{\partial z}\\&-\frac{2}{5}\frac{\partial}{\partial x}\left(\mathfrak{L}\frac{\partial T}{\partial y}\right)-\frac{2}{5}\frac{\partial}{\partial y}\left(\mathfrak{L}\frac{\partial T}{\partial x}\right)+\frac{\partial(\rho\overline{\mathfrak{x}\mathfrak{y}\mathfrak{z}})}{\partial z}\bigg]。\end{aligned}\right. \tag{239a}$$

如果在(188)式中代入 $\mathfrak{f}=\mathfrak{x}\mathfrak{y}\mathfrak{z}$,我们只能得到目前精确度下趋于零的项。因此我们可以令

$$mB_5(\mathfrak{x}\mathfrak{y}\mathfrak{z})=-\frac{3p}{2\mathfrak{R}}\rho\overline{\mathfrak{x}\mathfrak{y}\mathfrak{z}}$$

等于零,因此也有

$$\frac{\partial(\rho\overline{\mathfrak{x}\mathfrak{y}\mathfrak{z}})}{\partial z}=0。$$

对于 $X_x, X_y \cdots$,我们得代入(220)式右边的值。而由(218a)式可知

$$\frac{\mathrm{d}\overline{\mathfrak{x}\mathfrak{y}}}{\mathrm{d}t}=-\frac{\mathrm{d}}{\mathrm{d}t}\left[\frac{\mathfrak{R}}{\rho}\left(\frac{\partial v}{\partial x}+\frac{\partial u}{\partial y}\right)\right],$$

而由于这里只采用数量级最大的项,所以

$$\frac{\mathrm{d}\overline{\mathfrak{x}\mathfrak{y}}}{\mathrm{d}t}=-\frac{\mathfrak{R}}{\rho}\left(\frac{\partial v}{\partial x}+\frac{\partial u}{\partial y}\right)\left(\frac{\partial u}{\partial x}+\frac{\partial v}{\partial y}+\frac{\partial w}{\partial z}\right)$$

$$+\frac{\mathfrak{R}}{\rho}\frac{\partial}{\partial x}\left(\frac{1}{\rho}\frac{\partial p}{\partial y}-X\right)+\frac{\mathfrak{R}}{\rho}\frac{\partial}{\partial y}\left(\frac{1}{\rho}\frac{\partial p}{\partial x}-Y\right)-\frac{1}{\rho}\left(\frac{\partial v}{\partial x}+\frac{\partial u}{\partial y}\right)\frac{\mathrm{d}\mathfrak{R}}{\mathrm{d}t}。$$

$X_x, X_z \cdots$可以用同样的方法算得。这样,我们将得到一些极其复杂的表达式,在欧洲大陆物理学家们看来,这些公式可能显得有些奇怪,就像麦克斯韦电场理论中最初出现的那些公式一样。可是谁又知道这些方程中的某些项,会不会在将来的某一天发挥重要作用呢?这里,我们将只提及麦克斯韦已经考虑过的一种特例。①假设不存在整体运动,也没有外力作用于气体;因此 $u=v=w=X=Y=Z=0$。②假设有热量传递过程发生。这样,关于 t 的导数项全都为零,因此,由(239a)式可得

$$X_y=Y_x=\frac{2}{5}\frac{\mathfrak{R}}{p}\left[\frac{\partial}{\partial x}\left(\mathfrak{L}\frac{\partial T}{\partial y}\right)+\frac{\partial}{\partial y}\left(\mathfrak{L}\frac{\partial T}{\partial x}\right)\right]。$$

在这个特例中,(189)式给出:

$$Y_y+Z_z-2X_x=\frac{3\mathfrak{R}}{p}\left[\frac{\partial(\rho\overline{\mathfrak{x}^3})}{\partial x}+\frac{\partial(\rho\overline{\mathfrak{x}^2\mathfrak{y}})}{\partial y}+\frac{\partial(\rho\overline{\mathfrak{x}^2\mathfrak{z}})}{\partial z}\right]。$$

所以,结合(235)式,有

$$\begin{aligned}&2X_x-Y_y-Z_z\\&=\frac{6\mathfrak{R}}{5p}\left[3\frac{\partial}{\partial x}\left(\mathfrak{L}\frac{\partial T}{\partial x}\right)+\frac{\partial}{\partial y}\left(\mathfrak{L}\frac{\partial T}{\partial y}\right)+\frac{\partial}{\partial z}\left(\mathfrak{L}\frac{\partial T}{\partial z}\right)\right],\end{aligned}$$

又因为 $X_x+Y_y+Z_z=3p$,且在稳态热传导情况下

$$\frac{\partial}{\partial x}\left(\mathfrak{L}\frac{\partial T}{\partial x}\right)+\frac{\partial}{\partial y}\left(\mathfrak{L}\frac{\partial T}{\partial y}\right)+\frac{\partial}{\partial z}\left(\mathfrak{L}\frac{\partial T}{\partial z}\right)=0,$$

所以,

$$X_x=p+\frac{2\mathfrak{R}}{5p}\left[3\frac{\partial}{\partial x}\left(\mathfrak{L}\frac{\partial T}{\partial x}\right)+\frac{\partial}{\partial y}\left(\mathfrak{L}\frac{\partial T}{\partial y}\right)+\frac{\partial}{\partial z}\left(\mathfrak{L}\frac{\partial T}{\partial z}\right)\right]$$

$$=p+\frac{4\mathfrak{R}}{5}\frac{\partial}{\partial x}\left(\mathfrak{L}\frac{\partial T}{\partial x}\right)。$$

在这个特例中，我们还可得出

$$\frac{\partial X_x}{\partial x}+\frac{\partial Y_x}{\partial y}+\frac{\partial Z_x}{\partial z}=0;$$

所以，气体内部的体积元是处于平衡状态的。但是，关于稳态热传导中压强处处相同的习惯性看法被证明是错误的(参见基尔霍夫《讲座》中关于热学理论的最后一页，前面也已经引用过，但他关于旧的导热理论的其他看法都很正确)。气体中各处压强并不相同，在一个给定位置，压强的方向也可以发生变化，且并不完全垂直于表面。

因此，如果一个固态物体完全被一种导热气体所包围，它一般会开始运动，因为压强不处处相同。麦克斯韦把辐射计的原理归因于这一效应是无比正确的。而且，当气体和固体器壁接触时，如果器壁不能对气体施加一个有限大小的切向力的话，气体是不可能保持静止而不流动的。由气体内部压强差所导致的这些运动，需要和因为冷、热气体密度不同从而在重力作用下产生的运动区分开来。后一种运动与辐射计的工作原理无关，因为旋转轴是垂直方向的。而且，我们的公式也不能应用于后一种运动，因为我们假设 $X=Y=Z=0$。

到目前为止，我们和基尔霍夫及其他人一样，采用的是由麦克斯韦所设计的巧妙方法。这些方法使我们避开了速度分布函数 $f(x,y,z,\xi,\eta,\zeta,t)$ 的计算。另有一种方法则是反过来从这一函数的计算入手。虽然这后一种方法还没有被采用，但我得在这里说上几句，因为在计算熵的时候，我们需要知道 f。

出发点是(114)式这一普遍方程，由于我们只考虑一种气体，所以其中倒数第二项为零。如果我们用

$$e^a,\frac{k}{m},u_0,v_0,w_0$$

替换之前使用的常数 a,h,u,v,w，那么，我们知道，只要 a,k,u_0,v_0,w_0 是常数，则

$$f=e^{a-k[(\xi-u_0)^2+(\eta-v_0)^2+(\zeta-w_0)^2]} \tag{240}$$

能满足该方程。因此，u_0,v_0,w_0 是气体作为整体的速度分量。

下面设 k,a,u_0,v_0,w_0 是 x,y,z,t 的函数；假定它们的变化量(即它们对这些变量的导数)非常小，从而(240)式只需要加上小小的修正项即可满足方程(114)。我们将采用幂级数的形式来表示这些修正项。由于 a,k,u_0,v_0,w_0 是任意的，所以我们可以通过适当的选择，使幂级数中包含 ξ,η,ζ 一次方的项为零，而又不失其普遍性。此外，我们也可以通过为 ξ^2,η^2,ζ^2 选择合适的系数，而使它们之和为零。引入变量

$$\mathfrak{x}_0=\xi-u_0,\mathfrak{y}_0=\eta-v_0,\mathfrak{z}_0=\zeta-w_0, \tag{241}$$

并设

$$\begin{cases} f = f^{(0)}(1 + b_{11}\mathfrak{x}_0^2 + b_{22}\mathfrak{y}_0^2 + b_{33}\mathfrak{z}_0^2 + b_{12}\mathfrak{x}_0\mathfrak{y}_0 + b_{13}\mathfrak{x}_0\mathfrak{z}_0 \\ \qquad + b_{23}\mathfrak{y}_0\mathfrak{z}_0 + c_1\mathfrak{x}_0\mathfrak{c}_0^2 + c_2\mathfrak{y}_0\mathfrak{c}_0^2 + c_3\mathfrak{z}_0\mathfrak{c}_0^2), \end{cases} \tag{242}$$

其中

$$f^{(0)} = \mathrm{e}^{a - k(\mathfrak{x}_0^2 + \mathfrak{y}_0^2 + \mathfrak{z}_0^2)} \tag{243}$$

而

$$b_{11} + b_{22} + b_{33} = 0。 \tag{244}$$

这样一来，(114)式的左边将变为

$$\mathfrak{l} = \frac{\partial f}{\partial t} + (\mathfrak{x}_0 + u_0)\frac{\partial f}{\partial x} + (\mathfrak{y}_0 + v_0)\frac{\partial f}{\partial y} + (\mathfrak{z}_0 + w_0)\frac{\partial f}{\partial z}$$
$$+ X\frac{\partial f}{\partial \mathfrak{x}_0} + Y\frac{\partial f}{\partial \mathfrak{y}_0} + Z\frac{\partial f}{\partial \mathfrak{z}_0}。$$

由于所有的偏导数都很小，所以其中的 f 可以用 $f^{(0)}$ 替代。如果我们将 $\mathfrak{x}_0^2 + \mathfrak{y}_0^2 + \mathfrak{z}_0^2$ 写成 $\mathfrak{c}_0^2$，将$\frac{\partial}{\partial t} + \frac{u_0\partial}{\partial x} + \frac{v_0\partial}{\partial y} + \frac{w_0\partial}{\partial z}$写成$\frac{\mathrm{d}_0}{\mathrm{d}t}$，那么可得：

$$\begin{cases} \frac{1}{f^{(0)}}\mathfrak{l} = \frac{\mathrm{d}_0 a}{\mathrm{d}t} - \mathfrak{c}_0^2\frac{\mathrm{d}_0 k}{\mathrm{d}t} + \mathfrak{x}_0\left[\frac{\partial a}{\partial x} + 2k\left(\frac{\mathrm{d}_0 u_0}{\mathrm{d}t} - X\right)\right] \\ + \mathfrak{y}_0\left[\frac{\partial a}{\partial y} + 2k\left(\frac{\mathrm{d}_0 v_0}{\mathrm{d}t} - Y\right)\right] + \mathfrak{z}_0\left[\frac{\partial a}{\partial z} + 2k\left(\frac{\mathrm{d}_0 w_0}{\mathrm{d}t} - Z\right)\right] \\ + 2k\left[\mathfrak{x}_0^2\frac{\partial u_0}{\partial x} + \mathfrak{y}_0^2\frac{\partial v_0}{\partial y} + \mathfrak{z}_0^2\frac{\partial w_0}{\partial z} + \mathfrak{y}_0\mathfrak{z}_0\left(\frac{\partial v_0}{\mathrm{d}z} + \frac{\partial w_0}{\partial y}\right)\right. \\ \left. + \mathfrak{x}_0\mathfrak{z}_0\left(\frac{\partial w_0}{\partial x} + \frac{\partial u_0}{\partial z}\right) + \mathfrak{x}_0\mathfrak{y}_0\left(\frac{\partial u_0}{\partial y} + \frac{\partial v_0}{\partial x}\right)\right] \\ - \mathfrak{c}_0^2\left(\mathfrak{x}_0\frac{\partial k}{\partial x} + \mathfrak{y}_0\frac{\partial k}{\partial y} + \mathfrak{z}_0\frac{\partial k}{\partial z}\right)。 \end{cases} \tag{245}$$

如果我们认为系数 b 很小，因而它们之间的乘积与平方项可以忽略不计，那么(114)式的右边变为

$$\mathfrak{r} = \iint_0^\infty \int_0^{2\pi} f^{(0)} f_1^{(0)} \mathrm{d}\omega_1 gb\,\mathrm{d}b\,\mathrm{d}\varepsilon[b_{11}(\mathfrak{x}'^2 + \mathfrak{x}_1'^2 - \mathfrak{x}^2 - \mathfrak{x}_1^2)$$
$$+ b_{22}(\mathfrak{y}'^2 + \mathfrak{y}_1'^2 - \mathfrak{y}^2 - \mathfrak{y}_1^2) + \cdots]。$$

为了不至于有太多的上、下标符号，我们将在得到(246)式之前，丢掉 $\mathfrak{x}, \mathfrak{y}, \mathfrak{z}$ 的下标零，即我们不会明确标示，它们得自于将相对应的 ξ, η, ζ 减去 u_0, v_0, w_0，而非减去 u, v, w。因为在 $f^{(0)}$ 和 $f_1^{(0)}$ 中，是将 ξ, η, ζ 减去 u_0, v_0, w_0，而非将 ξ, η, ζ 减去 u, v, w，所以，跟之前一样，我们可以求得

$$U = \int_0^\infty gb\,\mathrm{d}b\int_0^{2\pi}\mathrm{d}\varepsilon(\mathfrak{x}'\mathfrak{y}' + \mathfrak{x}'_1\mathfrak{y}_1^1 - \mathfrak{x}\mathfrak{y} - \mathfrak{x}_1\mathfrak{y}_1)$$
$$= -3A_2\sqrt{\frac{K_1}{2m}}(\mathfrak{x}\mathfrak{y} - \mathfrak{x}\mathfrak{y}_1 - \mathfrak{x}_1\mathfrak{y} + \mathfrak{x}_1\mathfrak{y}_1)。$$

因此

$$\int f_1^{(0)} \mathrm{d}\omega_1 U = -3A_2\sqrt{\frac{K_1}{2m^3}}\rho\mathfrak{x}\mathfrak{y}。$$

对乘积项 $\mathfrak{x}\mathfrak{z}$ 和 $\mathfrak{y}\mathfrak{z}$ 也可得到同样的结果。由于现在

$$\int \mathfrak{x}_1^2 f_1^{(0)} \mathrm{d}\omega_1 = \int \mathfrak{y}_1^2 f_1^{(0)} \mathrm{d}\omega_1 = \int \mathfrak{z}_1^2 f_1^{(0)} \mathrm{d}\omega_1,$$

而且

$$b_{11} + b_{22} + b_{33} = 0,$$

因此，$b_{11}\mathfrak{x}^2 + b_{22}\mathfrak{y}^2 + b_{33}\mathfrak{z}^2$ 可以表示为二阶球函数之和，于是有：

$$\iint_0^\infty \int_0^{2\pi} f_1^{(0)} gb\mathrm{d}\omega_1 \mathrm{d}b\mathrm{d}\varepsilon (b_{11}\mathfrak{X} + b_{22}\mathfrak{Y} + b_{33}\mathfrak{Z})$$

$$= -\frac{3}{2}A_2\rho\sqrt{\frac{2K_1}{m^3}}(b_{11}\mathfrak{x}^2 + b_{22}\mathfrak{y}^2 + b_{33}\mathfrak{z}^2)。$$

其中简写符号 $\mathfrak{X}$ 用来代表 $\mathfrak{x}'^2 + \mathfrak{x}_1'^2 - \mathfrak{x}^2 - \mathfrak{x}_1^2$，$\mathfrak{Y}$ 和 $\mathfrak{Z}$ 的作用类似。

如果令

$$\mathfrak{X}_1 = \mathfrak{x}'\mathfrak{c}'^2 + \mathfrak{x}_1'\mathfrak{c}_1'^2 - \mathfrak{x}\mathfrak{c}^2 - \mathfrak{x}_1\mathfrak{c}_1^2$$

$$\mathfrak{Y}_1 = \mathfrak{y}'\mathfrak{c}'^2 + \mathfrak{y}_1'\mathfrak{c}_1'^2 - \mathfrak{y}\mathfrak{c}^2 - \mathfrak{y}_1\mathfrak{c}_1^2$$

$$\mathfrak{Z}_1 = \mathfrak{z}'\mathfrak{c}'^2 + \mathfrak{z}_1'\mathfrak{c}_1'^2 - \mathfrak{z}\mathfrak{c}^2 - \mathfrak{z}_1\mathfrak{c}_1^2$$

则根据前一节中的原理[参见(231a)式]，同样可得：

$$\int_0^\infty gb\mathrm{d}b\int_0^{2\pi}\mathrm{d}\varepsilon\mathfrak{X}_1 = -A_2\sqrt{\frac{K_1}{2m}}\cdot[2(\mathfrak{x}^2 - \mathfrak{x}_1^2)(\mathfrak{x} - \mathfrak{x}_1)$$
$$-(\mathfrak{x} + \mathfrak{x}_1)(\mathfrak{y} - \mathfrak{y}_1)^2 - (\mathfrak{x} + \mathfrak{x}_1)(\mathfrak{z} - \mathfrak{z}_1)^2$$
$$+3(\mathfrak{y}^2 - \mathfrak{y}_1^2)(\mathfrak{x} - \mathfrak{x}_1) + 3(\mathfrak{z}^2 - \mathfrak{z}_1^2)(\mathfrak{x} + \mathfrak{x}_1)]。$$

$$\iint_0^\infty \int_0^{2\pi} f_1^{(0)} \mathrm{d}\omega_1 gb\mathrm{d}b\mathrm{d}\varepsilon (c_1\mathfrak{X}_1 + c_2\mathfrak{Y}_1 + c_3\mathfrak{Z}_1)$$

$$= -2A_2\rho\sqrt{\frac{K_1}{2m^3}}[(c_1\mathfrak{x} + c_2\mathfrak{y} + c_3\mathfrak{z})\mathfrak{c}^2$$
$$-\frac{5}{2k}(c_1\mathfrak{x} + c_2\mathfrak{y} + c_3\mathfrak{z})],$$

所以最后有：

$$\left\{\begin{aligned} \frac{\mathfrak{r}}{f^{(0)}} = -3A_2\rho\sqrt{\frac{K_1}{2m^3}}\Big\{ & b_{11}\mathfrak{x}_0^2 + b_{22}\mathfrak{y}_0^2 + b_{33}\mathfrak{z}_0^2 \\ & + b_{23}\mathfrak{y}_0\mathfrak{z}_0 + b_{13}\mathfrak{x}_0\mathfrak{z}_0 + b_{12}\mathfrak{x}_0\mathfrak{y}_0 + \frac{2}{3}\mathfrak{c}_0^2(c_1\mathfrak{x}_0 + c_2\mathfrak{y}_0 + c_3\mathfrak{z}_0) \\ & - \frac{5}{3k}(c_1\mathfrak{x}_0 + c_2\mathfrak{y}_0 + c_3\mathfrak{z}_0)\Big\}。\end{aligned}\right. \tag{246}$$

由于(114)式恒成立,因此对所有的 x_0, y_0, z_0 值,(245)式和(246)式都是相等的。首先,与 x_0, y_0, z_0 无关的项必须相等,因此:

$$\frac{d_0 a}{dt}=0。\tag{247}$$

由于 $b_{11}+b_{22}+b_{33}=0$,因此,由 $\mathfrak{x}_0, \mathfrak{y}_0, \mathfrak{z}_0$ 的二阶项分别相等可得:

$$\left\{\begin{aligned}
&\frac{d_0 k}{dt}+\frac{2k}{3}\left(\frac{\partial u_0}{\partial x}+\frac{\partial v_0}{\partial y}+\frac{\partial w_0}{\partial z}\right)=0,\\
&b_{11}=\frac{2k}{9A_2\rho}\sqrt{\frac{2m^3}{K_1}}\left(\frac{\partial v_0}{\partial y}+\frac{\partial w_0}{\partial z}-2\frac{\partial u_0}{\partial x}\right),\\
&b_{22}=\frac{2k}{9A_2\rho}\sqrt{\frac{2m^3}{K_1}}\left(\frac{\partial u_0}{\partial x}+\frac{\partial w_0}{\partial z}-2\frac{\partial v_0}{\partial y}\right),\\
&b_{33}=\frac{2k}{9A_2\rho}\sqrt{\frac{2m^3}{K_1}}\left(\frac{\partial u_0}{\partial x}+\frac{\partial v_0}{\partial y}-2\frac{\partial w_0}{\partial z}\right),\\
&b_{23}=-\frac{2k}{3A_2\rho}\sqrt{\frac{2m^3}{K_1}}\left(\frac{\partial v_0}{\partial z}+\frac{\partial w_0}{\partial y}\right),\\
&b_{13}=-\frac{2k}{3A_2\rho}\sqrt{\frac{2m^3}{K_1}}\left(\frac{\partial w_0}{\partial x}+\frac{\partial u_0}{\partial z}\right),\\
&b_{12}=-\frac{2k}{3A_2\rho}\sqrt{\frac{2m^3}{K_1}}\left(\frac{\partial u_0}{\partial y}+\frac{\partial v_0}{\partial x}\right),\\
&c_1=\frac{1}{2A_2\rho}\sqrt{\frac{2m^3}{K_1}}\frac{\partial k}{\partial x},\\
&c_2=\frac{1}{2A_2\rho}\sqrt{\frac{2m^3}{K_1}}\frac{\partial k}{\partial y},\\
&c_3=\frac{1}{2A_2\rho}\sqrt{\frac{2m^3}{K_1}}\frac{\partial k}{\partial z}。
\end{aligned}\right.\tag{248}$$

最后,令包含 $\mathfrak{x}_0, \mathfrak{y}_0, \mathfrak{z}_0$ 一次方的项相等(同时考虑 c_1, c_2, c_3 的值),可得:

$$\left\{\begin{aligned}
&\frac{d_0 u_0}{dt}-X+\frac{1}{2k}\frac{\partial a}{\partial x}-\frac{5}{4k^2}\frac{\partial k}{\partial x}\\
&=\frac{d_0 v_0}{dt}-Y+\frac{1}{2k}\frac{\partial a}{\partial y}-\frac{5}{4k^2}\frac{\partial k}{\partial y}\\
&=\frac{d_0 w_0}{dt}-Z+\frac{1}{2k}\frac{\partial a}{\partial z}-\frac{5}{4k^2}\frac{\partial k}{\partial z}=0。
\end{aligned}\right.\tag{249}$$

由于 $b_{11}+b_{22}+b_{33}=0$,且每个包含 $\mathfrak{x}_0, \mathfrak{y}_0, \mathfrak{z}_0$ 奇次幂的项在积分时得零值,因此,如果不作更深入的近似以至于对气体密度进行任何修正的话,将有(假设分别用 $d\omega$ 和 $d\omega_0$ 表示 $d\xi d\eta d\zeta$ 和 $d\mathfrak{x}_0 d\mathfrak{y}_0 d\mathfrak{z}_0$):

$$\iiint_{-\infty}^{+\infty} f\,\mathrm{d}\omega = \iiint_{-\infty}^{+\infty} f^{(0)}\,\mathrm{d}\omega_0。$$

所以

$$\rho = m\sqrt{\frac{\pi^3}{k^3}}\,\mathrm{e}^{a}。$$

同样

$$\int(\mathfrak{x}_0^2+\mathfrak{y}_0^2+\mathfrak{z}_0^2)f\,\mathrm{d}\omega = \int(\mathfrak{x}_0^2+\mathfrak{y}_0^2+\mathfrak{z}_0^2)f^{(0)}\,\mathrm{d}\omega_0。$$

所以，分子对一个以速度 u_0, v_0, w_0 运动的点的相对速率的方均值等于$\frac{3}{2k}$。

另一方面，u_0, v_0, w_0 只是近似等于体积元 do 中气体整体运动的速度分量。这些分量实际上定义为 $\overline{\xi}, \overline{\eta}, \overline{\zeta}$。现在我们有 $\overline{\xi} = u_0 + \overline{\mathfrak{x}_0}$，而且

$$\overline{\mathfrak{x}_0} = \frac{\int \mathfrak{x}_0 f\,\mathrm{d}\omega}{\int f\,\mathrm{d}\omega} = c_1\frac{\int \mathfrak{x}_0^2\mathfrak{c}_0^2 f^{(0)}\,\mathrm{d}\omega_0}{\int f^{(0)}\,\mathrm{d}\omega_0} = \frac{5c_1}{2k}。$$

如果我们用 u, v, w 表示气体整体运动的精确分量 $\overline{\xi}$、$\overline{\eta}$、$\overline{\zeta}$，并用 $\mathfrak{x}$、$\mathfrak{y}$、$\mathfrak{z}$ 表示分子相对于整体运动的运动分量，那么在这一近似中我们有

$$u = u_0 + \frac{5c_1}{2k},\quad v = v_0 + \frac{5c_2}{2k},\quad w = w_0 + \frac{5c_3}{2k}$$

$$\mathfrak{x} = \mathfrak{x}_0 - \frac{5c_1}{2k},\quad \mathfrak{y} = \mathfrak{y}_0 - \frac{5c_2}{2k},\quad \mathfrak{z} = \mathfrak{z}_0 - \frac{5c_3}{2k}。$$

此外，

$$\begin{aligned} p &= \frac{\rho}{3}(\overline{\mathfrak{x}^2}+\overline{\mathfrak{y}^2}+\overline{\mathfrak{z}^2}) = \frac{\rho}{3}\left(\overline{\mathfrak{x}_0^2}+\overline{\mathfrak{y}_0^2}+\overline{\mathfrak{z}_0^2} - \frac{25}{4}\frac{c_1^2+c_2^2+c_3^2}{k^2}\right) \\ &= \rho\left(\frac{1}{2k} - \frac{25}{12}\frac{c_1^2+c_2^2+c_3^2}{k^2}\right)。\end{aligned}$$

因此，作为一级近似，我们有

$$u = u_0,\quad v = v_0,\quad w = w_0,\quad \frac{\mathrm{d}_0}{\mathrm{d}t} = \frac{\mathrm{d}}{\mathrm{d}t},\quad k = \frac{\rho}{2p} = \frac{1}{2rT},$$

$$a = \ln\left(\frac{\rho}{m}\sqrt{\frac{k^3}{\pi^3}}\right) = \ln\left(\frac{\rho^{\frac{5}{2}}p^{-\frac{3}{2}}}{m\sqrt{8\pi^3}}\right) = \ln\left(\frac{\rho T^{-\frac{3}{2}}}{m\sqrt{8\pi^3 r^3}}\right)。$$

所以，根据(247)式可得

$$p\rho^{-\frac{5}{3}} = 常数\qquad 或者\ \rho T^{-\frac{3}{2}} = 常数，$$

这就是泊松定律。此外，

$$\frac{1}{2k}=\frac{p}{\rho},\ \frac{\partial a}{\partial x}=\frac{5}{2\rho}\frac{\partial \rho}{\partial x}-\frac{3}{2p}\frac{\partial p}{\partial x},\ \frac{1}{k}\frac{\partial k}{\partial x}=\frac{1}{\rho}\frac{\partial \rho}{\partial x}-\frac{1}{p}\frac{\partial p}{\partial x},$$

因此有

$$\frac{1}{2k}\left(\frac{\partial a}{\partial x}-\frac{5}{2k}\frac{\partial k}{\partial x}\right)=\frac{1}{\rho}\frac{\partial p}{\partial x}。$$

所以，由(249)式可得：

$$\frac{\mathrm{d}u}{\mathrm{d}t}-X+\frac{1}{\rho}\frac{\partial p}{\partial x}=\frac{\mathrm{d}v}{\mathrm{d}t}-Y+\frac{1}{\rho}\frac{\partial p}{\partial y}=\frac{\mathrm{d}w}{\mathrm{d}t}-Z+\frac{\partial p}{\partial z}=0。$$

如果我们希望将近似再推进一步，那我们可以在小量项中作上述代换，这样可得：

$$X_y=\rho\overline{\mathfrak{x}\mathfrak{y}}=\rho\frac{\int \mathfrak{x}_0\mathfrak{y}_0 f\,\mathrm{d}\omega_0}{\int f^{(0)}\,\mathrm{d}\omega_0}=\rho b_{12}\frac{\int \mathfrak{x}_0^2\mathfrak{y}_0^2 f^{(0)}\,\mathrm{d}\omega_0}{\int f^{(0)}\,\mathrm{d}\omega_0}=\frac{\rho b_{12}}{4k^2}$$

$$=\frac{p b_{12}}{2k}=-\frac{p}{3A_2\rho}\sqrt{\frac{2m^3}{K_1}}\left(\frac{\partial v}{\partial x}+\frac{\partial u}{\partial y}\right)=-\mathfrak{R}\left(\frac{\partial v}{\partial x}+\frac{\partial u}{\partial y}\right)。$$

同理可得方程(220)中其他各式，这里，我们同样也很容易就提高了近似程度。

§24　不满足(147)式情况下的熵　扩散

到目前为止，我们还只是在(147)式成立这样一个严格的假设条件下计算了 H。接下来我们希望在 f 满足(242)式的一般假设下来对它进行计算，这时黏滞现象和热量传递过程都是存在的。我们考虑一种简单气体。因此

$$H=\iint f\ln f\,\mathrm{d}o\,\mathrm{d}\omega。$$

由于 f 满足(242)式，所以我们可以将它近似地表示为

$$\ln f=a-k(\mathfrak{x}_0^2+\mathfrak{y}_0^2+\mathfrak{z}_0^2)+A-\frac{A^2}{2}。$$

其中(242)式括号内的部分被记为了 $1+A$。

现在我们希望建立体积元 $\mathrm{d}o$ 中所包含气体的 H 表达式。所得结果将乘以 $-RM$，除以 $\mathrm{d}o$。设这个量为

$$J=-RM\int f\ln f\,\mathrm{d}\omega。$$

那么，$J\,\mathrm{d}o$ 将是 $\mathrm{d}o$ 中所包含气体的熵。

这时如果将上述 f 值和 $\ln f$ 值代入，则所得结果中首先将包含一个与系数 b，c 无关的项。这是 $\mathrm{d}o$ 中气体在它具有相同能量(热能)、具有相同的空间平动，并且服从麦克斯

韦速度分布律的情况下的熵(被 do 除之后的值)。它可以用§19 中的方法来计算,并且如那里所示,其结果为

$$\frac{R\rho}{\mu}\ln(T^{\frac{3}{2}}\rho^{-1})$$

加上一个常数。除这一项之外,所得结果中还将包含系数 b、c 的线性项。这些项全都为零。因为当 a,b,c 中某个数为奇数时

$$\int \mathfrak{x}_0^a \mathfrak{y}_0^b \mathfrak{z}_0^c \mathrm{e}^{-k(\mathfrak{x}_0^2+\mathfrak{y}_0^2+\mathfrak{z}_0^2)}\mathrm{d}\omega_0=0,$$

从而系数 $b_{12},b_{13},b_{23},c_1,c_2$ 及 c_3 全都为零。但是,如果 a,b,c 全都是偶数,那么在 $\mathfrak{x}_0$,$\mathfrak{y}_0$,$\mathfrak{z}_0$ 的循环置换下积分的值不会发生改变。因而 b_{11},b_{22},b_{33} 的系数相同,这样一来,包含系数 b、c 的各线性项之和无论如何都为零,因为

$$b_{11}+b_{22}+b_{33}=0。$$

由于我们忽略高级项,所以 J 的表达式中只可能剩下系数 b,c 的二阶项。它们之和为

$$J_1=-\frac{R\rho}{2\mu}(b_{11}^2\overline{\mathfrak{x}_0^4}+b_{22}^2\overline{\mathfrak{y}_0^4}+b_{33}^2\overline{\mathfrak{z}_0^4}+2b_{11}b_{22}\overline{\mathfrak{x}_0^2}\,\overline{\mathfrak{y}_0^2}$$
$$+2b_{11}b_{33}\overline{\mathfrak{x}_0^2}\,\overline{\mathfrak{z}_0^2}+2b_{22}b_{33}\overline{\mathfrak{y}_0^2}\,\overline{\mathfrak{z}_0^2}+b_{12}^2\overline{\mathfrak{x}_0^2}\,\overline{\mathfrak{y}_0^2}+b_{13}^2\overline{\mathfrak{x}_0^2}\,\overline{\mathfrak{z}_0^2}$$
$$+b_{23}^2\overline{\mathfrak{y}_0^2}\,\overline{\mathfrak{z}_0^2}+c_1^2\overline{\mathfrak{x}_0^2\mathfrak{c}_0^4}+c_2^2\overline{\mathfrak{y}_0^2\mathfrak{c}_0^4}+c_3^2\overline{\mathfrak{z}_0^2\mathfrak{c}_0^4})。$$

接下来需要添加到(242)式中的(尚未被计算过的)项,当然是和上述各二阶项同一数量级的,不过,这些项在积分的过程中也可能会消掉。

现在我们发现:

$$\overline{\mathfrak{x}_0^4}=\overline{\mathfrak{y}_0^4}=\overline{\mathfrak{z}_0^4}=\frac{3}{4k^2},\overline{\mathfrak{x}_0^2}=\overline{\mathfrak{y}_0^2}=\overline{\mathfrak{z}_0^2}=\frac{1}{2k},$$

同时不难发现:

$$\overline{\mathfrak{x}_0^2\mathfrak{c}_0^4}=\overline{\mathfrak{y}_0^2\mathfrak{c}_0^4}=\overline{\mathfrak{z}_0^2\mathfrak{c}_0^4}=\frac{1}{3}\overline{\mathfrak{c}_0^6}=\frac{35}{8k^3}。$$

因为

$$\frac{1}{2k}=\frac{RT}{\mu}$$

所以有

$$J_1=-\frac{R^3T^2\rho}{2\mu^3}\Big\{3(b_{11}^2+b_{22}^2+b_{33}^2)+2(b_{11}b_{22}+b_{11}b_{33}+b_{22}b_{33})$$
$$+b_{12}^2+b_{13}^2+b_{23}^2+\frac{5\cdot 7\cdot 9}{16}\frac{\mathfrak{R}^2\mu}{R\rho^2T^3}\left[\left(\frac{\partial T}{\partial x}\right)^2+\left(\frac{\partial T}{\partial y}\right)^2+\left(\frac{\partial T}{\partial z}\right)^2\right]\Big\}。$$

代入各 b 的值,同时用 θ 表示

$$\frac{\partial u}{\partial x}+\frac{\partial v}{\partial y}+\frac{\partial w}{\partial z},$$

则可得体积元 do 中所包含气体的总熵为：

$$\begin{cases} J\,\mathrm{d}o=\dfrac{R\rho\mathrm{d}o}{2\mu}\ln(T^{\frac{3}{2}}\rho^{-1})-\dfrac{4\mathfrak{R}^2R^3T^2\rho\mathrm{d}o}{p^2\mu^3}\Big\{2\Big(\dfrac{\partial u}{\partial x}-\dfrac{1}{3}\theta\Big)^2 \\ +2\Big(\dfrac{\partial v}{\partial y}-\dfrac{1}{3}\theta\Big)^2+2\Big(\dfrac{\partial w}{\partial z}-\dfrac{1}{3}\theta\Big)^2+\Big(\dfrac{\partial v}{\partial z}+\dfrac{\partial w}{\partial y}\Big)^2 \\ +\Big(\dfrac{\partial w}{\partial x}+\dfrac{\partial u}{\partial z}\Big)^2+\Big(\dfrac{\partial v}{\partial x}+\dfrac{\partial u}{\partial y}\Big)^2+\dfrac{5\cdot7\cdot9}{64}\dfrac{\mu}{RT^3}\Big[\Big(\dfrac{\partial T}{\partial x}\Big)^2 \\ +\Big(\dfrac{\partial T}{\partial y}\Big)^2+\Big(\dfrac{\partial T}{\partial z}\Big)^2\Big]\Big\}=\dfrac{R\rho\mathrm{d}o}{2\mu}\ln(T^{\frac{3}{2}}\rho^{-1}) \\ -\dfrac{4\mathfrak{R}^2R^3T^2\rho\mathrm{d}o}{p^2\mu^3}\Big\{2\Big[\Big(\dfrac{\partial u}{\partial x}\Big)^2+\Big(\dfrac{\partial v}{\partial y}\Big)^2+\Big(\dfrac{\partial w}{\partial z}\Big)^2\Big] \\ -\dfrac{2}{3}\Big(\dfrac{\partial u}{\partial x}+\dfrac{\partial v}{\partial y}+\dfrac{\partial w}{\partial z}\Big)^2+\Big(\dfrac{\partial v}{\partial z}+\dfrac{\partial w}{\partial y}\Big)^2 \\ +\Big(\dfrac{\partial w}{\partial x}+\dfrac{\partial u}{\partial z}\Big)^2+\Big(\dfrac{\partial u}{\partial y}+\dfrac{\partial v}{\partial x}\Big)^2 \\ +\dfrac{5\cdot7\cdot9}{64}\dfrac{\mu}{RT^3}\Big[\Big(\dfrac{\partial T}{\partial x}\Big)^2+\Big(\dfrac{\partial T}{\partial y}\Big)^2+\Big(\dfrac{\partial T}{\partial z}\Big)^2\Big]\Big\}。\end{cases} \tag{250}$$

所有包含 u,v,w 对 x,y,z 求导数的项之和，就是瑞利勋爵所称作的黏性耗散函数(dissipation function of viscosity)。最后三项之和被 L. 纳塔森(Ladislaus Natanson)叫作热传导耗散函数(dissipation function of heat conduction)。

唯能论者(energeticist)坚持认为，不同形式的能量有着本质的区别；对他们来说，介于动能和热能之间的能量是种奇怪的东西。随之而来的，是被反复强调的有关一个物体中不同能量之性质的叠加原理。这一原理适用于静止的状态，以及在某种程度上不同能量形式可以区分开来的、完全稳定的整体运动状态。另一方面，如果上述方程正确，那么，对于相同的温度及速度，在存在黏滞性和热量传递等耗散现象和不存在耗散现象两种情况下，气体的熵是不一样的。因此我们必须处理这样一种动能，可以说它一半是整体运动的动能，另一半则被转化为热运动，从而它以一种在静态现象的定律中没有预言到的形式，出现在熵的表达式里。如果我们用外力使一个完全弹性的物体发生形变，那么当它回复到初始状态时，我们所输入的所有能量又都会以对外做功的方式而回到外部系统。如果我们通过外力做功的方式在气体中产生黏滞性，那么所做的功就被转化为了热能。外力撤掉后，这一转化过程在经过一段远远超过弛豫时间的时间之后，实现得非常彻底。当外力还在起作用的时候，我们的方程预言，在每一瞬间，系统的熵都比整体运动所失去的动能完全转化为热能时要低。实际上，系统的能量处于一种介于普通热能和整体动能之间的中间状态，它的一部分仍然可以变回为功，毕竟麦克斯韦速度分布并不是严格成立的。基于纯力学模型的这一有关能量耗散的描述，在我看来特别引人注目。

下面假设存在两种气体，令 m 是第一种分子的质量，m_1 是第二种分子的质量。一个体积元中所有第一种分子的速度分量 ξ 的平均值 u，将被称为该体积元中第一种分子总速度的 x 分量。它未必等于同一体积元中所有另一种气体分子速度分量 ξ_1 的平均值 u_1。u_1 将被称为体积元 do 中第二种气体总运动的 x 分量。v, w, v_1 及 w_1 具有类似的意义。令 ρ 和 ρ_1 为两种气体的分密度，即，ρ 等于 do 中包含的所有第一种分子的总质量除以 do，ρ_1 的意义类似。令 p 和 p_1 为分压，即，每种气体在假设另一种气体不存在时对单位面积所施加的压力。设 $P=p+p_1$ 为总压强。最后，设 $\mathfrak{x}, \mathfrak{y}, \mathfrak{z}$ 和 $\mathfrak{x}_1, \mathfrak{y}_1, \mathfrak{z}_1$ 分别是两种气体分子的速度分量中超过各自总速度分量的部分：

$$\xi=u+\mathfrak{x}, \eta=v+\mathfrak{y}, \zeta=w+\mathfrak{z}$$

$$\xi_1=u_1+\mathfrak{x}_1, \eta_1=v_1+\mathfrak{y}_1, \zeta_1=w_1+\mathfrak{z}_1$$

那么，对于每一种气体，连续性方程都是成立的，这点我们在假设只存在一种气体之前就已经证明过。因此：

$$\begin{cases}\dfrac{\partial\rho}{\partial t}+\dfrac{\partial(\rho u)}{\partial x}+\dfrac{\partial(\rho v)}{\partial y}+\dfrac{\partial(\rho w)}{\partial z}=0\\[2ex]\dfrac{\partial\rho_1}{\partial t}+\dfrac{\partial(\rho_1 u_1)}{\partial x}+\dfrac{\partial(\rho_1 v_1)}{\partial y}+\dfrac{\partial(\rho_1 w_1)}{\partial z}=0\end{cases}\tag{251}$$

接着，我们假设 dt 时间内，体积元 do 以该体积元内第一种气体的速度分量 u, v, w 运动。任何量 Φ 在 $t+dt$ 时刻及体积元中新位置的值，减去它在 t 时刻及体积元中旧位置的值之后，再除以 dt 的结果，我们用 $\frac{d\Phi}{dt}$ 表示，从而：

$$\frac{d\Phi}{dt}=\frac{\partial\Phi}{\partial t}+u\frac{\partial\Phi}{\partial x}+v\frac{\partial\Phi}{\partial y}+w\frac{\partial\Phi}{\partial z}。$$

同理

$$\frac{d_1\Phi}{dt}=\frac{\partial\Phi}{\partial t}+u_1\frac{\partial\Phi}{\partial x}+v_1\frac{\partial\Phi}{\partial y}+w_1\frac{\partial\Phi}{\partial z}。$$

在构建后一个量时，我们设想体积元以速度分量 u_1, v_1, w_1 运动。因此，两个连续性方程又可以写为：

$$\begin{cases}\dfrac{d\rho}{dt}+\rho\left(\dfrac{\partial u}{\partial x}+\dfrac{\partial v}{\partial y}+\dfrac{\partial w}{\partial z}\right)=0\\[2ex]\dfrac{d_1\rho_1}{dt}+\rho_1\left(\dfrac{\partial u_1}{\partial x}+\dfrac{\partial v_1}{\partial y}+\dfrac{\partial w_1}{\partial z}\right)=0。\end{cases}\tag{252}$$

忽略与麦克斯韦速度分布律之间的偏差。那么有：

$$p=\rho\overline{\mathfrak{x}^2}=\rho\overline{\mathfrak{y}^2}=\rho\overline{\mathfrak{z}^2},\quad \overline{\mathfrak{x}\mathfrak{y}}=\overline{\mathfrak{x}\mathfrak{z}}=\overline{\mathfrak{y}\mathfrak{z}}=0。$$

$$p_1=\rho_1\overline{\mathfrak{x}_1^2}=\rho_1\overline{\mathfrak{y}_1^2}=\rho_1\overline{\mathfrak{z}_1^2},\quad \overline{\mathfrak{x}_1\mathfrak{y}_1}=\overline{\mathfrak{x}_1\mathfrak{z}_1}=\overline{\mathfrak{y}_1\mathfrak{z}_1}=0。$$

两种气体分子的平均动能无论如何也不会相差很大。因此下述方程近似成立：

$$\frac{m}{2}(\overline{\xi^2}+\overline{\eta^2}+\overline{\zeta^2})=\frac{m_1}{2}(\overline{\xi_1^2}+\overline{\eta_1^2}+\overline{\zeta_1^2})。$$

由于气体间扩散的速度分量 u,v,w 相对比较小，因此在目前的近似程度下，它们的平方与 $\xi^2,\eta^2,\cdots$ 相比可以忽略不计，所以有

$$m(\overline{\mathfrak{x}^2}+\overline{\mathfrak{y}^2}+\overline{\mathfrak{z}^2})=m_1(\overline{\mathfrak{x}_1^2}+\overline{\mathfrak{y}_1^2}+\overline{\mathfrak{z}_1^2})。$$

我们依旧令[参见(51a)式]这些量等于 $3RMT$，其中我们把 T 叫作 do 中的温度。这里，M 是另外某种气体(标准气体)的分子质量，R 是和所要选定的温标相对应的常数(标准气体的气体常数)。由于原有的两种气体中每种气体的行为都和静止气体一样，所以

$$p=r\rho T=\frac{R}{\mu}\rho T,\ p_1=r_1\rho_1T_1=\frac{R}{\mu_1}\rho_1T_1, \tag{253}$$

其中 r 和 r_1 是原来两种气体的气体常数，而 $\mu=\frac{m}{M}$，$\mu_1=\frac{m_1}{M}$。

下面我们令(187)式中 $\varphi=\xi=u+\mathfrak{x}$。这样便有

$$\overline{\varphi}=u,\ \rho\overline{\mathfrak{x}\varphi}=\rho\overline{\mathfrak{x}^2}=p,\ \overline{\mathfrak{y}\varphi}=\overline{\mathfrak{z}\varphi}=0,$$

$$\overline{\frac{\partial\varphi}{\partial\xi}}=1,\ \overline{\frac{\partial\varphi}{\partial\eta}}=\overline{\frac{\partial\varphi}{\partial\zeta}}=0。$$

$B_5(\varphi)=0$。由此可得：

$$\rho\frac{\mathrm{d}u}{\mathrm{d}t}+\frac{\partial p}{\partial x}-\rho X=mB_4(\xi), \tag{254}$$

其中，根据(132)式，

$$B_4(\xi)=\iiint_0^\infty\int_0^{2\pi}(\xi'-\xi)fF_1\mathrm{d}\omega\mathrm{d}\omega_1 gb\mathrm{d}b\mathrm{d}\varepsilon。$$

这时我们有[参看(200)式]：

$$\xi'-\xi=\frac{m_1}{m+m_1}[2(\xi_1-\xi)\cos^2\vartheta+\sqrt{g^2-(\xi-\xi_1)^2}\sin2\vartheta\cos\varepsilon],$$

因此

$$\int_0^{2\pi}(\xi'-\xi)\mathrm{d}\varepsilon=\frac{4\pi m_1}{m+m_1}(\xi_1-\xi)\cos^2\vartheta$$

$$\int_0^\infty gb\mathrm{d}b\int_0^{2\pi}(\xi'-\xi)\mathrm{d}\varepsilon=\frac{m_1}{m+m_1}(\xi_1-\xi)g\int_0^\infty 4\pi\cos^2\vartheta b\mathrm{d}b。$$

我们再令[(195)式]：

$$b=\left[\frac{K(m+m_1)}{mm_1}\right]^{\frac{1}{n}}g^{-\frac{2}{n}}\cdot\alpha$$

$$\mathrm{d}b=\left[\frac{K(m+m_1)}{mm_1}\right]^{\frac{1}{n}}g^{-\frac{2}{n}}\mathrm{d}\alpha$$

随后令 $n=4$。这样可得：

$$\int_0^\infty\int_0^{2\pi}(\xi'-\xi)gb\,\mathrm{d}b\,\mathrm{d}\varepsilon$$

$$=m_1(\xi_1-\xi)\sqrt{\frac{K}{mm_1(m+m_1)}}\int_0^\infty 4\pi\cos^2\vartheta\alpha\,\mathrm{d}\alpha。$$

麦克斯韦把上述定积分叫作 A_1，并求出

$$A_1=2.6595。\tag{255}$$

令：

$$A_3=A_1\sqrt{\frac{K}{mm_1(m+m_1)}}\tag{256}$$

则有

$$\int_0^\infty\int_0^{2\pi}(\xi'-\xi)gb\,\mathrm{d}b\,\mathrm{d}\varepsilon=m_1A_3(\xi_1-\xi)。$$

由此进一步可得：

$$mB_4(\xi)=A_3\left[m\int f\mathrm{d}\omega\cdot m_1\int\xi_1F_1\mathrm{d}\omega_1-m\int\xi f\mathrm{d}\omega\cdot m_1\int F_1\mathrm{d}\omega_1\right]。$$

由于根据(175)式可知：

$$m\int f\mathrm{d}\omega=\rho,\ m\int\xi f\mathrm{d}\omega=\rho\bar{\xi}=\rho u,$$

而且对于第二种气体显然也有同样的结果：

$$m_1\int F_1\mathrm{d}\omega_1=\rho_1,\ m_1\int\xi_1F_1\mathrm{d}\omega_1=\rho_1u_1,$$

因此，我们有

$$mB_4(\xi)=A_3\rho\rho_1(u_1-u),$$

而方程(254)则简化为

$$\rho\frac{\mathrm{d}u}{\mathrm{d}t}+\frac{\partial p}{\partial x}-\rho X+A_3\rho\rho_1(u-u_1)=0。\tag{257}$$

对于第二种气体，同理可得

$$\rho_1\frac{\mathrm{d}u_1}{\mathrm{d}t}+\frac{\partial p_1}{\partial x}-\rho_1X_1+A_3\rho\rho_1(u_1-u)=0。\tag{257a}$$

这些方程就是我们熟悉的流体力学方程。根据我们目前的假设，黏滞性和热传导不

会有重要的影响。只有最后一项描述了两种气体的相互作用。所以在目前假设的基础上，这一相互作用的效果，相当于在外界对 do 中气体所施加的力 $X\rho \mathrm{d}o$ 之上，叠加了一个大小为 $-A_3\rho\rho_1(u-u_1)\mathrm{d}o$ 的力的作用。我们可以通过适当的安排，使这一气体在第二种气体中的运动仅仅受到该阻力作用，而不受作用于它之上的其他外力的影响。由于在 y 轴和 z 轴方向也是同样的情况，所以，这个阻力等于两种气体的分密度与它们的相对速度 $\sqrt{(u-u_1)^2+(v-v_1)^2+(w-w_1)^2}$、体积元的体积 do，以及常数 A_3 的乘积。阻力的方向和相对运动的方向平行，它阻碍着每一种气体相对于另一种气体的运动。如果令(187)式中 $\varphi=\xi^2+\eta^2+\zeta^2$，那么，根据目前的近似，我们发现，只要初始时刻 $m\overline{(\mathfrak{x}^2+\mathfrak{y}^2+\mathfrak{z}^2)}=m_1\overline{(\mathfrak{x}_1^2+\mathfrak{y}_1^2+\mathfrak{z}_1^2)}$，则有

$$\frac{\mathrm{d}}{\mathrm{d}t}(\overline{\mathfrak{x}^2}+\overline{\mathfrak{y}^2}+\overline{\mathfrak{z}^2})=0。$$

所以，温度并没有因为扩散过程而发生改变。

我们只准备将这些方程应用于洛施密特教授的气体扩散实验上。他的实验情况如下：一个竖立的圆柱形容器用薄隔板分隔成上下两部分。下面一层装着重一点的气体，上面一层装着轻一点的气体。使两种气体的压强和温度相等，然后当所有的整体运动停止后，尽可能平稳快速地抽走隔板。待气体扩散一段时间之后，再插入隔板，我们要分析的就是此时容器内两部分气体的性质。这里，我们忽略重力的作用，因此令 $X=Y=Z=0$。而且，运动只发生在圆柱轴线的方向。如果我们将这一方向选为横坐标轴，那么

$$v=w=\frac{\partial}{\partial y}=\frac{\partial}{\partial z}=0。$$

最后，假设运动速度非常缓慢，从而每个时刻系统都可以被看作稳态，所以$\frac{\mathrm{d}u}{\mathrm{d}t}$可以忽略不计。

我们也可以用下面的方法证明这一点：关于弛豫时间的倒数，我们有：

$$\frac{1}{\tau}=3A_2\rho\sqrt{\frac{K_1}{2m^3}},$$

而由 (256) 式可知：

$$A_3\rho_1=A_1\rho_1\sqrt{\frac{K_1}{mm_1(m+m_1)}}。$$

A_1 是一个小于两倍 A_2 的数。ρ 和 ρ_1 的数量级相同，m 和 m_1 的数量级相同。我们还假设 m 分子和 m_1 分子的作用力方程中出现的两个常数 K_1 和 K 的数量级相同。因此，(257)式中第一项与最后一项的大小之比，等于$\frac{\mathrm{d}u}{\mathrm{d}t}$与$\frac{(u-u_1)}{\tau}$之比。这一比值可以设为零，因为扩散过程十分缓慢，从而 u 产生增量 $u-u_1$ 所需要的时间 τ_1，必然比弛豫时间 τ

大得多。因此我们可以忽略(257)式中的第一项，而得到：

$$\frac{\partial p}{\partial x}=A_3\rho\rho_1(u-u_1)。\tag{258}$$

同理可得：

$$\frac{\partial p_1}{\partial x}=A_3\rho\rho_1(u_1-u)。\tag{259}$$

而根据连续性方程可得：

$$\frac{\partial \rho}{\partial t}+\frac{\partial(\rho u)}{\partial x}=\frac{\partial \rho_1}{\partial t}+\frac{\partial(\rho_1 u_1)}{\partial x}=0。\tag{260}$$

整个实验期间温度 T 应该保持恒定。因此，根据(253)式，p 和 ρ 成正比，p_1 和 ρ_1 成正比，所以(260)式可以写为如下形式：

$$\frac{\partial p}{\partial t}+\frac{\partial(p u)}{\partial x}=\frac{\partial p_1}{\partial t}+\frac{\partial(p_1 u_1)}{\partial x}=0。\tag{261}$$

如果令 $p+p_1=P$，其中 P 是总压强，那么，由(258)式和(259)式可得：

$$\frac{\partial P}{\partial x}=0。$$

而且，根据(261)式有：

$$\frac{\partial P}{\partial t}+\frac{\partial(pu+p_1u_1)}{\partial x}=0,$$

将上式对 x 求导数，可得

$$\frac{\partial^2(pu+p_1u_1)}{\partial x^2}=0,$$

因此有

$$pu+p_1u_1=C_1x+C_2。$$

由于气体不能流入或者流出容器，不管是从顶部还是底部都如此。所以，在对应于容器底部和顶部的横坐标值下，$u=u_1=0$，从而 $pu+p_1u_1=0$。

由此可知 $C_1=C_2=0$，且

$$pu+p_1u_1=0。\tag{262}$$

如果利用上式消去(258)式中的 u_1，则可得

$$\frac{\partial p}{\partial x}=-A_3\,\frac{\rho\rho_1}{pp_1}P\cdot pu,$$

所以，联立(253)式有：

$$\frac{\partial p}{\partial x}=-\frac{A_3\mu\mu_1P}{R^2T^2}pu。\tag{263}$$

如果再对 x 求导数，并参考(261)式，那么可得：

$$\frac{\partial p}{\partial t}=\mathfrak{D}\frac{\partial^2 p}{\partial x^2},$$

其中

$$\mathfrak{D}=\frac{R^2T^2}{A_3\mu\mu_1 P}。$$

这个方程和傅立叶建立的热传导方程具有相同的形式。所以,两种自然过程遵循着相同的规律。在我们的特例中,扩散过程发生的方式,就和下述情形中热量传递的方式一样:这时,取代装在圆柱形容器中的气体的,是一个均匀的金属圆柱体,初始时它的上半截维持在100℃的温度下,而它的下半截维持在0℃下;热量不会以热传导或者辐射的方式进入或离开金属圆柱体的表面。

$\mathfrak{D}$ 是扩散系数。它和绝对温度 T 的平方成正比,和总压强 P 成反比。它和混合比无关,所以扩散过程中容器不同层面上的 $\mathfrak{D}$ 值,任何时候都是相同的。如果分子的行为类似于弹性球,那么 $\mathfrak{D}$ 将和 T 的$\frac{3}{2}$次方成正比,从而将和混合比有关。但两种情况下 $\mathfrak{D}$ 对总压强 P 的依赖关系没有区别。

用下述方式可以给出扩散系数 $\mathfrak{D}$ 的简单定义。将方程(263)两边乘以$-\frac{\mu\mathfrak{D}}{RT}$后得到:

$$\rho u=-\frac{R^2T^2}{A_3\mu\mu_1 P}\frac{\partial\rho}{\partial x}=-\mathfrak{D}\frac{\partial\rho}{\partial x}。$$

ρu 显然是单位时间内通过单位截面的气体总量。它正比于气体分密度在容器轴线方向上的梯度$\frac{\partial\rho}{\partial x}$。比例系数恰好就是扩散系数。

如果我们保留五次方反比作用力的假设,那么将不能从作用力常数 K_1 和 K_2 得出有关 K 的结论。因此,从两种气体的性质本身,我们得不出有关它们相互作用的结论。但是,如果我们设想排斥力是通过可压缩以太壳(ether shell)而传递的话,则可以得出这样的结论。我们可以设 m 分子的以太壳直径为 s,m_1 分子的以太壳直径为 s_1。碰撞中,两个 m 分子的中心彼此可以靠近的最短距离平均为 s。如果假设其中一个分子固定不动,另一个分子以平均动能 $\mathfrak{l}$ 朝着它运动,那么后一分子的速度在两者之间的距离为 s 时将降为零。所以:

$$\mathfrak{l}=\int_s^\infty\frac{K_1\mathrm{d}r}{r^5}=\frac{K_1}{4s^4}。\qquad(264)$$

同理可得

$$\mathfrak{l}=\frac{K_2}{4s_1^4}。$$

但是,m_1 分子和 m 分子之间可以靠近的最短距离平均为两个半径之和$\frac{(s+s_1)}{2}$。如果我们依然令其中一个分子固定不动，另一个分子以所有分子的平均动能向它靠近，那么它的速度将在距离为$\frac{(s+s_1)}{2}$时降为零，因此有：

$$\mathfrak{l}=\frac{4K}{(s+s_1)^4}。$$

从上面这些方程可以推得：

$$2\sqrt[4]{K}=\sqrt[4]{K_1}+\sqrt[4]{K_2}。$$

由于我们已经求得[(256)式]：

$$A_3=A_1\sqrt{\frac{K}{mm_1(m+m_1)}}=\frac{A_1}{M^{\frac{3}{2}}}\sqrt{\frac{K}{\mu\mu_1(\mu+\mu_1)}}$$

$$=\frac{A_1}{4M^{\frac{3}{2}}}\frac{(\sqrt[4]{K_1}+\sqrt[4]{K_2})^2}{\sqrt{\mu\mu_1(\mu+\mu_1)}}。$$

以及第一种气体的黏滞系数[(219)式]：

$$\mathfrak{R}=\frac{p}{3A_2\rho}\sqrt{\frac{2m^3}{K_1}}=\frac{RTM^{\frac{3}{2}}}{3A_2}\sqrt{\frac{2\mu}{K_1}}。$$

同时还有第二种气体的黏滞系数：

$$\mathfrak{R}_1=\frac{RTM^{\frac{3}{2}}}{3A_2}\sqrt{\frac{2\mu_1}{K_2}},$$

因此可得

$$\sqrt{K_1}=\frac{RTM^{\frac{3}{2}}}{3A_2}\frac{\sqrt{2\mu}}{\mathfrak{R}},\ \sqrt{K_2}=\frac{RTM^{\frac{3}{2}}}{3A_2}\frac{\sqrt{2\mu_1}}{\mathfrak{R}_1}$$

$$A_3=\frac{A_1RT}{6\sqrt{2}A_2\sqrt{\mu\mu_1(\mu+\mu_1)}}\left(\frac{\sqrt[4]{\mu}}{\sqrt{\mathfrak{R}}}+\frac{\sqrt[4]{\mu_1}}{\sqrt{\mathfrak{R}_1}}\right)^2$$

$$\mathfrak{D}=\frac{6\sqrt{2}A_2RT}{A_1P}\sqrt{\frac{\mu+\mu_1}{\mu\mu_1}}\cdot\frac{1}{\left(\frac{\sqrt[4]{\mu}}{\sqrt{\mathfrak{R}}}+\frac{\sqrt[4]{\mu_1}}{\sqrt{\mathfrak{R}_1}}\right)^2}。\tag{265}$$

我们可以通过上式，由分子量与黏滞系数来计算两种气体的扩散常数。它与实验结果大体一致。不过我们不能指望它得到严格正确的结果。尽管如此，在这个方面它依然比其他公式更加具有合理性。

如果令(264)式中

$$\mathfrak{l}=\frac{m}{2}\overline{c^2},$$

那么

$$K_1=2ms^4\overline{c^2},$$

从而

$$\mathfrak{R}=\frac{pm}{3A_2\rho s^2\sqrt{\overline{c^2}}}$$

由于

$$\frac{p}{\rho}=\frac{1}{3}\overline{c^2},$$

因此有

$$\mathfrak{R}=\frac{m\sqrt{\overline{c^2}}}{9A_2s^2}=0.0812\frac{m\sqrt{\overline{c^2}}}{s^2}。$$

由(91)式可知

$$\mathfrak{R}=knmc\lambda,$$

$$\lambda=\frac{1}{\pi ns^2\sqrt{2}}。$$

此外,如果

$$c=\bar{c}=\sqrt{\frac{8}{3\pi}}\sqrt{\overline{c^2}},$$

则根据(89)式有:

$$k=0.350271。$$

所以,综合上述各式我们可得:

$$\mathfrak{R}=0.350271\frac{2}{\pi\sqrt{3\pi}}\frac{m\sqrt{\overline{c^2}}}{s^2}=0.0726\frac{m\sqrt{\overline{c^2}}}{s^2}。$$

由此可以看出,数值系数的区别并不显著。

平均自由程和碰撞数的概念并不适合于与距离的五次方成反比的排斥力理论。要定义这些概念,得作出新的任意假定。比如,当两个分子相遇时它们的相对速度偏离原方向的角度大于1°的话,我们必须判定为发生了碰撞。

我们最感兴趣的应该是将扩散系数的近似计算再推进一步,以及两种扩散气体的熵的计算。在第一种情形中,扩散过程很可能会伴随有温度的涨落,不过根据已有的原理来对它们进行计算应该不难;同样,通过确定两种扩散气体的熵的办法,来计算有关扩散的一种新的耗散函数,也比较容易。但是,我们不准备继续纠缠这个问题。

物质由微粒构成的观点在古印度和古希腊文化中都曾出现过，而最早将物质最小的、不可再分的构造单元称作原子的，是公元前5世纪的古希腊哲学家留基伯和德谟克利特，之后，支持原子论思想的早期哲学家包括伊壁鸠鲁及其追随者卢克莱修等人。

留基伯(Leucippus，约前500—约前440)，古希腊哲学家，原子论者，关于他的可靠传记材料都已失传。

德谟克利特(Democritus，前460—前370)，古希腊哲学家，继承和发展了留基伯的原子论，常以笑的形象出现在绘画等作品中。

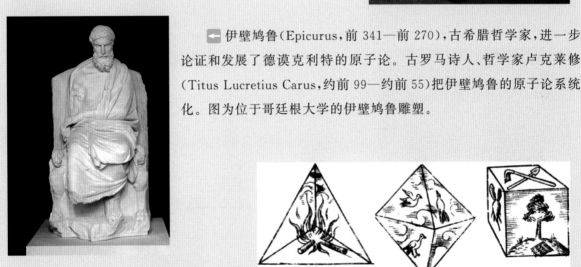

伊壁鸠鲁(Epicurus，前341—前270)，古希腊哲学家，进一步论证和发展了德谟克利特的原子论。古罗马诗人、哲学家卢克莱修(Titus Lucretius Carus，约前99—约前55)把伊壁鸠鲁的原子论系统化。图为位于哥廷根大学的伊壁鸠鲁雕塑。

早期原子论认为不同物质由不同形状的原子组成。如卢克莱修提出原子带有挂钩，可相互勾连。

古希腊时代的原子论只是一种哲学上的猜测，并没有和定量的物理过程相联系，不能用实验来检验。因此这一阶段的原子论并非一种科学理论。

近代原子论的兴起是在文艺复兴之后，与伽桑狄、伽利略、莱布尼兹、波义耳、牛顿等人的名字联系在一起。这时它不再只是一个哲学概念，而是开始进入物理学、化学等科学领域。

伽桑狄(Pierre Gassendi，1592—1655)，法国哲学家、物理学家与天文学家。认为世界上的一切东西都是由造物主按一定的次序结合起来的原子构成。

伽利略(Galileo Galilei，1564—1642)，意大利物理学家、数学家。认为流体是由孤立的粒子组成的。

德国哲学家、数学家莱布尼兹(Gottfried Wilhelm Leubniz，1646—1716)提出单子论，单子是构成万物的基础和最终单元。

波义耳(Robert Boyle，1627—1691)，英国化学家，物理学家。他否定了亚里士多德的四元素说，提出了元素与化合物的概念和微粒哲学的理论，为化学的发展指明了科学方向。

牛顿是科学史上的一个极为重要的原子论者，提出光是一种弹性粒子，总是以直线传播，如此光就能产生折射和反射。

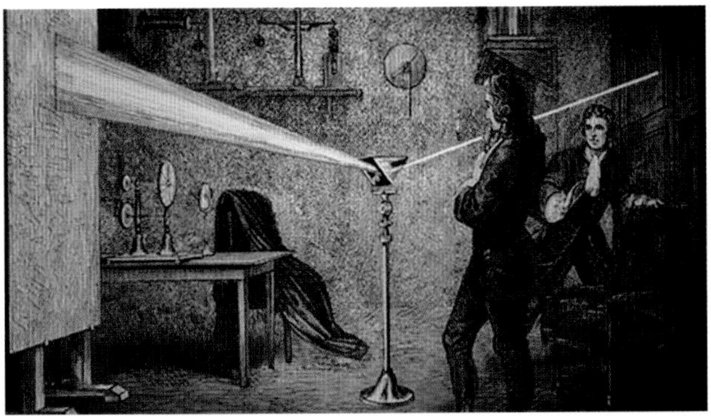

1664 年，牛顿在进行三棱镜实验。

《牛顿光学》中文版。

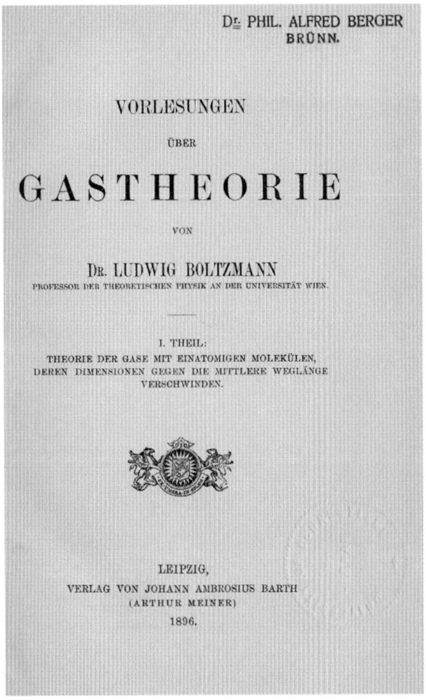

Dr. PHIL. ALFRED BERGER
BRÜNN.

VORLESUNGEN

ÜBER

GASTHEORIE

VON

Dr. LUDWIG BOLTZMANN

PROFESSOR DER THEORETISCHEN PHYSIK AN DER UNIVERSITÄT WIEN.

I. THEIL:
THEORIE DER GASE MIT EINATOMIGEN MOLEKÜLEN,
DEREN DIMENSIONEN GEGEN DIE MITTLERE WEGLÄNGE
VERSCHWINDEN.

LEIPZIG,
VERLAG VON JOHANN AMBROSIUS BARTH
(ARTHUR MEINER)
1896.

18—19 世纪，为所有的物理学现象建立一个力学基础，是当时科学家们比较普遍的做法，玻尔兹曼所致力于的热力学也不例外。他在《气体理论讲义》中说："普通热力学同样也需要建立力学模型来对它加以描述。"图为 1896 年出版的《大气理论讲义》扉页。

玻尔兹曼正是在寻找宏观热力学理论的微观本质的过程中，发现仅凭牛顿力学不能成功地解释宏观热力学理论。只有当他在考虑分子热运动毫无规则的属性的基础上引入概率分析时，才能真正在微观的分子运动与宏观的热力学理论之间架起桥梁。而概率的引入，对牛顿力学的决定论思想是一种极大的冲击。

玻尔兹曼生活的时代，原子仍然是一个有争议的概念。

1756 年，俄国化学家罗蒙诺索夫(Mikhail Vasilyevich Lomonosov，1711—1765))用实验证明物质在化学反应中质量是守恒的。这一发现当时并没有引起科学家的注意。直到 1777 年拉瓦锡做了同样的实验，也得到同样的结论，质量守恒定律才获得公认。

拉瓦锡(Antoine—Laurent de Lavoisier，1743—1794)，法国著名化学家，被后世尊称为现代化学之父。

罗蒙诺索夫，俄国科学家、语言学家、哲学家和诗人。提出了质量守恒定律的雏形。

拉瓦锡与妻子在实验室。

19 世纪末，奥斯特瓦尔德运用能量转化的观点成功解释了催化现象，由此提出唯能论，极力否定原子、分子的客观实在性，认为“能”可以脱离物质而存在，物质只是不同“能”的空间群。

奥斯特瓦尔德是德国化学家，物理化学的创立者之一。1909 年因其在催化作用、化学平衡、化学反应速率方面研究的突出贡献而获诺贝尔化学奖。图为奥斯特瓦尔德的诺贝尔奖获奖证书。

玻尔兹曼等人坚信原子是存在的，坚决反对奥斯特瓦尔德的唯能论，由此两个学术阵营产生了激烈冲突。

1895年9月16日举行的德国自然科学家的吕贝克会议上，一场关于唯能论与原子论的辩论在玻尔兹曼的主持下如期进行。玻尔兹曼和克莱因为原子论辩护，奥斯特瓦尔德和赫尔姆为唯能论辩护，整个辩论进行了一整天。辩论结果从各方面看是玻尔兹曼一方取得了胜利。

赫尔姆(Georg Helm，1851—1923)，德国化学家、数学家。图为赫尔姆纪念章。

奥斯特瓦尔德。

克莱因(Klein，1849－1925)，德国数学家。著名的克莱因瓶即以他的名字命名。

奥斯特瓦尔德和马赫作为反对原子论的代表，与玻尔兹曼等人进行了长期论战。此后很长一段时间里玻尔兹曼都感觉到唯能论者的巨大压力，以致他在《气体理论讲义》第二部分的序言中表达了面对这种“逆时代潮流”的无奈。

马赫(Ernst Mach，1838—1916)，奥地利物理学家、生物学家、心理学家、哲学家。玻尔兹曼在就职于维也纳大学期间，曾与马赫共事一段时间。

吕贝克会议掀开了唯能论与原子论两派辩论的序幕，辩论持续了十几年，横跨物理学、化学两大领域。影响了爱因斯坦、普朗克等科学巨人，也为科学家们从探索宏观世界转向探索微观世界掀开了序幕，成为量子力学诞生的前奏。

在玻尔兹曼之前，阿伏伽德罗、道尔顿、克劳修斯、麦克斯韦等人对原子和分子性质也进行了研究。

道尔顿(Dalton，1766—1844)，英国化学家，物理学家。1808 年发表原子理论，认为物质世界的最小单位是原子，原子是单一的，独立的，不可被分割的，在化学变化中保持着稳定的状态，同类原子的属性也是一致的。这是人类第一次依据科学实验的证据，系统阐述了微观物质世界。

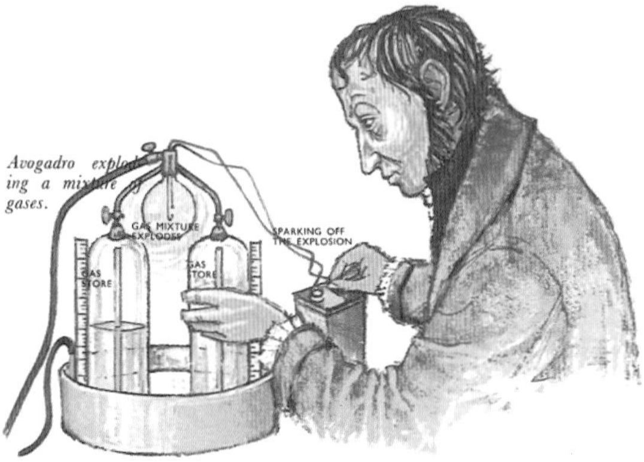

阿伏伽德罗(Avogadro，1776—1856)，意大利物理学家、化学家。他提出分子概念，并且指出了原子、分子的区别。图为正在做实验的阿伏伽德罗。

克劳修斯(Rudolf Julius Emanuel Clausius，1822—1888)，德国物理学家，热力学奠基人之一，对气体动力论和热力学有重要贡献，1850 年提出热力学第二定律，1865 年提出熵的概念，进一步发展了热力学理论。

麦克斯韦(J.C. Maxwell，1831—1879)，英国物理学家、数学家。经典电动力学的创始人，统计物理学的奠基人之一。建立麦克斯韦方程，导出分子运动的麦克斯韦速度分布律。1868 年，玻尔兹曼证明了麦克斯韦速度分布律不仅适用于单原子气体分子，也适用于多原子分子和凡是可以看成质点系的分子系统。

爱丁堡皇家学会建立的麦克斯韦雕像。

就物理学而言，有关光的本质、热的本质等问题的探讨，都和原子论概念息息相关。此时原子论概念已经需要参与到具体物理现象的定量解释中来，俨然成为一个物理的概念。原子论概念也正是随着物理学、化学等领域的发展而逐渐发展、完善。

玻尔兹曼最主要的贡献首先是在物理学定律中首次引入概率。他将宏观系统的熵和物体微观上的状态概率联系了起来，从而得出著名的熵公式 $S=k\log W$，由此阐明了热力学第二定律的统计性质。

玻尔兹曼之墓，墓碑基座上刻有熵公式。

玻尔兹曼熵公式促进了量子力学的诞生。普朗克(Planck，1858—1947)用玻尔兹曼熵与概率之间关系的公式，采用玻尔兹曼早先采用过的将能量量子化的处理手段，推导出了正确的黑体辐射公式，并建立了量子理论，掀开了量子物理学的序幕。

德国物理学家劳厄(Max Felix von Laue 1879—1960)曾指出："……熵和概率之间的联系是物理学的最深刻的思想之一。"图为劳厄像。

柏林洪堡大学的牌匾：普朗克常数 H 的发现者马克斯·普朗克在此任教，1889—1928。

玻尔兹曼另一重要贡献是建立了玻尔兹曼方程(又称输运方程)，用来描述气体从非平衡态到平衡态过渡的过程。

1977 年诺贝尔化学奖得主普里戈金(I. R. Prigogine；1917—2003)曾评价："玻尔兹曼……不仅描述平衡态，还描述达到平衡态的演变过程……这个突破是通向过程的物理学的决定性一步。"

玻尔兹曼在自己的理论中使用了系综理论的前两种统计系综，不过他采用的是另外的名称。1879 年，麦克斯韦发展了玻尔兹曼的思想；23 年之后，吉布斯完善和发展了三大统计系综概念：微正则系综、正则系综及巨正则系综。

吉布斯(Gibbs，1839—1903)，美国物理化学家。他提出了吉布斯自由能与吉布斯相律，奠定了化学热力学的基础。

麦克斯韦亲手制作的吉布斯几何模型，说明吉布斯如何用几何方法表示热力学的量，现陈列在耶鲁大学物理系。

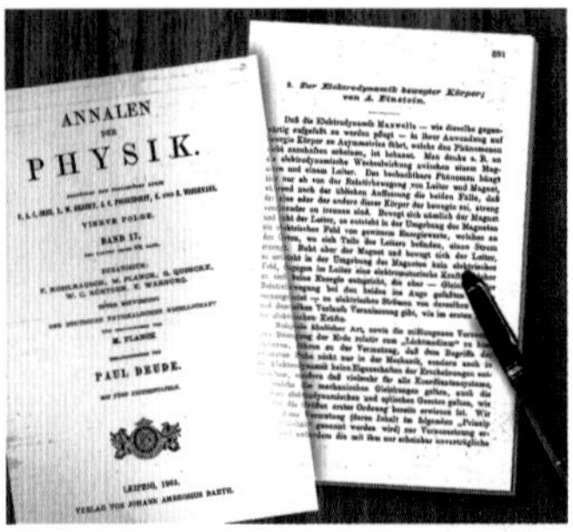

1905 年第四期德国《物理学杂志》封面及《论动体的电动力学》首页。这是爱因斯坦发表的关于狭义相对论的第一篇论文。这篇论文就是利用玻尔兹曼关于分子涨落的假说，以证实原子的存在和某些原子的大小。1905 年爱因斯坦有关布朗运动的重要论文，也是在玻尔兹曼理论的启发下完成的。

1907 年 4 月 30 日，英国物理学家汤姆生(Thomson，1856—1940)发现了电子。

1908 年，法国物理学家佩兰(Perrin，1870—1942)用实验证实了布朗运动公式，间接验证了原子存在。奥斯特瓦尔德也转变观点承认了原子论。

到 1911 年第一届索尔维会议时，科学家们已经在考虑原子内部结构的问题了。1911 年，卢瑟福提出核式结构原子模型；1913 年，玻尔(A. N. Bohr，1922—2009)建立了氢原子模型，提出原子结构的理论。至此，原子理论趋于完善。

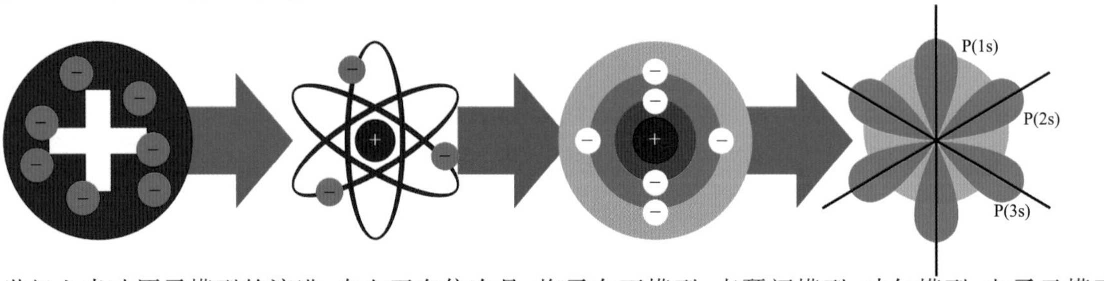

20 世纪上半叶原子模型的演进，自左至右依次是：梅子布丁模型，卢瑟福模型，玻尔模型，电子云模型。

第二部分

范德瓦尔斯理论；复合分子气体；气体离解；结束语

Theil Ⅱ

• *Theorie van der Waals; Gase Mit Zusammengesetzten Molekülen; Gasdissociation; Schlussbemerkungen.* •

在我看来，如果因为一时的敌对态度而导致气体理论暂时退出历史舞台，将是科学的巨大悲剧，就像由于受牛顿学术权威的影响，而导致波动理论的发展走了弯路那样。

我深感作为一个个体逆时代潮流而孤军奋战，是多么无奈。但我还是能够努力以这样的方式做出自己的贡献，从而当气体理论再次复兴时，不至于有太多的东西需要重新发掘。

——玻尔兹曼

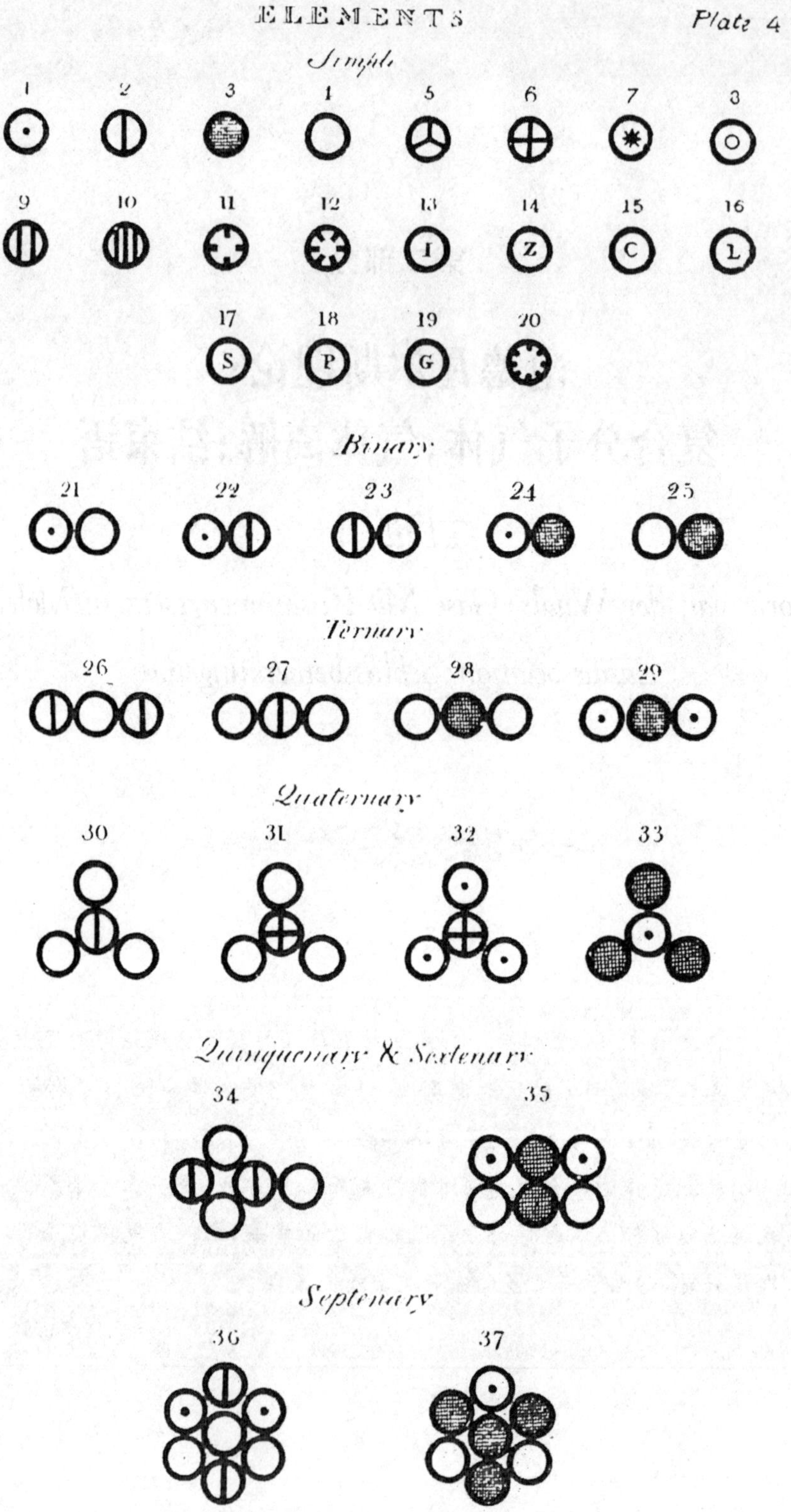

道尔顿在《化学哲学新体系》中描绘的气体原子。

第二部分序

· *Vorwort* ·

无补偿熵减的不可能性
似乎弱化为不可几性了。

——《气体理论讲义》

在气体理论第一部分付印的时候,我就已经几乎完成了手头的第二,也是最后的一部分,而有关这一主题的更困难的部分当时并不打算处理。恰在这时,对气体理论的攻击开始增多。我相信,这些攻击纯粹是出于误会,气体理论在科学中的作用还没有发挥出来。范德瓦尔斯用纯演绎推理的方法,从气体理论得出大量与实验符合得很好的结果,我试图在本书中对这些结果作出澄清与说明。

最近,气体理论为我们提供了一些思路,这是用其他方法所不可能得到的。根据比热比理论,拉姆齐(Ramsay)推断出氩的原子量及其在化学元素周期表中的位置——随后他通过氖的发现证明这一推断是正确的。同样,斯莫鲁霍夫斯基(Smoluchowski)根据基于分子运动论的导热理论推断,在极稀薄气体的热传导中存在温度突变的现象,他还推出了这一突变的数量级。

我特别感谢汉斯·本多夫(Hans Benndorf)博士,他在我离开维也纳期间收集了大量引文。

玻尔兹曼

1898 年 8 月

于沃洛斯科,伊爱尼亚别墅

◀ 丹尼尔·伯努利(Daniel Bernoulli,1700—1782),瑞士数学家、物理学家。

玻尔兹曼

第一章

范德瓦尔斯理论的基础

Abschnitt Ⅰ

· Grundzüge Theorie van der Waals' ·

玻尔兹曼从不表现出优越感，任何人都可随意向他提问，甚至批评他，交谈总是很平和地进行，学生总是被当作同等的人，只有到后来人们才意识到从他那儿学到了多少东西。

——哈泽内尔(Fried-rich Hasenöhrl ,1874—1915)，

玻尔兹曼的学生、奥地利理论物理学家。

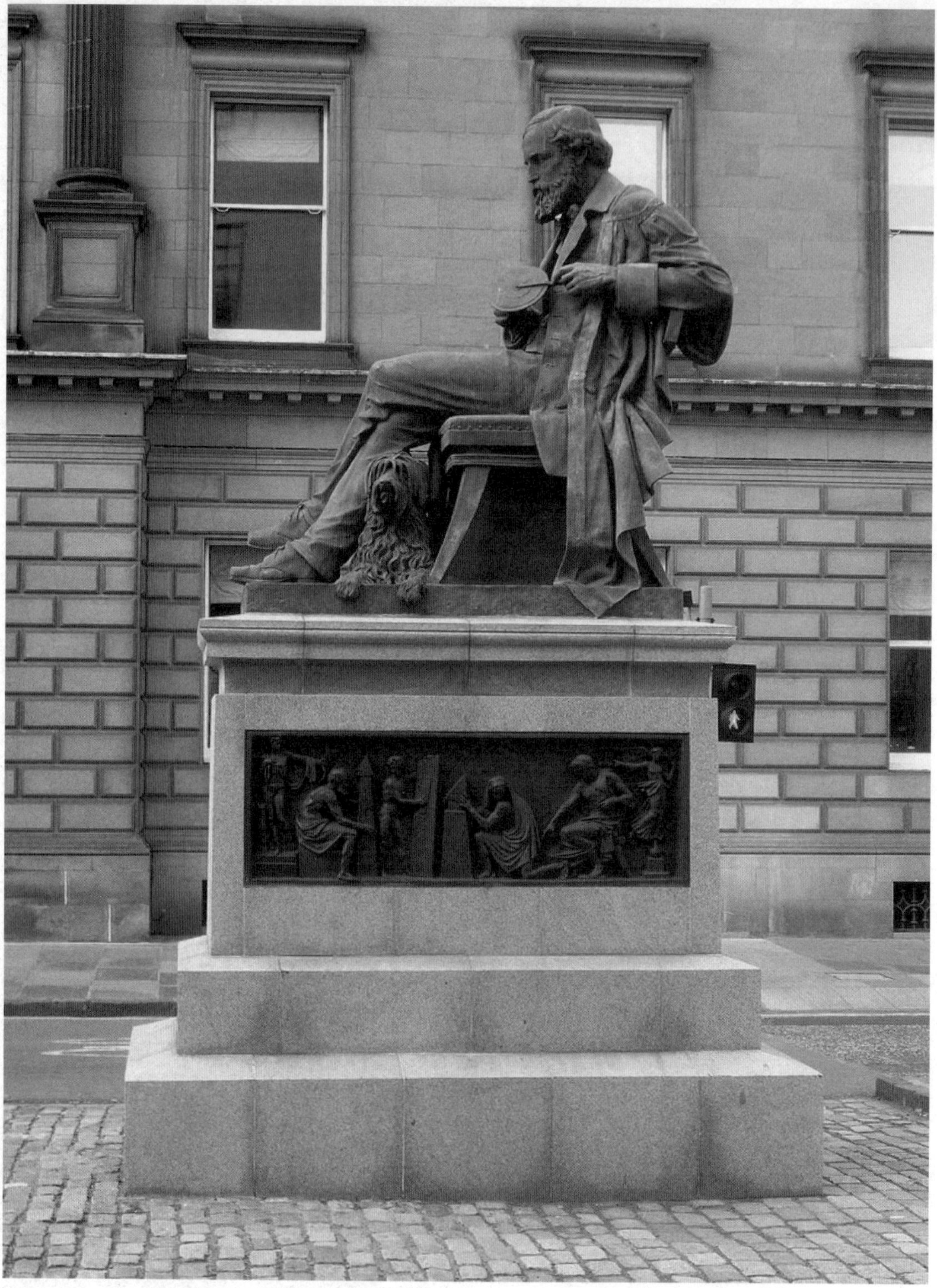

§1　范德瓦尔斯理论的基本观点

如果两个气体分子产生明显相互作用所需要的距离，和一个分子与其最近邻分子之间的平均距离相比小到可以忽略不计——或者也可以这么说，如果分子所占空间（或者作用范围）和整个气体所占据空间相比可以忽略不计——则每个分子的路径中受到它与其他分子相互作用影响的部分，相比于其中作直线运动的部分，或者说仅仅取决于外力作用的部分，小到可以忽略不计。这时对所考虑的气体而言，波义耳-查尔斯定律成立，不管分子是质点还是实体，或者是复合分子，都如此。在所有这些情形中，气体都是“理想”的。

自然界中的气体只是部分地满足理想气体状态的这些条件，因此，我们极其需要一个将分子作用范围扩展到有限大小的理论。

范德瓦尔斯提出了这样一个理论，他将分子看作几乎不发生形变的弹性球，和我们在第一部分开始时所作的假设一样。他从两个方面推广了气体理论：

（1）他没有假设代表分子的弹性球实际占据的空间和气体总体积相比小到可以忽略不计；

（2）他假定除碰撞期间发生的瞬时弹性力之外，分子之间还存在吸引力，吸引力的方向沿两分子中心连线的方向，大小是两分子中心距离的函数。这个吸引力我们称为范德瓦尔斯内聚力。

之所以需要假定分子之间存在一种吸引力，是因为有可能存在液化现象——现在已经证实，所有的气体都可以被液化——因为如果除了使分子在碰撞中发生反弹的力之外，不再假设存在一种吸引力的话，就没有办法解释在相同温度和压强下，同一容器中同一物质气、液两相共存的现象。

吸引作用的存在可以直接通过下面的实验来证明。使一个装满压缩气体的容器和另一个装有同种稀薄气体的容器突然间连通。随着气体的流出，第一个容器中的气体克服压力做功，温度降低；而在第二个容器中，首先会有一种整体气流运动，由于黏滞性的原因，它

◀ 麦克斯韦（James Clerk Maxwell，1831—1879），英国物理学家、数学家，经典电动力学的创始人。图为位于爱丁堡的麦克斯韦铜像。

会转化为热。如果分子之间只存在排斥力的作用,那么最终产生的热必然和第一个容器中的制冷作用完全相当。而如果还存在吸引力作用,则两者不完全相当;总热量将是减少的,因为分子之间的平均距离增大,所有必然有一定量的热用在了克服吸引力做功上。

盖-吕萨克①和焦耳、开尔文勋爵②先后用这种方法所进行的实验,在有关是否存在这一吸引作用的问题上,并没有给出明确的结果,但后两位科学家通过气体膨胀实验,③而用一种更间接的方法证实了这一吸引力的存在。他们证明,(在没有外部热量来源的情况下)通过多孔塞压缩气体时,气体的温度会有略微的下降。而根据计算,完全理想的气体在这种情况下其温度是不会发生变化的。

对于一个分子来说,同时存在吸引力和弹性核,在某种程度上当然是不大可能的。特别是,它似乎和本书第一部分第三章中所作的一个假设截然相反,后一假设指的是两个分子之间的排斥力与距离的五次方成反比。然而,如果实际上两个分子在相隔很远时彼此施加弱引力作用,而在相隔很近时彼此之间产生与距离五次方成反比的排斥力的话,则两个假设都可以得出一定程度的近似结果。因此,随着距离的减小,吸引作用必然转变为排斥作用,从而在碰撞过程中不需要考虑前一种作用力,因为在极短距离上排斥力起着绝对主导的作用。

有关各种可能的假设的精确描述,我们将留待后面再进行,接下来我们也不再关注第一部分中所讨论的假说和范德瓦尔斯的假设之间的确切关系。根据我们的理论,后一种假设所构建的图像在很多方面是正确的,但不是所有方面都如此。实际上到目前为止,由于意识到自己对分子的性质知之甚少,我们并没有天真地认为,我们的假设在自然界中可以真正实现。另一方面,我们最为注重的要求是计算必须严格正确,即,计算结果必须是假设的逻辑结果。与之配套的数学方法的发展,正是我们追求的主要目标。如果我们知道各种假设所产生的结果,那么找到实验来证实它们就应该会更容易一些,同时,如果我们在数学上做好准备,那么,随着了解的深入,在研究新发现的定律时,我们可以随时找到相应的数学方法。

不幸的是,范德瓦尔斯在某些时候为了计算的推进,而放弃了对数学的严谨要求。但事实证明,他的理论仍然具有很大的实用价值,因为它给出的公式,一般能足够好地描述气体乃至液化状态的行为,尽管在定量上和实验结果并不完全一致。就凭这点,我们也有理由认为,它的理论基础不太可能被另一个完全不同的理论所取代。

本章我们将尽可能以最简洁的方式推出范德瓦尔斯方程,到第五章再对其进行进一步的修正。

---

① Gay-Lussac, *Mem. Soc. d' Arcueil* 1, 180(1807);参见马赫 *Prinzipien der Wärmelehre* 的附录。

② Joule and Thomson, *Phil. Mag.* [3] 26, 369(1845);*Joule's Scientific Papers*, 171;Sprengel 的德译本。

③ Joule and Thomson, *Phil. Trans.* 144, 321(1854);152, 579(1862)。

§2 外部压强和内部压强

假设一个体积为V的容器中装有n个全同分子,这些分子被看作直径为σ、几乎不发生形变的理想弹性球。分子本身在容器中所占据的体积非常小,但和容器的总体积相比不能完全忽略不计。后面将证明所推得的公式也近似适用不再处于气体状态的液态物质。因此接下来我们不再称为气体,只是简单地把它叫作物质,虽然当物质的性质和气体相近时,我们心目中想象的总还是气体的情形。

两个分子之间存在吸引力作用(范德瓦尔斯内聚力),作用力的方向沿两分子中心连线的方向。作用力的大小随着两分子之间的距离增大为宏观距离而变为零,但它减小的速度非常缓慢,因而在比两个分子之间的平均距离大的范围内可被当作常量。所以,容器内每个分子所受到的来自周围分子的范德瓦尔斯内聚力,非常均匀地分布于空间各个方向,它们互相抵消,以至于单个分子的运动和通常的气体分子一样,并不因为内聚力而发生显著的改变。因此,尽管我们在第一部分中没有处理这样的力,但实际上我们在有关分子运动的计算中,仍然可以沿用从那里所得到的原理。

范德瓦尔斯内聚力只在极靠近物质表面的分子中具有明显的效应。这种情况下,分子将受到两个力的作用。第一个是容器壁对气体的反压力作用;第二个就是内聚力。单位面积上的分子所受第一种作用力的大小,我们称为p,所受第二种作用力的大小,我们称为p_i,从而这些分子所受到的合力为

$$p_g=p+p_i。\qquad (1)[①]$$

下面我们假设容器壁的一部分DE具有面积Ω。那么,根据第一部分§1可知,(平衡状态下)DE面上的分子所受到的合力及它们对器壁的反作用力,

$$\Omega p_g=\Omega(p+p_i),$$

等于单位时间内通过DE——假想它处于气体内部——的分子所携带的(沿DE面法线N方向的)总动量,加上这些分子从表面反弹回气体内部的速度所对应的那部分动量。

§3 分子和器壁之间的碰撞次数

首先,我们从所有分子中挑选出这样一些分子:它们的速度大小c处于c到$c+dc$之间,速度方向与DE指向外面的法线N之间的夹角ϑ处于ϑ到$\vartheta+d\vartheta$之间;而且,包含

① 第二部分内容的公式、图等的序号从1开始排序,本部分所提及的序号不特殊说明,皆指本部分的相关序号。——编辑注

速度方向并与 DE 面正交的平面与一个垂直于 DE 面的固定平面之间的夹角 ε，必须处于 ε 到 $\varepsilon+d\varepsilon$ 之间。我们称这组条件为：

$$\text{“条件。”} \tag{2}$$

满足条件(2)的所有分子将被称为特种分子。接下来我们的问题是：在极短的 dt 时间内，有多少个特种分子与 DE 面发生碰撞？

每个分子都被看作是一个直径为 σ 的球，所以只要球面碰触到 DE 面，就意味着发生了碰撞。在 dt 时间内，所有特种分子的中心几乎都沿相同的方向运动了相同的距离，$c\,dt$。我们将通过下述步骤来计算 dt 时间内特种分子和 DE 面之间的碰撞数：

设 DE 面上每个点都可以和直径等于分子直径 σ 的球发生接触。所有这些球的球心位于另一个表面面积为 Ω 的平面内。过第二个平面上的每个点画一条线段，该线段的长度及方向均和特种分子在 dt 时间内所经历路径的长度及方向相同。所有这些线段构成一个斜圆柱 γ，该圆柱的底为 Ω，高为

$$dh = c\,dt\cos\vartheta, \tag{3}$$

因此体积为 Ωdh。不难发现，dt 时间内和 DE 面发生碰撞的分子，恰好就是 dt 起始时刻其中心位于 γ 之中的那些分子。

§4　分子的延展和碰撞数之间的关系

为了计算上述分子的数目 dz，我们先来确定通常情况下，当其他分子的状态已知时，一个特定分子位于 γ 之中的概率。这个分子和任何其他分子之间的距离不可能小于 σ。我们可以采用下述方法来计算当其他分子的位置固定时，这个分子的中心可处的空间范围：以其他 $n-1$ 个分子中的每个为圆心，构建一个半径为 σ 的球，我们称为覆盖球。它的体积是分子体积的 8 倍，假如后者被看作弹性球的话。将气体的总体积 V，减去这 $n-1$ 个覆盖球的总体积 $\frac{4\pi(n-1)\sigma^3}{3}$。由于 n 是一个很大的数，所以我们也可以将 $n-1$ 写作 n。

为了求出 dz，我们将体积 $\frac{V-4\pi n\sigma^3}{3}$ 与柱体 γ 中可以利用的空间进行比较。后一可用空间的体积等于 γ 的总体积 Ωdh，减去其他 $n-1$ 个分子的覆盖球中位于 γ 中那部分的体积。这 $n-1$ 个分子的覆盖球显然均匀分布于整个气体体积 V 中除极靠近容器壁的区域之外的空间。如果 γ 位于容器内部某处，那么 γ 中所有分子覆盖球的体积之和 A，与气体中所有分子覆盖球的总体积 $\frac{4\pi n\sigma^3}{3}$ 之比，等于柱体 γ 的体积 Ωdh 与气体总体积 V 之比，所以有

$$A = \frac{4\pi n\sigma^3}{3V}\Omega\,dh。$$

由于柱体 γ 的高度 $\mathrm{d}h$ 无穷小,因此,在所有其覆盖球穿过 γ 的分子中,我们可以忽略球心处于 γ 之内的那些分子。如果 γ 在容器内部的话,那么,其覆盖球穿过 γ 的所有分子的中心位于 γ 两侧的概率相同。

但由于 γ 并非处于容器的内部,而是在距离容器壁仅仅 $\frac{1}{2}\sigma$ 远的地方,所以其他 $n-1$ 个分子的中心只能位于它的一侧。因此必须将所计算的分子数目减半,从而柱体 γ 中被 $n-1$ 个分子中的部分分子占据的空间只有:①

$$\frac{A}{2}=\frac{2\pi n\sigma^3}{3V}\Omega\,\mathrm{d}h。$$

假如我们想知道特种分子的中心处于柱体 γ 之中的概率的话,那么需要关注的是 γ 中剩下的总体积,它的大小为

$$\Omega\,\mathrm{d}h\left(1-\frac{2\pi n\sigma^3}{3V}\right)。$$

上述概率则等于柱体 γ 中可用空间与整个气体体积中可用空间之比,即:

$$\frac{\Omega\,\mathrm{d}h}{V}\frac{1-\dfrac{2\pi n\sigma^3}{3V}}{1-\dfrac{4\pi n\sigma^3}{3V}},\tag{4}$$

(因为上式右边分子、分母上的被减数很小)我们可以将其写为

$$\frac{\Omega\,\mathrm{d}h}{V-B},\tag{5}$$

其中

$$B=\frac{2\pi n\sigma^3}{3}\tag{6}$$

---

① 这个公式也可以用另一种稍微复杂些的方法推得。我们把柱体 γ 朝容器壁一端的端面叫作它的底面。一个覆盖球的球心自然只能处于底面背离容器壁的一侧。现在我们在该侧距底面分别为 ξ 和 $\xi+\mathrm{d}\xi$ 远处构建两个平面,它们与 γ 的底面平行,表面积都为 Ω。这两个平面之间的空间被称为柱体 γ_1;它的体积为 $\gamma_1=\Omega\,\mathrm{d}\xi$。任何时刻球心位于 γ_1 内的覆盖球数为:

$$\frac{\gamma_1(n-1)}{V-\dfrac{4\pi(n-1)\sigma^3}{3}}。$$

由于我们正在计算的项只是一个小的修正项,所以,我们可以将其写为

$$\frac{n\gamma_1}{V}=\frac{n\Omega\,\mathrm{d}\xi}{V}。$$

每个覆盖球从柱体 γ 的端面截去一个面积为 $\pi(\sigma^2-\xi^2)$ 的圆,因此也就从 γ 截去体积为 $\pi(\sigma^2-\xi^2)\mathrm{d}h$ 的空间。如果将这一结果乘以覆盖球数目 $\frac{n\Omega\,\mathrm{d}\xi}{V}$,并对所有可能的 ξ 值积分,即将 ξ 从 0 到 σ 积分,即可得到覆盖球从柱体 γ 所截取的总空间——亦即特种分子的中心不可利用的空间——的大小为:

$$\frac{n\Omega\pi\,\mathrm{d}h}{V}\int_0^\sigma(\sigma^2-\xi^2)\mathrm{d}\xi=\frac{2\pi n\sigma^3\Omega\,\mathrm{d}h}{3V},$$

和正文中的公式保持一致。

是所有分子的覆盖球所占据空间的一半,因此也是所有分子体积的四倍。

§5 分子受到的冲力

由于气体中实际上有 n 个分子,并不只有一个特种分子,所以其中心位于 γ 之中的分子总数为:

$$\frac{n\Omega\,\mathrm{d}h}{V-B}=\nu。\tag{7}$$

在这些分子中,速率位于 c 到 $c+\mathrm{d}c$ 之间的分子数为

$$\nu\varphi(c)\mathrm{d}c=\nu_1,$$

其中

$$\varphi(c)\mathrm{d}c=4\sqrt{\frac{h^3m^3}{\pi}}c^2\mathrm{e}^{-hmc^2}\mathrm{d}c\tag{8}$$

是分子的速率位于 c 到 $c+\mathrm{d}c$ 之间的概率,即,满足这一速度条件的分子数与总分子数 n 的比值。在这 ν_1 个分子中,有

$$\nu_2=\frac{\nu}{2}\varphi(c)\mathrm{d}c\sin\vartheta\,\mathrm{d}\vartheta$$

个分子的速度方向处于 ϑ 到 $\vartheta+\mathrm{d}\vartheta$ 之间。[①] 而在这些分子中,ε 取值在 ε 到 $\varepsilon+\mathrm{d}\varepsilon$ 之间的分子数为

$$\frac{\nu_2\mathrm{d}\varepsilon}{2\pi}=\frac{\nu}{4\pi}\varphi(c)\mathrm{d}c\sin\vartheta\,\mathrm{d}\vartheta\,\mathrm{d}\varepsilon。$$

所以,这就是体积为

$$\Omega\,\mathrm{d}h=\Omega c\cos\vartheta\,\mathrm{d}t\tag{9}$$

的柱体中速度满足条件(2)(参见§3)的分子数目(之前用 $\mathrm{d}z$ 表示的量)。在 $\mathrm{d}t$ 时间内以满足条件(2)的速度与容器壁上面积为 Ω 的 DE 部分发生碰撞的,正是这部分分子。代入(7)式和(9)式后,这部分分子数目的表达式变为

$$\mathrm{d}z=\frac{n\Omega c\cos\vartheta\sin\vartheta}{4\pi(V-B)}\varphi(c)\mathrm{d}c\,\mathrm{d}\vartheta\,\mathrm{d}\varepsilon\,\mathrm{d}t。\tag{10}$$

接下来,我们假设系统处于稳态。在任意时间 t_2-t_1 内,与 DE 面发生碰撞的特种分子总数为 $\frac{(t_2-t_1)\mathrm{d}z}{\mathrm{d}t}$。碰撞前这些分子在 N 方向的动量均为 $mc\cos\vartheta$,碰撞后它们获得的动量平均而言和之前的值大小相同方向相反,因此,碰撞过程中每个分子必然从外界获得一个大

① 参看第一部分中的(38)式和(43)式。

小等于 $2mc\cos\vartheta$、方向为 DE 面指向内部的法线方向。这个动量是力 Ωp_g 所产生的总冲量 $\Omega p_g(t_2-t_1)$ 的一部分。因此所有与 DE 面发生碰撞的特种分子对冲量 $\Omega p_g(t_2-t_1)$ 的贡献为

$$\frac{2mc\cos\vartheta(t_2-t_1)\mathrm{d}z}{\mathrm{d}t}。\tag{11}$$

如果代入 $\mathrm{d}z$ 的表达式(10)式,并对所有可能的值积分,即将 ε 从 0 到 ∞ 积分,则可得总冲量 $\Omega p_g(t_2-t_1)$。如果将上述等式的两边同时除以 $\Omega(t_2-t_1)$,并将 ε 积分,那么可得:

$$p_g=\frac{nm}{V-B}\int_0^\infty c^2\varphi(c)\mathrm{d}c\int_0^{\frac{\pi}{2}}\cos^2\vartheta\sin\vartheta\mathrm{d}\vartheta。\tag{12}$$

众所周知,对 ϑ 的积分结果为 $\frac{1}{3}$。而且,$\int_0^\infty c^2\varphi(c)\mathrm{d}c$ 等于分子的方均速率 $\overline{c^2}$。因此有:

$$p_g=\frac{nm\overline{c^2}}{3(V-B)}。\tag{13}$$

如果气体分子之间不存在吸引力(范德瓦尔斯内聚力),那么 p_g 就只是气体的外部压强。但如果有了这个内聚力,总压强将包含两部分:其一是容器壁所产生的压强;其二是其他分子施加给容器壁附近那些分子的吸引力强度。如果像之前一样,将作用于表面每个分子之上的吸引力总强度记为 p_i,那么,我们就可得到之前的(1)式:

$$p_g=p+p_i。$$

§6　第 4 节中所作近似的适用条件

在推导(5)式和(13)式时,我们忽略了所有和 $\frac{B^2}{V^2}$ 同数量级的项。因此我们不能指望这些方程在 V 和 B 大小相当时还能成立。实际上,当 $V=B$ 时,(10)式给出的压强是无穷大。但由于这个体积仍然是分子实际占据体积的 4 倍,所以对应的压强当然不至于有无穷大。另一方面,如果分子排列得非常紧密,以至于里面再也放不进去任何球体了,那么压强也会有无穷大。

大量相同球体之间一种最紧密排列的方式,就是将像堆炮弹一样将它们堆积成金字塔的模式。通过简单的计算可知,它们所占据的总体积,包括其间的小空隙,是球本身所占总体积的 $\frac{3\sqrt{2}}{\pi}$ 倍。

如果气体分子按这种方式排列,那么

$$V=\frac{3\sqrt{2}}{4\pi}B=0.33762B。\tag{14}$$

因此，当 V 大约等于 $\frac{1}{3}B$ 时，[①] p_g 才会变得无穷大，但根据(13)式，当 $V=B$ 时它就已经有无穷大了。

在第二部分的第五章 § 58 我们将会发现，即便是保留 $\frac{B^2}{V^2}$ 数量级的项，(13)式也不能给出正确的系数。

由此看来，范德瓦尔斯似乎是用一个在 V 和 B 相比不太大时肯定错误的公式，代替了严格正确的公式。虽然一个在 $V=B$ 时等于零的表达式，与一个在 $V=\frac{1}{3}B$ 时等于零的表达式有着量上的重大区别，但是，正确公式的得出，还是要遵循和范德瓦尔斯大致相同的思路。这一事实也正说明，范德瓦尔斯方程与气体和液体的实际性质之间，在定性上保持着良好的一致性；但是，它也揭示了两者在定量上的重大差别。由于解析计算仍然遭遇到不可逾越的困难，所以，我们不得不满足于范德瓦尔斯的近似方法。

因此，我们必须对完全符合范德瓦尔斯假设的物质性质，和范德瓦尔斯方程所描述的物质性质，作出区分；下面我们将讨论的始终是后者。

§ 7 内部压强

为了计算 p_i，范德瓦尔斯假设两个分子之间的吸引力只在短距离上起作用，但这个距离和物质相邻分子之间的平均距离相比仍然很大。现在我们用下面的方式来计算作用在单位面积上的范德瓦尔斯内聚力 p_i：我们在物质边界面上选取任意的面积元 $\mathrm{d}s$，并以这个面积元为底，在物质内部构建一个直立的圆柱体 Z。再在和底面 $\mathrm{d}s$ 相距 ν 和 $\nu+\mathrm{d}\nu$ 的距离处构建柱体的两个截面。这两个截面之间的体积为 $\zeta=\mathrm{d}s\,\mathrm{d}\nu$；因此，假如物质密度是 ρ 的话，[②] 该体积内的物质质量为 $\rho\mathrm{d}s\,\mathrm{d}\nu$。因为 m 是分子的质量，所以 ζ 中包含的

---

① 因此，(19)式中出现的两个量之间将满足关系式 $v=\frac{1}{3}b$，而(32)式引入的量 ω 将等于 $\frac{1}{3}$。

② 范德瓦尔斯内聚力当然会导致容器壁附近的密度和内部有所不同，但我们按照范德瓦尔斯的做法，在正文中忽略了这种不同。如果假设当压强或者温度变化时，距离边界面不同距离处的密度按照同样的比例变化，那么我们还是可以导出相同的公式。这样，(15)式和(16)式中将会出现一个独立于 ρ 和 T 的因子 F，我们可以令 FC 等于 $f(\nu)$，代替正文中的 $C=f(\nu)$。

此外，正文中有关碰撞数的计算，在不存在内聚力时当然是正确的。但当存在内聚力时，像我们在 § 4 中按照范德瓦尔斯的思路所做的处理那样，保持原有的计算不变，只在外部压强上加上内聚力，这是否行得通也许会令人怀疑。最后，我们把容器壁看作是不可穿透的，它对容器里的物质没有任何附着力的作用。

在第五章中，我将对范德瓦尔斯公式进行推导，推导过程将消除这些可能令人反对的因素。

分子数为

$$\frac{\rho}{m}\mathrm{d}s\,\mathrm{d}\nu。 \tag{15}$$

其中每个分子与边界面之间的距离都差不多一样大,因此处在几乎相同的条件下。对于每个分子来说,离表面更近一些的分子对它的吸引力指向表面方向,而离表面更远一些的分子对它的吸引力则背离表面方向。由于后一种分子更多,所以有一个背离表面方向的净合力作用。

如果我们在圆柱体 ζ 中选取一个特定的分子,并在它的附近选取一个体积元 ω,那么 ω 中所有分子都将对我们的特定分子施加一个相同的力。它们的总吸引力——及其在 $\mathrm{d}s$ 法线方向的分量——将和 ω 中的分子数成正比,因而也和气体密度成正比。比例系数只和 ω 的大小及其相对于特定分子的位置有关。特别地,根据我们的假设,当密度一定时,它和温度无关。温度只决定分子运动的快慢,但根据我们的假设,分子之间的吸引力必须不受它们的运动影响。所有这些结论对位于特定分子附近的其他体积元 ω_1、ω_2…也同样成立,因此周围分子对它所产生的所有吸引力在 $\mathrm{d}s$ 法线方向的分量之和,与密度成正比而与温度无关。我们将这一分量之和写为 ρC,其中 C 只取决于分子和边界面之间的距离。由于无穷小圆柱体 ζ 中的所有分子都满足相同的条件,且由(15)式可知,这些分子的数目为$\frac{\rho\,\mathrm{d}s\,\mathrm{d}\nu}{m}$,因此不难发现,所有这些分子在 $\mathrm{d}s$ 法线方向所受到的合力为

$$\frac{\rho^2 C\,\mathrm{d}s\,\mathrm{d}\nu}{m}。 \tag{16}$$

又因为 C 与温度及密度无关,只取决于圆柱体 ζ 和表面之间的距离 ν,所以我们将它记为 $f(\nu)$。圆柱体 Z 中所有分子所受到的合力为

$$\frac{\rho^2\mathrm{d}s}{m}\int_0^\infty f(\nu)\,\mathrm{d}\nu。$$

由于表达式 $\left(\frac{1}{m}\right)\int_0^\infty f(\nu)\,\mathrm{d}\nu$ 的值既和密度无关、也和温度无关,是一个与物质特征有关的常数,因此我们将它写为 a。这样一来,圆柱体 Z 中所有分子所受到的合力就等于 $a\rho^2\mathrm{d}s$。它正比于 $\mathrm{d}s$。因此,单位表面积上的分子所受到的指向物体内部的力——我们已将其称为 p_i——等于 $a\rho^2$,[①]进而,我们根据(1)式和(13)式可得:

$$p+a\rho^2=\frac{nm\overline{c^2}}{3(V-B)}, \tag{17}$$

---

① 如果容器壁是弯曲的,那么这一表示式还需要修正。事实上,范德瓦尔斯正是通过这一修正,而用和拉普拉斯及泊松(参看 § 23)相似的方式解释了毛细现象。因此,根据范德瓦尔斯的观点,气体的压强并非和容器壁的曲率完全无关。但尽管如此,当内聚力的作用范围和分子直径相比变得更大一些的时候,这一修正就显得无关紧要了。

其中 nm 是物质的总质量。因此，$\frac{V}{nm}=v$ 是特定温度和压强下单位质量所占的体积，也就是所谓的比容(specific volume)。由于总质量是 $nm=\rho V$，因此

$$\rho=\frac{1}{v}, \tag{18}$$

而(17)式可以改写为：

$$p+\frac{a}{v^2}=\frac{\overline{c^2}}{3(v-b)}, \tag{19}$$

其中

$$b=\frac{B}{nm}=\frac{2\pi\sigma^3}{3m}。 \tag{20}$$

这也是一个气体常数；它等于单位质量气体中覆盖球体积的一半，或者单位质量分子体积的 4 倍。

§8　用理想气体作测温物质

下面我们要选择一种理想气体(标准气体)在体积不变时随温度变化的压强，来作为温度的量度。这里所说的理想气体，指的是第一部分中分析过、并在第二部分 §1 开头定义过的气体：它的分子之间只有当距离和两个相邻分子之间的平均距离相比非常小时才会发生明显的相互作用。

我们用 M 来表示一种特定理想气体的分子质量，用 $\overline{C^2}$ 来表示其分子质心的方均速率，用 N 表示单位体积内的分子数。那么，根据第一部分 §1，气体的压强为 $p=\frac{1}{3}NM\overline{C^2}$。在恒定体积下，$N$ 也是常数。因此，根据所选定的温度单位，绝对温度正比于 $\overline{C^2}$。与第一部分(51)式一致，我们令 $\overline{C^2}=3RT$，其中 R 是取决于温度单位的常数。

在第三章 §35 和第四章 §42，我们将对这样一个命题给出充分证明，即在相同的温度下，所有物体分子质心运动的平均动能通常都具有相同的大小。我们已经在第一部分中证明，这是两种单原子分子理想气体的热平衡条件。这一结论的有效性并不受范德瓦尔斯假设的吸引力影响，因为吸引力是在和相邻两分子平均间距相比非常大的距离上起作用，所以它不会影响碰撞过程中的分子运动。因此，标准气体和(19)式所描述的另一种气体之间的热平衡条件——假设前者为单原子分子——是两种气体分子的平均动能相等。因此在相同的温度下，$m\overline{c^2}=M\overline{C^2}$。因为后一个量等于 $3MRT$，所以在相同的温

度下,另一气体也有 $m\overline{c^2}=3RMT$。下面我们将另一种气体的分子质量与标准气体的分子质量作比较,并用 μ 来表示$\frac{m}{M}$,用 r 来表示$\frac{R}{\mu}$;那么有

$$\overline{c^2}=3rT=\frac{3R}{\mu}T。\tag{21}$$

因此,由(19)式可得

$$p+\frac{a}{v^2}=\frac{rT}{v-b}=\frac{RT}{\mu(v-b)}。\tag{22}$$

这就是气体压强、温度、体积之间的范德瓦尔斯方程。r、a、b 是和气体特征有关的常数;R 是和标准气体有关的常数,和其他气体的性质完全无关。

在化学上,人们通常将气体的分子质量理解为该气体分子质量与单个氢原子质量之比,即通常所谓的分子量。因此对于普通的双原子分子氢气来说,$\mu=2$,气体常数是 $r_H=\frac{1}{2}R$,其中 R 是氢气在其分子被离解成单个原子时的气体常数。如果我们不希望把定义建立在这样一种离解气体的基础之上,那就必须将 R 经验性地定义为普通氢气气体常数的两倍。

§9 压强-温度系数 范德瓦尔斯方程中常数的确定

下面我们来分析一种其压强、密度及温度很好地满足(22)式范德瓦尔斯方程的气体。

我们先来确定这种气体在恒定体积下的压强温度系数,即,我们在体积保持不变的条件下,将它的温度由 T_1 提高到 T_2,将两个温度下的压强分别表示为 p_1 和 p_2,然后确定比值$\frac{p_2-p_1}{T_2-T_1}$的大小。由(22)式可得:

$$p_1+\frac{a}{v^2}=\frac{rT_1}{v-b},\ p_2+\frac{a}{v^2}=\frac{rT_2}{v-b},\tag{23}$$

因此有:

$$\frac{p_2-p_1}{T_2-T_1}=\frac{r}{v-b}。\tag{24}$$

可以看出,压强差与温度差成正比,比例系数只是比容的函数。所以,遵守范德瓦尔斯定律的气体在恒定体积下的压强差总是温度之差的量度。如果用 p_3 表示第三个温度 T_3 下的压强——比容 v 保持不变——则有:

$$(p_3-p_1):(p_2-p_1)=(T_3-T_1):(T_2-T_1)。\tag{25}$$

接下来我们假设存在另一种(足够理想的)气体,比如说氢气。于是对于这后一种气体,

我们有

$$p_3 : p_2 : p_1 = T_3 : T_2 : T_1。$$

这样一来,我们就可以在选定温度单元——比如,令(大气压下)沸水和冰水混合物之间的温差为100——的情况下,直接确定绝对温度。

接下来就可以检验(25)式在描述第一种气体方面的精确程度;换句话说,我们可以检验范德瓦尔斯定律在预言压强与温度之间关系上能达到何种精确程度。如果我们利用(24)式来计算两种不同密度下的压强温度系数$\frac{r}{v-b}$的话,就可以确定气体的r和b两个常数。如果再已知气体分子的化学构成,那么就能够验证方程$\mu r = R$是否准确成立。我们也可以不通过蒸气密度,而是利用实验测得的范德瓦尔斯常数r,来确定μ的值。如果能够在保持体积不变的情况下,测得对应于两个以上r值的压强温度系数,就可以检验它作为v的函数,与范德瓦尔斯公式吻合的程度。

但是,这里需要注意的一点是,根据§6,当v接近于b时,推导压强温度系数$\frac{r}{v-b}$所用的假设条件便不宜再用。对于更小的v值,我们必须将b替换为$\left(\frac{b}{3}\right)$。事实上,实验表明,在用上述方式来确定不同v值条件下的b时,b不再是一个常数,而是一个随v减小而减小的量。但这绝不意味着对于这样的物质,范德瓦尔斯的基本假设就失效了。不幸的是,到目前为止我们还不清楚要用什么样的v函数代替$\frac{r}{v-b}$,才能得到以范德瓦尔斯假设为基础的准确的状态方程。因此,下面我们只能局限于(22)式的讨论,而且谨记,在小v值条件下该式顶多给出和实际定性一致的结论。由(23)式可得

$$a = v^2 \frac{p_2 T_1 - p_1 T_2}{T_2 - T_1}, \tag{26}$$

由上式也可以确定常数a的值。如果能够算出几个对应于不同v值的a值,就可以推算出范德瓦尔斯方程(22)左边加在p上的那一项,和实际符合得怎么样。由此可以检验范德瓦尔斯关于内聚力延伸到和相邻分子平均间距相比很大的距离上的假设是否有效。

§10 绝对温度 压缩系数

我们实际上永远都不可能借助理想气体来确定温度,因为包括氢气在内的所有已知气体中,没有哪一种真正具有理想气体所应具有的那些性质。最合理的温度定义,当然是建立在开尔文勋爵温标基础之上的定义。众所周知,这一温标来自从高温热源向低温

热源传递热量时所能做功的最大值。但是,由于在实验上对这一做功进行测量时总是很不精确,所以人们不得不寻求利用某个物体的状态方程来算出它的值。而由于氢气和理想气体之间的偏差非常小,所以,如果我们在范德瓦尔斯假设的基础上来处理这些偏差,那么由此建立起来的开尔文绝对温标所能达到的精度,在目前情况下几乎很难超越。[①]因此我们可以利用前面推导的方程,来确定绝对温度,只是我们不能假定 T_1、T_2、T_3 可以通过和另一种更理想的气体进行比较来确定。只要任意选取一个温度单位,比如像上面指出的那样,我们便可以先利用(25)式将温差表示为一些数字。作为对照,我们可以测定几个不同密度下的温度值。如果在比容为 v 时,测得 T_1、T_2、T_3 温度下的压强分别为 p_1、p_2、p_3,而在比容为 v' 时测得上述三个温度下的压强分别为 p'_1、p'_2、p'_3,那么,假如气体在足够精确的程度上满足范德瓦尔斯方程的话,则这些压强一定满足下述关系:

$$(p_3-p_1):(p_2-p_1)=(p'_3-p'_1):(p'_2-p'_1)。$$

如果 p'_1 和 p'_2 是在比容为 v' 的情况下和 T_1、T_2 相对应的压强,那么可将(26)式写为:

$$\begin{aligned}a&=v^2\left[(p_2-p_1)\frac{T_1}{T_2-T_1}-p_1\right]\\&=v'^2\left[(p'_2-p'_1)\frac{T_1}{T_2-T_1}-p'_1\right]。\end{aligned}$$

如果将 T_1 定义为冰水混合物的温度,T_2 定义为沸水的温度,并设 $T_2-T_1=100$,那么,上式中后两个表达式里所有其他的量都可以观测,由此可以算出 T_1。而且,我们还可以确定氢气的常数 a 的值。

在得到绝对温度之后,我们紧接着就可以根据之前给出的方法来确定氢气的 r 值和 b 值。这里,我们必须注意:当我们将范德瓦尔斯方程(22)当作既定经验事实来看待时,我们必须将方程右边的 T 替换为开尔文绝对温度的某个函数 $f(T)$。因此,在没有关于比热或者焦耳-汤姆逊制冷效应等[②]方面的经验信息的情况下,绝对温度本身是不可测定的。

为了检验恒温条件下 p 和 v 之间的关系,即,密度压强系数——我们将范德瓦尔斯方程写成下述形式:

$$pv=\frac{rT}{1-\frac{b}{v}}-\frac{a}{v}=rT-\frac{a-rbT}{v}\cdots$$

---

① 在所有不是特别低的温度下,空气的性质和范德瓦尔斯假设符合得更好。因此,我们也可以用空气代替氢气(用空气做实验相对更方便)。

② Boltzmann, *Mun. Ber.* 23, 321(1894); *Ann. Phys.* [3] 53, 948(1894)。

只要和 b 以及 $\frac{a}{rT}$ 相比 v 很大，则波义耳定律近似成立；当温度保持不变时，pv 几乎也保持不变。气体远离液化区域。只要 $a>rbT$，那么，根据范德瓦尔斯内聚力假设而对波义耳定律所进行的修正，将超越由于分子核的非质点性所导致的修正，而占据主导地位，从而，$pv=\frac{p}{\rho}$ 将随着体积的增加而增大。密度压强系数，$\frac{\mathrm{d}\rho}{\mathrm{d}p}$，随压强减小而减小。当温度很高时，对任何气体都有 $a<rbT$，因此后一修正必然超过前一修正而起主要作用，因此 pv 将随 v 的增加而减小。对于氢气来说，常温下就已经是这种情形了。

此外，在压强不变的情况下，比容 v 对温度的导数——我们称为体积温度系数——如我们的公式所示，并非保持不变。

§11 临界温度，临界压强，临界体积

下面我们将进一步研究(22)式所描述的压强、温度以及比容之间的关系。我们发现，当 $v=b$ 时，不管温度多高，压强都将是无穷大。但对于与范德瓦尔斯假设严格一致的物质来说，我们也已经看到，在体积减小到大约 $\frac{1}{3}b$ 之前，压强实际上并不会无穷大。我们不再进一步纠缠这个问题，因为我们现在的研究目标并不是最初的范德瓦尔斯假设，而是(22)式。我们将在相应的条件下应用(22)式解决问题，该方程在大体积条件下近似正确，而在小体积情形至少定性正确。

因此体积 $v=b$ 是不可能的；更小的体积也同样不可能，因为对于稳定的平衡态而言，压强必然随体积减小而增加，这样它甚至会比无穷大更大。

现在我们来考察等温线，即，温度不变时压强与体积之间的关系。因为 T 不变，因此由(22)式可得

$$\frac{\mathrm{d}p}{\mathrm{d}v}=\frac{2a}{v^3}-\frac{rT}{(v-b)^2}\text{。} \tag{27}$$

这里，当 v 取可能的最小值(只比 b 稍稍大一点的那些值)时，上式的右边将为负数，当 v 取很大的值时也是如此。而且，它随 v 变化而变化的过程具有这样的特点，那就是在我们所考虑的全部 v 值范围内，它对 v 的导数是连续的。(27)式右边等于零的必要条件是

$$T=\frac{2a(v-b)^2}{rv^3}\text{。}$$

在上式中，当体积稍稍大于 b，或者体积非常大时，右边表达式为很小的正数。而对介于上述两种极端之间的其他大小的体积而言，它的变化是连续的，而且具有唯一的极大值：

当 $v=3b$ 时,$T_k=\frac{8a}{27rb}$。所以当 $T>T_k$ 时,$\frac{dp}{dv}$不可能为零,因此也不可能变成正数;等温线随着 v 的增加而下降。当 $T<T_k$ 时,$\frac{dp}{dv}$经过零点后变为负值,然后又经过零点变为正值。等温线的纵坐标有一个极小值和一个极大值。当 $T=T_k$ 时,$\frac{dp}{dv}$总是负数;只有在$v=3b$ 时它才会等于零。因此,p 随 v 增加而减小,但在 $v=3b$ 这个点上,它减小的量和体积的微小增量相比,是更高阶的小量。这个点被称为临界点。和临界点相对应的 v、p 及 T 值我们用下标 k 表示,并称为临界值,因此:

$$v_k=3b,\quad T_k=\frac{8a}{27rb}。\tag{28}$$

相应的 p 值,即临界压强,可以从(22)式求得:

$$p_k=\frac{a}{27b^2}。\tag{29}$$

因此,v_k、T_k、p_k 是三个正实数。前者大于物质的最小体积 b。由(27)式可得(T 保持不变):

$$\frac{d^2p}{dv^2}=2\left(\frac{rT}{(v-b)^3}-\frac{3a}{v^4}\right),$$

不难看出,正如所预料的那样,在临界值下$\frac{d^2p}{dv^2}$等于零,因为我们已经看到,在临界值下,等温线具有完全规则的最大-最小值[拐点]。

此外,我要描述临界量的一种代数性质。如果我们将(22)式中的所有量都放到方程的同一边,消除分式,并按 v 的幂次合并同类项,那么这个方程将变为

$$pv^3-(bp+rT)v^2+av-ab=0。\tag{30}$$

对于给定的 p 值和 T 值,这是一个关于 v 的三次方程。我们将把它的左边表示为 $f(v)$。如果在某组特定的 p、T、v 值下,不但 $f(v)$等于零,而且 $f'(v)$和 $f''(v)$也都等于零,那么这个三次方程将有三个相同的根;这里,$f'(v)$和 $f''(v)$分别是 p、T 保持不变时 $f(v)$的一阶和二阶导数。

如果只保持 T 不变,那么由(30)式可得

$$(v^3-bv^2)\frac{dp}{dv}=-f'(v),$$

$$(v^3-bv^2)\frac{d^2p}{dv^2}+(3v^2-2bv)\frac{dp}{dv}=-f''(v)。$$

$\frac{dp}{dv}$和$\frac{d^2p}{dv^2}$是和前面提到过的相同的量,我们已经证明它们在 p、v、T 取临界值时等于零。因此,在临界值条件下,$f(v)$、$f'(v)$及 $f''(v)$全都为零,即,如果代入 p、T 的临界

值，则对于 v 来说(30)式有三个相同的根。这样一来，v^2 的系数在乘以 -1 后再除以 p，即等于三个根之和。不包含 v 的项的系数，乘以 -1 后再除以 p，等于三个根之积。最后，v 的系数除以 p，等于每两个根之积的和值。因此关于 p_k、T_k[在该临界值条件下(30)式有三个相同的根，它们的值我们用 v_k 表示]，可得下面三个方程

$$3v_k = b + \frac{rT_k}{p_k},\ 3v_k^2 = \frac{a}{p_k},\ v_k^3 = \frac{ab}{p_k},$$

由上述方程可以求出前面已经得到的 v_k、p_k 和 T_k。当温度取某些值以致等温线的纵坐标没有最小值时，p 值是 v 值的单调函数，这时(30)式只有一个实根，它比 b 大；但对于使等温线纵坐标有一个极小值 p_1 和一个极大值 p_2 的任何温度而言，当 p 在 p_1 与 p_2 之间变化时，(30)式中的 v 有三个大于 b 的实根，这一点很容易从等温线的形式看出来。

到目前为止，我们并没有对压强和体积的单位作过任何规定。假如在讨论每种物质的性质时我们将它的临界体积 v_k 和临界压强 p_k 选为体积和压强单位，那么公式将变得特别简单。我们还将无视从水的冰点和沸点得到的经验温度单位，而将每种气体的绝对临界温度 T_k 选作绝对温度的单位。因此我们令

$$\begin{cases} v = v_k\omega = 3b\omega, \\ p = p_k\pi = \dfrac{a}{27b^2}\pi,\ T = T_k\tau = \dfrac{8a}{27rb}\tau。\end{cases} \tag{31}$$

这样的话，我们将用 ω(体积与临界体积之比)来量度体积，分别用来量度压强和温度的 π 和 τ 意义相似。

我们将 ω、π 及 τ 这三个量分别称为物质的约化体积、约化压强和约化温度，或者——不会与另一种单位系统相混淆的情况下——分别简称为体积、压强、温度。

我们这么做，当然是对不同的气体引入了不同的单位——但这一不足之处和它使方程大大简化这一优点相比，显然不足为道了。由于我们根据每种气体的经验性质来计算它的 a、b、r，并进而计算它的 v_k、p_k 和 T_k，所以我们可以随意将范德瓦尔斯单位变换为任何其他单位。如果将(22)式中的 p、v、T 替换为 π、ω、τ(然后再除以一个不为零的因子)，则可得

$$\pi = \frac{8\tau}{3\omega - 1} - \frac{3}{\omega^2}。 \tag{32}$$

上式中没有任何气体特有的常数。如果我们采用范德瓦尔斯单位来进行量度，那么得到的将是适用于所有气体的同一个方程。范德瓦尔斯认为，这个方程对气体乃至液化状态都成立，甚至在液态范围也有效。只有临界体积、临界压强及临界温度的值才与特定物质的性质有关；用临界值的倍数来表示的物质实际体积、压强及温度，满足适用于所有物质的同一个方程。换句话说，描述约化体积、约化压强以及约化温度之间关系的方

程对所有物质都相同。

显然,如此广泛适用的一个方程是不可能严格正确的;但尽管如此,我们可以从它得出有关实际现象的基本正确的描述这一事实,也是很令人瞩目的。

§12　等温线的几何讨论

为了从(32)式所表示的关系中获得一些启示,我们将在从原点 O 出发的正横坐标轴 $O\Omega$ 上画横坐标 OM,表示约化体积 ω。过 M 点沿平行于纵坐标轴 $O\Pi$ 的方向画纵坐标 MP,表示约化压强 π。那么,具有特定压强和体积的每个气体状态,将用平面内的一个点 P 来表示。对应的约化温度就是将假设的 ω 值和 π 值代入(32)式后所得到的 τ 值。如果我们假设范德瓦尔斯方程是正确的,那么对于任意的正 τ 值,约化压强会在 $\omega=\frac{1}{3}$时趋于无穷大。正如我们前面所指出的,人们只能通过施加无穷大的压强来将物质压缩到体积 $\omega=\frac{1}{3}$,而由于压强必然会随着体积的缩小而增大,所以,比它更小的体积——在这样的体积下,(32)式给出的压强为负值——是不可能存在的。

因此,我们必须把考虑范围限定在横坐标$\geqslant\frac{1}{3}$的区间内。

我们所讲的等温线,指的是那些代表具有某相同温度的物质状态的所有点的轨迹线。等温线方程是在(32)式中代入任意常数值 τ 之后所得任意 π 和 ω 之间的关系。令 τ 取从一个很小的正值到 $+\infty$ 之间所有可能的值的话,我们就可以得到全部可能的一组等温线。由(32)式可知,在每个 τ 值条件下,π 都会在 ω 稍大于$\frac{1}{3}$处取很大的正值。另一方面,π 会在 ω 很大时取很小的正值。而且,在 τ 不变时,有

$$\frac{d\pi}{d\omega}=6\left[\frac{1}{\omega^3}-\frac{4\tau}{(3\omega-1)^2}\right]。\tag{33}$$

由于当$\frac{1}{3}<\omega<\infty$时,上式具有有限大小的值,所以位于 $\omega=\frac{1}{3}$和 $\omega=\infty$之间的所有等温线都必然是连续曲线。当 ω 趋近极限$\frac{1}{3}$时,这些等温线渐近地逼近和纵坐标轴平行且相距$\frac{1}{3}$、并是在其正方向一侧的直线 AB(见图 1)。当 ω 变得非常大时,等温线以同样的方式在纵坐标正方向一侧逼近横坐标轴。在前一情形中,π 具有非常大的正值,而$\frac{d\pi}{d\omega}$具有非

常大的负值；在后一情形中，π 是很小的正值，而$\frac{d\pi}{d\omega}$为很小的负值。所有的等温线都在横坐标轴正方向一侧分别沿两个不同的方向向无穷远处延伸。另一方面，在位于 $\omega=\frac{1}{3}$ 和 $\omega=\infty$ 之间的区域，π 有可能取负值；恒温条件下，(32)式的曲线可以下降到横坐标轴以下。

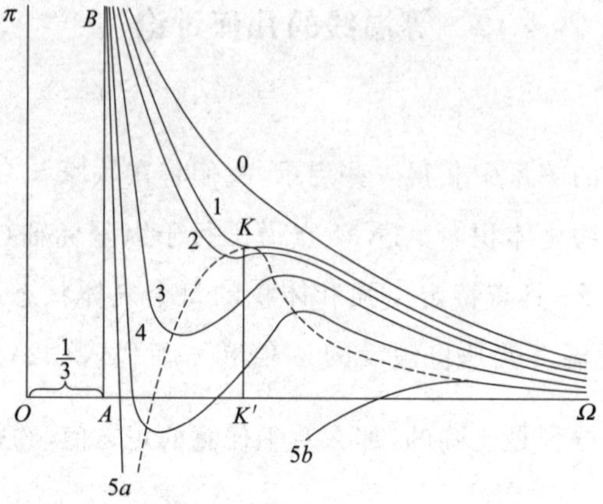

图 1

为了建立描述这种行为的图像，我们首先从(32)式注意到，当 ω 相同时，较小的 τ 值总是对应着较小的 π 值。因此，较高温度的等温线在上面，较低温度的等温线在下面，所以对应于每一个 ω 值，较高温度下的等温线的纵坐标值比较低温度下的等温线的纵坐标值大；两条等温线绝不会相交。

下面我们来讨论$\frac{d\pi}{d\omega}$的表达式(33)式。当 ω 取值位于 $\omega=\frac{1}{3}$ 和 $\omega=\infty$ 之间的区域时，它是 ω 的连续函数。当 ω 取值很大或者只比$\frac{1}{3}$大一点点时，第二项起主要作用，所以如我们前面所提到的那样，$\frac{d\pi}{d\omega}$为负值。在这一区域，$\frac{d\pi}{d\omega}$在变为零之前不可能取正值。根据(33)式，$\frac{d\pi}{d\omega}$取零的条件为

$$\tau=\frac{(3\omega-1)^2}{4\omega^3}。\tag{34}$$

不仅当 ω 稍稍大于$\frac{1}{3}$时，而且在 ω 非常大的时候，上式右边会取很小的正值。在两个极限之间的区域，它随 ω 连续变化；不难发现，当 $\omega=1$ 时，它取唯一的最大值 1。这样一来，我们要区分下述三种情况：

1. 当 $\tau>1$ 时，(34)式不可能得到满足，$\frac{d\pi}{d\omega}$在所考虑的整个区间都不可能为零，而必然

为负值，因此，随着 ω 的增加，(图 1 中标为 0 的)等温线连续向靠近横坐标轴的方向下降。

2. 令 $\tau=1$，这时等温线恰好对应于临界温度。那么根据我们对(34)式右边讨论的结果，$\frac{\mathrm{d}\pi}{\mathrm{d}\omega}$只在 $\omega=1$ 时为零。(32)式给出的条件也是 $\pi=1$。因此，物质处在临界温度、临界体积及临界压强下。这一状态(临界态)在图 1 中是用 K 点来表示的，该点的横坐标和纵坐标都等于 1。在保持 τ 不变的情况下对(33)式求导数，可得：

$$\left\{\begin{aligned}&\frac{\mathrm{d}^2\pi}{\mathrm{d}\omega^2}=18\left[\frac{8\tau}{(3\omega-1)^3}-\frac{1}{\omega^4}\right]=\frac{6}{3\omega-1}\left[\frac{3(1-\omega)}{\omega^4}-\frac{\mathrm{d}\pi}{\mathrm{d}\omega}\right],\\&\frac{\mathrm{d}^3\pi}{\mathrm{d}\omega^3}=72\left[\frac{1}{\omega^5}-\frac{18\tau}{(3\omega-1)^4}\right]。\end{aligned}\right. \tag{35}$$

因此，对于临界状态，也有$\frac{\mathrm{d}^2\pi}{\mathrm{d}\omega^2}=0$(和所预期的一致，因为我们知道，临界状态下$\frac{\mathrm{d}^2 p}{\mathrm{d}v^2}$等于零)。但是，$\frac{\mathrm{d}^3\pi}{\mathrm{d}\omega^3}$为负值。因此等温线有一个拐点。它的切线平行于横坐标轴，但在该点两边，纵坐标都是随 ω 的增加而减小。同一条等温线在 $\omega=1.87$ 时还有另一个拐点；因此，在这个值与横坐标值 1 之间，等温线的凹面朝下，但在其他的横坐标值下，它的凸面朝下。图 1 中的曲线 1 代表临界等温线。

在和约化温度 $\tau=3^7\cdot 2^{-11}=1.06787$ 相对应的等温线上首次出现两个拐点，它们同时出现在 $\omega=\frac{4}{3}$处。① 对于更小的 τ 值，两个拐点彼此分开。对于更大的 τ 值，等温线在向正横坐标轴靠近的过程中，没有拐点，$\frac{\mathrm{d}\pi}{\mathrm{d}\omega}$稳定下降。

3. 假设温度低于临界温度：$0<\tau<1$。那么，从(33)式可以看出，当 $\omega=1$ 时，$\frac{\mathrm{d}\pi}{\mathrm{d}\omega}$取正值，而当 ω 很大或者接近于$\frac{1}{3}$时，它取负值。因此$\frac{\mathrm{d}\pi}{\mathrm{d}\omega}$必然会在 ω 取某个大于 1 的值以及 ω 取 1 和$\frac{1}{3}$之间的某个值时等于零。而当 ω 取这些值时，$\frac{\mathrm{d}^2\pi}{\mathrm{d}\omega^2}$不可能等于零，因为由(35)式可知，只有当 $\omega=1$ 时，$\frac{\mathrm{d}\pi}{\mathrm{d}\omega}$和$\frac{\mathrm{d}^2\pi}{\mathrm{d}\omega^2}$才会同时为零。上述结论也可以从这样一个事实得

① $\frac{\mathrm{d}^2\pi}{\mathrm{d}\omega^2}$等于零的条件是$\tau=\frac{(3\omega-1)^3}{8\omega^4}$。在 ω 非常大以及只比$\frac{1}{3}$大一点点时，该式右边都取极其小的正值。而对介于这两个极限之间的 ω 值，它随 ω 连续变化，并在 $\omega=\frac{4}{3}$时取唯一的最大值 $3^7\cdot 2^{-11}$。所以，当 $\tau>3^7\cdot 2^{-11}$ 时，$\frac{\mathrm{d}^2\pi}{\mathrm{d}\omega^2}$不可能为零。

出，即(30)式和我们目前的方程只有单位上的不同，因此必然具有三个关于 v 的相同的根，而我们已经看到，这只有在临界压强、临界体积及临界温度的条件下才有可能。当 ω 取 1 和 $\frac{1}{3}$ 之间的值时，随着 ω 的增加，$\frac{d\pi}{d\omega}$ 从负值变为正值，而根据(35)式可知，这种情况下 $\frac{d^2\pi}{d\omega^2}$ 是大于零的。因此 π 有一个极小值，而在另一个 ω 值条件下，它具有一个极大值。除此之外，不可能再有其他的 ω 值使 $\frac{d\pi}{d\omega}$ 等于零，因为给出这一条件的(34)式可以写成如下形式：

$$4\tau\omega^3-(3\omega-1)^2=0。\tag{36}$$

这一多项式在 $\omega=0$ 时为负，而在 $\omega=\frac{1}{3}$ 时为正，因此它的第三个根必然位于这两个 ω 值之间，因此也就位于我们不考虑的区间。对于和临界温度以下的温度相对应的所有等温线，纵坐标 π 在 1 和 $\frac{1}{3}$ 之间的某一个横坐标 ω 处取极小值，在大于 1 的某一个横坐标处取极大值。图 1 中的曲线 3 展示了这一形式。

§13　一些特例

下面我们来分析属于第三种情况的两个特例。

3a. 设 τ 稍稍小于 1，比如为 $1-\varepsilon$。那么，使 π 取极值的两个横坐标值会接近于 1，我们可以将其写成 $1+\xi$ 的形式。将 $\tau=1-\varepsilon$ 和 $\omega=1+\xi$ 代入(36)式中，可得(只保留一级项)，$\xi=\pm\sqrt{\frac{4\varepsilon}{3}}$，而将它们代入(32)式则可得 $\pi=1-4\varepsilon$。因此，τ 及 π 与 1 之间的差值是和 ε 同级别的小量，而 ω 与 1 之间的差值则是和 $\sqrt{\varepsilon}$ 同级别的小量。所以，临界等温线下方紧挨它的等温线，在临界点 K 附近的区域几乎完全水平，而根据它们在这个点附近同时具有一个极大值和一个极小值的事实，也能得出这一结论。因此，所有等温线的极大值点和极小值点形成的轨迹线(图 1 中的虚线)在 K 点取极大值，而这一点也正是临界点。

3b. 设 τ 非常小，从而温度接近于绝对零度。那么，根据(36)式不难求得 $\frac{1}{3}$ 附近的根的值为：

$$\omega_1=\frac{1}{3}+\frac{2}{9}\sqrt{\frac{\tau}{3}}。$$

我们感兴趣的另一个根的值非常大，可以求得它等于

$$\omega_2=\frac{9}{4\tau}。$$

所以,π 的最小值和稍大于$OA=\frac{1}{3}$的横坐标相对应。这一最小的纵坐标值为

$$\pi_1=-27+12\sqrt{3\tau}.$$

因此,相关的等温线(图 1 中的 $5a$)在下降的过程中无限靠近 BA 的延长线,一直到横坐标轴下面纵坐标为 -27 的位置。然后它又开始上升(图 1 中曲线 $5b$,图中所示的向上的分支在开始一段的上升速度比实际情形大很多,而且离坐标原点的距离也比实际情况画得更近),并再次和横坐标轴相交。如果我们用 ω_3 表示它与横坐标轴第二次相交之点的横坐标,那么有:

$$\frac{8\tau}{3\omega_3-1}=\frac{3}{\omega_3^2},-\frac{3}{\omega_3^2}+\frac{9}{\omega_3}=8\tau。$$

之所以可以变换为后一个方程,是因为我们感兴趣的并非$\frac{1}{3}$附近的 ω_3 值;实际上,我们也知道,方程在$\frac{1}{3}$附近也是有一个解的,它对应于下降分支 $5a$ 与横坐标轴的交点。我们现在关心的是 ω_3 取值很大的那个解,我们发现在这种情况中,ω_3 近似等于$\frac{9}{8\tau}$。因此,当温度很低时,曲线 $5b$ 的纵坐标只会在体积非常大时才会变为正值。当 $\omega=\omega_2=\frac{9}{4\tau}$时(换句话说,在距离原点两倍那么远的横坐标处),它的纵坐标达到极大值,这个极大值很小:$\pi_2=\frac{16\tau^2}{27}$。这之后,曲线再次靠近横坐标轴。

在这一极限等温线和图 1 中只取正值的等温线 3 之间,当然还有无数多条等温线经过横坐标轴的下方;图 1 中的曲线 4 就是一个例子。如果在垂直于 $O\Omega$ 和 $O\Pi$ 的方向再画一条坐标轴,我们可以更清楚地理解这一情形。在平行于 $\Omega O\Pi$ 平面的各种平面内,构建各种等温线,它们和一系列越来越大的温度相对应,并把所有这些等温线所形成的表面做成石膏模型。

玻尔(Niels Henrik David Bohr,1885—1962),丹麦物理学家,提出了原子结构的玻尔模型,至此,原子理论趋于完善。1922 年玻尔荣获诺贝尔物理学奖。

第二章

范德瓦尔斯理论的物理讨论

Abschnitt Ⅱ

· Physikalische Discussion der Theorie van der Waals' ·

玻尔兹曼在任何困境中都给你忠告，即使学生在他工作时到他家里打扰他，他也不会烦躁。这位伟大的科学家能数小时不停地解答学生的疑难，总是极有耐心，性情温和。

——施特赖因茨，玻尔兹曼在格拉茨大学工作时期的同事

§14　稳态和非稳态

我们现在来分析§12图1中曲线的物理意义。两根无限长直线 $A\Omega$ 和 AB 所围起来的象限中每个点 P,代表一个特定的体积和一个特定的压强,从而也就代表物质的一种特定状态,因为(32)式提供了压强和体积的对应关系。我们将这一状态简称为状态 P。因此,这个象限中的每条曲线 PQ(和 P 点一样,没有在图中显示出来)代表状态的一种变化,特别地,它代表着和曲线上的点一一对应的一系列不同的状态。若物质经历了这条曲线上不同点所代表的所有状态,我们就说该物质经历了状态变化 PQ。

例如,图1中的0号等温线代表物质在恒定温度 $\tau_0>1$ 时,从一个很大的体积开始的压缩过程。随着体积的减小,压强连续地增加,当体积很大时,它与体积近似成反比,因为这种情况下(22)式中的量 b 和 $\frac{a}{v^2}$ 相对很小。这时物质的行为和理想气体很像。另一方面,如果 ω 稍稍大于 $\frac{1}{3}$,那么体积将接近于临界体积的 $\frac{1}{3}$;此时等温线上升很快,且渐近地逼近 AB 线。在这种情形中,体积降低一点会导致压强增加很多;物质几乎不可压缩,其行为像液体。从气态向液态的转换是逐渐发生的;状态过渡的连续性没有中断的迹象。和临界温度相对应的1号等温线也是如此,只是等温线在临界点的切线和横坐标轴平行,以至于此时体积上无穷小的等温变化对应于更高阶无穷小的压强变化量。

下面假设我们在临界温度以下压缩物质。那么压缩过程将遵循一条 $\tau<1$ 的等温线,比如图1中的3号等温线,它对应的温度为 τ_3。我们把这条等温线重新画在图2中,并用 C 和 D 表示纵坐标 CC_1 和 DD_1 分别为极小值和极大值的点。过 C 点、D 点且平行于横坐标轴的线分别和等温线再次相交于 E 点和 F 点。设后两个点在横坐标轴上的投影分别是 E_1 和 F_1。只要压强小于 EE_1,则描述物质状态的点就位于等温线的 LE 分支上。在给定的温度下,每个压强只对应物质的一种状态,而随着压强的减小,波义耳定律就符合得越来越好。另一方面,一旦压强等于 EE_1,那么在相同的温度和压强下,物质可能具有完全不同的状态(物质的相),它们在图中分别被表示为等温线上纵坐标相同的两个点 E 和 C。E 所代表的相(或者简称为 E 相)对应于较大的比容,因而对应于较小的密度,而 C 相对应于较大的密度。前一种相是蒸气,后一种相是液体。如果等温线对应的温度只稍稍地低于临界温度,那么,C 点和 E 点会彼此靠得很近,当物质处于这两种

◀ 普朗克(Max Karl Ernst Ludwig Planck,1858—1947),德国物理学家,掀开了量子物理的序幕。

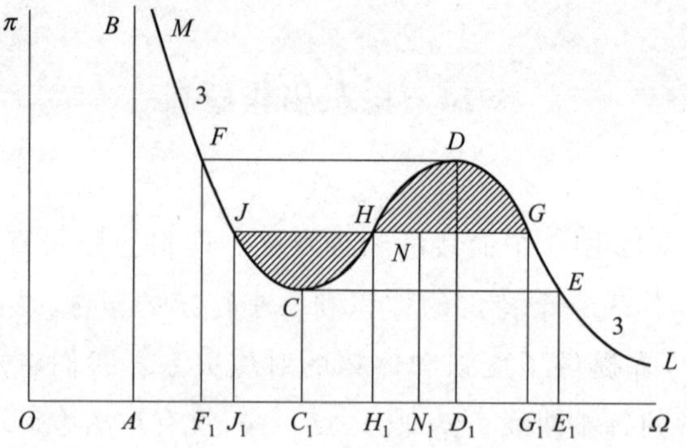

图 2

状态时所具有的性质差别不大。但假如温度远低于临界温度，那么液相和气相将完全不同。一旦压强等于 DD_1，那么等温线上又将有两个点 D 和 F，每个点代表该温度和压强下的一种可能的相。但是，如果压强处于 EE_1 和 DD_1 之间，比如为 GG_1，那么等温线上将有 G，H，J 三个点和这一压强相对应。我们不难相信，和中间的点 H 相对应的状态不稳定。

假设物质用移动自如的活塞封装在一个圆柱形容器中，初始时刻它处于状态 H，因而平衡时活塞受到的压强为 HH_1。如果在不改变外部压强的情况下将活塞往里推动一点点，那么，体积将会减小一些。我们假设物质是被导热性很好的物体所包围，以至于其温度总是和周围物体保持一致。那么，如 H 附近等温线的性质表明的那样，物质对活塞的压强将减小；因此活塞会被外部压强向里推进，直到体积等于 OC_1 为止。由于当体积在等温情况下膨胀一个无穷小量时也会发生同样的事情，因此可以说，活塞无限小量的移动，会导致体积由原来的值发生有限大小的改变。因此，对于 EE_1 和 DD_1 之间的任何压强，在和 3 号等温线相对应的温度 τ_3 下只可能有两种稳定的相。

§15 过冷 延迟蒸发

如果在温度为 τ_3 时物质的临界比容介于 OC_1 和 OD_1 之间，会有什么样的现象发生呢？这样的比容不会对应于物质在温度 τ_3 下的任何稳定态，但它必然是一个可能的比容，因为在更小的液相体积和更大的气相体积之间，必然存在某种过渡。这一矛盾由于下述情形存在的可能而得到化解，即物质状态可以是一部分处于液相，而同时另一部分则处于气相，因此若要达成热平衡和力学平衡的话，代表这两相共存状态的点就必然位于同一等温线上，且它们和横坐标轴之间的距离得是一样的远，因为两种相的温度和压强必须相同。在重力的影响下，较重的液相当然将积聚在容器的底部，蒸气则停留在容器上部。

气相和液相共存的现象也可以发生在体积处于 OF_1 和 OC_1 之间，或者 OD_1 与 OE_1 之间的时候。如果物质先经历了状态变化过程 LE，之后它的体积在等温的情况下继续压缩,这时,根据我们的分析存在两种可能性。进一步的状态变化可以是用曲线 ED 来表示的过程,其中每一时刻所有的物质都处于相同的状态。但是,也可能随时出现这样的现象,其中一部分物质继续遵循曲线 DE 所表示的变化过程,但是另一部分可能从状态 G 跃变到了具有相同温度和压强的状态 J。然后,随着体积的进一步缩小,可能促使更多物质从 G 态跃变到 J 态,而不再继续遵循曲线 GD 的变化过程。事实上,如果不存在触发凝聚的尘埃或者其他物质,蒸气可以无凝聚压缩,虽然在其他环境条件下——特别是存在少量处于液态的同种物质时——它可能早已经开始凝聚了。由于这一状态更多的是通过制冷而不是压缩的方式来实现,所以它被称为过冷蒸气。当最终出现凝聚过程时,大量的蒸气突然间不可逆转地液化(即,由此形成的气、液混合物不可能以可逆的方式,经由相同的一系列状态变回到过冷蒸气)。

蒸发过程中当然也会发生同样的情况。物质先是经历曲线 MF 上的各状态,因此一开始物质处于高度压缩的液态。当体积在等温情况下膨胀到状态 F 时,它可以继续沿曲线 FJC 变化;或者在任何一点开始出现两相共存的状态,于是从此开始一部分物质变为蒸气状态。随着膨胀的继续,一部分物质仍然保留在 FC 分支的 J 状态,而另一部分则跃变到曲线 DE 上同一高度的 G 状态。如果液体中和容器壁上没有空气的话,蒸发过程可能会延迟。但是,当体积进一步膨胀或者加热时,大量的液体将突然蒸发(即蒸发-延迟或者沸腾-延迟)。后一过程同样不可逆。

如果等温线降到了横坐标轴以下,比如像 4 号等温线一样,那么压强甚至可以变为负数。从气压管中抽取出来的水银就是一个很好的例子。如果将水银慢慢地抽出气压管(其上端密封),那么,顶端的压强持续下降;水银本身经历图 2 中曲线 $MFJC$ 上的一系列状态。这时,水银柱依然不会断裂,即便高于气压高度——这表明等温线的纵坐标取极小值处的 C 点,位于横坐标轴的下面,像图 1 中的 4 号等温线一样——之后也如此。最终,水银柱断裂,水银迅速蒸发;当然,由于水银蒸气的张力非常小,这一过程非常不明显。但是,如果在气压管的水银上面放些蒸馏水,那么,水中蒸气的丰富变化肉眼可见。

室温下的蒸馏水中也可以出现负压强。因此,室温下水的等温线也会像图 1 中 4 号等温线那样沉到横坐标轴以下。另一方面,对乙醚来说,其等温线在容易观察到的温度下不会下降到横坐标轴以下。如果在上述实验中将乙醚放到水银的上面,那么水银柱可以被拉得很长,以至于乙醚中的压强小于乙醚蒸气的饱和压强,但不至于低至负值。

在常常被称为沸腾延迟(过热)的过程中,物质和其自身的蒸气相接触。因此状态不是平衡态,相反,液体的上表面发生剧烈的蒸发过程;其温度等于和上层蒸气压强相对应的沸腾温度。内部温度则更高,也出现了和蒸发延迟过程中一样的状态,而这种状态只能通过表面的蒸发和内部的热传导才能得以维持。

§16 两相稳定共存

我们对状态变化性质的描述似乎并不是唯一确定的。但是，我们期待在排除过冷和延迟蒸发之类不可逆相变的情况下，能够得到唯一确定的描述。

为了达到这一目的，我们考虑所分析物质的一个特定的样本 q，它的质量为 1。它的初始状态是 L 状态(见图 2)，之后被等温压缩。当它到达 E 状态时，我们设法使它时不时地和同温同压下的液体发生接触。一开始，当 q 仍然在 E 状态附近时，这个液体将处于延迟蒸发的状态。之后它将爆发性地蒸发到 q 中。但是，我们要恢复 q 之前的状态，将它压缩一点点，然后再使它和同温同压下的液体发生接触。不断重复这一过程，直至最后达成这样一种状态，那就是当再度使 q 和同温同压下的液体发生接触时，没有液体蒸发为 q，也没有 q 发生凝结；因此液体和蒸气达成平衡。在这一温度下，液体处于图 2 中的 J 状态，蒸气处于 G 状态。

这一平衡状态不可能依赖于两相的混合比，只是和接触面的状态有关，因为接触面的分子是唯一和其他相处于平衡的分子。但是，接触面的大小不会很重要，因为每一部分都处于相同的条件之下。[①] 因此，只要两相之间有可能达成平衡，则不管多少量的 J 相物质都可以和任意多量的 G 相物质达成平衡。

这时，G 状态构成正常蒸气和过冷蒸气之间的边界，而 J 状态则构成正常液体和过热液体之间的边界。

在除去能引起凝聚的物质的情况下压缩 q，那么它将遵循曲线 GD 发生状态变化。然而在每一状态中，如果使它与同温同压的液体发生接触，那么它将会以不可逆转的方式突然凝聚。但是如果在和液体保持接触的情况下从 G 状态开始压缩它，那么它将会越来越多地凝聚，直至最后完全变为液体状态，而这一过程是可逆的，因为如果我们在恒温下使体积发生膨胀，物质可以相同的方式再变回到蒸气状态。

麦克斯韦在引入一个假设的情况下，[②]通过下述方式得出了特定等温线上形成正常状态与过热或者过冷状态之间边界的 G 和 J 点的位置。众所周知，对于任何可逆循环过程，有 $\int \frac{\mathrm{d}Q}{T}=0$，其中 $\mathrm{d}Q$ 是系统获得的热量，T 是绝对温度。其中，热量需要采用力学单位来量度。麦克斯韦假设，即便初态和末态之间有不稳定状态介入，比如图 2 中 CHD 分

① 如果接触面的曲率很小的话，会有些影响。在凹面(像毛细管新月形表面那样)之上的蒸气压强，要小于新月形液面和毛细管外面水平液面之间蒸气柱的静压。而在弯曲程度相同的凸面上，蒸气压强则要比蒸气柱的静压大出相同的量。(参见 §23 后面)

② Maxwell, *Nature* 11, 357, 374(1875); *Scientific Papers* 2, 424。同时参见 Clausius, *Die Kinetische Theorie der Gase*(Braunschweig, 1889—1891), p. 201.

支所代表的那些状态,上述方程也照样成立。

如果循环过程是在恒温情况下发生的,那么因子$\frac{1}{T}$可以提取到积分号外面,这时方程变为$\int \mathrm{d}Q=0$。$\mathrm{d}Q$ 等于物质内能增量 $\mathrm{d}J$ 减去对外做功后的差值。若如这里所假设的,外力正好等于法向压力——该压力在单位面积上的强度对所有表面积元都一样,等于 p——则后者等于 $p\mathrm{d}v$。

由于对任意循环过程 $\int \mathrm{d}J$ 等于零,因此有 $\int p\,\mathrm{d}v=0$,因为单位的选择完全是随意的,所以上式也可以写为 $\int \pi\,\mathrm{d}\omega=0$。下面我们考虑单位质量的物质。它在恒定温度下经历了如下循环过程。初始时刻它的各个部分都处在 J 相,此后被一点一点地变成 G 相。压强保持不变,等于 JJ_1,但体积由 OJ_1 膨胀到 OG_1。因此它对外界做的功 $\int \pi\,\mathrm{d}\omega$,等于压强和体积增量的乘积,因而等于长方形 $JJ_1G_1G=R$ 的面积。现在我们假设遵循曲线 $GDHCJ$ 返回初始状态。体积将缩小,因此,外界对物质做功。所做的功等于 $\int \pi\,\mathrm{d}\omega$ 沿整个状态变化的路径积分所得结果的负数。由于 ω 和 π 分别是曲线的横坐标和纵坐标,所以积分结果等于上面由曲线 $JCHDG$,下面由横坐标轴,左右两侧则分别由纵坐标 JJ_1 和 GG_1 所包围区域的面积,$J_1JCHDGG_1J_1=\Phi$。在最后一步过程中,物质回到初始状态 J;因此,$\int \pi\,\mathrm{d}\omega$ 沿整个状态变化积分的结果等于$R-\Phi$,也即为图 2 中两块阴影面积之差 $JCH-HDG$。如果像麦克斯韦那样假设,即便一部分假想路径经历不稳定状态,第二定律也仍然有效,那么可得到下述结论:处于平衡接触之中的 G 相和 J 相之间的连接线(两相线)GHJ,必然以这样的方式画出:它使得图 2 中的两块阴影面积大小相等。如果这一条件不满足,那么 G 相和 J 相之间就不能达成平衡,尽管它们位于同一等温线上,且和横坐标轴相距一样远。(有关描述这一条件的方程,参看 § 60)

§ 17 两相共存态的几何表示

如果后面我们都用 GHJ 表示和横坐标轴平行且使两阴影面积相等的线段,那么,涉及物质在温度为 τ_3 的等温压缩过程中的行为,可以用如下的方式来表示。只要体积大于 OE_1,则物质处于蒸气状态。如果体积介于 OE_1 和 OG_1 之间,则液相还不能与气相共存。只有当存在一种盐类或者其他物体,其微粒对物质粒子的吸引力比微粒之间的吸引力更强,这时候才会出现凝聚现象。由此形成的液体将使盐类溶解或者使物体被覆盖,如果蒸气的量不是无限大，那么，随着过程的进行，蒸气压力会下降（此为提前凝聚）。如果不存在这样的盐类或者物体，那么物质将保持气相，直到其体积变为 OG_1 为止。这时，如果使它与最少量液体状态下的同种物质接触，那么，进一步的等温压缩将导致凝聚发生，蒸气压强不再增大，直到所有物质都液化为止，因为液相的上方不可能存在更高压强的蒸气（此为正常凝聚）。如果不存在其他物体促使正常凝聚发生，那么物质可以被继续压缩而不发生凝聚，这时它的状态由曲线 GD 代表（此时为过冷蒸气）。但是，一旦凝聚开始——当体积小于 OD_1 时这一过程无论如何也会发生的——那么，有限多量的物质突然间液化，如果温度保持不变的话，压强降低为 GG_1。如果物质一开始时处于液态，然后逐渐膨胀，那么其行为也会与此类似；我们不再是用少量液体去和蒸气接触，而是在液体中制造出一个空腔或者气腔。

每条等温线上我们都必须忽略 CHD 这段曲线，因为它对应于物理上不可实现的一些状态。此外，我们将既不考虑延迟蒸发（过热），也不考虑过冷或者提前凝聚的蒸气，而只考虑正常凝聚，它代表从液态到气态的直接而可逆的相变。这样的话，图 2 中的每条等温线上就只需要保留 MJ 段和 GL 段。在中间的区域中，一部分物质为液体，处在 J 点所代表的状态，而另一部分物质则为处于 G 状态的气体，这两部分物质的温度和压强都相同。每个这样的中间态都可以同时用 G 点和 J 点来表示，每个点的权重和处于该状态的物质分量相对应。最好用 JG 线（两相线）上不同的点来表示这些中间态。这条线上任意一点 N 的纵坐标 NN_1（见图 2）表示压强，对于共存的两相来说，它的值是一样的。横坐标 ON_1 则应该通过适当的选择，使它等于物质的总体积，即，液态部分的体积与气态部分的体积之和。液体部分所占的比重越大，代表该中间态的点就越靠近 J，反之亦然。如果我们用 x 表示 N 态中液体部分的质量，用 $1-x$ 表示蒸气部分的质量，那么，x 将具有下述性质：由于 OJ_1 是液体部分的比容，OG_1 是气体部分的比容，所以，$x \cdot OJ_1$ 是 N 点所代表的状态中液体部分的体积，$(1-x) \cdot OG_1$ 是其中气体部分的体积。因为两个体积之和等于横坐标 ON_1，所以有下述方程

$$x \cdot OJ_1+(1-x) \cdot OG_1=ON_1,$$

由此可得：

$$\begin{cases} x=\dfrac{N_1G_1}{J_1G_1}=\dfrac{NG}{JG},\ 1-x=\dfrac{J_1N_1}{J_1G_1}=\dfrac{JN}{JG}, \\ \dfrac{x}{1-x}=\dfrac{N_1G_1}{J_1N_1}=\dfrac{NG}{JN}. \end{cases} \tag{37}$$

如果设想液体部分的质量 x 集中在 J 点，气体部分的质量 $1-x$ 集中在 G 点，那么，N 点就是两部分质量所构成的系统的质心。横坐标的倒数总是代表密度的规则，对于两相线上的点而言当然不再成立。相反，如果 ρ_1 是液体部分的密度，ρ_2 是气体部分的密度，则

横坐标为

$$ON_1=\frac{x}{\rho_1}+\frac{1-x}{\rho_2}。$$

如果我们用这种方式表示液体和气体共存的状态,并忽略过冷蒸气及过热液体的情形,那么等温线不再是图 1 的形式,而是图 3 的形式。图 1、图 2 中标号为 3 的等温线在图 3 中依然标为 3 号。JG 部分是直线,该线上的点 N 所代表的状态中,一部分质量为 x 的物质处在液体状态,质量为 $1-x$ 的其余部分物质处在气体状态,两部分物质的压强都是 NN_1,两部分的体积之和为 ON_1。那么 x 和 $1-x$ 将满足(37)式。同时,对于代表延迟蒸发的那部分曲线下沉到横坐标轴以下的等温线来说,存在一条位于横坐标轴之上的 JG 线,这条 JG 线形成的如图 2 中所示的两部分阴影面积大小相等;因为横坐标轴与其下面部分的等温线之间的面积总是有限大小,而对应于更大横坐标的那部分等温线与横坐标轴之间的面积随着横坐标的值趋近于无穷大,而以对数方式趋向于无穷大。因此,要使图 2 中两部分阴影面积相等,两相线必须位于横坐标轴之上。

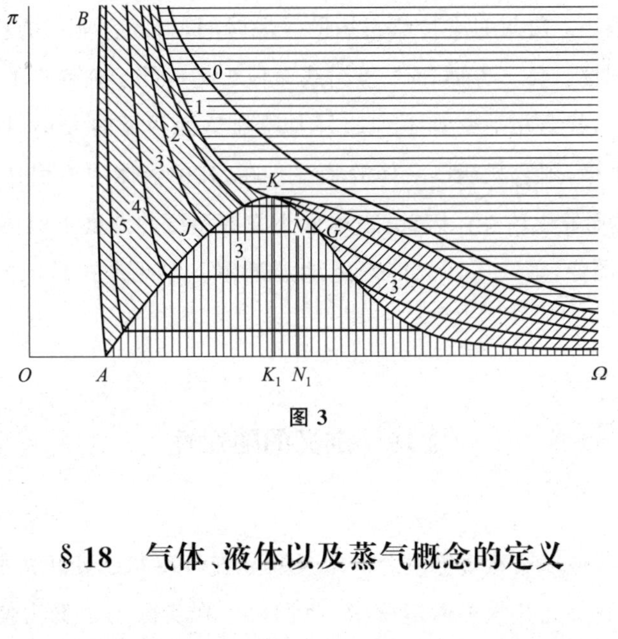

图 3

§ 18　气体、液体以及蒸气概念的定义

我们可以将 1 号临界等温线以上的区域——图 3 中用水平阴影线表示的区域——标记为气体区域。这一区域中具有较大横坐标值的点,实际上将代表接近理想气体的状态。AB 线附近具有较小横坐标值的点,当然代表物质行为像液体的状态,但是由于这些状态可以等温突变为显然是气体的状态,我们将把它们归到气体区域。常温下的压缩空气就是一个例子。

充满两相线的区域将被称为两相区域;这是图 3 中用竖直阴影线表示的区域。由于

图 1 中的虚线，即所有等温线上的极大值和极小值点连成的几何轨迹线，在任何情况下都整个地位于两相区域中，因此，包围这一区域的曲线在临界点的曲率小于虚线在该点的曲率，而且任何时候它都没有尖点。

气体区域以下、两相区域往右的区域是蒸气区域，该区域的物质在行为上类似于气体；两相区域的左侧是液体区域（到 AB 线为止），处于该区域状态的物质我们称为“可压缩流体”。最后命名的这两个区域是图 3 中的斜线阴影区域。它们的特点是，哪种状态都不可能不经过凝聚就等温地转变为另一种状态。

图 3 中的 3 号曲线是经历这些区域的一条典型的等温线。如果我们从低密度区域出发，那么可以作出下述有关等温压缩下物质性质的论断：在蒸气区域，只要体积够大，波义耳定律就能近似地得到满足。随着体积的减小，偏离波义耳定律将越来越明显。一旦到达两相区域，那么进一步压缩体积时压强会保持不变，越来越多的物质变成液体。当所有物质都变成液体后，再压缩体积的话压强会迅速增大。

2 号等温线和 5 号等温线展示了两种极端情形。前者位于临界等温线附近，这里的液相与气相区别很小。凝聚只会持续很短的一段时间，因此它唯一的特点是在可压缩性上有短暂的不规则性。另一方面，5 号等温线对应于远远低于临界点的温度；蒸气通常只产生非常小的压强，甚至几乎察觉不到。只要压强达到明显的大小，且没有其他物质混在所考虑的物质当中，则它只能以液体的状态存在，其中液体的体积具有确定的大小，几乎不因压强的变化而发生改变。因此，在远低于临界温度的温度下液体的可压缩性很小。当然，根据我们的图像，蒸气压强只能渐近地逼近零。即便是在最低的温度下也总是存在少量的蒸气。

§ 19　定义的随意性

我们将气体、液体以及蒸气等概念的定义建立在等温状态变化的基础之上。这当然有一定的随意性，我们充其量可以辩解说，我们可以在实际当中努力使物质的温度和周围环境温度保持一致，因而尽可能使其接近于恒定温度。但我们也完全可以考虑下述情况下的状态变化：物质装在一个带有可自由移动且气密性很好的活塞的圆柱形容器中，压强保持不变。假设开始时温度很高，随着热量的流失，体积将缩小。我们将这种状态变化称为等压变化；它用平行于横坐标轴的线（等压线）表示。如果作用于物质之上的恒定压强大于临界压强，那么它将由一种近似于气体的状态连续地变换为近似于液体的状态。另一方面，如果压强小于临界压强，那么温度会随着体积的减小而下降，直至到达两相区域。由于这时等压线与等温线重合，因此温度保持不变，直至所有物质都液化为止。

如果我们意欲将“蒸气”与“气体”概念的定义建立在等压压缩的基础之上，那么两种状态之间的分界线应该是一条过临界点且平行于横坐标轴的线，因为在这条线以上的区域，任何一个状态等压变换为另一种状态的过程绝不涉及任何凝聚现象的发生，而在这条线下方的区域，等压压缩总是会经过两相区域。

如果使用绝热变化——不涉及任何热量增减的变化——还可以得到蒸气与气体之间的另外一种界定。为了进行有关计算，我们必须令物质增加的热量微元 dQ 等于零(参见§21)。我们不准备做更多的计算，只是要说明，如果不对状态变化采用明确的准则——等温、等压或者绝热——那么，要对一个状态能或者不能连续地变化为另一个状态进行界定，通常是不可能的。因为我们可以由任何一个状态得到任何另一个状态，而不必经历两相区域，因而不必经历凝聚或者蒸发过程。我们可以通过下列方式来理解这一点：设两相区域中的点具有这样的意义，即它们的纵坐标等于压强，它们的横坐标等于液态部分的物质和蒸气状态部分的物质体积之和，从而图 3 中 $BA\Omega$ 象限里的任意一点代表物质的一种可能的状态。假设我们已知物质的任意两种状态。并设每种状态中，整个物质都处于同一种相态，因此代表两种状态的两个点，我们称为 P 点和 Q 点，都在两相区域之外。我们总是可以用一条从 P 点经 K 点上方到 Q 点而不经过两相区域的曲线将它们连接起来。这一曲线代表一系列连续的状态，通过它们，物质可以由状态 P 变化为状态 Q，而在变化过程中不会出现任何一部分物质的相态不同于其余部分物质相态的现象。但是，我们也可以画一条这样的曲线：先从 P 点到两相区域的左边界线 AJK，然后从左到右横跨两相区域，最后向上到达 Q 点。该曲线将代表这样一个状态变化过程：物质状态从液相开始，逐渐蒸发，然后当它完全蒸发以后，连续过渡到最后的 Q 状态。反过来，也可以是这样一条曲线：从 P 点经两相区域上方到两相区域右侧边界曲线 $KG\Omega$ 上的一点，然后跨过该区域到达曲线 AJK 上一点，之后再经两相区域的上方到达 Q 点。在这样一条曲线所代表的状态变化中，物质由 P 状态连续地变化到蒸气状态，再凝聚，最后变成 Q 状态。

一个物质甚至可以通过凝聚而不是蒸发而由液体状态变到蒸气状态。我们只需要从一个小体积开始，将物质的温度升到临界温度以上，然后再使它膨胀到一个较大的体积，之后再使其降温到临界温度以下，接着将它压缩，然后再将液体加热到临界温度以上，最后再将它变到想要的末态。同样，我们也可以通过蒸发而将蒸气变为液体。

显然，当表示物质状态的点分别处于 AB 线下部附近、曲线 $KG\Omega$ 附近及在临界等温线上面远离 AB 线的位置时，我们称物质为液体、蒸气及气体。但在中间区域，不同的状态之间可以彼此缓慢地互相转化，因此如果想要一个明确的界定，就不可避免地要用到某个具有随意性的定义。

§20 等密变化

如果我们将一定量(比如单位质量)的物质装在两端封闭的管内,然后使它缓慢升温,那么我们就获得了非常接近于等体积条件下的状态变化过程(等密变化)。如果体积恰好等于临界体积的三分之一(物质的体积通常不可能比这个值更小),那么,压强总是无穷大,除非温度为绝对零度。在任何其他体积下,只要温度足够低,物质便总是处于两相区域。因此,一部分物质会以液体状态存在于管子的下部。管子的上部则是同种物质的蒸气部分,其压强在温度很低时接近于零,但会随温度的升高而增大。液体与蒸气之间的边界被称为新月面(meniscus)。由于我们假设体积不变,因此表示状态变化过程的必然是经过两相区域且平行于纵坐标轴的直线——比如图 3 中的线段 N_1N。由(37)式可知,在 N 点所代表的状态中,液体部分的物质质量为

$$x=\frac{NG}{JG},$$

蒸气部分的质量为

$$1-x=\frac{JN}{JG}。$$

现在我们要区分三种情况:①代表状态变化的线段 N_1N 位于 KK_1 的右侧,其中 KK_1 是过临界点且平行于纵坐标轴的线段。这时所选择的恒定体积比临界体积大。随着温度的增加,NG 相对于 JG 的比值越来越小。管中液体的分量随温度增加而减小,新月面下降。最后,当 N_1N 线到达两相区的边界时,全部的物质都蒸发了。②N_1N 线位于 KK_1 线的左侧。这时,随着温度的增加,JN 相对于 NG 的比值越来越小,新月面上升,到达两相区域的边界时全部物质都变成液体。③当物质的体积恰好等于临界体积 OK_1 时,那么在等体积加热过程中,JN 与 NG 的比值总是保持有限大小,直至到达临界点为止。在管子的顶端和底端之间总是存在新月面,直至到达临界点时新月面消失,因为这时液体和蒸气具有相同的性质。

我们已经看到,在临界点附近,两相区域的边界几乎变为水平方向。因此,当 NN_1 位于 KK_1 附近时,新月面几乎消失。理论上,在温度几乎等于临界温度之前,管子内部都必然还拥有这样一个新月面,而一旦到达临界温度,它将迅速移向管子顶部或者底部。但我们观察不到这一过程,因为在此之前它便已经变得十分不明显,以至于再也看不见了。此外,在临界点处,物质中很细微的杂质也会导致明显的扰动。

§ 21 热量测定

由于我们采用了明确的力学模型,所以不难确定物质所获得的热量微元 dQ。和方程(19)及第一部分§8中一样,设 $\overline{c^2}$ 为分子质心的(平动)方均速率,从而 $\frac{1}{2}\overline{c^2}$ 是单位质量的物质中所包含分子的质心运动的平均动能。如果单位质量的温度升高 dT,那么用于增加这一动能所需提供的热量为(采用力学单位)

$$dQ_2=\frac{1}{2}d(\overline{c^2})=\frac{3}{2}r dT。$$

这一关系式由(21)式推得。

虽然在推导范德瓦尔斯方程时,我们假设了碰撞中分子的行为几乎和弹性球的行为一样,但是一般而言,我们将不排除分子内的运动;(和第一部分§8中一样)我们令用来克服分子间作用力做功的热量为

$$dQ_3=\beta dQ_2。\tag{37a}$$

由于每个分子在各个方向上所受到的范德瓦尔斯内聚力几乎相同,因此内部运动几乎不受这种力的影响。所以我们在§42—§44推得的有关复合分子理想气体的结论对这一内部运动也有效。上述方程和分子之间的碰撞频率无关,只和温度有关,所以,β 只会是温度的函数。如果分子是刚性回转体,那么我们将发现,$\beta=\frac{2}{3}$;但如果它们是其他形状的刚体,则 β 等于1。假如存在分子内运动,且假设 f 是一个分子的自由度数,那么相应的值将为 $\frac{1}{3}f-1$。我们还可以加上分子内力所做的功,它可以是温度的函数。

我们暂时不准备深入考虑这些细节,只将(37)式中的 β 看作温度的某种函数。

因此,等体积条件下单位质量的比热为:

$$\gamma_v=\frac{dQ_2+dQ_3}{dT}=\frac{3}{2}r(1+\beta)。$$

如果同时体积增加 dv,那么克服外部压强所做的功为 $p dv$,而克服内部分子压强所做的功为 $\frac{a dv}{v^2}$。因此单位质量所获得的总热量为

$$dQ=\frac{3r(1+\beta)}{2}dT+\left(p+\frac{a}{v^2}\right)dv=\frac{3r(1+\beta)}{2}dT+\frac{rT}{v-b}dv。\tag{38}$$

由于范德瓦尔斯的分子运动论假设不仅决定着状态方程,也使我们能够直接分析比热,

所以,很显然,满足假设条件的物质可以用来确定比热,但仅仅在经验上满足范德瓦尔斯状态方程的物质则不行。物质的熵等于:

$$S=\int\frac{\mathrm{d}Q}{T}=r\left[\ln(v-b)+\frac{3}{2}\int(1+\beta)\frac{dT}{T}\right],$$

如果 β 是常数,则上式简化为

$$r\ln[(v-b)T^{\frac{3(1+\beta)}{2}}]+\text{常数}。$$

其中 ln 表示自然对数。令这个量等于常数,可得绝热变化方程。等压条件下单位质量的比热为

$$\gamma_p=\frac{3r(1+\beta)}{2}+\frac{r}{1-\frac{2a(v-b)^2}{rTv^3}}=\frac{3r(1+\beta)}{2}+\frac{r}{1-\frac{2a(v-b)}{v(pv^2+a)}},$$

比热比为

$$\kappa=1+\frac{2}{3(1+\beta)\left[1-\frac{2a(v-b)^2}{rTv^3}\right]}。$$

如果气体突然向真空中膨胀(像盖-吕萨克实验中一样),膨胀前比容和密度分别为 v 和 ρ,膨胀后它们分别变为 v' 和 ρ',那么,单位质量的气体克服分子吸引力所做的功,

$$\int\frac{a\,\mathrm{d}v}{v^2}=\frac{a}{v}-\frac{a}{v'}=a(\rho-\rho'),$$

与温度无关。

但是,如果气体以一种可逆的方式绝热地膨胀,那么由(38)式可得

$$\left(\frac{\mathrm{d}T}{\mathrm{d}v}\right)_S=-\frac{2T}{3(1+\beta)(v-b)}=-\frac{T}{\gamma_v\left(\frac{\mathrm{d}T}{\mathrm{d}p}\right)_v}。$$

设单位质量的物质在初始时刻处于液体状态,然后在恒定温度 T 及该温度所对应的饱和蒸气压强下蒸发。那么,我们须令(38)式中 $\mathrm{d}T=0$。于是,总的蒸发热为

$$\int\mathrm{d}Q=\frac{a}{v}-\frac{a}{v'}+\int p\,\mathrm{d}v=a(\rho-\rho')+p(v'-v),$$

其中 v 和 ρ 是液体的比容和密度,v' 和 ρ' 是相同温度下蒸气物质的比容和密度。

上式中最后一项表示克服外界对蒸气的压力所需要做的功。如果和液体密度相比,我们忽略蒸气密度,那么,

$$\mathfrak{T}=a\rho$$

是将液体粒子分开所需要做的功。

这样,我们就可以从加热的稀薄气体偏离波义耳-查尔斯定律的情况来计算常数 a 了。由此可以得到同一物质在液体状态下的所谓内部或者分子压强(即,液体内部靠近表面处的压强与表面外侧压强之差)为:$a\rho^2$。用力学单位来量度的液体蒸发热(更准确地

说,是将其物质粒子分开的热量)为 $a\rho$,这是一个可以与实验作比较的量。

后一个结果与我们推导范德瓦尔斯方程所用的假设无关,只和该方程的形式有关,因此,假如这个方程只是以经验定律的形式给出的话,该结果仍然正确。

§ 22 分子大小

通过从气体与波义耳-查尔斯定律的偏离计算常数 b,可以提高洛施密特测定分子大小的实验的精度(参看第一部分 § 12)。我们现在可以计算单位质量中所包含的分子实际占据的空间,因为它等于$\frac{1}{4b}$,而在第一部分中,我们不得不假设液体状态下分子的体积不能小于这些分子本身的总体积,也不应该大于该体积十倍以上。

根据第一部分中(77)式和(91)式,可得气体的黏滞系数为 $\mathfrak{R}=\frac{k\rho c}{\sqrt{2}\,\pi n\sigma^2}$,其中,由第一部分(89)式可知,如果我们把 c 理解为气体分子的平均平动速率的话,则 k 是一个十分接近于$\frac{1}{3}$的数。σ 是分子的直径,ρ 是单位体积中的质量,n 是单位体积中的分子数,因此$\frac{\rho}{n}=m$ 是一个分子的质量。所以,我们也可以将黏滞系数的表示式写为

$$\mathfrak{R}=\frac{kmc}{\pi\sigma^2\sqrt{2}};$$

又因为我们有:

$$b=\frac{2\pi\sigma^2}{3m},$$

因此

$$\sigma=\frac{3\mathfrak{R}b}{\sqrt{2}\,kc},$$

其中,平均速率 c 可根据第一部分中的(7)式和(46)式足够精确地计算出来。

我不准备在这里给出数值结果,因为如果不分析实验数据的话,压根没可能使用最可靠的数据进行计算,而实验数据的分析对于本书而言又完全不合时宜。

§ 23 毛细现象

范德瓦尔斯推导他的方程式中的$\frac{a}{v^2}$项时采用的过程,比我们在 § 7 中所采用的过程

烦琐;他用了拉普拉斯和泊松推导有关毛细现象的基本方程时所用的方法。由于和毛细现象之间的这一联系比较重要,所以我在这里概述一下范德瓦尔斯原来的推导过程。

下述的分析同时适用于液体和气体,但更加适用于前者,因此我们将把所考虑的物质简称为“流体”。假定两个质点 m 和 m' 相互之间的吸引作用沿其中心连线的方向,并且是它们之间距离 f 的函数,我们称为 $mm'F(f)$。令:

$$\int_f^\infty F(f)\mathrm{d}f=\chi(f),\ \int_f^\infty f\chi(f)\mathrm{d}f=\psi(f),$$

因而 $mm'\chi(f)$ 是将两个粒子 m 和 m' 从距离 f 分开到更大得多的距离所需要做的功。在分子距离上 $F(f)$ 无论如何都不会为零。假设它随 f 增加而减小的速度比三次方反比规律更快,从而不但 $F(f)$ 而且 $\chi(f)$ 和 $\psi(f)$,全都是在 f 值还不太小的时候就已经变为零。根据我们的假设可知,m 和 m' 之间的作用力等于 $\frac{-mm'\mathrm{d}\chi(f)}{\mathrm{d}f}$。

下面我们在流体中建构一个半径为 b 的球 K,① 用 $\mathrm{d}o$ 表示 K 上的一个面元,进一步建构一个正圆柱体 Z,它以面元 $\mathrm{d}o$ 为底,向球外延伸,高度为一个很大的值 $B-b$。将球心 O 选作坐标原点,并将横坐标轴选在圆柱体的对称轴方向。

我们现在要求出 K 中流体对圆柱体 Z 中流体的吸引力 $\mathrm{d}A$。

为实现这一目的,我们在 Z 中构建一个体积元 $\mathrm{d}Z$,它位于横坐标为 x 和 $x+\mathrm{d}x$ 的两个横截面之间。它的体积是 $\mathrm{d}o\,\mathrm{d}x$,因此它包含的流体质量是 $\rho\mathrm{d}o\,\mathrm{d}x$(假设密度 ρ 处处相同)。

然后,我们从球 K 中截取一个同心球壳 S,它位于半径为 u 和 $u+\mathrm{d}u$ 的两个球面之间,再从这一球壳中截取一个圆环 R,该圆环上各点与坐标原点之间的连线与正横坐标轴所成夹角介于 ϑ 和 $\vartheta+\mathrm{d}\vartheta$ 之间。R 的体积为 $2\pi u^2\sin\vartheta\mathrm{d}u\mathrm{d}\vartheta$。将它乘以 ρ,便得圆环中所包含的流体质量。

R 中任何质量为 m'、横坐标为 x' 的流体粒子,对圆柱体 Z 中任何其他质量为 m、横坐标为 x 的流体粒子的吸引力为

$$-mm'\frac{\mathrm{d}\chi(f)}{\mathrm{d}f}$$

它在负横坐标轴上的分量为

$$-mm'\frac{\mathrm{d}\chi(f)}{\mathrm{d}f}\frac{x-x'}{f}=-mm'\frac{\mathrm{d}\chi(f)}{\mathrm{d}x}。$$

因此圆环 R 中所包含的全部流体质量对 $\mathrm{d}Z$ 中质量所产生的吸引力为

① 不要将这里的半径和之前用 b 表示的常数混淆起来。

$$-2\pi\rho^2\,\mathrm{d}o\,\mathrm{d}x u^2 \sin\vartheta\,\mathrm{d}u\,\mathrm{d}\vartheta\,\frac{\mathrm{d}\chi(f)}{\mathrm{d}x}。$$

球 K 中的流体对圆柱体 Z 中流体的总吸引力可以按下列的积分顺序——这是此处最方便的一种积分方法——求出:

$$\mathrm{d}A=-2\pi\rho^2\,\mathrm{d}o\int_0^b u\,\mathrm{d}u\int_b^B \mathrm{d}x\,\frac{\mathrm{d}}{\mathrm{d}x}\int_0^\pi \chi(f)u\sin\vartheta\,\mathrm{d}\vartheta。$$

在对 ϑ 积分时,我们只考虑球壳 S,因而可将 u 看作常数。将 f 代替 u 作为积分变量,从而可得

$$ux\sin\vartheta\,\mathrm{d}\vartheta=f\,\mathrm{d}f,$$

而 f 的积分限将为 $x-u$ 和 $x+u$。因此有:

$$\int_0^\pi \chi(f)u\sin\vartheta\,\mathrm{d}\vartheta=\frac{1}{x}[\psi(x-u)-\psi(x+u)],$$

其中 ψ 是本节开头所定义的函数。于是,对 x 的积分就可以这样操作:令该表达式中 $x=B$,然后将所得结果减去令这同一表达式中 $x=b$ 时所得的结果。

必须一提的是,函数 ψ 在其自变量不是太小时总是等于零。B 以及 b 和分子尺度相比都是很大的数,因此它们也比所考虑的全部 u 值更大。所以,$\psi(B+u)$、$\psi(B-u)$以及 $\psi(b+u)$都等于零。只有 $\psi(b-u)$可以不为零,由此可得

$$\int_b^B \mathrm{d}x\,\frac{\mathrm{d}}{\mathrm{d}x}\int_0^\pi \chi(f)u\sin\vartheta\,\mathrm{d}\vartheta=-\frac{1}{b}\psi(b-u),$$

所以,

$$\mathrm{d}A=\frac{2\pi\rho^2\,\mathrm{d}o}{b}\int_0^b u\,\mathrm{d}u\psi(b-u)。$$

如果在定积分中引入变量 $z=b-u$,那么它将变换为

$$b\int_0^b \psi(z)\mathrm{d}z-\int_0^b z\psi(z)\mathrm{d}z。$$

由于当 z 很大时 $\psi(z)$等于零,所以可将积分的上限由 b 改写为 ∞。如果令

$$a=2\pi\int_0^\infty \psi(z)\mathrm{d}z,\ \alpha=\pi\int_0^\infty z\psi(z)\mathrm{d}z, \tag{39}$$

那么有

$$\frac{\mathrm{d}A}{\mathrm{d}o}=a\rho^2-\frac{2\alpha\rho^2}{b}。$$

如果圆柱体 Z 的四面八方都被流体包围,那么作用在它上面的力显然互相抵消。因此球 K 周围的流体作用于圆柱体内流体之上的力,必然正好和 K 内流体所施加的力大小相等、方向相反。现在假设 K 中的流体被取走,那么就只剩下了以球面 K 为外层表面

的流体质量。这时，dA 为这一流体质量对放置在它的一个面元 do 上的圆柱体 Z 所施加的拉力，方向指向内部，这就是我们在 § 2 中表示为 $p_i do$ 的力。

如果表面是平面，或者说它的曲率半径非常之大，以至于$\frac{1}{b}$可以忽略不计，那么所得结果即为 § 7 中所得出的：$p_i=a\rho^2$。但是，根据(39)式，常数 a 可以用分子之间的引力定律来表示。

$\frac{-2\alpha\rho^2}{b}$这一项表明，如果表面是弯曲的，则 § 7 中所得到的这个公式需要作一个小小的修正。众所周知，正是这一修正项导致了毛细现象的发生；如果表面不是球面，那么它将具有下述形式

$$-\alpha\rho^2\left(\frac{1}{\mathfrak{R}_1}+\frac{1}{\mathfrak{R}_2}\right), \tag{40}$$

其中 $\mathfrak{R}_1$ 和 $\mathfrak{R}_2$ 是表面的两个主曲率半径。

§ 24　将分子分开需要做的功

下面我们将用函数 χ 来表示蒸发热。我们在质量为 m 的流体粒子周围建构一个球壳 S，它由两个半径分别为 f 和 $f+\mathrm{d}f$ 的球面包围而成，因此其中包含的流体质量为 $4\pi\rho f^2\mathrm{d}f$。因为将两个相距 f 的流体粒子分开为无穷远必须做功 $mm'\chi(f)$，因此，将 m 从球壳 S 的中心移到远处所需要做的功为：

$$4\pi\rho m f^2\chi(f)\mathrm{d}f。$$

因此，将 m 从流体内部移到离所有其他流体粒子很远的地方需要做的功为：

$$B=4\pi\rho m\int_0^\infty f^2\chi(f)\mathrm{d}f。$$

如果单位质量流体中包含 n 个粒子，则有 $mn=1$。如果假设蒸气中每个粒子已经远在所有其他粒子作用范围之外，那么蒸发单位质量流体需要克服内聚力而做的功为

$$\mathfrak{T}=\frac{nB}{2}=2\pi\rho\int_0^\infty f^2\chi(f)\mathrm{d}f。$$

当然还要加上蒸发过程中克服外部压力所做的功 $\int p\,\mathrm{d}v$。

由于 nB 的表达式中将每个粒子与其他粒子分开所做的功各被计算了两次，因此 $\mathfrak{T}$ 只有 nB 的一半，在 § 21 中，我们求出将粒子分开的做功量 $\mathfrak{T}$ 为 $a\rho$，其中 a 由(39)式中第一式给出。实际上，将该式右边分部积分后可得：

$$\int_0^\infty \psi(z)\mathrm{d}z=-\int_0^\infty z\frac{\mathrm{d}\psi(z)}{\mathrm{d}z}\mathrm{d}z=\int_0^\infty z^2\chi(z)\mathrm{d}z。$$

因此,之前所求出的 $\mathfrak{T}$ 值和这里所得 $\mathfrak{T}$ 值是一致的。

如果我们先计算一个粒子与厚度为 dh 的流体层平面上另一与之相距 h 的粒子之间的分离功,那么就可以直接通过将(39)式中前一方程积分而得到全部的分离功。具体为:

$$2\pi\rho m\,\mathrm{d}h\int_0^\infty r\,\mathrm{d}r\chi(\sqrt{h^2+r^2})=2\pi\rho m\,\mathrm{d}h\int_h^\infty f\chi(f)\mathrm{d}f。\tag{41}$$

将上式乘以 n,并对 h 从 0 到∞积分,则可得全部的分离功 $\mathfrak{T}$。

我们可以用类似的公式来求解下述问题。假设有一个横截面积为 1 的圆柱体;我们任取一个横截面 AB,并求将该截面一侧的流体与另一侧的流体分开所需要做的功。

我们先计算 AB 面下方距离容器底部 x 处一层厚度为 dx 的流体,同 AB 面上方厚度为 dh 的另一层流体分离所需要做的功。令(41)式中 $m=\rho\mathrm{d}x$。那么,分离功等于

$$2\pi\rho^2\,\mathrm{d}h\,\mathrm{d}x\int_h^\infty f\chi(f)\mathrm{d}f。$$

这里,h 是两层流体之间的距离。我们暂时令其固定不变,而对所有允许的 x 值积分。如果 AB 面与容器底部的距离为 c,那么当 h 不变时,我们得从 $x=c-h$ 到 $x=c$ 积分,结果为:

$$2\pi\rho^2\,\mathrm{d}h\int_h^\infty f\chi(f)\mathrm{d}f\int_{c-h}^{c}\mathrm{d}x=2\pi\rho^2 h\,\mathrm{d}h\int_h^\infty f\chi(f)\mathrm{d}f。$$

如果再将 h 从 0 到∞积分,则可得将 AB 面上方的流体和 AB 面下方的流体分开所需要做的总功为:

$$2\pi\rho^2\int_0^\infty h\,\mathrm{d}h\int_h^\infty f\chi(f)\mathrm{d}f=2\alpha\rho^2。$$

由于在这一分离过程中,流体的表面积增加了两个单位,而使流体表面积增加 1 个单位所需要做的功只有上述值的一半,因此等于 $\alpha\rho^2$。[①] 而这个量同时也是关于毛细现象的基本方程(40)式中

$$\frac{1}{\mathfrak{R}_1}+\frac{1}{\mathfrak{R}_2}。$$

的系数。实际上,众所周知,这个系数正代表使流体表面积增加一个单位所需要做的功。

如果引入泊松对拉普拉斯的旧毛细理论所做的改进,即考虑从内部到流体表面的相变过程中密度的变化,那么这些方程将要复杂得多。但是,所得方程的形式还会是一样的;只是用定积分表示的常数表达式不一样。因为我们在这里只是附带讨论一下毛细理论,所以,我不准备对此作深入分析,读者可以参看斯特藩的处理。[②]

---

① α 是(39)式中第二个方程给出的量。

② Stefan, *Wien. Ber.* 94, 4(1886);*Ann. Phys.* [3] 29, 655(1886)。

1908 年，法国物理学家佩兰(Jean Baptiste Perrin，1870—1942)用实验证实了爱因斯坦根据玻尔兹曼理论推导出来的布朗运动公式，从而间接验证了原子存在。

第三章

气体理论需要的普遍力学原理

Abschnitt Ⅲ

· Für die Gastheorie nützliche Sätze der allgemeinen Mechanik ·

玻尔兹曼和奥斯特瓦尔德之争仿佛是一头雄牛与灵巧剑手之间的一场决斗，但是这一次，尽管剑手的技艺高超，最后还是雄牛压倒了斗牛士。玻尔兹曼的论点赢得了胜利，我们这些年轻的科学家都站在这一边。

——索末菲(Arnold J. Sommerfeld，1868—1951)，德国物理学家

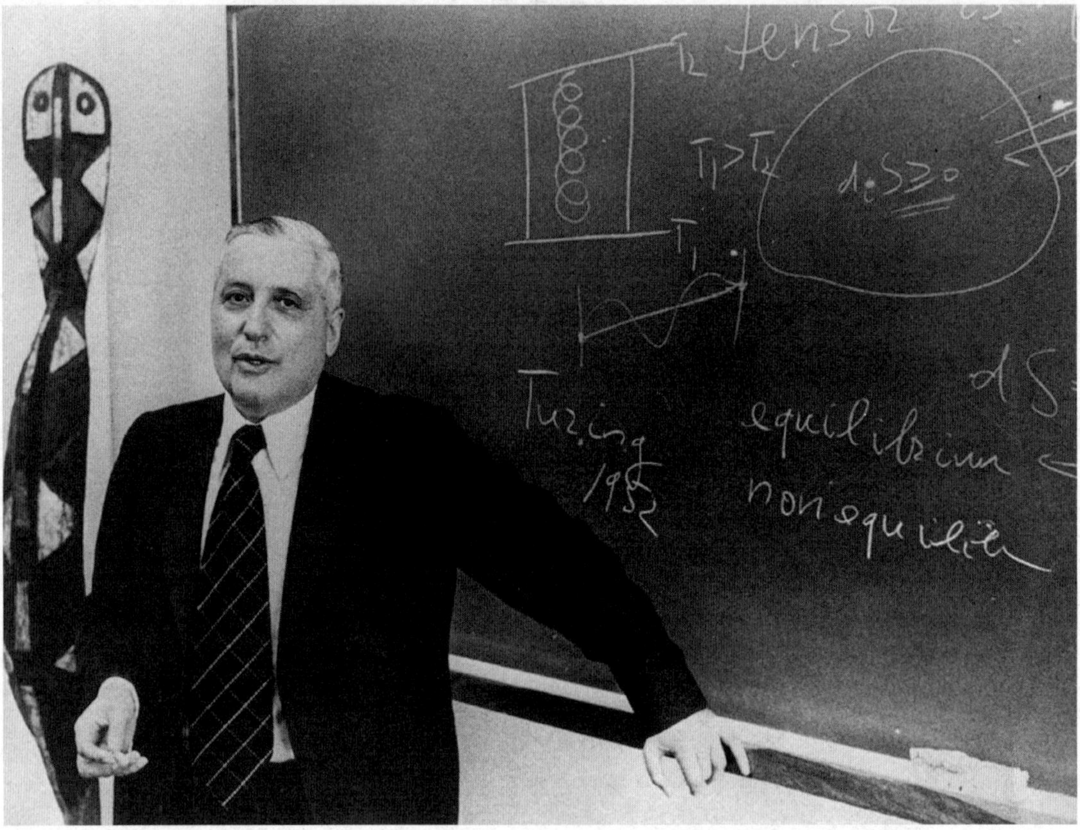

tension
$T_1 > T_2$
$d_iS \geq 0$
Turing
1952
equilibrium

§25 将分子当作用广义坐标来描述的力学系统

到目前为止所进行的所有计算中(比热除外),我们都是将气体分子看作没有任何内部结构的完全弹性的球或者力心。但是很多情况表明,这一假设和实际并不完全相符。

所有的气体都可以在一定的条件下发光,它们的光谱呈现出惊人的复杂性。对于简单的质点而言,这是不可能的;而且,即使在计算中将此前忽略不计的弹性物质的内部运动考虑进来,弹性球的振动也几乎产生不了所观察到的光谱现象。

此外,化学上的实验事实也使我们不得不假设,在化学上的复合气体中,分子由许多异构的成分组成。你会发现,即便化学上最简单的气体也必然包含至少两个独立的部分。例如,如果氯和氢结合为氯化氢,那么氯化氢气体占据的体积将等于氯气与氢气在相同温度和压强下所占体积之和。由于根据阿伏伽德罗定律(第一部分§7),在相同的温度和压强下,所有气体所包含的分子数目是相同的,因此,一个氯气分子和一个氢气分子必然结合为两个氯化氢分子;所以氯气分子和氢气分子都必然由两个部分组成。半个氯气分子和半个氢气分子结合,形成一个氯化氢分子;另外半个氯气分子和另外半个氢气分子结合,则形成另一个氯化氢分子。

为了将气体分子这种毋庸置疑的复合结构考虑进来,我们得把它看作由特定数目的质点通过有心力的作用而结合在一起的聚合物。但用这种方式并不能得到和实验符合得很好的结果;相反,对于很多气体来说,至少热学现象可以通过假设分子是刚性非球状体而得到更好的解释。因此,这些分子各部分之间的连接似乎非常紧密,以至于它们在热学现象方面表现得像刚体一样,尽管在其他情形中,分子的组分之间似乎存在振动现象。

鉴于这一情况,我们对分子性质所作的假设最好具有普遍意义,从而所有这些不同的可能性都能够作为特例而囊括进来。这样就能够得到一个可在最大程度上、最大范围内解释新实验现象的力学模型。

我们将把分子看作一个系统,关于这个系统的性质,除了它的位形变化由普遍的拉格朗日和哈密顿力学方程决定以外,我们一无所知。接下来的问题,就是用最普遍的方

◀ 普里戈金(Ilya Romanovich Prigogine;1917—2003),比利时物理化学家,非平衡态统计物理与耗散结构理论奠基人,1977 年诺贝尔化学奖获得者。

式来研究一个力学系统的那些后面常常要用到的性质。

假设一个任意力学系统的状态已知。它所有组分的位置将由 μ 个独立变量 p_1，$p_2 \cdots p_\mu$——我们称为广义坐标——唯一确定。由于系统的几何性质以及所有组分的质量都已知，因此我们还知道系统的动能 L 与坐标变化率之间的函数关系。这是关于坐标对时间的导数 $p'_1, p'_2 \cdots p'_\mu$ 的二次齐次函数，其中的系数可以是坐标的任意函数。函数 L 对 p' 的偏导数是动量 q，因此对于每个 i 值我们有：

$$q_i = \frac{\partial L(p, p')}{\partial p'_i}。$$

因此 q 是 p' 的线性函数，这些函数中的系数同样也是 p 的函数。反过来，我们也可以将 p' 表示为 q 的函数。如果将适当的值代入 $L(p, p')$，那么可得 L 和 p、q 之间的函数关系。因此，函数 $L(p, q)$ 也由系统的几何性质决定。

作用于系统各部分的力同样也应该可以严格确定。它们应该从势函数 V 来得到，后者只是 p 的函数，它对坐标的偏导数的相反数即为力，因此，系统的任意位置变动而致该函数的增量 $\mathrm{d}V$，代表系统所做的功。如果在此期间系统动能的增量为 $\mathrm{d}L$，那么根据能量守恒定律可知，$\mathrm{d}V + \mathrm{d}L = 0$。

所讨论系统的几何性质，以及它所受到的力都是已知的。由此可以确定系统的运动方程。只要给出系统的初始状态，我们便能求出所有坐标和动量在 t 时刻的实际值。这个初始条件可以是初始时刻（零时刻）的坐标及其时间导数的值。也可以是零时刻的坐标及动量值，因为动量已知为 p' 的函数。我们将零时刻的坐标和动量表示为 P_1、$P_2 \cdots P_\mu$，Q_1、$Q_2 \cdots Q_\mu$。t 时刻的坐标及动量 $p_1, p_2 \cdots p_\mu, q_1, q_2 \cdots q_\mu$，被认为是上述各值及时间 t 的已知函数。

由于 L 和 V 是 p 和 q 的函数，因此我们可以求得 L 及 V 与 P, Q, t 之间的函数关系。如果将所得结果代入积分式

$$W = \int_0^t (L - V)\mathrm{d}t,$$

那么积分结果也将是初始值 P、Q 及时间 t 的函数，因为整个运动取决于 P 和 Q，而只要给出积分限我们就可以计算这一积分。

我们已经看到，2μ 个 p、q 量是以 P、Q 及 t 的函数的形式给出，即，在 p、q、P、Q 及 t 的这 $4\mu + 1$ 个量之间有 2μ 个方程。我们得从这 2μ 个方程求出 2μ 个 p、q 与其他量之间的函数关系。然而，我们也可以设想解出 2μ 个 q、Q，从而将 q 和 Q 表示为其他 $2\mu + 1$ 个量 p、P 及 t 的函数。我们暂且用在函数符号上方加一横线的方式，来表示它是以后面这些量作为自变量的函数。因此，$\bar{q}_i$ 表示需要将 q_i 看作 p、P 及 t 的函数。由于我们可以求出 W 以 P、Q、t 作为自变量的函数关系式，因此，我们可以通过将其中的 Q

表示为 p、P 及 t 的函数,而使 W 本身(这时要表示为 $\overline{W}$)也变为 p、P 及 t 的函数。众所周知,[①]

$$\frac{\partial \overline{W}}{\partial p_i}=\overline{q}_i,\ \frac{\partial \overline{W}}{\partial P_i}=-\overline{Q}_i。$$

由此易得

$$\frac{\partial \overline{q}_i}{\partial P_j}=-\frac{\partial \overline{Q_i}}{\partial p_j},\tag{42}$$

其中横线的存在意味着对某个 p 求偏导数时,所有其余的 p、所有的 P 以及时间都被看作常数;对某个 P 求导数时也是同样的情况。i 和 j 可以独立地取 1 到 μ 的任意整数。

§26　刘维定理

如果一个曲线方程中含有某个任意的参数,那么,我们在讨论这样一条曲线时,通常会同时考虑各不同参数值下的所有曲线。我们现在要处理的是(由已知运动方程所描述的)这样一个力学系统,它的运动依赖于 2μ 个 P、Q 参数。正如我们可以无限多次描绘一条曲线,每次采用不同的参数,我们也能无限多次描述我们的力学系统,从而得到无限多个力学系统,所有这些系统都具有相同的性质、满足相同的方程,只是它们的初始条件不同。在这无限多个力学系统中,我们考虑某些特定的系统,它们的初始坐标和初始动量的值处于一些无穷小的区间,比如

$$\begin{cases}P_1\sim P_1+\mathrm{d}P_1,\ P_2\sim P_2+\mathrm{d}P_2\cdots P_\mu\sim P_\mu+\mathrm{d}P_\mu\\ Q_1\sim Q_1+\mathrm{d}Q_1,\ Q_2\sim Q_2+\mathrm{d}Q_2\cdots Q_\mu\sim Q_\mu+\mathrm{d}Q_\mu。\end{cases}\tag{43}$$

根据这些系统的运动方程,在运动了相同的时间 t 之后,它们的坐标和动量将位于下述区间之内:

$$\begin{cases}p_1\sim p_1+\mathrm{d}p_1,\ p_2\sim p_2+\mathrm{d}p_2\cdots p_\mu\sim p_\mu+\mathrm{d}p_\mu\\ q_1\sim q_1+\mathrm{d}q_1,\ q_2\sim q_2+\mathrm{d}q_2\cdots q_\mu\sim q_\mu+\mathrm{d}q_\mu。\end{cases}\tag{44}$$

我们的问题是要将下述乘积

$$\mathrm{d}p_1\mathrm{d}p_2\cdots\mathrm{d}p_\mu\mathrm{d}q_1\mathrm{d}q_2\cdots\mathrm{d}q_\mu\tag{45}$$

用乘积

$$\mathrm{d}P_1\mathrm{d}P_2\cdots\mathrm{d}P_\mu\mathrm{d}Q_1\mathrm{d}Q_2\cdots\mathrm{d}Q_\mu\tag{46}$$

① Jacobi, *Vorlesung. üb. Dynamik*, 第 19 次讲座,方程 4,第 146 页。

表示出来。我们知道，各 q 量可以表示为 p、P 及 t 的函数。因此我们将微分表示式(45)中的变量 p 和 q 代换为 p 和 P。将时间 t 看作常数。那么，根据有关所谓函数行列式的著名的雅克比定理，有：

$$\begin{cases} \mathrm{d}p_1\mathrm{d}p_2\cdots\mathrm{d}p_\mu\mathrm{d}q_1\mathrm{d}q_2\cdots\mathrm{d}q_\mu = \\ D\mathrm{d}p_1\mathrm{d}p_2\cdots\mathrm{d}p_\mu\mathrm{d}P_1\mathrm{d}P_2\cdots\mathrm{d}P_\mu, \end{cases} \tag{47}$$

其中

$$D=\begin{vmatrix} 100 & \cdots & 0, & 0 & \cdots \\ 010 & \cdots & 0, & 0 & \cdots \\ \cdots & \cdots & \cdots & \cdots & \cdots \\ 000 & \cdots & \frac{\partial q_1}{\partial P_1}, & \frac{\partial q_2}{\partial P_1} & \cdots \\ 000 & \cdots & \frac{\partial q_1}{\partial P_2}, & \frac{\partial q_2}{\partial P_2} & \cdots \\ \cdots & \cdots & \cdots & \cdots & \cdots \end{vmatrix} = \begin{vmatrix} \frac{\partial q_1}{\partial P_1}, & \frac{\partial q_2}{\partial P_1} & \cdots \\ \frac{\partial q_1}{\partial P_2}, & \frac{\partial q_2}{\partial P_2} & \cdots \\ \cdots & \cdots & \cdots \end{vmatrix}。 \tag{48}$$

同样，我们可以通过将 Q 表示为 P、p、t 的函数的方式，而在(46)式中引入变量 p 和 P。因此可得：

$$\begin{cases} \mathrm{d}P_1\mathrm{d}P_2\cdots\mathrm{d}P_\mu\mathrm{d}Q_1\mathrm{d}Q_2\cdots\mathrm{d}Q_\mu = \\ \Delta\mathrm{d}P_1\mathrm{d}P_2\cdots\mathrm{d}P_\mu\mathrm{d}p_1\mathrm{d}p_2\cdots\mathrm{d}p_\mu, \end{cases} \tag{49}$$

其中

$$\Delta=\begin{vmatrix} \frac{\partial Q_1}{\partial p_1}, & \frac{\partial Q_2}{\partial p_1} & \cdots \\ \frac{\partial Q_1}{\partial p_2}, & \frac{\partial Q_2}{\partial p_2} & \cdots \\ \cdots & \cdots & \cdots \end{vmatrix}。 \tag{50}$$

函数行列式 D 中偏导数的意义和前面用横线表示的量一样；q 被看作是 p、P、t 的函数。函数行列式 Δ 中的偏导数也是同样的情况，其中 Q 同样被看作是变量 p、P、t 的函数。应用(42)式，可得

$$\Delta=\begin{vmatrix} -\frac{\partial q_1}{\partial P_1}, & -\frac{\partial q_2}{\partial P_1} & \cdots \\ -\frac{\partial q_1}{\partial P_2}, & -\frac{\partial q_2}{\partial P_2} & \cdots \\ \cdots & \cdots & \cdots \end{vmatrix} = (-1)^\mu D。 \tag{51}$$

由于重要的只是大小而非符号，所以由(47)、(49)、(51)式可得：

$$\begin{cases} dp_1 dp_2 \cdots dp_\mu dq_1 dq_2 \cdots dq_\mu = \\ dP_1 dP_2 \cdots dP_\mu dQ_1 dQ_2 \cdots dQ_\mu 。\end{cases} \tag{52}$$

实际上,如果我们将从(47)式过渡到(49)式时微分顺序的变化所导致的符号变化考虑进来,通常就可以得到正确的符号。

假设将某个微分表达式中 2μ 个任意变量 $x_1, x_2 \cdots x_{2\mu}$,替换为 2μ 个其他变量 ξ_1, $\xi_2 \cdots \xi_{2\mu}$,后一组变量与前一组变量之间满足下述关系:

$$\xi_1 = x_{\mu+1},\ \xi_2 = x_{\mu+2},\ \cdots,\ \xi_\mu = x_{2\mu},\ \xi_{\mu+1} = x_1,\ \cdots,\ \xi_{2\mu} = x_\mu,$$

那么,由函数行列式定理可得:

$$dx_1 dx_2 \cdots dx_{2\mu} = \Theta d\xi_1 d\xi_2 \cdots d\xi_{2\mu},$$

其中

$$\Theta = \begin{vmatrix} \frac{\partial \xi_1}{\partial x_1}, & \frac{\partial \xi_2}{\partial x_1} & \cdots \\ \frac{\partial \xi_1}{\partial x_2}, & \frac{\partial \xi_2}{\partial x_2} & \cdots \\ \cdots & & \\ \cdots & \cdots & \cdots \end{vmatrix} = \begin{vmatrix} 000 & \cdots & 100 & \cdots \\ 000 & \cdots & 010 & \cdots \\ \cdots & \cdots & \cdots & \cdots \\ 100 & \cdots & 000 & \cdots \\ 010 & \cdots & 000 & \cdots \\ \cdots & \cdots & \cdots & \cdots \end{vmatrix} 。$$

因为两行之间互换将改变行列式的符号,所以我们有

$$\Theta = (-1)^\mu \begin{vmatrix} 100 & \cdots \\ 010 & \cdots \\ \cdots & \cdots \end{vmatrix} = (-1)^\mu 。$$

如果令

$$x_1 = p_1,\ x_2 = p_2,\ \cdots,\ x_{\mu+1} = P_1,\ x_{\mu+2} = P_2,\ \cdots,$$

那么

$$\xi_1 = P_1,\ \xi_2 = P_2,\ \cdots,\ \xi_{\mu+1} = p_1,\ \xi_{\mu+2} = p_2,\ \cdots,$$

因此

$$dp_1 dp_2 \cdots dp_\mu dP_1 dP_2 \cdots dP_\mu$$
$$= (-1)^\mu dP_1 dP_2 \cdots dP_\mu dp_1 dp_2 \cdots dp_\mu,$$

且由(47)式可得

$$dp_1 dp_2 \cdots dp_\mu dq_1 dq_2 \cdots dq_\mu$$
$$= (-1)^\mu D dP_1 dP_2 \cdots dP_\mu dp_1 dp_2 \cdots dp_\mu,$$

所以,根据(51)式有

$$dp_1 dp_2 \cdots dp_\mu dq_1 dq_2 \cdots dq_\mu$$
$$= \Delta dP_1 dP_2 \cdots dP_\mu dp_1 dp_2 \cdots dp_\mu,$$

上式和(49)式联立,可得符号正确的(52)式。

§27 关于在微分乘积式中引入新变量的问题

(52)式是下述讨论的相关基本方程。在讲它的应用之前,我要提一下定积分理论中常常出现,却又总是未被完全澄清的一个困难。

我考虑最普遍的情形。已知 n 个任意函数 ξ_1、$\xi_2 \cdots \xi_n$,它们的自变量是 n 个独立变量 x_1、$x_2 \cdots x_n$,且它们在某特定区域内为单值连续函数。如果令

$$D=\begin{vmatrix} \frac{\partial \xi_1}{\partial x_1}, & \frac{\partial \xi_2}{\partial x_1} & \cdots & \frac{\partial \xi_n}{\partial x_1} \\ \frac{\partial \xi_1}{\partial x_2}, & \frac{\partial \xi_2}{\partial x_2} & \cdots & \frac{\partial \xi_n}{\partial x_2} \\ \cdots & \cdots & \cdots & \cdots \\ \frac{\partial \xi_1}{\partial x_n}, & \frac{\partial \xi_2}{\partial x_n} & \cdots & \frac{\partial \xi_n}{\partial x_n} \end{vmatrix},$$

那么,微分之间的关系满足方程

$$\mathrm{d}x_1 \mathrm{d}x_2 \cdots \mathrm{d}x_n=\frac{1}{D}\mathrm{d}\xi_1 \mathrm{d}\xi_2 \cdots \mathrm{d}\xi_n。 \tag{53}$$

如果 ξ_1 只是 x_1 的函数,ξ_2 只是 x_2 的函数,等等,那么,这一方程的意义是完全明确的。这样,如果只有 x_1 改变 $\mathrm{d}x_1$,其他所有 x 都保持不变,那么也将只有 ξ_1 改变 $\mathrm{d}\xi_1$,而其他所有 ξ 都保持不变。同样,ξ_2 的某一特定增量 $\mathrm{d}\xi_2$ 将对应于 x_2 的某特定增量 $\mathrm{d}x_2$,以此类推。因此(53)式给出了 x 的增量与 ξ 的增量之间的关系。

如果 x_1 遍取 x_1 到 $x_1+\mathrm{d}x_1$ 之间所有可能的值,而 x_2 取 x_2 到 $x_2+\mathrm{d}x_2$ 之间某固定的值,其他 x 也同样保持固定的值不变,那么一般而言,不但 ξ_1 会发生变化,所有其他 ξ 值也都同时发生变化。同样,如果 x_2 遍取 x_2 到 $x_2+\mathrm{d}x_2$ 之间所有的值,而所有其他 x 保持不变,则所有的 ξ 值也都会发生变化;第二种情形中每个 ξ 的增量通常和它在第一种情形中所产生的增量完全不同。因此我们需要考虑 ξ_1 的 n 个不同的增量;这些增量中没有哪个会和(53)式中标为 $\mathrm{d}\xi_1$ 的量相等。方程(53)也并非通过下述方式来得到,即假设将 x_1 在 x_1 到 $x_1+\mathrm{d}x_1$ 之间范围内的每一次变化和 x_2 在 x_2 到 $x_2+\mathrm{d}x_2$ 之间的每一次变化结合起来,每组这样的 x_1 和 x_2 再和 x_3 在 x_3 到 $x_3+\mathrm{d}x_3$ 之间范围内的每一次变化结合起来,以此类推,而 $\mathrm{d}\xi_h$ 为这一过程中 ξ_h 可能经历的最大增量。

为了充分说明(53)式在一般情况下的意义,我们必须更细致地考察这一问题。该方

程通常只有在涉及如下积分变换时才有意义:由一个对所有 x 在某特定范围的取值而进行的定积分,变换到另一个用 ξ 替换 x 的定积分。我们将使用下述符号。假设每个 x 变量的值已知;对应的所有 ξ 值可由此确定,我们称它们为与已知 x 相对应的 ξ 值。x 值的取值区域 G 是指用下述方式界定的取值之集合:首先,它包括位于两个任意给定的极限 x_1^0 和 x_1^1 之间的所有 x_1 值。位于这些极限之间的 x_1 值将和位于 x_2^0 和 x_2^1 之间的所有 x_2 值联合,而其中 x_2^0 和 x_2^1 可以是待联合的那些 x_1 值的连续函数。同样,满足上述条件的每组 x_1 和 x_2 的值将和位于 x_3^0 和 x_3^1 之间的所有 x_3 值联合,其中 x_3^0 和 x_3^1 可以是 x_1 和 x_2 的连续函数,以此类推。[①] 这样一来,在整个 G 区域进行的定积分

$$\iint\cdots f(x_1,x_2,\cdots,x_n)\mathrm{d}x_1\mathrm{d}x_2\cdots\mathrm{d}x_n$$

的意义就很清楚了。因此,假如 $x_1^1-x_1^0$ 为无穷小量,同时 $x_2^1-x_2^0$ 对所有 x_1 值而言是无穷小量,$x_3^1-x_3^0$ 对所有各组 x_1 和 x_2 的值而言是无穷小量,以此类推,我们就说这个区域的值是相对于所有 n 维的无穷小量——或者简称为 n 阶无穷小。当 $n=2$ 时,x_1 和 x_2 可以表示为平面上一个点的坐标;从而每个取值区间对应于平面内一部分有界的面积;当 $n=3$ 时,每个取值区间则可以用空间中一个有界的体积来表示。

G 区域中的每组 x 值都和一组 ξ 值相对应。和 x 的 G 区域相对应的是 ξ 的 g 区域,它指的是和 G 区域中的所有各组 x 值相对应的所有各组 ξ 值的集合。

根据我们阐述定义的方式,有关函数行列式的雅克比定理可以用下述完全明确的方式来表述。

假设已知一个任意的单值连续函数,自变量为独立变量 $x_1,x_2\cdots x_n$。我们将它表示为 $f(x_1,x_2\cdots x_n)$。如果我们将其中的 $x_1,x_2\cdots x_n$ 用 $\xi_1,\xi_2\cdots\xi_n$ 来表示,于是函数 $f(x_1,x_2\cdots x_n)$ 变换为 $F(\xi_1,\xi_2\cdots\xi_n)$,因此恒有

$$f(x_1,x_2,\cdots,x_n)=F(\xi_1,\xi_2,\cdots,\xi_n).$$

但是,假如前一积分在 x 的任意取值区间 G 展开,而后一积分在 ξ 的对应区间 g 区间展开,则下列等式

$$\iint\cdots f(x_1,x_2,\cdots,x_n)\mathrm{d}x_1\mathrm{d}x_2\cdots\mathrm{d}x_n$$

$$=\iint\cdots F(\xi_1,\xi_2,\cdots,\xi_n)\mathrm{d}\xi_1\mathrm{d}\xi_2\cdots\mathrm{d}\xi_n,$$

未必成立。如果我们依旧用 D 来表示函数行列式

---

① 不连续的情形必须仅局限于单个的点。

$$\begin{vmatrix} \frac{\partial \xi_1}{\partial x_1}, & \frac{\partial \xi_2}{\partial x_1} & \cdots \\ \frac{\partial \xi_1}{\partial x_2}, & \frac{\partial \xi_2}{\partial x_2} & \cdots \\ \cdots & \cdots & \cdots \end{vmatrix},$$

那么，在 G 区域展开的定积分

$$\iint\cdots f(x_1, x_2, \cdots, x_n)\mathrm{d}x_1\mathrm{d}x_2\cdots\mathrm{d}x_n$$

总是等于在对应的 g 区域展开的下列定积分：①

$$\iint\cdots F(\xi_1, \xi_2, \cdots, \xi_n)\frac{1}{D}\mathrm{d}\xi_1\mathrm{d}\xi_2\cdots\mathrm{d}\xi_n。$$

如果 G 是无穷小量，同时，所讨论的 ξ 值是 x 的连续函数，那么，g 区域也将是无穷小量，且函数 f 和 F 以及函数行列式的值在整个区域中可被看作常数。由于两个函数的值相同，因此可将这些值消掉，然后可得：②

$$\frac{1}{D}\iint\cdots\mathrm{d}\xi_1 d\xi_2\cdots\mathrm{d}\xi_n = \iint\cdots\mathrm{d}x_1\mathrm{d}x_2\cdots\mathrm{d}x_n。\tag{54}$$

实际上，基尔霍夫给出的方程就是这一形式。③ 它通常（像我们之前所做的那样）简写为

$$\frac{1}{D}\mathrm{d}\xi_1\mathrm{d}\xi_2\cdots\mathrm{d}\xi_n = \mathrm{d}x_1\mathrm{d}x_2\cdots\mathrm{d}x_n。$$

这里，$\mathrm{d}x_1\mathrm{d}x_2\cdots\mathrm{d}x_n$ 严格限指该量在任意 n 阶无穷小区间 G 上的 n 重积分，$\mathrm{d}\xi_1\mathrm{d}\xi_2\cdots\mathrm{d}\xi_n$ 也是指它在对应的 g 区间的 n 重积分。由于该定理只能应用于在有限区间展开的定积

---

① 自然同理可得

$$\iint\cdots F(\xi_1, \xi_2, \cdots, \xi_n)\mathrm{d}\xi_1\mathrm{d}\xi_2\cdots\mathrm{d}\xi_n$$
$$= \iint\cdots f(x_1, x_2, \cdots, x_n)D\cdot\mathrm{d}x_1\mathrm{d}x_2\cdots\mathrm{d}x_n,$$
$$\iint\cdots f(x_1, x_2, \cdots, x_n)\mathrm{d}x_1\mathrm{d}x_2\cdots\mathrm{d}x_n$$
$$= \iint\cdots F(\xi_1, \xi_2, \cdots, \xi_n)\Delta\cdot\mathrm{d}\xi_1\mathrm{d}\xi_2\cdots\mathrm{d}\xi_n,$$
$$\iint\cdots f(x_1, x_2, \cdots, x_n)\frac{1}{\Delta}\mathrm{d}x_1\mathrm{d}x_2\cdots\mathrm{d}x_n$$
$$= \iint\cdots F(\xi_1, \xi_2, \cdots, \xi_n)\mathrm{d}\xi_1\mathrm{d}\xi_2, \cdots, \mathrm{d}\xi_n。$$

其中

$$\Delta = \begin{vmatrix} \frac{\partial x_1}{\partial \xi_1}, & \frac{\partial x_2}{\partial \xi_1} & \cdots \\ \frac{\partial x_1}{\partial \xi_2}, & \frac{\partial x_2}{\partial \xi_2} & \cdots \\ \cdots & \cdots & \cdots \end{vmatrix}$$

所有对 x 的积分需要在任意的 G 区域展开，而对 ξ 的积分则需要在对应的 g 区域展开。

② 或者

$$\Delta\iint\cdots\mathrm{d}\xi_1\mathrm{d}\xi_2\cdots\mathrm{d}\xi_n = \iint\cdots\mathrm{d}x_1\mathrm{d}x_2\cdots\mathrm{d}x_n。$$

③ Kirchhoff, *Vorles. über Theorie d. Wrme*（Teubner, 1894）, p. 143。

分计算,而这些积分总是可以分解成无限多个无限小区间的积分,因此,如果我们把方程写成如下形式:

$$\frac{1}{D}d\xi_1 d\xi_2 \cdots d\xi_n = dx_1 dx_2 \cdots dx_n$$

$$F(\xi_1, \xi_2, \cdots, \xi_n) = f(x_1, x_2, \cdots, x_n),$$

也总是可以得到正确结果的。因此

$$F(\xi_1, \xi_2, \cdots, \xi_n) \cdot \frac{1}{D}d\xi_1 d\xi_2 \cdots d\xi_n = f(x_1, x_2, \cdots, x_n) dx_1 dx_2 \cdots dx_n,$$

因而最终可得

$$\iint \cdots F(\xi_1, \xi_2, \cdots, \xi_n) \cdot \frac{1}{D}d\xi_1 d\xi_2 \cdots d\xi_n$$

$$= \iint \cdots f(x_1, x_2, \cdots, x_n) dx_1 dx_2 \cdots dx_n.$$

上述第一个方程具有如下意义。对所有 x 进行的 n 重定积分可以被分解为无限多个 n 阶无穷小区间的积分。如果我们希望引入 ξ 作为新的积分变量,则必须将每个无穷小区间的积分中,因而也即整个积分区域中的 $dx_1 dx_2 \cdots dx_n$ 替换为

$$\frac{1}{D}d\xi_1 d\xi_2 \cdots d\xi_n.$$

§ 28 用到 § 26 的公式上

如果想在 § 26 中使用这些更准确的表达式,那么,我们不再说"对于某特定系统,坐标和动量的初始值位于

$$P_1 \sim P_1 + dP_1 \text{ 之间} \cdots Q_\mu \sim Q_\mu + dQ_\mu \text{ 之间},"$$

而是说,"每个初始值位于 2μ 阶无穷小区间

$$G = \int dP_1 dP_2 \cdots dP_\mu dQ_1 dQ_2 \cdots dQ_\mu."$$

也不再说"那么 t 时刻的值位于 p_1 到 $p_1 + dp_1$ 之间,…,q_μ 到 $q_\mu + dq_\mu$ 之间,"而是必须相应地使用这样的描述,"它们位于对应的区间

$$g = \int dp_1 dp_2 \cdots dp_\mu dq_1 dq_2 \cdots dq_\mu."$$

这里,为了简便起见,在整个适当区域上的积分只用了一个积分号来表示。如果变量在初始时刻具有的一组值位于 G 区间内,那么与 G 区间相对应的 g 区间,将包括 t(被当作常量)时刻之后这组变量所具有的值的各种组合。因此,前一节中所有的结论仍然有效,

只是原来简单的微分乘积将变成它在一个各方面都无穷小的区间上的积分。在这一更加精确的阐述中,(52)式变为:

$$\left\{\begin{aligned}&\int \mathrm{d}p_1\mathrm{d}p_2\cdots\mathrm{d}p_\mu\mathrm{d}q_1\mathrm{d}q_2\cdots\mathrm{d}q_\mu\\&=\int \mathrm{d}P_1\mathrm{d}P_2\cdots\mathrm{d}P_\mu\mathrm{d}Q_1\mathrm{d}Q_2\cdots\mathrm{d}Q_\mu。\end{aligned}\right.\tag{55}$$

由此我们看出,结论一点都没有变,只是每个微分表示式的前面多了一个积分号,它代表在一个相应的无穷小区间上的积分。

如果需要举例说明的话,我们可以将 x 设想为一个点的空间极坐标 r,ϑ,φ,将 ξ 设想为该点的直角坐标 x,y,z。使 x,y,z 位于

$$x\sim x+\mathrm{d}x\ \text{之间},\ y\sim y+\mathrm{d}y\ \text{之间},\ z\sim z+\mathrm{d}z\ \text{之间}$$

的取值区域由一个平行六面体决定。我们将赋予这个平行六面体中所有各点以不同的 ϑ 值和 φ 值。对于所有各组 ϑ 值和 φ 值来说,平行六面体中各点的 r 值所处区间的上、下限 r 与 $r+\mathrm{d}r$ 并非都一样。如果将 $\mathrm{d}r$ 理解为平行六面体内各点 r 值的最大差值的话,则方程

$$\mathrm{d}x\,\mathrm{d}y\,\mathrm{d}z=\begin{vmatrix}\frac{\partial x}{\partial r}, & \frac{\partial y}{\partial r}, & \frac{\partial z}{\partial r}\\ \frac{\partial x}{\partial \vartheta}, & \frac{\partial y}{\partial \vartheta}, & \frac{\partial z}{\partial \vartheta}\\ \frac{\partial x}{\partial \varphi}, & \frac{\partial y}{\partial \varphi}, & \frac{\partial z}{\partial \varphi}\end{vmatrix}\mathrm{d}r\,\mathrm{d}\vartheta\,\mathrm{d}\varphi=r^2\sin\vartheta\,\mathrm{d}r\,\mathrm{d}\vartheta\,\mathrm{d}\varphi,$$

不成立,那么,该方程中的 $\mathrm{d}r$ 究竟指的是什么样的差值呢?对于 $\mathrm{d}\vartheta$,和 $\mathrm{d}\varphi$ 来说也存在同样的问题。该方程具有如下意义:定积分

$$\iiint \mathrm{d}x\,\mathrm{d}y\,\mathrm{d}z,$$

在任意三阶无穷小区域的积分值,和定积分

$$\iiint r^2\sin\vartheta\,\mathrm{d}r\,\mathrm{d}\vartheta\,\mathrm{d}\varphi,$$

在对应区间的积分结果相同;特别地,两者都等于区间内所有点所填充的体积,因此,如果两个积分分别在对应的区间进行的话,令

$$\iiint \mathrm{d}x\,\mathrm{d}y\,\mathrm{d}z=\iiint \mathrm{d}r\,\mathrm{d}\vartheta\,\mathrm{d}\varphi$$

就显然大错特错了。

我们只在这里简单讨论用来澄清(52)式和(55)式这两个力学方程之意义的特例。[①]一个质量为 1 的质点在恒力的作用下沿横坐标轴方向运动,恒力的方向也在横坐标轴方

① Boltzmann, *Wien. Ber.* 74, 508(1876);Bryan, *Phil. Mag.* [5] 39, 531(1895)。

向,它使质点产生一个加速度 γ。本节开头被称作 x 的变量现在为质点的初始横坐标 X 和初始速度 U;ξ 将是经过一定的时间 t 之后质点的横坐标 x 和速度 u。因此,我们有

$$x=X+Ut+\frac{\gamma t^2}{2},\ u=U+\gamma t。\tag{56}$$

由于现在只有两个变量,所以我们可以用平面上横坐标为质点横坐标、纵坐标为质点速度的点来表示它们的初始值和 t 时刻的值。以 $\mathrm{d}X$ 和 $\mathrm{d}U$ 为边的长方形内所有的点代表 x 的一个二阶无穷小区间,即,它们代表初始坐标和速度位于

$$X\sim X+\mathrm{d}X \text{ 之间及 } U\sim U+\mathrm{d}U \text{ 之间}$$

的所有可能的质点。

和这个 G 区间相对应的 ξ 的 g 区间,包含所有这些质点在经过特定的 t 时间之后的坐标 x 和速度 u。根据(56)式,u 只比 U 大一个常数 γt。另一方面,U 越大,则差值 $x-X$ 越大。由此不难发现,g 区间是一个底边等于 $\mathrm{d}X$、高等于 $\mathrm{d}U$ 的非直角平行四边形;因此它的面积和矩形 $G=\mathrm{d}X\mathrm{d}U$ 的面积相同,和(52)式所给出的结论一样。

§29 刘维定理的第二种证明

下面我们将给出(52)式或者(55)式的另一种证明,在这一证明中,我们不再直接从零时刻到 t 时刻,而是从 t 时刻起到另一无限接近的时刻 $t+\mathrm{d}t$。但是,我们同时要将定理稍作推广。我们不再假设独立变量(用 s 表示)一定是时间,而是不作任何特别的指定,尽管为方便说明,我们仍然设想那个独立变量就是时间。任意的因变量 $s_1,s_2,\cdots,s_n$ 可通过下述微分方程

$$\frac{\delta s_1}{\delta s}=\frac{\sigma_1}{\sigma},\ \frac{\delta s_2}{\delta s}=\frac{\sigma_2}{\sigma},\ \cdots,\ \frac{\delta s_n}{\delta s}=\frac{\sigma_n}{\sigma}。\tag{57}$$

而求解为独立变量 s 的函数。σ 应为 $s,s_1,s_2,\cdots,s_n$ 的已知显函数。由于字母 d 要用来表示另一种增量,所以我们用 δs 来表示独立变量的增量,并用 $\delta s_1,\delta s_2,\cdots,\delta s_n$ 来表示因变量的相应增量。

对于一个质点系统来说,δs 可以与时间增量 δt 联系起来。$\delta s_1,\delta s_2,\cdots,\delta s_n$ 指的是 δt 时间内坐标的增量 $\delta x_1,\delta y_1\cdots$ 及速度分量的增量 $\delta u_1,\delta v_1\cdots$ 比如,$\delta x_1=u_1\delta t$。

因变量 $s_1,s_2,\cdots,s_n$ 通过它们在特定 s——比如 $s=0$——下相应的初始值

$$S_1,S_2,\cdots,S_n,\tag{58}$$

以及始终成立的微分方程(57),而求解为独立变量 s 的单值函数。

下面我们关注在给定的初始值下,和所有可能的独立变量 s 值相对应的所有因变量

的值。我们希望将所有这组值称为一个取值系列。它对应于一个力学系统从某特定初始状态开始的整个运动过程。

在从初始值(58)开始的特定取值系列中，因变量在某个指定 s 下的值为

$$s_1, s_2, \cdots, s_n, \tag{59}$$

在另一无限接近的 $s+\delta s$ 下的值则为

$$s_1'=s_1+\delta s_1,\ s_2'=s_2+\delta s_2,\ \cdots,\ s_n'=s_n+\delta s_n。 \tag{60}$$

我们将(59)式称为“s 后与初始值(58)相对应”的因变量值。与此类似，(60)式将被称为 $s+\delta s$ 后与初始值(58)相对应的因变量值。由微分方程(57)式可知，(59)式和(60)式的值满足下述关系：

$$s_1'=s_1+\frac{\sigma_1}{\sigma}\delta s,\ s_2'=s_2+\frac{\sigma_2}{\sigma}\delta s,\ \cdots,\ s_n'=s_n+\frac{\sigma_n}{\sigma}\delta s, \tag{61}$$

其中，已知函数 $\sigma_1, \sigma_2, \cdots, \sigma_n$ 中应该代入(59)式的因变量值及与其对应的独立变量的值。

下面我们将再进一步，设想从所有可能的初始状态产生的所有可能的取值系列。但是在所有这些系列中，我们只考虑初始值在

$$S_1 \sim S_1+\mathrm{d}S_1 \text{ 之间},\ S_2 \sim S_2+\mathrm{d}S_2 \text{ 之间},\ \cdots,\ S_n \sim S_n+\mathrm{d}S_n \text{ 之间},$$

或者在其他某个包含(58)式的值在内的 n 阶无穷小区间 G 之内的系列。[①] “s 后”与 G 中所有初始值相对应的那些因变量的值也构成一个 n 阶无穷小区间，它将是 g 区间。

另一方面，我们将用 g' 表示包含所有“$s+\delta s$ 后”与 G 中所有初始值相对应的因变量值的区间。所有因变量微分的乘积 $\mathrm{d}s_1\mathrm{d}s_2\cdots\mathrm{d}s_n$ 在整个 g 区间的积分简单地表示为

$$\int \mathrm{d}s_1\mathrm{d}s_2\cdots\mathrm{d}s_n,$$

在 g' 区间进行的同样的积分则表示为

$$\int \mathrm{d}s_1'\mathrm{d}s_2'\cdots\mathrm{d}s_n'。$$

因此，这些积分号指的是对起源于无穷小区间 G 的所有取值系列的积分。所以，根据(54)式，我们有：

$$\int \mathrm{d}s_1'\mathrm{d}s_2'\cdots\mathrm{d}s_n' = D\int \mathrm{d}s_1\mathrm{d}s_2\cdots\mathrm{d}s_n, \tag{62}$$

其中 D 仍然表示函数行列式

$$\begin{vmatrix} \frac{\partial s_1'}{\partial s_1}, & \frac{\partial s_2'}{\partial s_1} & \cdots \\ \frac{\partial s_1'}{\partial s_2}, & \frac{\partial s_2'}{\partial s_2} & \cdots \\ \cdots & \cdots & \cdots \end{vmatrix}。$$

① 这一表述的意义在§27讨论过。

在构建这个函数行列式中的偏导数时，我们应该将 s，$s+\delta s$ 及 δs 看作常数，因为对我们的积分范围涉及的所有取值系列来说，s 具有相同的值，δs 也一样。因此由(61)式可得

$$\frac{\partial s_1'}{\partial s_1}=1+\frac{\delta s}{\sigma}\left(\frac{\partial \sigma_1}{\partial s_1}-\frac{\sigma_1}{\sigma}\frac{\partial \sigma}{\partial s_1}\right),\ \frac{\partial s_1'}{\partial s_2}=\frac{\delta s}{\sigma}\left(\frac{\partial \sigma_1}{\partial s_2}-\frac{\sigma_1}{\sigma}\frac{\partial \sigma}{\partial s_2}\right),\text{等等。}$$

如果忽略和无穷小量 δs 的高阶项相乘的项，那么可得

$$D=1+\frac{\delta s}{\sigma}\left(\frac{\partial \sigma}{\partial s}+\frac{\partial \sigma_1}{\partial s_1}+\cdots+\frac{\partial \sigma_n}{\partial s_n}\right)-\frac{\delta s}{\sigma}\left(\frac{\partial \sigma}{\partial s}+\frac{\sigma_1}{\sigma}\frac{\partial \sigma}{\partial s_1}+\cdots+\frac{\sigma_n}{\sigma}\frac{\partial \sigma}{\partial s_n}\right)$$

$$=1+\frac{\delta \tau}{\tau}-\frac{\delta \sigma}{\sigma}=\frac{\tau'}{\sigma'}\cdot\frac{\sigma}{\tau},$$

其中

$$\tau=e^{\left[\int\frac{\delta s}{\sigma}\left(\frac{\partial \sigma}{\partial s}+\frac{\partial \sigma_1}{\partial s_1}+\cdots+\frac{\partial \sigma_n}{\partial s_n}\right)\right]}\text{。}\tag{63}$$

带撇的量总是指和 $s+\delta s$ 对应的值。初始值则是(58)式所给出的值。因此可将(62)式写为：

$$\frac{\sigma'}{\tau'}\int ds_1' ds_2'\cdots ds_n'=\frac{\sigma}{\tau}\int ds_1 ds_2\cdots ds_n\text{。}\tag{64}$$

就像我们可以从 s 到 $s+\delta s$ 一样，我们同样也可以从 $s+\delta s$ 到 $s+2\delta s$，等等，还可以从 $s-\delta s$ 到 s。我们将用两撇来表示从(58)式的初始值开始并和 $s+2\delta s$ 相对应的所有值。

设 g''为包含 $s+2\delta s$ 后与 G 中初始值相对应的所有因变量值的区间，并设

$$\int ds_1'' ds_2''\cdots ds_n''$$

为所有因变量微分的乘积在 g''区间的积分。那么，用和推导(64)式同样的方法，我们可以得到

$$\frac{\sigma''}{\tau''}\int ds_1'' ds_2''\cdots ds_n''$$

$$=\frac{\sigma'}{\tau'}\int ds_1' ds_2'\cdots ds_n'$$

$$=\frac{\sigma}{\tau}\int ds_1 ds_2\cdots ds_n\text{。}$$

因为对于所有之前和之后的 s 增量来说，都有同样的方程成立，所以我们通常有：

$$\frac{\sigma}{\tau}\int ds_1 ds_2\cdots ds_n=\frac{\sigma_0}{\tau_0}\int dS_1 dS_2\cdots dS_n\text{。}\tag{65}$$

这里，σ_0 和 τ_0 表示 $s=0$ 时的 σ 值和 τ 值；$\int dS_1 dS_2\cdots dS_n$ 是所有因变量微分的乘积在 G 区间的积分。

不难看出，(55)式是令(65)式中 s 表示时间，而 $s_1,s_2,\cdots,s_n$ 为任意力学系统的广义

坐标 $p_1, p_2, \cdots, p_\mu$ 和动量 $q_1, q_2, \cdots, q_\mu$ 时所得到的一个特例。特别地，如果和§25一样，L 和 V 是力学系统的动能和势能，并令 $L+V=E$，那么力学系统的拉格朗日方程具有如下的形式：[①]

$$\frac{\mathrm{d}p_i}{\mathrm{d}t}=\frac{\partial E}{\partial q_i}, \frac{\mathrm{d}q_i}{\mathrm{d}t}=-\frac{\partial E}{\partial p_i}。\tag{66}$$

符号 d 的意义和之前 δ 的意义一样。我们得把前面的公式限定在 $n=2\mu, \sigma=1, s=t$ 的情形，即

$$s_i=p_i, \sigma_i=\frac{\partial E}{\partial q_i}, \quad 当 1\leqslant i\leqslant \mu 时,$$

$$s_i=q_i, \sigma_i=-\frac{\partial E}{\partial p_i}, \quad 当 \mu+1\leqslant i\leqslant 2\mu 时。$$

因此

$$\frac{\partial\sigma}{\partial s}+\frac{\partial\sigma_1}{\partial s_1}+\cdots+\frac{\partial\sigma_n}{\partial s_n}=0, \tau=常数。$$

于是(65)式直接过渡到(55)式。和本部分完全类似的推导最初由刘维[②]和雅克比[③]先后给出[后者是在他的力学讲义中推导最终乘子定理(theorem of the last multiplier)时所采用的论证]。它们首先被本书作者和麦克斯韦先后用于对系统的含时运动过程及一系列同时存在的系统的统计分析上。[④]

§30 雅克比的最终乘子定理

由于我们手头有现成的相关方程，所以不妨来推导一下最终乘子定理，尽管它在其他方面和我们讨论的主题并无太大的关系。

我们用

$$\varphi_i(s, s_1, s_2, \cdots, s_n)=常数, i=1,2,\cdots,n$$

来表示(57)式中 n 个微分方程的积分。积分常数 $a_1, a_2, \cdots, a_n$ 的值应该和初始值(58)相对应，因此

$$\varphi_i(0, S_1, S_2, \cdots, S_n)=a_i, i=1,2,\cdots,n \tag{67}$$

---

① Jacobi, *Vorlesungen. über. Dynamik*, 第9次讲座，第71页，方程(8)。Thomson and Tait, *Treatise on Natural Philosophy*, new edition, Vol. I, Part I, p. 307, Art. 319; German edition, p. 284. Rausenberger, *Mechanik* (Leipzig, 1888), Vol. I, p. 200。

② Liouville, J. *de Math*. 3, 348(1838)。

③ Jacobi, *Vorlesungen über Dynamik*, p. 93。

④ Boltzmann, *Wien. Ber*. 63, 397, 679(1871), 58, 517(1868). Maxwell, "On Boltzmann's theorem," *Trans. Camb. Phil. Soc*. 12, 547(1879), *Scientific Papers* 2, 713。

因变量的所有位于 G 区间的初始值(参看前一节),将和特定的积分常数 a 值一一对应,后者又构成一个被称为 A 区间的 n 阶无穷小区间。设

$$\int da_1 da_2 \cdots da_n$$

为积分常数的微分乘积在整个 A 区间的积分。另一方面,和前一节一样,我们用 $s_1, s_2, \cdots, s_n$ 表示在"独立变量取 s 值后"和初始值(58)相对应的因变量值。因此

$$\varphi_i(s, s_1, s_2, \cdots, s_n) = a_i, \quad i = 1, 2, \cdots, n。 \tag{68}$$

其中 a 的值和(67)式中相同。同样,我们也像前一节那样用 g 表示独立变量取 s 值后,和位于 G 区间的初始值相对应的因变量值所构成的区间,并用

$$\int ds_1 ds_2 \cdots ds_n$$

表示因变量微分乘积在 g 区间的积分,用

$$\int dS_1 dS_2 \cdots dS_n$$

表示在 G 区间的相应积分。由于 a 和 S 之间的关系满足(67)式,和 $s_1, s_2, \cdots, s_n$ 之间的关系满足(68)式,其中后一方程中 s 被看作常数,因此有

$$\int da_1 da_2 \cdots da_n = \Delta_0 \int dS_1 dS_2 \cdots dS_n = \Delta \int ds_1 ds_2 \cdots ds_n,$$

其中

$$\Delta = \begin{vmatrix} \frac{\partial \varphi_1}{\partial s_1}, \frac{\partial \varphi_2}{\partial s_1} & \cdots \\ \frac{\partial \varphi_1}{\partial s_2}, \frac{\partial \varphi_2}{\partial s_2} & \cdots \\ \cdots \quad \cdots & \cdots \end{vmatrix},$$

Δ_0 是 Δ 在 $s=0$ 时的值。因此,根据(65)式有

$$\frac{\Delta \tau}{\sigma} = \frac{\Delta_0 \tau_0}{\sigma_0} = C。$$

由于 Δ_0, τ_0 及 σ_0 的表示式只和因变量的初始条件有关——或者,你也可以说它们只和积分常数 a 有关——而与 s 的值无关,所以,C 也同样只和这些量有关。

下面假设除 $\varphi_1 = a_1$ 之外的所有积分都已知。方程

$$\int da_1 da_2 \cdots da_n = \Delta \int ds_1 ds_2 \cdots ds_n \tag{69}$$

对每个 s 值成立。设想 s 为任意常数,并在方程两边的定积分中引入变量 $s_1, a_2, a_3 \cdots a_n$——由于 s 被当作已知常数看待,所以这些变量都是 $a_1, a_2, \cdots, a_n$ 和 $s_1, s_2, \cdots, s_n$ 的唯一函数(unique function)。那么,由此可得:

$$\int ds_1 ds_2 \cdots ds_n = \frac{1}{\Delta_1}\int ds_1 da_2 \cdots da_n$$

其中在行列式

$$\Delta_1 = \begin{vmatrix} \frac{\partial\varphi_2}{\partial s_2}, \frac{\partial\varphi_3}{\partial s_2} & \cdots \\ \frac{\partial\varphi_2}{\partial s_3}, \frac{\partial\varphi_3}{\partial s_3} & \cdots \\ \cdots \quad \cdots & \cdots \end{vmatrix}$$

中，求偏导数时 s 和 s_1 均被看作常数。在(69)式左边的积分中，我们必须令：

$$da_1 = ds_1 \cdot \frac{\partial\varphi_1(s, s_1, a_2, a_3, \cdots a_n)}{\partial s_1}$$

由于积分区间为 n 阶无穷小量，因此最后的因式可以提到积分号的外面，所以在方程两边同时除以 $\int ds_1 da_2 da_3 \cdots da_n$ 后，可得：

$$\frac{\partial\varphi_1(s, s_1, a_2, a_3, \cdots, a_n)}{\partial s_1} = \frac{\Delta}{\Delta_1} = C\frac{\sigma}{\Delta_1 \tau}。 \tag{70}$$

但是，如果除 φ_1 之外的所有积分都已知，并将它们用到最后一个待积分的微分方程

$$\delta s_1 = \delta s \frac{\sigma_1}{\sigma} \tag{71}$$

之中，以便用 s, s_1 及常数 $a_2, a_3, \cdots, a_n$ 来表示 $s_2, s_3, \cdots, s_n$，那么，(70)式即为最后这个微分方程的积分因子。乘以这个因子后，它的左边变为

$$\frac{\partial\varphi_1(s, s_1, a_2, a_3, \cdots, a_n)}{\partial s_1}\delta s_1,$$

因此右边必定变为

$$-\frac{\partial\varphi_1(s, s_1, a_2, a_3, \cdots, a_n)}{\partial s}\delta s。$$

这就是雅克比的最终乘子定理。因为 C 只和积分常数有关，所以 $\frac{\sigma}{\Delta_1 \tau}$ 也是微分方程(71)的积分因子。

σ 是已知的。假如除 φ_1 之外的所有积分也都已知的话，则 Δ_1 可以算出来。当然，τ 一般是未知的；但我们也常常碰巧可以得到它的变化规律，比如像力学问题中那样，这时它简化为一个常数。

如果一个物质系统的运动方程(66)中不显含时间，那么，在消去时间微分之后，它们也可以变为(57)式的形式；这时，s 是其中的一个坐标，比如 p_1。这样一来，

$$\sigma = \frac{\partial E}{\partial q_1}, \sigma_1 = \frac{\partial E}{\partial q_2}, \cdots, \sigma_n = -\frac{\partial E}{\partial p_\mu},$$

而方程

$$\frac{\partial \sigma}{\partial s}+\frac{\partial \sigma_1}{\partial s_1}+\cdots+\frac{\partial \sigma_n}{\partial s_n}=0$$

恒成立,且由它可以导出 τ=常数的结果。因此,如果其他坐标和动量已经求解为积分常数和最后两个坐标的函数,那么,我们可以直接求出描述最后一个坐标的微分与其他坐标和动量之关系的微分方程的积分因子。在雅克比对最终乘子定理的大多数应用中,普遍方程的应用方式就是这样的。

§31　能量微分的引入

在讨论有关定理在气体理论中的特殊应用之前,我们还将再阐释一个更普遍的定理。

我们回到§26 中曾经考虑过的无限多个等效力学系统的问题上来。每个系统的状态依旧由§25 中引入的变量来确定。像之前一样,我们设 L 为动能,V 是势能,并设 $E=L+V$ 为其中一个系统的总能量。我们假设系统是所谓的保守系统——即,每个系统在运动过程中总能量 E 保持不变。因此必须排除黏滞性、内部阻力等等之类的耗散力;必须要求每个系统中只存在内力的作用,或者,如果存在外力的话,它们必须是不随时间变化的固定物体所施加的。作用力通常只和位置有关,因此 V 只是坐标 $p_1,\cdots,p_\mu$ 的函数(实际上还是单值函数)。

坐标与动量在 t 时刻的值

$$p_1,p_2,\cdots,p_\mu,q_1,\cdots,q_\mu \tag{72}$$

将被称为与它们在初始时刻(零时刻)的值

$$P_1,P_2,\cdots,P_\mu,Q_1,\cdots,Q_\mu \tag{73}$$

相对应的值。系统的能量 E 也取决于初始值(73),它被简称为和该初始值相对应的能量值。由于是保守系统,所以,对于一个特定的系统来说,在后来任意 t 时刻的能量都等于初始时刻的能量值 E。

接下来我们将考虑满足下述条件的所有系统:它们的初始值属于某个包含(73)式所有值的 2μ 阶无穷小区域 G。在经过某特定时间 t 之后,所有这些系统的坐标和动量值所构成的区间将被称作 g 区间。坐标和动量的微分乘积在 G 区间的积分用

$$\int \mathrm{d}P_1\cdots\mathrm{d}Q_\mu \tag{74}$$

来表示,同一微分乘积在 g 区间的积分则表示为

$$\int \mathrm{d}p_1\cdots\mathrm{d}q_\mu。 \tag{75}$$

那么,根据(55)式我们有

$$\int \mathrm{d}P_1 \cdots \mathrm{d}Q_\mu = \int \mathrm{d}p_1 \cdots \mathrm{d}q_\mu 。 \tag{76}$$

在上述每个积分中,我们都可以将其中的一个微分,比如,第一个动量 q_1 的微分,替换为能量 E 的微分。这里,我们得将所有坐标和所有其他的动量看作常数。由此可得:

$$\mathrm{d}E = \frac{\partial E}{\partial q_1}\mathrm{d}q_1 。$$

其中,在求偏导数时,上面提到的量(当然还要加上时间)都要看作常数。我们有:

$$\frac{\partial E}{\partial q_1} = \frac{\partial V}{\partial q_1} + \frac{\partial L}{\partial q_1} 。$$

由于 V 只是坐标的函数,所以第一项直接等于零;而且,众所周知,如果我们用撇号表示对时间的导数,那么[①]

$$\frac{\partial L}{\partial q_1} = p_1' 。$$

因此

$$\frac{\partial E}{\partial q_1} = p_1' ,$$

从而

$$\mathrm{d}E = p_1' \mathrm{d}q_1 。$$

同理可得

$$\mathrm{d}E = P_1' \mathrm{d}Q_1 , \qquad ,$$

其中,P_1' 表示 p_1 在初始时刻的时间导数值。将上述方程代入(76)式可得:

$$\left\{\begin{aligned} &\frac{1}{p_1'}\int \mathrm{d}p_1 \cdots \mathrm{d}p_\mu \mathrm{d}q_2 \cdots \mathrm{d}q_\mu \mathrm{d}E \\ &= \frac{1}{P_1'}\int \mathrm{d}P_1 \cdots \mathrm{d}P_\mu \mathrm{d}Q_2 \cdots \mathrm{d}Q_\mu \mathrm{d}E \end{aligned}\right. \tag{77}$$

只要积分区间是 2μ 阶无穷小量,且 g 是和 G 区间相对应的区间,则上述方程成立。因此我们可以选择这样的 G 区间,即在其他变量取所有各种可能的值时,能量都处于相同的范围 E 到 $E+\mathrm{d}E$ 之间,而其他变量,即

$$\left\{\begin{aligned} &\text{坐标 } p_1, \cdots, p_\mu \\ &\text{及动量 } q_2, \cdots, q_\mu \end{aligned}\right. \tag{78}$$

位于某个任意的$(2\mu-1)$阶无穷小区间 G_1,该区间包括下述值:

$$P_1, P_2 \cdots P_\mu, Q_2 \cdots Q_\mu \tag{79}$$

动量之一 Q_1 被略去了,因为它已经由(78)式中的变量和能量确定。

---

① Jacobi, *Vorlesungen über Dynamik*,第 9 次讲座,第 70 页,方程(4)。

对所有满足这些初始条件的系统来说，t 时间之后能量都处于相同的区间；而对这些系统来说，(78)式中变量具有的那些值所构成的$(2\mu-1)$阶无穷小区间，将被称为 g_1 区间。它包括的当然是 t 时间之后和初始值(79)相对应的坐标值和动量值。如果选择这样的区间，我们将会发现，$\mathrm{d}E$ 可以提取到(77)式两边的积分号之外，因此这个方程的两边可以同时除以 $\mathrm{d}E$，这样可得：

$$\begin{cases}\frac{1}{p_1'}\int \mathrm{d}p_1\cdots\mathrm{d}p_\mu\cdots\mathrm{d}q_2\cdots\mathrm{d}q_\mu \\ =\frac{1}{P_1'}\int \mathrm{d}P_1\cdots\mathrm{d}P_\mu\cdots\mathrm{d}Q_2\cdots\mathrm{d}Q_\mu。\end{cases} \tag{80}$$

其中，左边的积分要在 g_1 区间进行，右边的积分要在 G_1 区间进行，而 E 则为常数。因此，(80)式具有下述意义：我们考虑许多系统，所有这些系统具有相同的能量，而(78)式中各变量的初始值位于$(2\mu-1)$阶无穷小区间 G_1，且剩下的动量 q_1 由 E 决定。对所有这些系统来说，t 时间之后，能量值依然为 E，但是(78)式中的变量在 t 时间之后的值所构成的区间将记为 g_1，它也将是 t 时间之后和 G_1 相对应的区间。如果我们将方程的右边在 G_1 区间积分，将方程的左边在 g_1 区间积分，那么(80)式将恒成立。

§32 遍历(Ergoden)

下面我们依然设想数量巨大的力学系统，它们都具有之前描述过的相同的性质。对所有这些系统来说，总能量 E 具有相同的值。另一方面，对不同的系统来说，坐标和动量的初始值将各不相同。设

$$f(p_1,p_2,\cdots,p_\mu,q_2,\cdots,q_\mu,t)\mathrm{d}p_1\cdots\mathrm{d}p_\mu\mathrm{d}q_2\cdots\mathrm{d}q_\mu$$

为这样一些系统的数目，对它们来说，(78)式中的变量在 t 时刻的值位于下述范围：

$$p_1\sim p_1+\mathrm{d}p_1\text{ 之间}\cdots p_\mu\sim p_\mu+\mathrm{d}p_\mu\text{ 之间及}$$

$$q_2\sim q_2+\mathrm{d}q_2\text{ 之间}\cdots q_\mu\sim q_\mu+\mathrm{d}q_\mu\text{ 之间，}$$

而 q_1 取决于假定的能量值。因此，在 t 时刻，其(78)式中变量的值构成一个包含

$$p_1\cdots p_\mu,q_2\cdots q_\mu \tag{81}$$

的$(2\mu-1)$阶无穷小区间 g_1 的系统数目为

$$f(p_1,\cdots,p_\mu,q_2,\cdots,q_\mu,t)\cdot\int \mathrm{d}p_1\cdots\mathrm{d}p_\mu\mathrm{d}q_2\cdots\mathrm{d}q_\mu, \tag{82}$$

其中，积分需要在 g_1 区间进行。

现在我们不再说对于某个系统而言，(78)式中变量的值位于 g_1 区间，而是通常使用这样的表述：这个系统具有 pq 相。因此我们也可以说：(82)式给出 t 时刻具有 pq 相的

系统数。

对于 t 时刻具有 pq 相的所有系统来说，(78)式中的变量在零时刻的取值区间将为 G_1 区间。由于 g_1 区间包含了(81)式的值，因此 G_1 区间当然就包含了和(81)式中的值相对应的初始值

$$P_1 \cdots P_\mu, Q_2 \cdots Q_\mu \tag{83}$$

我们不再说某个系统的变量值位于 G_1 区间，而是使用这样的表述：系统具有 PQ 相。根据(82)式中所使用的符号类推，(78)式变量的微分乘积在 G_1 区间的积分将记为

$$\int \mathrm{d}P_1 \cdots \mathrm{d}P_\mu \mathrm{d}Q_2 \cdots \mathrm{d}Q_\mu 。$$

因为(82)式中的 t 可以取任意值，因此

$$f(P_1 \cdots P_\mu, Q_2 \cdots Q_\mu, 0) \int \mathrm{d}P_1 \cdots \mathrm{d}P_\mu \mathrm{d}Q_2 \cdots \mathrm{d}Q_\mu \tag{84}$$

将为具有初相 PQ 的系统数。由于这些系统也就是 t 时刻具有 pq 相的系统，所以(82)式和(84)式必然相等；根据这个关系，同时考虑到(80)式，可得：

$$p_1' f(p_1 \cdots p_\mu, q_2 \cdots q_\mu, t) = P_1' f(P_1 \cdots P_\mu, Q_2 \cdots Q_\mu, 0) \tag{85}$$

如果具有任意 pq 相的系统数不随时间改变，则这些系统中的状态分布将被称为稳态分布。由于 t 时刻具有 pq 相的系统数由(82)式给出，因此我们可以将状态分布为稳态分布的条件表述为：对于任意的变量值和任意的区间 g_1——前提是(78)式变量的值和 g_1 保持不变——(82)式的值都和时间完全无关。因此，如果令(82)式在零时刻的值，等于它在另外某个时刻 t 的值，那么，我们就可以将等式的两边除以在 g_1 区间上的积分，从而状态分布为稳态的条件可以表示为下述形式：

$$f(p_1 \cdots p_\mu, q_2 \cdots q_\mu, t) = f(p_1 \cdots p_\mu, q_2 \cdots q_\mu, 0) \tag{86}$$

其中，变量 p、q 可以为任意值，但它们在方程两边的取值必须一样。因此，我们也可以用相应的大写字母来表示它们，从而(86)式变为如下形式：

$$f(P_1 \cdots P_\mu, Q_2 \cdots Q_\mu, t) = f(P_1 \cdots P_\mu, Q_2 \cdots Q_\mu, 0) \tag{87}$$

利用最后一个方程，可将(85)式变为①

$$P_1' f(P_1, P_2 \cdots P_\mu, Q_2 \cdots Q_\mu, t) = p_1' f(p_1, p_2 \cdots p_\mu, q_2 \cdots q_\mu, t).$$

由于函数 f 不再包含时间，因此最好将函数符号里的 t 去掉，从而有：

$$P_1' f(P_1, P_2 \cdots P_\mu, Q_2 \cdots Q_\mu) = p_1' f(p_1, p_2 \cdots p_\mu, q_2 \cdots q_\mu). \tag{88}$$

这里，$P_1, P_2, \cdots, P_\mu, Q_2, \cdots, Q_\mu$ 是完全任意的初始值；$p_1, p_2, \cdots, p_\mu, q_2, \cdots, q_\mu$ 则是一个系统从这些初始值出发，经过任意时间 t 后获得的坐标值和动量值。

---

① 它[或者等价的(88)式]是一个分布为稳态分布的必要条件；同时它也是充分条件，因为根据它和(85)式可以导出任意 P、Q 所满足的(87)式，或者任意 p、q 所满足的(86)式；而后面这两个方程正是分布为稳态分布这一事实的数学表述。

因此，如果我们设想一个系统 S，从某些初始坐标和动量条件下开始运动，之后在它的运动过程中，坐标和动量将取各种各样不同的值。所以，坐标和动量将为初始值与时间的函数。但一般来说，在整个运动期间有些特定的坐标和动量函数具有固定不变的值（被称为不变量）：例如，对一个自由系统来说，这样的不变量包括质心的速度分量，以及总角动量的分量。下面假设我们先后将坐标和动量的初始值及它们在一定时间之后的值代入表示式 $p_1'f(p_1, p_2, \cdots, p_\mu, q_2, \cdots, q_\mu)$中。状态分布为稳态分布的充分必要条件是 $p_1'f$ 的值保持不变——或者换句话说，$p_1'f$ 中应该只包含这样的坐标和动量函数：它们在整个运动过程中保持为常量，且只和初始值有关，而与时间无关。因此 $p_1'f$ 应该只是不变量的函数。

若令 $p_1'f(p_1, p_2, \cdots p_\mu, q_2, \cdots, q_\mu)$等于一个常数，则可以得到最简单的稳态分布情形；这样一来

$$\frac{C}{p_1'}\int \mathrm{d}p_1 \mathrm{d}p_2 \cdots \mathrm{d}p_\mu \mathrm{d}q_2 \cdots \mathrm{d}q_\mu \tag{89}$$

是其中(78)式变量位于积分区间 g_1 内的系统数目。我曾经将满足上式条件的无限多个系统中的状态分布称为遍历分布。

§33　类动量概念

下面我们将继续考虑前一节的结尾部分提到的状态分布，但我们将引入其他变量来代替动量。

动能 L 是动量的二次齐次函数；所以

$$2L = a_{11}q_1^2 + a_{22}q_2^2 + \cdots + 2a_{12}q_1q_2\cdots,$$

其中系数 a 通常是广义坐标 p 的函数。显然，我们总是可以找到下述形式

$$\begin{cases} q_1 = b_{11}r_1 + b_{12}r_2 + \cdots + b_{1\mu}r_\mu \\ q_2 = b_{21}r_1 + b_{22}r_2 + \cdots + b_{2\mu}r_\mu \\ \cdots\cdots\cdots\cdots\cdots\cdots\cdots\cdots \\ q_\mu = b_{\mu 1}r_1 + b_{\mu 2}r_2 + \cdots + b_{\mu\mu}r_\mu \end{cases} \tag{90}$$

的代换，通过这一代换我们可以得到

$$2L = \alpha_1 r_1^2 + \alpha_2 r_2^2 + \cdots + \alpha_\mu r_\mu^2 。$$

L 不能变换为这一形式的例外情形在力学系统中是不存在的，而且所有的 α（它们当然通常是坐标的函数）也都不可能为零或者负数，因为它们取零或者负数的话，意味着在系统的某些运动中动能将为零或者取负值。如果将所有的 r 都乘以某个相同的因子（这个因

子可能也是坐标的函数),我们可以使 b 的行列式等于 1。下面我们将直接用 r 表示乘以这样一个因子之后的量。当然,它们也可以反过来表示为 q 的线性组合。我曾建议把它们称为和坐标 p 相对应的类动量(momentoid)。

设想在 q 的取值范围内划出一个 μ 阶无穷小区间 H,在该区间上的积分

$$\int dq_1 dq_2 \cdots dq_\mu$$

中,我们利用(90)式而将积分变量 q 变换为 r。p 被当作常数。由于 b 的行列式等于 1,所以有

$$\int dq_1 dq_2 \cdots dq_\mu = \int dr_1 dr_2 \cdots dr_\mu, \tag{91}$$

其中,后一积分要在和 H 区间相对应的 r 的区间,即,[通过(90)式]和 H 区间所包含的全部 q 值组合相对应的全部 r 值组合所构成的区间——来进行。

下面我们将在(76)式右边的积分中用 r 代替 q 作为积分变量。这样,由(91)式可知,该积分变为:

$$\int dp_1 \cdots dp_\mu dq_1 \cdots dq_\mu = \int dp_1 \cdots dp_\mu dr_1 \cdots dr_\mu。$$

后一积分需要在和前一积分的积分区间(之前称为 g 区间)相对应的区间进行。

接下来[和我们由(76)式推导(77)和(80)式时的做法一样],分别将方程左边的积分变量 q_1 和方程右边的积分变量 r_1 替换为 E。由于

$$\frac{\partial E}{\partial r_1} = \frac{\partial L}{\partial r_1} = \frac{1}{\alpha_1 r_1},$$

所以有

$$\frac{1}{p_1'}\int dp_1 \cdots dp_\mu dq_2 \cdots dq_\mu dE = \frac{1}{\alpha_1 r_1}\int dp_1 \cdots dp_\mu dr_2 \cdots dr_\mu dE。$$

跟从(77)式推导(80)式一样,我们现在可以选择合适的区间,使得在其他变量取所有可能的值时,E 都处在相同的范围也即 E 到 $E+dE$ 之间。然后,我们可以将方程两边同时除以 dE,从而可得 E 为常数的情况下

$$\frac{1}{p_1'}\int dp_1 \cdots dp_\mu dq_2 \cdots dq_\mu = \frac{1}{\alpha_1 r_1}\int dp_1 \cdots dp_\mu dr_2 \cdots dr_\mu。$$

如果将上式代入(89)式,可得遍历状态分布情况下变量

$$p_1 \cdots p_\mu, r_2 \cdots r_\mu \tag{92}$$

位于包含该值的任意一个 $2\mu-1$ 阶无穷小区间的系统数目等于

$$\frac{C}{\alpha_1 r_1}\int dp_1 \cdots dp_\mu dr_2 \cdots dr_\mu, \tag{93}$$

其中积分区间为该无穷小区间。

这一区间的划分是任意的。下面,我们将给它指定一个有可能最简单的范围,即(92)式变量将处于下述范围:

$$p_1 \sim p_1 + \mathrm{d}p_1 \text{ 之间}, p_2 \sim p_2 + \mathrm{d}p_2 \text{ 之间}, \cdots, p_\mu \sim p_\mu + \mathrm{d}p_\mu \text{ 之间} \tag{94}$$

$$r_2 \sim r_2 + \mathrm{d}r_2 \text{ 之间}, r_3 \sim r_3 + \mathrm{d}r_3 \text{ 之间}, \cdots, r_\mu \sim r_\mu + \mathrm{d}r_\mu \text{ 之间。} \tag{95}$$

根据(93)式,满足这些条件的系统数目为

$$\mathrm{d}N = \frac{C}{\alpha_1 r_1} \mathrm{d}p_1 \mathrm{d}p_2 \cdots \mathrm{d}p_\mu \mathrm{d}r_2 \cdots \mathrm{d}r_\mu \text{。} \tag{96}$$

如果我们用 $\mathrm{d}\pi$ 表示微分乘积 $\mathrm{d}p_1\mathrm{d}p_2\cdots\mathrm{d}p_\mu$,用 $\mathrm{d}\rho_k$ 表示微分乘积 $\mathrm{d}r_{k+1}\mathrm{d}r_{k+2}\cdots\mathrm{d}r_\mu$,那么

$$\mathrm{d}N_1 = \frac{C\,\mathrm{d}\pi\,\mathrm{d}r_\mu}{\alpha_1} \iint \cdots \frac{1}{r_1} \mathrm{d}r_2 \mathrm{d}r_3 \cdots \mathrm{d}r_{\mu-1} = \frac{C\,\mathrm{d}\pi\,\mathrm{d}r_\mu}{\alpha_1} \int \frac{1}{r_1} \frac{\mathrm{d}\rho_1}{\mathrm{d}r_\mu} \tag{97}$$

即为坐标满足(94)式条件的系统数目,其中 r_μ 位于

$$r_\mu \sim r_\mu + \mathrm{d}r_\mu \text{ 之间,} \tag{98}$$

其他 r 可以取符合能量方程的任意可能的值。坐标满足(94)式条件、动量除保证总能量守恒之外不受任何其他限制的系统数目为:

$$\mathrm{d}N_2 = \frac{C\,\mathrm{d}\pi}{\alpha_1} \int \frac{1}{r_1} \mathrm{d}\rho_1 \text{。} \tag{99}$$

所有系统的总数目为

$$N = C \iint \frac{\mathrm{d}\pi\,\mathrm{d}\rho_1}{\alpha_1 r_1}; \tag{100}$$

其中,凡是几个微分的乘积都只用了一个微分号来表示,对所有这些微分的积分同样也只用了一个积分号来表示。

§34 概率表示式;平均值

表示式 1. $F = \frac{\mathrm{d}N}{N}$; 2. $\frac{\mathrm{d}N_1}{N}$; 3. $\frac{\mathrm{d}N_2}{N}$ 分别定义为下述情况下的概率:①系统的坐标和类动量分别满足(94)式和(95)式条件;②坐标满足(94)式条件,类动量 r_μ 满足(98)式条件;③坐标满足(94)式条件。

对于坐标和类动量分别满足(94)式和(95)式条件的所有系统而言,和第一个类动量相对应的动能 $\frac{1}{2}\alpha_1 r_1^2$ 具有相同的值。[这种系统的数目由(96)式决定。]因此,对坐标始终满足(94)式条件的所有系统来说,这个量的平均值为

$$\overline{\frac{\alpha_1 r_1^2}{2}}=\frac{1}{dN_2}\int\frac{\alpha_1 r_1^2}{2}\mathrm{d}N=\frac{\alpha_1\int r_1\mathrm{d}\rho_1}{2\int\frac{1}{r_1}\mathrm{d}\rho_1},\tag{101}$$

其中,积分号表示对所有可能的类动量进行积分。对所有系统来说,$\frac{1}{2}\alpha_1 r_1^2$ 的平均值一般为

$$\overline{\overline{\frac{\alpha_1 r_1^2}{2}}}=\frac{\int\mathrm{d}\pi\int r_1\mathrm{d}\rho_1}{2\int\frac{\mathrm{d}\pi}{\alpha_1}\int\frac{\mathrm{d}\rho_1}{r_1}}。\tag{102}$$

但是,所有系统中势函数 V 的平均值为

$$\overline{V}=\frac{\int\frac{V}{\alpha_1}\mathrm{d}\pi\int\frac{\mathrm{d}\rho_1}{r_1}}{\int\frac{\mathrm{d}\pi}{\alpha_1}\int\frac{\mathrm{d}\rho_1}{r_1}}。\tag{103}$$

对类动量的积分很容易用下述方法来操作。如果设 A 和 α 是常数,那么,代入

$$r=\sqrt{\frac{2A}{\alpha}}\cdot\sqrt{x}$$

后,可得下述方程:

$$\left\{\begin{aligned}&\int_{-\sqrt{\frac{2A}{\alpha}}}^{+\sqrt{\frac{2A}{\alpha}}}\sqrt{A-\frac{\alpha r^2}{2}}\mathrm{d}r\\&=\sqrt{\frac{2}{\alpha}}A^{\frac{\lambda}{2}+\frac{1}{2}}\int_0^1 x^{-\frac{1}{2}}(1-x)^{\frac{\lambda}{2}}\mathrm{d}x\\&=\sqrt{\frac{2}{\alpha}}A^{\frac{\lambda}{2}+\frac{1}{2}}B(\frac{1}{2},\frac{\lambda}{2}+1)\\&=\sqrt{\frac{2}{\alpha}}\frac{\Gamma(\frac{1}{2})\cdot\Gamma(\frac{\lambda}{2}+1)}{\Gamma(\frac{\lambda}{2}+\frac{3}{2})}\cdot A^{\frac{\lambda}{2}+\frac{1}{2}}。\end{aligned}\right.\tag{104}$$

其中,B 和 Γ 是著名的欧拉(贝塔和伽马)函数。

接下来,我们用这个公式计算积分

$$J_\kappa=\int r_1^\kappa\mathrm{d}\rho_1。$$

我们用 A_k 来表示

$$E-V-\frac{\alpha_{k+1}r_{k+1}^2}{2}-\frac{\alpha_{k+2}r_{k+2}^2}{2}-\cdots\frac{\alpha_\mu r_\mu^2}{2},$$

用 A_μ 表示 $E-V$。那么有

$$r_1=\sqrt{\frac{2A_1}{\alpha_1}}=\sqrt{\frac{2}{\alpha_1}}\sqrt{A_2-\frac{\alpha_2 r_2^2}{2}},$$

因此

$$J_\kappa=\sqrt{\frac{2}{\alpha_1}}^\kappa\int \mathrm{d}\rho_2\int\sqrt{A_2-\frac{\alpha_2 r_2^2}{2}}^\kappa\,\mathrm{d}r_2。$$

类动量 r_2 可取的最大、最小值出现在 $r_1=0$ 处,大小为 $r_2=\pm\sqrt{\frac{2A_2}{\mu_2}}$。因此,对 r_2 的积分需要在这两个极限之间进行。如果使用(104)式来执行这一积分,则可得:

$$J_\kappa=\left(\frac{2}{\alpha_1}\right)^{\frac{\kappa}{2}}\sqrt{\frac{2}{\alpha_2}}\frac{\Gamma\left(\frac{1}{2}\right)\cdot\Gamma\left(\frac{\kappa}{2}+1\right)}{\Gamma\left(\frac{\kappa}{2}+\frac{3}{2}\right)}\int A_2^{\frac{\kappa}{2}+\frac{1}{2}}\,\mathrm{d}\rho_2$$

$$=\left(\frac{2}{\alpha_1}\right)^{\frac{\kappa}{2}}\sqrt{\frac{2}{\alpha_2}}\frac{\Gamma\left(\frac{1}{2}\right)\cdot\Gamma\left(\frac{\kappa}{2}+1\right)}{\Gamma\left(\frac{\kappa}{2}+\frac{3}{2}\right)}$$

$$\times\int \mathrm{d}\rho_3\int_{-\sqrt{2\frac{A_3}{\alpha_3}}}^{+\sqrt{2\frac{A_3}{\alpha_3}}}\left(A_3-\frac{\alpha_3 r_3^2}{2}\right)^{\frac{\kappa}{2}+\frac{1}{2}}\mathrm{d}r_3。$$

如果使用(104)式对 r_3 积分,则可得:

$$\left\{\begin{aligned}J_\kappa&=\left(\frac{2}{\alpha_1}\right)^{\frac{\kappa}{2}}\sqrt{\frac{2}{\alpha_2}\cdot\frac{2}{\alpha_3}}\frac{\left[\Gamma\left(\frac{1}{2}\right)\right]^2\cdot\Gamma\left(\frac{\kappa}{2}+1\right)}{\Gamma\left(\frac{\kappa}{2}+\frac{4}{2}\right)}\\&\times\int \mathrm{d}\rho_4\int_{-\sqrt{\frac{2A_4}{\alpha_4}}}^{+\sqrt{\frac{2A_4}{\alpha_4}}}\left(A_4-\frac{\alpha_4 r_4^2}{2}\right)^{\frac{\kappa}{2}+\frac{2}{2}}\mathrm{d}r_4。\end{aligned}\right.\tag{105}$$

如果根据上述结果类推,然后将最后一个微分舍去,同时,像我们对 J_κ 所进行的积分那样,将其他的积分严格求解出来,最后再令 $\kappa=-1$,那么我们就可以求出(97)式中的积分为:

$$\iint\cdots\frac{1}{r_1}\mathrm{d}r_2\,\mathrm{d}r_3\cdots\mathrm{d}r_{\mu-1}$$

$$=\sqrt{\frac{\alpha_1}{2}\cdot\frac{2}{\alpha_2}\frac{2}{\alpha_3}\cdots\frac{2}{\alpha_{\mu-1}}}\frac{\left(\Gamma\frac{1}{2}\right)^{\mu-1}}{\Gamma\left(\frac{\mu-1}{2}\right)}\left(A_\mu-\frac{\alpha_\mu r_\mu^2}{2}\right)^{\frac{(\mu-3)}{2}}。$$

如果将最后一个表达式记为 γ,那么,对坐标满足(94)式条件的所有系统来说,$\frac{1}{2}\alpha_\mu r_\mu^2$ 的平均值为:

$$\overline{\frac{\alpha_\mu r_\mu^2}{2}}=\frac{\int_{-\sqrt{\frac{2A_\mu}{\alpha_\mu}}}^{\sqrt{\frac{2A_\mu}{\alpha_\mu}}}\frac{\alpha_\mu r_\mu^2}{2}\gamma d r_\mu}{\int_{-\sqrt{2\frac{A_\mu}{\alpha_\mu}}}^{\sqrt{\frac{2A_\mu}{\alpha_\mu}}}\gamma d r_\mu}$$

积分后结果为

$$\overline{\frac{\alpha_\mu r_\mu^2}{2}}=\frac{A_\mu}{\mu}=\frac{E-V}{\mu}。\tag{105a}$$

如果令(105)式中的 κ 为任意值,并将该式中的所有积分求解出来,则可得:

$$J_\kappa=\int r_1^\kappa \mathrm{d}\rho_1$$

$$=\sqrt{\frac{2}{\alpha_1}}^{\kappa}\sqrt{\frac{2}{\alpha_2}\frac{2}{\alpha_3}\cdots\frac{2}{\alpha_\mu}}\frac{\left(\Gamma\frac{1}{2}\right)^{\mu-1}\Gamma\left(\frac{\kappa}{2}+1\right)}{\Gamma\left(\frac{\kappa+\mu+1}{2}\right)}A_\mu^{\frac{(\kappa+\mu-1)}{2}}。$$

借助于最后两个公式,我们可以直接写出前面所有表达式中 r 的积分,而 $\mathrm{d}N_1$、$\mathrm{d}N_2$ 及 $\frac{1}{2}\overline{\alpha_1 r_1^2}$ 将能够求出封闭解。当然,要对 p 进行积分的话,需要给出势函数 V。作为例子,我们可以求出满足(94)式条件的一个系统,其 r_μ 位于 r_μ 到 $r_\mu+\mathrm{d}r_\mu$ 之间的概率为

$$\frac{\mathrm{d}N_1}{\mathrm{d}N_2}=\frac{\Gamma\left(\frac{\mu}{2}\right)}{\Gamma\left(\frac{1}{2}\right)\Gamma\left(\frac{\mu-1}{2}\right)}\cdot\sqrt{\frac{\alpha_\mu}{2}}\frac{\left(A_\mu-\frac{\alpha_\mu r_\mu^2}{2}\right)^{\frac{(\mu-3)}{2}}}{A_\mu^{\frac{(\mu-2)}{2}}}\mathrm{d}r_\mu。\tag{106}$$

如果令 $\frac{1}{2}\alpha_\mu r_\mu^2=x$,那么有

$$\mathrm{d}r_\mu=\frac{1}{2\sqrt{x}}\sqrt{\frac{2}{\alpha_\mu}}\mathrm{d}x;$$

因此,对于一个满足(94)式条件的系统来说,r_μ 取正值且 $\frac{1}{2}\alpha_\mu r_\mu^2$ 位于 x 到 $x+\mathrm{d}x$ 之间的概率为:

$$\frac{\Gamma\left(\frac{\mu}{2}\right)}{\Gamma\left(\frac{1}{2}\right)\Gamma\left(\frac{\mu-1}{2}\right)}\frac{(A_\mu-x)^{\frac{(\mu-3)}{2}}}{2A_\mu^{\frac{(\mu-2)}{2}}}\frac{\mathrm{d}x}{\sqrt{x}}。$$

由于 r_μ 取负值时 $\frac{1}{2}\alpha_\mu r_\mu^2$ 位于 x 到 $x+\mathrm{d}x$ 之间的概率和 r_μ 取正值时一样,所以当 r_μ 不论正负时,$\frac{1}{2}\alpha_\mu r_\mu^2$ 位于 x 到 $x+\mathrm{d}x$ 之间的总概率等于

$$\frac{\Gamma\left(\frac{\mu}{2}\right)}{\Gamma\left(\frac{1}{2}\right)\Gamma\left(\frac{\mu-1}{2}\right)}\frac{(A_\mu-x)^{\frac{(\mu-3)}{2}}}{A_\mu^{\frac{(\mu-2)}{2}}}\frac{\mathrm{d}x}{\sqrt{x}}。\tag{107}$$

这里,r_μ 可以是任意的类动量。如果 μ 非常大,并令 $A_\mu=\mu\xi$,那么,上述表达式趋于极限

$$\mathrm{e}^{\frac{-x}{2\xi}}\frac{\mathrm{d}x}{\sqrt{2\pi\xi x}}。\tag{108}$$

利用通项公式,我们可以进一步求得

$$\frac{\overline{\alpha_1 r_1^2}}{2}=\frac{\alpha_1 J_1}{2J_{-1}}=\frac{A_\mu}{\mu}=\frac{E-V}{\mu},\tag{109}$$

与(105a)式一致。因为和其他类动量相对应的动能部分当然也服从同样的规律,所以有:

$$\frac{\overline{\alpha_1 r_1^2}}{2}=\frac{\overline{\alpha_2 r_2^2}}{2}=\cdots=\frac{\overline{\alpha_\mu r_\mu}}{2}。\tag{110}$$

因此,无论(94)式条件怎样选择,对于我们假定的(遍历)状态分布而言,下述定理恒成立:挑选出坐标满足(94)式条件的所有系统,用$\frac{1}{2}\alpha_i r_i^2$ 表示和某个类动量相对应的动能,并计算某个 t 时刻它在所有指定系统中的平均值。那么,这个平均值对所有时间和所有的下标值 i 都相同,它等于能量 $E-V$ 的 μ 分之一,后者在所讨论的情形中具有动能的形式。

对坐标的积分当然只能从形式上表示出来,因此我们将$\frac{1}{2}\alpha_i r_i^2$ 在所有系统、所有下标值 i 范围内的平均值求解为

$$\frac{\overline{\overline{\alpha_i r_i^2}}}{2}=\frac{\int\frac{\overline{\alpha_i r_i^2}}{2}\mathrm{d}N_2}{N}=\frac{\int(E-V)\frac{\mathrm{d}\pi}{\alpha_1}}{\mu\int\frac{\mathrm{d}\pi}{\alpha_1}}。\tag{111}$$

当然,关于和每个类动量相对应的动能平均值的这一等式,只是针对假定的(遍历)状态分布作出了证明。这个分布当然是稳态分布。一般说来,可以有而且将会有其他不满足这一定理的稳态分布。

在 V 是坐标的二次齐次函数、L 是动量的二次齐次函数的特殊情形中,对坐标的积分可以用和对动量积分时所采用的相同的方法。因此由(103)式可得

$$\overline{V}=\overline{L}=\frac{E}{2},\tag{111a}$$

其中,积分过程中出现在势能中的加性常数是用下述方法确定的:假设当所有质点处于平衡位置时,势能 V 等于零。

在我们着手将这些定理应用于多原子分子气体理论之前,我还要引述一个极其普遍

的论点，从数学的角度来看，它无关紧要，但从实验的角度看，它召唤着我们去检验；它也许能够证明这样的猜想，即这些定理的意义不仅仅限于多原子气体分子理论。

§35　和温度平衡之间的普遍关系

下面我们将一个热体看作一个力学系统，它遵守我们到目前为止推导出来的定律——换句话说，我们将它看作一个由原子，或者分子，或者更确切地说是某种组分所构成的系统，其中各组分的位置由广义坐标来确定。

经验表明，只要一个物体具有相同的热能，并处于相同的外部条件下，那么不管它的初始状态如何，最终它都会达到相同的状态。因此从机械自然观的意义上说，有时只有某些特定的平均值——比如物体有限大小的部分中分子的平均动能，一个分子在有限的时间通过有限表面所传递的平均动量，等等——可以观测。但是，这些平均值在迄今为止最大数目的可能状态中都是相同的。我们把具有这一特殊平均值的每个状态叫作一个可几状态。

所以，如果初始状态不是一个可几状态，那么在外部条件保持不变的情况下物体将很快过渡到一个可几状态，然后在进一步的观测中它会保持在这个状态，以至于尽管它的状态逐步发生变化，而且偶尔(在超出所有观测可能的相当长的时间内)它甚至还会大大偏离可几状态，但外表上看起来它达到了稳定的末态，因为所有可观测的平均值保持不变。数学上最完备的方法应该是考虑这样一些初始条件，它们使已知热体碰巧发展为之后将维持很长时间的特殊热力学状态。但是，由于不管初始状态如何，平均值都总是保持不变。所以，如果设想不只有一个热体，而是存在无限多个热体，这些热体彼此完全独立，每个都是在具有相同的热容和相同的外部条件下，由所有可能的初始条件演变而来的，那么，我们也可以得到相同的平均值。这样，我们在考虑由任意不同的初始条件演变而来的无穷多个全同系统，而非单个力学系统的情况下，也得到了正确的平均值。这样一来，这些平均值必然在所有时刻都相同——如果所有系统的总体平均状态保持为稳态，则显然应当如此——而且我们所考虑的状态应该不是个别独特的状态，而应该是包含所有可能的状态。

如果我们设想无穷多个力学系统，在这些系统的初始状态中存在一种分布，比如像我们在§32中所称作遍历分布之类的状态分布，那么，这些条件就会得到满足。在§32中我们曾发现，这个状态分布是稳态的，且它包含满足给定动能条件的所有可能的状态。

因此，§34中求出的平均值很有可能不仅适用于系统集合，也适用于每个单热体的稳定末态,而且特别是在后一种情况下,和每个类动量相对应的平均动能相等,可能是热体不同部分之间温度平衡的条件。因此,这使得热体间温度平衡的条件有可能具有与初始状态无关的非常简单的力学意义,因为单个部分的压缩、膨胀、置换等,不影响这一平衡。

如果将我们的普遍系统代之以用坚固导热隔板隔开的两种不同气体所形成的系统(这显然是之前考虑的普遍系统的一个特例),那么,我们可以将 r 理解为一个分子的速度分量与其质量的乘积。根据(110)式,两种气体分子质心的平均动能必然相等,阿伏伽德罗定律正是由此而导出的。

这一平均动能必然等于普遍情况下任意类动量所对应的平均动能,后者决定着同气体处于热平衡状态之中的任何物体之分子运动。因此,如果我们用理想气体作热物质,那么和每一个这样的类动量相对应的动能增量,必然等于温度的增量乘以一个对所有类动量都相同的常数。所以,以分子运动动能的形式存在于任何这种物体之中的热量,等于绝对温度和决定分子运动的类动量之数目的乘积,再乘以一个对所有物体和所有温度都相同的常数。

如果我们把其中的一个力学系统替换为一个由同种复合分子组成的气体——这依旧是一种特例——那么,每个分子质心的平均动能,必然等于任意一个决定分子内部运动的类动量所对应的平均动能的三倍。我们将在下一节用另一种方式推导这个定理(但仅限于气体范围)。

我们可以将一个只受内力作用的系统的其中六个类动量 r,分配为总动量和总角动量在三个正交坐标轴方向的分量。对遍历系统来说,每个类动量所对应的平均动能与任何其他类动量所对应的平均动能相同,因此,当系统包含许多个原子时,这一平均动能非常小。因此,我们的考虑只涉及处于平衡状态、只受内力作用且不发生旋转的情形。

就像我们在§32中只限于考虑具有相同能量的系统一样,我们也可以将考虑范围进一步限定为在系统的运动过程中保持不变的其他量——比如质心的速度分量或者总角动量分量——具有相同值的系统,只要系统仅受内力的作用即可。这样的话,我们要引入这些量的微分来代替动量微分,就像我们在§31中引入能量微分一样。这样我们就得到了非遍历的其他稳态分布。相应的定理未必不具有力学意义;但我们不准备深究,因为后面的内容与它无关。[①]

---

① 参见 Boltzmann, *Wien. Ber.* 63, 704 (1871). Maxwell, *Trans. Camb. Phil. Soc.* 12, 561 (1878), *Scientific Papers* 2, 730。

卢瑟福(Ernest Rutherford ,1871—1937) ,出生于新西兰的英国物理学家,提出原子核太阳系模型。1908 年获得诺贝尔化学奖。

第四章

复合分子气体

Abschnitt Ⅳ

· Gase mit zusammengesetzten Molekülen ·

人们可以从黑板上的内容重塑整堂课的过程，每次课后我们都像被领进了一个新的奇妙的世界，这就是玻尔兹曼在他的教学中所倾注的热情。

——丽丝·迈特纳（1878—1968，Lise Meitner），美国原子物理学家

ЭПОХА ПРОСВЕЩЕНИЯ · XVIII В
М.В. ЛОМОНОСОВ

1711
1765
М.В. ЛОМОНОСОВ

§ 36 复合分子的特殊处理

下面我们将回到 § 26 中的普遍方程，该方程和力学原理建立的基础相同，没有采用其他的假设。我们将这些方程应用于下述特殊情形：气体装在封闭的容器中，容器各个方向的器壁都具有弹性。分子本身不必都是同一个种类的；因此我们不排除几种气体混合的情形。

每个分子都将被看作 § 25 中所定义的那种力学系统。在气体理论中，通常假设两个分子中心之间的平均距离都非常大，以至于一个分子与其他分子之间发生相互作用的时间，和它不与其他分子发生这种作用的时间相比很短。但是，这里不排除两个或者更多分子发生较长时间的相互作用的可能，就像不完全离解的气体中所发生的情形那样，只是和容器中的总分子数相比，同时在一个地点发生相互作用的分子数要少得多。我们必须假设只在单个的小分子群体之间发生相互作用，它们和其他所有分子之间的距离，远远大于它们的作用范围。因此每个分子在相继两次碰撞之间要运动很长一段距离，从而可以用概率理论计算各种不同碰撞的频率。一个某一特定种类的分子——我们将称为第一种分子——的位置及其组分的相对位置，将由 μ 个广义坐标

$$p_1, p_2, \cdots, p_\mu$$

决定。我们把这些坐标，以及相应的动量 $q_1, q_2, \cdots, q_\mu$ 称为

$$\text{变量。} \tag{112}$$

对应的类动量则为 $r_1, r_2, \cdots, r_\mu$。

分子中某个点，比如它的质心，其绝对位置只需要三个坐标就可以确定。这三个坐标就是 p_1，p_2 和 p_3。为了给出明确的表述，我们假定它们是所考虑分子质心的直角坐标。因此，分子绕其质心的旋转，及其组分的相对位置由其他坐标确定。

如果没有外力的作用，那么容器内每个位置都是同等的。所以，三个坐标 p_1、p_2、p_3 取所有可能值的概率相同。

但是，为了尽可能使问题一般化，我们将不排除存在外力的情形。那么，除了分子和容器壁之间的作用力之外，还有另外三种力：①分子的内力，即，同一分子内部不同部分之间的作用力；②容器外部对物体分子所施加的外力，比如重力；③当两个或者更多不同

◀ 1986 年，苏联政府为了纪念罗蒙诺索夫(Mikhail Vasilyevich Lomonosov，1711—1765)诞辰 275 周年发行的金币。

分子彼此非常靠近时所产生的相互作用力。

前两种力的作用力函数应该只和所考虑分子的坐标有关;第三种力的作用力函数将和所有相互作用的分子的坐标有关。我们假定容器内部所受外力随位置的变化而变化的速度非常缓慢,因此我们可以将这个内部区间分成具有下述性质的体积元 $dp_1dp_2dp_3$:虽然每个这样的体积元总是包含大量各种分子,但是体积元内各分子所受外力没有明显的区别。就像不存在外力时容器内各个位置都同等一样,在有外力时每个体积元内各个位置也都是同等的。

§37　将基尔霍夫的方法应用于复合分子气体

设初始时刻(我们称为零时刻)质心位于任意的平行六面体 $dP_1dP_2dP_3$ 内,其变量

$$p_4\cdots p_\mu, q_1\cdots q_\mu \tag{113}$$

分别位于

$$P_4\sim P_4+dP_4 \text{ 之间}\cdots Q_\mu\sim Q_\mu+dQ_\mu \text{ 之间},$$

且不和任何其他分子发生相互作用的第一种分子数为:

$$A_1 e^{-2hE_1} dP_1\cdots dQ_\mu。$$

这里,A_1 是常数,对于不同种类的气体分子而言,它具有不同的值,h 则是对所有各种分子都相同的常数。设 E_1 为初始时刻一个分子的动能与分子内力及外力作用于分子之上的势能之和。势能函数对坐标的偏导数的相反数等于力的分量,因而 E_1 代表一个分子的总能量,只要该分子不与其他分子发生相互作用,则它的值将保持不变。

因此,初始时刻其变量(112)(参见前一节的定义)位于由

$$P_1, P_2, \cdots, P_\mu,\quad Q_1, Q_2, \cdots, Q_\mu \tag{114}$$

构成的 2μ 阶无穷小区间 G 内的第一种分子数为

$$dN_1 = A_1 e^{-2hE_1}\int dP_1\cdots dQ_\mu, \tag{115}$$

其中积分的区间为 G 区间。分子的质心在 G 中应该有足够的回旋空间,因此,尽管所有的变量都局限于很小的区间,但(115)式仍然是一个很大的数目。

当一个第一种分子在内力和外力的作用下运动,而不与其他分子发生相互作用,且变量(112)在初始时刻的取值满足(114)式时,则它们在 t 时刻的取值为

$$p_1, p_2\cdots q_\mu。 \tag{116}$$

上式是这些变量的实际取值,而(112)式只是给出了变量的名称。设 ε_1 为 t 时刻的总能量值,因而根据能量守恒原理有

$$\varepsilon_1 = E_1。 \tag{117}$$

此外，如果其变量(112)的初始值构成 G 区间的所有分子，都在不和其他分子发生相互作用的情况下运动，那么 t 时刻后这些变量的值将构成我们所谓的 g 区间。它当然包含(116)式的值。

假如分子之间没有发生相互作用，那么，零时刻的变量值位于 G 区间的分子，必然是 t 时刻位于 g 区间的同一群分子。如果用 dn_1 表示后一区间的分子，那么 dn_1 必然等于(115)式，即

$$dn_1 = A_1 e^{-2hE_1} \int dP_1 \cdots dQ_\mu。$$

但是由(55)式可知，

$$\int dP_1 \cdots dQ_\mu = \int dp_1 \cdots dq_\mu,$$

其中后一积分的积分区间是 t 时刻后和 G 区间相对应的 g 区间。考虑到这一事实，以及(117)式，我们可得：

$$dn_1 = A_1 e^{-2h\varepsilon_1} \int dp_1 \cdots dq_\mu。 \tag{118}$$

这一表达式和(115)式的区别仅仅在于变量(116)的值代替了(114)式的值、ε_1 代替了 E_1，以及 g 代替了 G。但是，由于(115)式应该对任意变量值和任意包含它们的区间都成立，所以(118)式必然也代表(112)式变量的初始值位于 g 区间的第一种分子数。因此，(112)式变量的值位于 g 区间的分子数在这段时间内没有发生变化。最后，由于 G 区间及其所致 g 区间的选取都是完全随意的，所以这一结论对任意区间都成立。换句话说，(112)式变量的值位于任意区间的分子数，在任意一段时间里都不发生变化。如果只考虑分子内运动的话，状态分布保持为稳态分布。

§ 38　论极小的区间包含极大量分子之状态的可能性

到目前为止，我们假设了 G 区间和 g 区间都是范围很窄的区间，可同时又假设这些区间里包含了巨大数目分子的变量值。如果不存在外力，这倒也没什么问题。因为一个分子质心不管位于整个气体中的哪个位置，效果都是一样的。因此，一个分子质心所处的区间

$$\Gamma = \iiint dP_1 dP_2 dP_3$$

不必为无穷小量，而是可选取为任意大。只是包含其他变量 $p_4, \cdots, q_\mu$ 的区间——我们

象征性地称为$\frac{G}{\Gamma}$区间——必须是$(2\mu-3)$阶无穷小。

因此我们有两个量，其中之一（即Γ区间）可以选取任意大小，而另一个（$\frac{G}{\Gamma}$）必须取得很小；而这两个区间的大小彼此没有关系。实际上，微分 $\mathrm{d}p_4\cdots\mathrm{d}q_\mu$ 表明了这样一个事实，即我们可以将$\frac{G}{\Gamma}$取得任意小。但是，对于任何选定的区间，我们必须将Γ选得足够大，以至于G区间总是有大量的分子。

然而，如果存在外力，那么Γ区间的大小将有一个上限。特别地，这个区间必须小到其中的外力可被看作常数的程度。这时，G和g将被看作2μ阶小量；变量值位于这些区域之一的分子数必须很大的条件，只可能在单位体积中的分子数是数学意义上的无穷大时得到满足。因此，上述条件的满足在这一情形中终属理想情况；但我们仍然期待与实验结果的吻合，理由如下。

在分子理论中，我们假设在自然界中所发现的现象规律，本质上并不会和它们在无穷多个无穷小分子的极限情形下的结果有什么不同。第一部分就已经作出了这样的假设，其理由也已经在§6中给出。在分子理论中应用微积分是必不可少的；事实上，如果没有它的话，我们的模型将要严格处理巨大数目的分子，那么就不能用于处理明显连续的变量。对于那些从实验中寻找物质原子论直接证据的人来说，这一假设似乎是最好的理由。即便在气体中最小的悬浮粒子最近邻的区域，也是存在巨大数目的分子，以至于不能指望观察到和无穷多个分子的极限情形之间哪怕一小会儿时间的偏离。

如果我们接受这一假设，那么，当我们计算唯象规律在分子数目无限增加和分子尺寸无限变小的极限情形时，也应该得到与实验一致的结果。在计算后一极限时，我们实际上同样涉及两个量：体积元的大小以及分子的维度。这两个量可以分别独立地取任意小的值。对于任意选定的前一个量，后一个量总是可以选得非常小，以至于每个体积元仍然可以包含许多分子，而这些分子的性质在给定的狭窄范围内有着严格的定义。

如果像基尔霍夫一样，我们将(115)式和(118)式简单地理解为概率描述，那么它们可以是分数，或者甚至很小的量；但是我们也由此丢掉了直观性。本书结尾时（§92）我们将再次回到这一个问题。

§39　两个分子之间的碰撞

由于到目前为止，我们还没有考虑两个分子之间的相互作用，而且我们还需要找到初始状态分布不因碰撞发生改变的条件。因此，我们必须求出多个分子组团出现的概率。我们先只严格局限于考虑这样一种情形，即相互作用主要发生在两个分子之间，更多分子同时发生相互作用的现象罕见，以至于可以忽略不计。这样，我们就可以只考虑分子对。

在假设分子之间不发生相互作用的情况下，(112)式变量的初始值位于包含(114)式之值的 G 区间的第一种分子数，依旧由(115)式给出。

类似地，决定另一种(称为第二种)分子的位置及状态的坐标与动量，将表示为：

$$p_{\mu+1}, p_{\mu+2}, \cdots, p_{\mu+\nu}, q_1, \cdots, q_{\mu+\nu}。\tag{119}$$

我们暂时忽略其他种类的分子。但是，将所得结果推广到好几个分子同时发生相互作用的情形并没有任何困难，只是表达式将会变得更加复杂一些而已。

变量(119)的初始值位于包含

$$P_{\mu+1}, \cdots, Q_{\mu+\nu}\tag{120}$$

等值的 H 空间且都不和其他分子发生相互作用的第二种分子数目为

$$\mathrm{d}N_2 = A_2 \mathrm{e}^{-2hE_2}\int \mathrm{d}P_{\mu+1}\cdots \mathrm{d}Q_{\mu+\nu},\tag{121}$$

其中的积分区间为 H 区间。A_2 是常数，E_2 是所考虑的第二种分子的总能量。

所有两种分子的质心完全随机地分布于一个外力可被看作常数的区间之内。因此在概率计算中，第一种分子的变量位于 G 区间和第二种分子的变量位于 H 区间，可以被看作两个完全独立的事件。所以，由变量值位于 G 区间的第一种分子，和变量值位于 H 区间的第二种分子所构成的分子对的数目，等于(115)式和(121)式的乘积：

$$\mathrm{d}N_{12} = A_1 A_2 \mathrm{e}^{-2h(E_1+E_2)}\int \mathrm{d}P_1\cdots \mathrm{d}Q_\mu \mathrm{d}P_{\mu+1}\cdots \mathrm{d}Q_{\mu+\nu}。\tag{122}$$

我们将采用一个积分号来表示整个积分，并把整个积分区间称为 J 区间，它包含 G 区间和 H 区间的集合。

当所有分子属于同一种类的时候，当然有类似于(122)式的方程成立。

所选择的各种区间的数量级会很不一样。在没有外力作用的时候，第一种分子的质心所处的区间

$$\Gamma = \iiint \mathrm{d}P_1 \mathrm{d}P_2 \mathrm{d}P_3$$

得选为和包围气体的整个容器的内部空间一样——换句话说，得任意地大。因此，$P_{\mu+1}$ 意指两个分子质心的 x 坐标的差值。同样，$P_{\mu+2}$ 和 $P_{\mu+3}$ 分别是两个分子的 y 坐标和 z 坐标的差值。(121)式在这里依然成立，因为在该方程中，$P_{\mu+1}, P_{\mu+2}, P_{\mu+3}$ 只是第二种分子质心的坐标，而对于该分子来说，空间各位置是等概率的。随着 Γ 空间的扩展，(115)式，也即

$$\mathrm{d}N_1 = A_1 \mathrm{e}^{-2hE_1}\int \mathrm{d}P_1\cdots \mathrm{d}Q_\mu$$

给出了整个容器中其(113)式变量位于$(2\mu-3)$阶无穷小区间$dP_4\cdots dQ_\mu$中的第一种分子数。每个这样的分子都对应着一个体积元

$$\int dP_{\mu+1}dP_{\mu+2}dP_{\mu+3},$$

各体积元和其对应分子质心之间的位置关系类似。因此,这些体积元的数目等于(115)式所给出的数目dN_1,它们的总体积等于$dN_1\iiint dP_{\mu+1}dP_{\mu+2}dP_{\mu+3}$。

所以,根据(121)式,位于这些体积元的第二种分子中,其他变量位于区间

$$\int dP_{\mu+4}\cdots dQ_{\mu+\nu}$$

的分子数目为

$$dN_1\cdot A_2 e^{-2hE_2}\int dP_{\mu+1}\cdots dQ_{\mu+\nu}$$

然而,这个数目和(122)式给出的所有变量都位于J区间的分子对数目dN_{12}相同。因此,我们之前从几个事件组合的概率定理推得的这一公式,在这里通过简单的枚举法又一次推导出来。

如果有外力作用,那么区间

$$\Gamma=\iiint dP_1dP_2dP_3$$

必须选得非常小,以至于其中各处的外力没有明显的变化;另一方面,它又必须比两个分子作用范围所包含的整个空间大,以至于其中包含大量其变量值位于J区间的分子对。

但是,两个分子的质心,也即分子对的质心,所处的区域和Γ相比又必须被看作无穷小量。

如果所有区间都是无穷小的,而且单位体积中的分子数目为有限大小,那么,就不可能有大量分子的变量值处于这个数学上无穷小的区间内。因此,我们的目标是求出有关无限多个分子在有外力作用的情况下所发生的现象的极限定律,然后再假设实际的现象与这些极限之间没有明显的偏差。

$p_{\mu+1},p_{\mu+2},p_{\mu+3}$不再用来表示第二个分子的质心坐标,而是用来表示两个分子质心坐标的差值。如之前所分析的,这一变动并不影响(121)式的正确性。那么,和之前没有外力作用时一样,我们需要计算分子数dN_{12},最后得到的又将是(122)式的结果。

由于忽略多于两个的分子同时发生相互作用的情形,所以我们只能考虑一开始就存在相互作用的所有分子对。我们先考虑这样一对分子,它们中的一个属于第一种分子,另一个则属于第二种分子。其位置与速度处于$2(\mu+\nu)$阶无穷小区间J之内且一开始就发生相互作用的这种分子对的数目由下式给出:

$$dN'_{12}=A_1A_2e^{-2h(E_1+E_2+\Psi)}\int dP_1\cdots dQ_{\mu+\nu}。\tag{123}$$

这一 J 区间将包含变量(112)和(119)的某些特定的值，我们将像之前一样把这些变量称为 $P_1\cdots Q_\mu$ 和 $P_{\mu+1}\cdots Q_{\mu+\nu}$，也像之前一样将它们的值称为值(114)和值(120)，尽管它们在数值上当然和它们之前所代表的量值不一样，因为原来没有相互作用的地方现在有了相互作用。(123)式中的积分需要在 J 区间进行。Ψ 是相互作用，即这段时间里两个分子组分之间发生的相互作用——势函数的值。Ψ 中的加性常数要根据下述条件来选取：在分子不发生相互作用的所有距离上这一势函数等于零。我们用 $p_{\mu+1}, p_{\mu+2}, p_{\mu+3}$ 表示两个分子质心坐标的差值。

对于所考虑的任何分子对来说，只要容器内某一部分空间非常小，以至于其中的外力可被看作常数，就可以认为第一个分子质心的位置处于该部分中任意各点的概率相同。

§40　证明37节中所假定的状态分布不因碰撞而改变

(123)式将被看作是最普遍的方程，它把(122)式也包含在内。因为如果开始时两个分子没有发生相互作用的话，便有 $\Psi=0$，同时 J 区间分解为两个单独的区间 G 区间和 H 区间，从而(123)式还原为(122)式。

如果相互作用的两个分子是同一个种类的，那么将同样有类似于(123)式的方程成立。

现在我们假设经过了任意长的时间 t，不过这一时间得足够短，以至于在这段时间里一个分子不会和另一个分子发生两次或者两次以上的相互作用。

对于非同种的两个分子来说，如果第一个分子的初始位置满足(114)式，第二个分子的初始位置满足(120)式，那么经过时间 t 之后，这些变量的值将变为

$$p_1\cdots q_\mu, p_{\mu+1}\cdots q_{\mu+\nu}。\tag{124}$$

两个分子相应的总能量值(不包含相互作用能)分别用 ε_1 和 ε_2 表示。相互作用势函数的值为 ψ。尽管(124)式的值和(116)及(119)式的值在表示符号上相同，但它们的数值当然仍旧是不同的。

描述两个分子状态的变量在初始时刻的值构成 J 区间，到 t 时刻这些变量的值将构成 i 区间。

我们可以将两个分子的集合体看作一个力学系统，因此有类似于(55)式的方程成立，从而有

$$\int \mathrm{d}p_1\cdots \mathrm{d}q_{\mu+\nu}=\int \mathrm{d}P_1\cdots \mathrm{d}Q_{\mu+\nu},\tag{125}$$

其中，第二个积分要在 J 区间进行，第一个积分要在 i 区间进行。这一方程的正确性和分子是在初始时刻还是在 t 时刻发生相互作用没有关系。即使在 t 时间内分子压根不发

生相互作用，该方程也依然成立，只不过这时两个区间 J 和 i 分别分解成两个独立的区间，前者分解成 G 区间和 H 区间，后者分解成 g 区间和 h 区间。进而，根据能量守恒原理，通常有

$$E_1+E_2+\Psi=\varepsilon_1+\varepsilon_2+\psi。\tag{126}$$

后面这一方程的正确性也与是否发生相互作用无关，因为若没有相互作用的话，相互作用力的势函数直接等于零了。

决定位置与状态的变量在初始时刻的值位于 J 区间的那些分子对的数目一般由(123)式给出。如果考虑(125)式和(126)式，则该表达式化为

$$\mathrm{d}n'_{12}=A_1A_2\mathrm{e}^{-2h(\varepsilon_1+\varepsilon_2+\psi)}\int \mathrm{d}p_1\cdots \mathrm{d}q_{\mu+\nu},\tag{127}$$

其中的积分要在和 J 区间相对应的 i 区间进行。

但是，变量值在初始时刻构成 J 区间的那些分子对，和这些变量的值在 t 时刻构成 i 区间的那些分子对是一样的。因此，(127)式也给出了后一种分子对的数目。有关变量的初始值构成 i 区间的分子对数目的计算，也可以利用普遍成立的(123)式来进行。我们只需要将 E_1、E_2、Ψ、J 替换为 ε_1、ε_2、ψ、i 就行。这样我们将再一次得出(127)式，与零时刻或者 t 时刻，抑或是整个 t 时间内有无相互作用无关。但是，由于 J 区间以及由 J 区间所决定的 i 区间都具有任意性，因此我们发现，对于任意选定的区间，初始时刻变量值位于该区间的分子对数目和 t 时刻变量值位于该区间的分子对数目相同。因此，在考虑碰撞的情况下，状态分布也保持为稳态分布。

不难发现，我们可以用完全相似的方法来处理两个分子是同种分子时的分子对问题；而且这同样的方法还可以推广到容器中不只存在两种气体的情形。

到目前为止，我们所选择的时间 t 非常之短，因而我们可以忽略在此时间内与其他分子发生两次碰撞的分子。但是，因为我们已经看到，t 时刻的状态分布与零时刻的状态分布一样，因此，同样的推理方法可以应用于另一段同样长为 t 的时间，并反复类推。由此可以发现，状态分布必然始终保持为稳态分布。同时，我们在计算两个分子之间发生某种特定碰撞的概率时，将两个分子分别处于某特定状态的事件当作独立事件的假设，在后续所有时刻也都必然成立。因为，根据我们的假设，每个分子在相继两次相互作用之间会从大量的分子附近经过，因而，一个分子和其他分子发生相互作用所在地点的气体状态，和它之前发生相互作用所在地点的气体状态完全无关，只取决于概率定理。自然，我们要记住，概率定理就是这样的特点。涨落的可能性几乎没有考虑进来；但当分子数目为有限大时，涨落的概率尽管很小，却不为零；实际上我们可以用概率定理算出任何特定情况下涨落的概率的大小，所得结果只会在分子数目为无穷大的极限情形下为零。

§41　推　广

我们假设多于两个分子同时发生相互作用的情形忽略不计，这无疑是多了一个限制条件。但是，我们认为，作出这一限制只是为了简化证明，而它完全不会影响到证明的有效性。同样，就像我们讨论特定分子对出现的概率一样，我们也可以试图计算三个或者更多分子组合出现的概率，结果将发现，三个或者更多分子之间的这种相互作用，并不会改变类似于(123)式的一个公式所代表的状态分布是稳态分布的规律。同时，在分子从容器壁上的反弹看起来就像是另一种完全相同的镜像气体的情形中，(之前没有提到过的)器壁效应不会影响到这个状态分布的稳态特性。至于所假设的容器壁的其他性质，当然需要新的计算。但显而易见的是，即便在这种情况下，只要容器足够大，它的影响就不会延伸到容器的内部。

当然，我们还没有证明(123)式所代表的状态分布是各种条件下唯一可能的稳态分布。实际上，也不可能作出这样的普遍证明，因为事实上存在其他一些也可以是稳态分布的特殊状态分布。比如，在所有气体分子都由最初在一个平面内或者一条平行上运动的质点构成，且容器壁处处垂直于这个平面或者平行的情形中，就会出现这种情况。但是这是一些特殊的分布，其中所有变量的取值范围相对而言仅是可取值的一小部分，而在(123)式所给出的分布中，所有变量都取所有可能的值。

似乎很难想象还有其他什么样的稳态分布，其变量可以取遍所有可能的值。此外，(123)式所代表的状态分布和单原子分子气体的状态分布有着完全的相似性。这一相似性有其特定的内在原因。

就像在22选5的乐透彩中，任何特殊号码出现的概率，和12345出现的概率相比，不会有一丝一毫的不同；后者与其他号码的区别仅仅在于它具有其他号码所没有的特定的顺序。同样，最可几状态分布之所以是最可几的，仅仅因为有最大数量同等可能的状态分布与它具有相同的、可观测的平均值。[①] 因此，分子之间允许最大数量的变量值置换而不改变该平均值的状态分布，是最可几状态分布。我在本书第一部分§6中曾经证明，通过这一性质的数学条件，可以导出单原子分子情况下的麦克斯韦分布。这里不会再深入到那一步，我只想强调一点，那里所做的分析，其有效性绝不仅仅限于单原子分子的情形；相反，类似的分析也可以用于复合分子的情形。在这种情况下，和广义坐标相对应的类动量所起的作用，和单原子分子情形中质心的速度分量所起的作用相同；内力和外力

① 等可能性的准则由刘维定理给出。

的势函数的作用，则和之前单独的外力势函数所起的作用相同，因此我们可以通过推广第一部分求出的公式而直接得到(123)式。

有关(123)式是和热平衡相对应的唯一方程，我们将试图在第七章中，从几个方面来分析它的可能性；我们也会在一个最简单的特殊情形中对它给予直接的证明。但是，为了不将过多的精力耗费在这些抽象的东西上面，我们将只限于对(123)式的证明，以及从它推出一些最重要的结论。

§42　一个类动量所对应的平均动能值

下面我们将考虑由几种气体构成的混合物，其中每种气体都没有发生部分离解的现象。任何时候，正在和其他分子发生相互作用的分子数目和其余没在发生相互作用的分子数目相比都非常地小，因此在计算平均值的时候我们可以只考虑没在发生相互作用的分子。

如果我们用相应的类动量 $r_1, r_2, \cdots, r_\mu$ 代替动量 $q_1, q_2, \cdots, q_\mu$，那么，其坐标和类动量位于包含

$$p_1, p_2 \cdots p_\mu,\ r_1 \cdots r_\mu \tag{128}$$

的任意 K 区间之内的分子数目为：

$$\mathrm{d}n = A\mathrm{e}^{-2h\varepsilon}\int \mathrm{d}p_1 \cdots \mathrm{d}p_\mu \mathrm{d}r_1 \cdots \mathrm{d}r_\mu, \tag{129}$$

该式对容器内的所有各种气体都适用，因为从变量 q 到变量 r 的变换行列式等于 1。对容器中所有气体来说，常数 h 必然具有相同的值。但对不同的气体而言，常数 A 可以取不同的值。ε 是一个分子的动能及其内力和外力的势能之和；势函数将被称为 V。

我们已经知道，分子的动能可以表示为

$$L = \frac{1}{2}(\alpha_1 r_1^2 + \alpha_2 r_2^2 \cdots \alpha_\mu r_\mu^2) = \frac{1}{2}\sum \alpha r^2,$$

其中，第一项依旧代表和第一个类动量相对应的动能。

如果将 K 区间选为最简单的形式，即，它包含

$$p_1 \sim p_1 + \mathrm{d}p_1 \text{ 之间} \cdots p_\mu \sim p_\mu + \mathrm{d}p_\mu \text{ 之间} \tag{130}$$

范围内的坐标值与

$$r_1 \sim r_1 + \mathrm{d}r_1 \text{ 之间} \cdots r_\mu \sim r_\mu + \mathrm{d}r_\mu \text{ 之间} \tag{131}$$

范围内的类动量值的所有组合——则有

$$\mathrm{d}n = A\mathrm{e}^{-h(2V+\sum \alpha r^2)} \mathrm{d}p_1 \mathrm{d}p_2 \cdots \mathrm{d}r_\mu。 \tag{132}$$

这是其变量值包含在(130)式和(131)式范围内的任何特定种类的分子数目。

在任意 i 值条件下，和类动量 r_i 相对应的量 $\frac{1}{2}\alpha_i r_i^2$ 的平均值大小为

$$\frac{1}{2}\overline{\alpha_i r_i^2}=\frac{\int \alpha_i r_i^2 \mathrm{d}n}{2\int \mathrm{d}n}=\frac{\int \alpha_i r_i^2 \mathrm{e}^{-h(2V+\sum \alpha r^2)} \mathrm{d}p_1\cdots \mathrm{d}r_\mu}{2\int \mathrm{e}^{-h(2V+\sum \alpha r^2)} \mathrm{d}p_1\cdots \mathrm{d}r_\mu}, \tag{133}$$

其中单一的积分号表示对各微分所有可能的值积分。

如果分子、分母都对 r_i 积分，则两个积分中都可以将与 r_i 无关的部分从积分号内提取出来。分子、分母中提取出来的这些部分互相抵消。分子中对 r_i 的积分为

$$\int \alpha_i r_i^2 \mathrm{e}^{-h\alpha_i r_i^2} \mathrm{d}r_\mathrm{i},$$

分母中对 r_i 的积分则为

$$2\int \mathrm{e}^{-h\alpha_i r_i^2} \mathrm{d}r_\mathrm{i}。$$

为了找到积分限，我们注意到对于速度 p'来说，每个坐标可取从 $-\infty$到$+\infty$的所有值。r 是 p'的线性函数，因此也同样可以取从 $-\infty$到$+\infty$的所有值。因此这些就是 r_i 积分的极限，由此可得

$$\int \alpha_i r_i^2 \mathrm{e}^{-h\alpha_i r_i^2} \mathrm{d}r_i=\frac{1}{2h}\int \mathrm{e}^{-h\alpha_i r_i^2} \mathrm{d}r_i,$$

上式可以通过在第一个积分中进行分部积分而得到，或者通过利用第一部分 §7 中的(39)式来计算两个积分的方式求得。这样，我们就可以从分子的所有积分号里提取出 $\frac{1}{2h}$ 这个因子，而从分母的积分中提取出 2 这个因子。分子、分母中所有和这些因子相乘的表示式都相同，因此可以互相抵消，然后得到：

$$\frac{1}{2}\overline{\alpha_i r_i^2}=\frac{1}{4h},\ \overline{L}=\frac{\mu}{4h}, \tag{134}$$

其中，$\overline{L}$ 是所考虑种类的分子的平均总动能。因此，和每个类动量相对应的动能的平均值相同，而且事实上，这个平均值对所有种类的气体都一样，因为对各种气体而言，h 的值是相同的。同样，和第一部分 §19 中一样，这个定理也可以推广到通过导热隔板而彼此达成热平衡的气体。

因为我们对 p 和 r 的各种积分都是彼此独立的，而且我们通常总是将 p 看作独立变量，所以一再地假设各广义坐标 $p_1, p_2\cdots p_\mu$ 之间没有联系。因此，μ 是确定一个分子所有组分在空间中的绝对位置所需要的独立变量数，同时也是确定所有组分的相对位置所需要的独立变量数。我们将 μ 称为分子——这里，分子被设想为力学系统——的自由度数。

我们总是可以在 r 中选取三个量作为分子质心在三个坐标轴方向的速度分量，因为一个系统的总动能总是等于质心运动的动能与相对于质心运动的动能之和。[①] 因此，分

① 参看 Boltzmann, *Vorlesungen über die Principe der Mechanik*, Part I, §64, p. 208。

子总质量的一半和该分子质心速度的一个分量的方均值之乘积，是和这个类动量相对应的平均动能；根据(134)式，它在每个坐标方向的值为$\frac{1}{4h}$。而三个坐标轴方向的三个平均动能之和，等于分子总质量的一半和该分子质心速度的方均值之乘积。后一乘积我们将称为分子质心运动或者分子平动的平均动能，并把它记为$\overline{S}$。因此，

$$\overline{S}=\frac{3}{4h},\ \overline{S}:\overline{L}=3:\mu。\tag{135}$$

因此，一个分子质心运动的平均动能，对处于热平衡之中的任何气体来说具有相同的值。和我们在第一部分§7中所发现的一样，由此可以推出波义耳-查尔斯-阿伏伽德罗定律，所以，对于复合分子气体而言，该定律似乎也具有了分子运动论基础。①

§43 比热比 κ

下面我们将暂时假定容器中只存在一种气体，而且外力的作用可以忽略不计，因而只需要考虑分子内和分子间的相互作用，以及容器壁对气体的反压力。

和第一部分§8中一样，我们用dQ_2表示当气体温度升高dT时用来增加分子质心运动动能的热量，用dQ_3表示用来增加分子内部运动的动能及势能的热量。和第一部分§8中一样，我们也用β表示两部分热量的比值$\frac{dQ_3}{dQ_2}$。热量的单位始终采用力学单位。

我们可以合理地将dQ_3分解为两部分：一部分为dQ_5，它用来增加分子内运动的动

① 我们将把一个特定的固体或液体看作是n个质点的集合体，因此它具有$3n$个自由度，也许刚好是$3n$个直角坐标。如果它被更大的一团气体所包围，那么在某些方面它可被看作单个的气体分子，从而正文中发现的定律可以应用于它。所以总动能为$\frac{3n}{4h}$。如果温度升高，从而使得每$\frac{1}{4h}$增加$d(\frac{1}{4h})$，那么，在用力学单位来量度的情况下，为增加它的平均动能所需要提供的总热量为$dQ_i=3nd(\frac{1}{4h})$。在单位质量和单位温度增量的情况下，这一热量就是克劳修斯所称作真实比热的量。它在各不同状态、不同形式的集合体中的值相同。在离解成原子的气体中，它就是总比热。对所有物体来说，它和物体中所包含的原子数成正比。如果用于做功的热量增量dQ_l和用于增加动能的热量增量dQ_l之比保持不变，则总比热始终和这个数目成正比{杜隆-珀替化学元素定律，或者德国物理学家诺伊曼[Franz Ernst Neumann(1798—1895)]复合物定律}。如果作用于每个原子之上的内力，正比于它和平衡位置之间的距离，或者更一般地说，如果这些力是它的坐标变化的线性函数的话，则上述结论恒成立。这样一来，作用力函数V是坐标的二次齐次函数，就像动能L是动量的二次齐次函数一样。因此$\overline{V}$表达式中的积分可以用和推导(134)式相同的方法来计算，从而可得$dQ_i=dQ_l$。[参看(111a)式和§45末尾部分。]因此，总热容是单原子气体真实比热值的两倍。所假定的分子内作用力定律对大多数固态物体来说都近似成立。对这些物体来说，其比热比杜隆-珀替定律所预言的值的二分之一小(比如金刚石)，要归因于下述因素，即，和某些参数相关的运动，同其他运动之间达成平衡的过程非常缓慢，以至于它们对通过实验测定的比热没有贡献。[参看§35. 对于分子做类似于钟摆样运动的情形，参看 Boltzmann, *Wien. Ber.* 53, 219 (1866); 56, 686 (1867); 63, 731 (1871); Richarz, *Ann. Physik.* [3] 48, 708 (1893); Staigmüller, *Ann. Physik.* [3] 65, 670 (1898)。]

能，另一部分为 dQ_6，它用来增加分子组分之间作用力（分子内力）势函数的值。

前面我们曾经用 $\overline{S}$ 表示一个分子质心运动的平均动能。如果气体中包含的总分子数为 n，那么所有分子的总平动动能为 $n\overline{S}$；所以 $dQ_2=nd\overline{S}$。由于我们采用 $\overline{L}$ 表示一个分子的总平均动能，因此一个分子的分子内运动的平均动能为 $\overline{L}-\overline{S}$。所以，气体中所有分子的分子内运动动能是 $n(\overline{L}-\overline{S})$，或者根据（135）式，将它写为 $n\overline{S}(\frac{\mu}{3}-1)$，由此可知

$$dQ_5=n\left(\frac{\mu}{3}-1\right)d\overline{S}=\left(\frac{\mu}{3}-1\right)dQ_2。\qquad(136)$$

如果用 $\overline{V}$ 表示一个分子的平均势能值，那么有

$$dQ_6=nd\overline{V}。\qquad(137)$$

后一个量的值只有在我们对 V 做一些特殊的假设时才能够计算。因此，为了不至于影响到普遍性，我们只令

$$dQ_6=\varepsilon dQ_2,$$

然后可得：

$$\beta=\frac{dQ_5+dQ_6}{dQ_2}=\frac{\mu}{3}-1+\varepsilon。$$

那么，由第一部分 §8 中的（56）式可知，气体的比热比 κ 为

$$\kappa=1+\frac{2}{\mu+3\varepsilon}。\qquad(138)$$

§44 特殊情形下的 κ 值

如果分子是单个的质点，那么除了质心运动之外，它们不再有其他形式的运动；因此 $\varepsilon=0$。我们只需要三个直角坐标就可以确定它们的空间位置；所以 $\mu=3$，$\kappa=1\frac{2}{3}$。

下面假设分子是不发生形变的弹性光滑物体；这时分子内力的势能不可能发生变化；因此 $\varepsilon=0$。

如果每个分子都关于其质心完全对称——或者更一般地说，如果它具有球形结构，而质心恰好位于正中央——那么，每个分子实际上可以绕任何通过中心点的轴作任意的旋转；但其旋转的速度不会因分子间的碰撞而发生任何改变。如果一开始所有分子都没有旋转，那么此后它们也不会旋转。另一方面，如果一开始它们有旋转运动，那么每个分子都会彼此独立地保持这种旋转运动，尽管这种旋转运动不会产生可观测的行为。

在决定分子位置的变量中，只有质心的三个坐标在分析碰撞问题时需要考虑，因此，

同样有①

$$\mu=3,\quad \kappa=1\frac{2}{3}。$$

当分子为绝对光滑、无形变的弹性体，且具有非球形的旋转固体形状或者具有球形但质心不在中心位置时，则情况有所不同。在前一情形中，我们将假定它们的质量沿旋转轴呈完全对称的方式分布，或者这一旋转轴至少是惯量主轴，质心位于该轴上，分子相对于每个通过质心而垂直于旋转轴的直线的转动惯量都相同。如果分子是球形，但质心在偏心的位置，那么分子对任何通过质心并垂直于质心和中心位置连线的直线的转动惯量必须相同。这样一来，只有关于旋转轴的旋转不会对碰撞产生影响。所有其他的旋转都会因碰撞而发生改变，从而它们的动能必须参与和平动动能达成热平衡的过程。

这时需要五个变量来确定一个分子的空间位置：质心的三个坐标，以及决定旋转轴空间方向的两个角度。因此 $\mu=5$，而 ε 依旧为零，所以 $\kappa=1.4$。如果分子是绝对光滑、无形变的弹性体，但不具有上述几种结构，那么，它们绕任何可能的轴的旋转都会因碰撞而发生改变。这样的话，为了确定分子的位置，除了需要知道质心的三个坐标之外，还需要知道决定分子绕质心的总旋转的三个角度，因此有

$$\mu=6,\quad \kappa=1\frac{1}{3}。$$

§ 45 和实验的比较

令人奇怪的是，对于汞蒸气——在化学上，它的分子很久以来都被认为是单原子分子——来说，根据孔特(A. Kundt)和瓦伯格(E. Warburg)的研究，它的 κ 值实际上非常接近于简单分子的 κ 值 $1\frac{2}{3}$。拉姆齐(W. Ramsay)发现，氦气、氖气、氩气、重氩(氙气)以及氪气也都具有几乎同样的 κ 值。这些气体有限的化学活性，同样和它们作为单原子分子的特性保持一致。

对许多结构非常简单的复合分子气体来说(可能对所有那些 κ 值随温度的变化尚未得到证实的气体都是如此)，κ 的测量值非常接近于我们求出的另外两个值，1.4 和 $1\frac{1}{3}$。

问题当然还远未得到解决。对许多气体来说，κ 还可以具有更小的值；此外，维尔纳

---

① 一般而言，在这两种情形中，我们得到的所有公式，和在第一部分中由(118)式直接导出的单原子分子相关公式——包括没有外力的情形(§7)和有外力的情形(§19)——没有区别。因此，这些公式只是(118)式的特例。

(A. Wüllner)发现，κ 随温度的变化通常十分明显——实际上正是发生在后面的这些气体上。我们的理论指出，只要分子内力的势能 V 不可忽略，则 κ 应该随温度变化而变化；但不难发现，有关比热的理论方面还有许多问题亟待解决。

如果分子是球形的，它们的质量在中心位置的周围呈对称分布，那么，它们是不可能因为碰撞而旋转起来的，也不会因为碰撞而使原有的旋转停止下来。但是，这种分子也不太可能自始至终都不发生旋转运动。看起来更有可能的是，它们只能在更高的近似程度上呈现这一性质，因而其旋转状态在测定比热的过程中没有发生显著的变化，尽管在很长的一段时间里，旋转会和其他分子运动达成平衡，但这一过程非常缓慢，以至于这样的能量交换难以观测到。

同样，我们可以假设在 $\kappa=1.4$ 的气体中，分子的组分绝不是连接成完全不发生形变的物体，只是这一连接非常紧密，以至于在观测的时间里，这些组分之间不发生明显的相对运动，而后它们与平动达成平衡的过程极其缓慢，从而难以观测到。不管怎样，对于温度已经高到开始辐射出明显热量的空气来说，人们发现，除了决定分子状态的五个变量之外，另一个变量也开始在观测的时间里参与到热平衡之中，从而 κ 随温度变化而变化，并变得比 1.4 小；对所有其他气体必然也是同样的情况。

当然，由于所有分子过程的性质尚未弄清，因此在表达所有相关的假说时必须非常小心。要是能够证明，对任何 κ 值随温度变化而变化的气体来说，较长时间内观测所得结果，比较短时间内观测所得结果要小的话，那么这里所提出的假说应该就得到了实验的验证。

尽管出现了分子内力的势函数，但当分子组分具有彼此相对固定的平衡位置，且当它们离开这些平衡位置时所受作用力是距离的线性函数时，κ 值仍然与温度无关。这样的话，假如 λ 是和分子各组分相对位置有关的变量数，那么，我们总是可以通过选择合适的坐标，使势函数具有如下的形式：

$$\frac{1}{2}(\beta_1 p_1^2+\beta_2 p_2^2+\cdots+\beta_\lambda p_\lambda^2)。$$

其中，$\frac{1}{2}\beta_i p_i^2$ 应该是和坐标 p_i 相对应的分子内势能。我们可以像前面计算 $\frac{1}{2}\alpha_i r_i^2$ 的平均值一样计算它的平均值，并同样得出对于每个 i 都有 $\frac{1}{4h}$ 的结果。因此

$$\overline{V}=\frac{\nu}{4h},\ \overline{S}:\overline{V}=3:\lambda。$$

由于这些方程完全类似于(135)式，因此[①]

① 参见 Staigmüller, *Ann. Physik*[3] 65, 655 (1898)，以及 § 42 中的脚注 2。

$$dQ_6=\frac{1}{3}\lambda dQ_3,\text{从而},\varepsilon=\frac{1}{3}\lambda,$$

$$\kappa=1+\frac{2}{\mu+\lambda}。$$

作为例子,我们考虑这样一个分子,它由两个简单质点构成,或者由两个质量相对于中心点呈完全对称分布的绝对光滑的球体构成。在某个特定的距离上,分子组分之间不产生力的作用,但距离变大时它们相互吸引,距离变小时相互排斥,且两种情况下作用力的大小都和距离的变化成正比。那么,这一距离就是决定相对位置的唯一坐标,因此$\lambda=1$。

要确定它在空间中的绝对位置,则还需要另五个坐标。因此,p 的总数目或者自由度数μ 是 6,而 $\kappa=1\frac{2}{7}\approx1.2857$。

其他特例的处理也并不是难事,但我觉得在缺少全面实验数据的情况下,处理这样的特例没有什么意义。

§46 其他平均值

在前一节里,我们通过对容器中某特定种类所有分子的值求平均的方法,得出了一个类动量的平均动能。如果我们同时对一个或者更多个坐标施加限制条件,比如只考虑质心位于一个任意小区域$\iiint dP_1dP_2dP_3$ 中的所有该种分子的那些值,这一平均值也不会有什么不同:气体中各处温度相同。这一定理在不存在外力作用的情况下是不言自明的,在有任何外力存在时也依然成立。

如果统计时只考虑其他某些坐标被限制在一些任意区间的那些分子,这一平均值同样也不会发生变化。所讨论的平均值依旧由(133)式给出;只是积分区间并非包含所有坐标值,而仅为特定区间的坐标值,当然,分子、分母上的积分都是同样的情况。因此,和§42 中的情形一样,和 dr_i 积分无关的整个因子可以提取到积分号外面,而在将分子、分母对 dr_i 进行积分之后,我们可以将分子、分母同时除以提取出来的这一因子,从而最终得到的积分结果依旧为$\frac{1}{4h}$。

如果 α 是常数,那么,对任何一个类动量来说,将如(132)式所示,它的值位于任意区间的概率与它位于任意其他区间的概率之比,和分子的空间位置完全无关,和分子各组分之间的相对位置也完全没有关系。我们把这一定理叫作 S 定理,在后文将会用到该定理。它

适用于 r 为和质点速度分量或者刚体绕其惯量主轴的角速度成正比的量的情形。

对于满足(129)式的那些气体来说，我们可以通过将(129)式对 r 从 $-\infty$ 到 $+\infty$ 积分，而求出坐标满足(130)式条件、动量不受任何限制的分子数目 dn'。由此可得

$$dn'=\frac{A\pi^{\frac{\mu}{2}}}{h^{\frac{\mu}{2}}\sqrt{\alpha_1\alpha_2\cdots\alpha_\mu}}e^{-2hV}dp_1dp_2\cdots dp_\mu。\tag{139}$$

势函数的平均值 $\overline{V}$ 为 $\dfrac{\int Vdn'}{\int dn'}$，其中积分范围为各坐标所有可能的值。

因此，在动量不受任何限制的情况下，坐标位于任意 μ 阶无穷小区间 F 的分子数，与坐标位于另一同样也是 μ 阶无穷小的区间 F' 的分子数目之比，为

$$\frac{e^{-2hV}}{\sqrt{\alpha_1\alpha_2\cdots\alpha_\mu}}\int dp_1dp_2\cdots dp_\mu : \frac{e^{-2hV'}}{\sqrt{\alpha'_1\alpha'_2\cdots\alpha'_\mu}}\int dp'_1dp'_2\cdots dp'_\mu,\tag{140}$$

其中不带撇的字母表示 F 区间的值，带撇的字母表示 F' 区间的值；前一个积分是在前一个区间进行，后一个积分则是在后一区间进行。

当不存在分子内力和外力，且分子只由简单的质点组成时，那么，这一比值就是 F 区间质点所有可取体积元体积的乘积，与 F' 区间类似体积元乘积的比值。于是，指数等于1，从而

$$\frac{\int dp_1dp_2\cdots dp_\mu}{\sqrt{\alpha_1\alpha_2\cdots\alpha_\mu}} : \frac{\int dp'_1dp'_2\cdots dp'_\mu}{\sqrt{\alpha'_1\alpha'_2\cdots\alpha'_\mu}}$$

恒等于这些体积元乘积的比值。

§47　考虑正在发生相互作用的分子

在上一节中，我们一直都是从(129)式入手，即，我们假定两个分子之间的相互作用只持续很短的时间，以至于我们在计算平均值时可以忽略暂时正与其他分子发生相互作用的那些分子。但是，在这一节及之前章节里推得的定理对正在发生相互作用的分子来说也依然成立。例如，我们考虑在类动量不受限制的情况下，由两个其坐标位于任意($\mu+\nu$)阶无穷小区间 D 的不同种分子组成的所有分子对。如果没有外力的作用，那么其中一个分子的质心可取的区间可以遍及整个容器内部。如果我们对(127)式的所有 r(之前我们曾将该式中的 q 替换为了 r)积分，则可得这些分子对数目的表达式为：

$$dN=AA_1e^{-2h(V+V_1+\psi)}\int dp_1\cdots dp_{\mu+\nu}\int e^{-h\sum ar^2}dr_1\cdots dr_{\mu+\nu}。$$

这里,V 是第一个分子的内、外力势能,V_1 是第二个分子所对应的势能。ψ 是相互作用力的势能。求和范围包括两个分子的所有类动量。对 p 的积分涉及对 D 区间内两个分子的所有坐标积分,对 r 的积分则是对从 $-\infty$ 到 $+\infty$ 之间所有可能的值积分。对 r 积分后可得

$$\mathrm{d}N=\frac{\pi^{\frac{\mu+\nu}{2}}AA_1\mathrm{e}^{-2h(V+V_1+\psi)}}{h^{\left(\frac{\mu+\nu}{2}\right)}\sqrt{\alpha_1\cdots\alpha_{\mu+\nu}}}\int\mathrm{d}p_1\cdots\mathrm{d}p_{\mu+\nu} \tag{141}$$

下面我们可以来计算 $\mathrm{d}N$ 所包含的那些分子对里所有第一种分子中,一个类动量的平均动能值$\frac{1}{2}\overline{\alpha_i r_i^2}$。这一结果同样也将是$\frac{1}{4h}$。我不准备在这里列出相关的计算公式,因为它和§42 中推导出来的单分子情况下的公式完全相似。对所有这些分子对而言,质心运动的平均动能也等于$\frac{3}{4h}$。

这里我还要再推导一个定理,该定理在气体离解理论中将要用到。除 D 区间之外,我们将考虑两个分子的坐标的另一个任意$(\mu+\nu)$阶无穷小取值区间 D',并用带撇的字母来表示属于这第二个区间的所有变量值,因此这时 p'不再是时间导数,而是 p 的其他值。

[根据(141)式]其变量位于 D'区间、但类动量不受任何限制的非同种分子构成的分子对数目为:

$$\mathrm{d}N'=\frac{AA_1\pi^{(\mu+\nu)/2}}{h^{\frac{(\mu+\nu)}{2}}\sqrt{\alpha'_1\cdots\alpha'_{\mu+\nu}}}\mathrm{e}^{-2h(V'+V'_1+\Psi')}\int\mathrm{d}p'_1\cdots\mathrm{d}p'_{\mu+\nu}。$$

因此

$$\frac{\mathrm{d}N'}{\mathrm{d}N}=\frac{\mathrm{e}^{-2h(V'+V'_1+\psi')}\sqrt{\alpha_1\cdots\alpha_{\mu+\nu}}\int\mathrm{d}p'_1\cdots\mathrm{d}p'_{\mu+\nu}}{\mathrm{e}^{-2h(V+V_1+\psi)}\sqrt{\alpha'_1\cdots\alpha'_{\mu+\nu}}\int\mathrm{d}p_1\cdots\mathrm{d}p_{\mu+\nu}}。 \tag{142}$$

上式和(140)式只不过是第一部分(167)式的推广——引人注目的是它们的简洁性和对称性,而后者完全是普通的气压测高公式,根据该公式,单位体积内的分子数在不同高度 z 处的值遵循下述规律

$$\mathrm{e}^{-2hmgz}=\mathrm{e}^{\frac{-gz}{rT}}。$$

由于这一公式可以用来计算饱和蒸气的压强以及用于离解定律(参见§60 和§62—§73),因此它必须被看作是气体理论的基本公式之一。

如果其他方面都一样,且不论是 D 中还是 D'中的分子对都彼此没有力的作用,那么,可得比值$\frac{\mathrm{d}N'}{\mathrm{d}N}$的表达式和之前一样,只是要令 $\Psi=\Psi'=0$。如果能够计算后一情形中

的比值$\frac{dN'}{dN}$的大小，则可通过将其乘以 $e^{-2h(\psi'-\psi)}$ 的方式，而得到存在某种相互作用时的相应比值。同样，如果 D 中没有相互作用，而 D'中有相互作用，那么，我们需要将上述都不存在相互作用时的相关结果乘以 $e^{-2h\psi'}$。我们也可以将$\frac{dN'}{dN}$叫作分子对的变量值位于 D'区间和 D 区间这样两个事件的相对概率。

不难发现，在多于两个分子发生相互作用的情形中，也有类似的定理成立。有相互作用时两个位形的相对概率，是没有相互作用时相对概率的 $e^{-2h(\psi'-\psi)}$倍，其中 ψ 和 ψ'分别是两个位形下相互作用势能的大小。

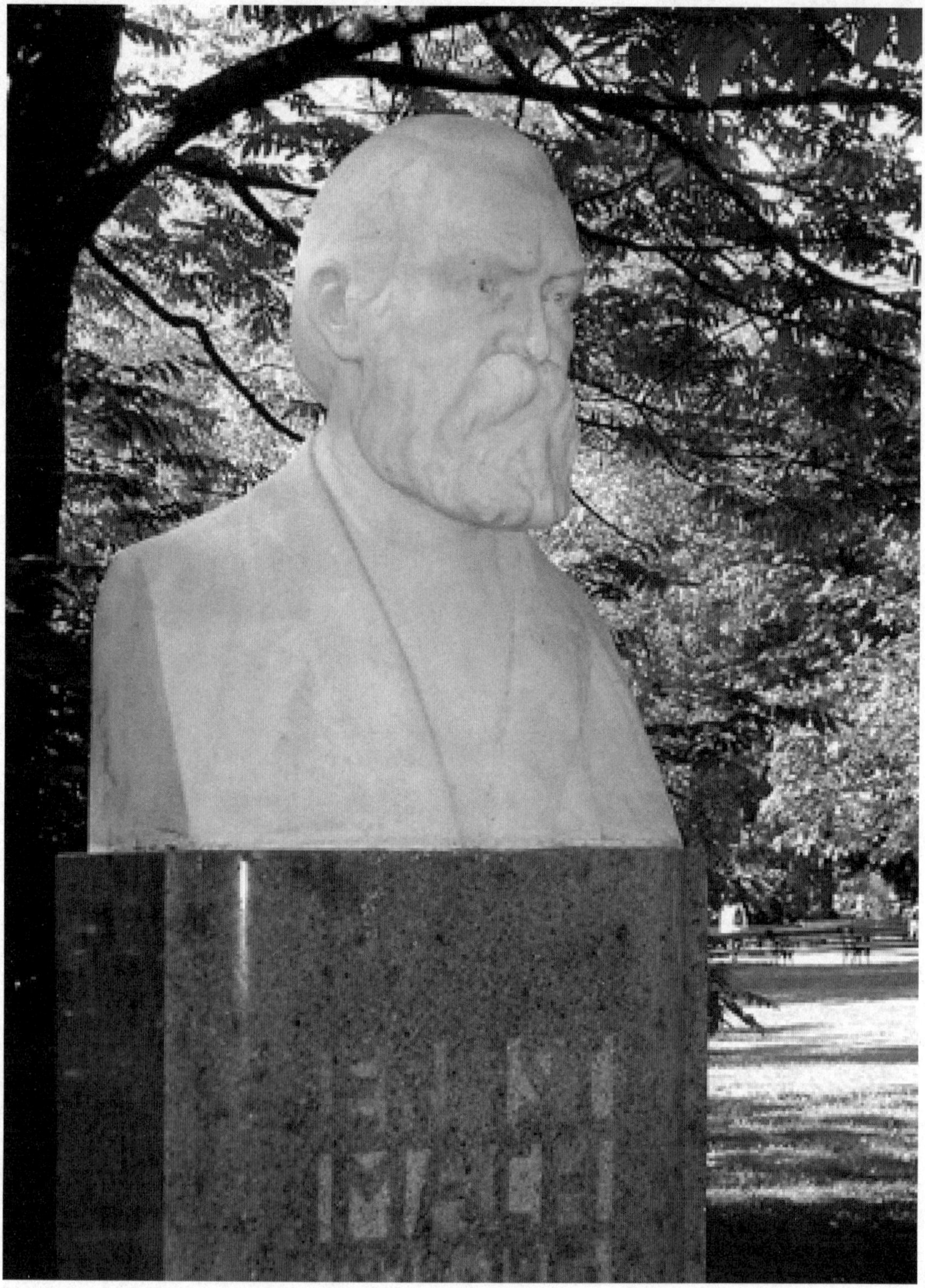

奥地利维也纳市政厅公园中马赫的半身雕塑

第五章

用维里概念的方法推导范德瓦尔斯方程

Abschnitt Ⅴ

· Ableitung der van der Waals' schen Gleichung mittelst des Virialbegriffes. ·

从玻尔兹曼自己的授课中，我能清晰地理解近来正争论得不亦乐乎的关于能量分布的麦克斯韦-玻尔兹曼学说。

——长冈半太郎(1865—1950)，日本物理学家

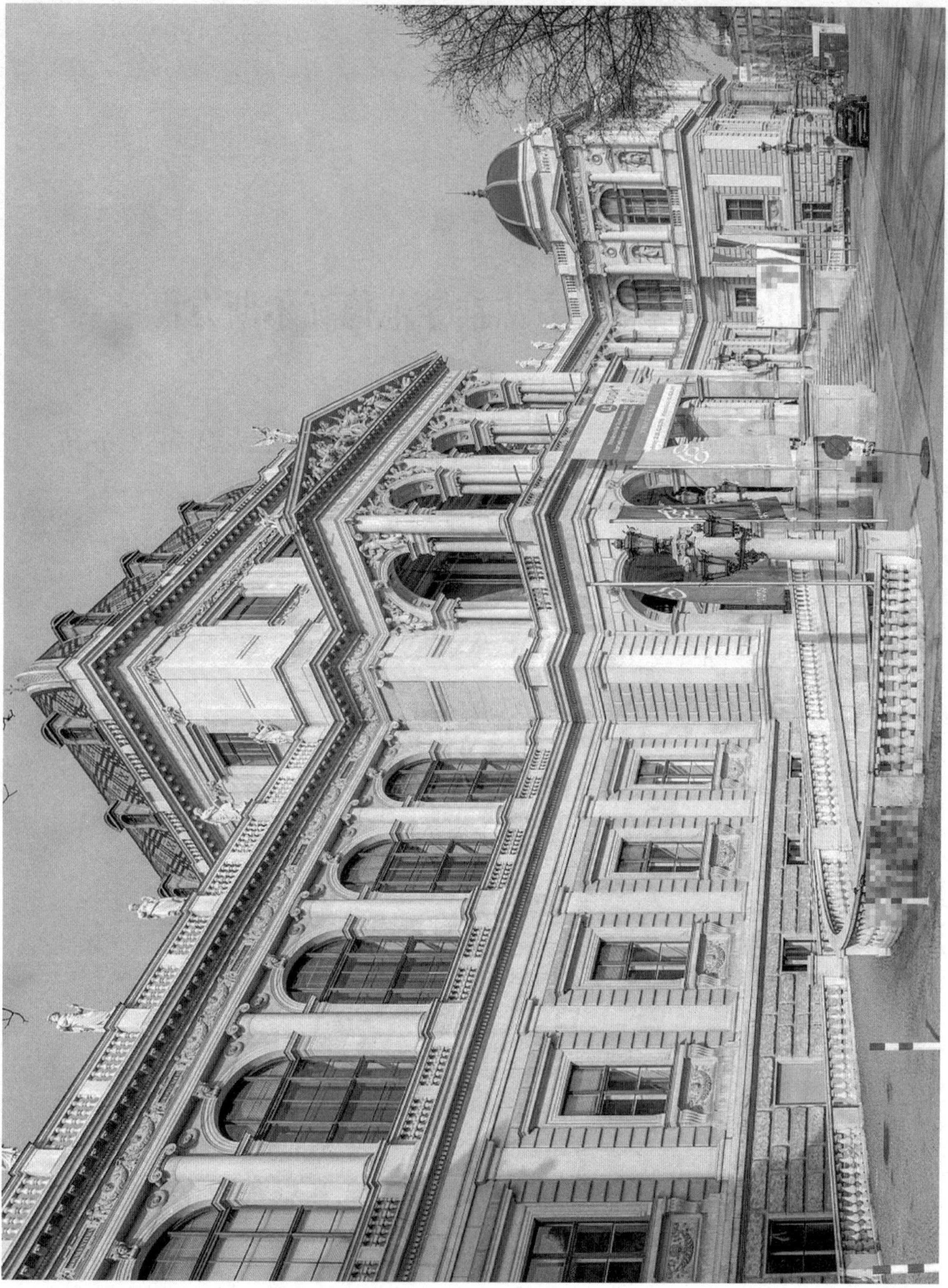

§48　关于范德瓦尔斯的推理方式需要改善的地方

在第一章推导范德瓦尔斯方程的过程中,我们沿用的是他自己最先所使用的方法,该方法的特点是极其简洁和浅显易懂。但前面说过,对于这一方法,并不是没有异议的。

第一个受到质疑的是§3中以及后来所作出的这样一个假设:在边界附近的圆柱——我们当时称为圆柱γ——乃至整个容器中,一个分子中心点的位置位于各体积元之中的概率相同,不管该分子与其他分子之间的距离如何。

如果除碰撞力之外,没有其他力的作用,那么,该假设的正确性可由(140)式直接推得,因为此时式中的V为常数,所以可由该式得出每个相同体积元中的平均分子数相同的结论。

另一方面,由于范德瓦尔斯内聚力的作用,流体内部的分子密度比容器壁近邻区域的分子密度大。不管是在推导分子和容器壁碰撞的相关公式,还是在计算$\frac{a}{v^2}$对气体密度的依赖关系时,范德瓦尔斯都没有考虑到这一效应。但在上述两种情形中,对边界上体积元的正确处理是非常重要的;随着表面的粒子数和内部的粒子数相比变得很小,所计算的量以更快的速度趋向于零。因此,就本章的公式而言,我们不可能通过使体积和表面相比很大的方法,来达到任意提高计算准确性的目的。

正如第一章中所解释的那样,范德瓦尔斯在计算波义耳-查尔斯定律因分子刚性核的有限延展而导致的修正项时,忽略了内聚力的存在。然后他在计算外部压强中由于内聚力的作用而导致的附加项时,又把分子看作无限小的物体。由于这一处理方式的正确性可能会遭到质疑,因此我们将改为从维里理论来推导范德瓦尔斯公式(范德瓦尔斯同样也在两者之间建立过联系),这种推导方法不会遭到上述那种质疑。而这第二种推导也表明,范德瓦尔斯的结论是完全正确的。但是,我们当然不能通过解析方法,精确地得出范德瓦尔斯方程——被范德瓦尔斯本人称为不精确的方程——中所出现的$v-b$的倒数项;相反,我们得到一个$\frac{b}{v}$的无穷幂级数。

◀ 维也纳大学一瞥。

---

§49 更普遍的维里概念

维里概念是克劳修斯引入气体理论之中的。假设已知任意数量的质点。设 m_h 是一个质点的质量，并设 x_h、y_h、z_h、c_h、u_h、v_h、w_h 分别为它在某 t 时刻的直角坐标、速率及速度在各坐标轴方向的分量。令 ξ_h、η_h、ζ_h 是同一时刻作用于该质点上的合力分量。作用力应该具有这样的性质，即假如所有的质点在它的作用下而运动任意长时间的话，它们的任何坐标或速度分量都不会无限地增加。初始条件就应该选取能够保证上述性质真实成立的值。不管选择多长的运动时间，任何坐标或者速度分量的绝对大小都必须小于一个有限大小的常量，对坐标来说其值为 E，对速度分量来说其值为 ε。这种运动——在具有有限大小的物体内部产生热现象的所有分子运动，显然都是其中的范例——我们将称为稳态运动。

下面令 G 为任意量在某特定 t 时刻的值；那么，我们将把量

$$\frac{1}{\tau}\int_0^\tau G\,\mathrm{d}t=\overline{G}$$

称为 G 在运动时间 τ 内的时间平均值。

根据力学的运动方程，我们有：

$$m_h\frac{\mathrm{d}u_h}{\mathrm{d}t}=\zeta_h。$$

因此

$$\frac{\mathrm{d}(m_h x_h u_h)}{\mathrm{d}t}=m_h u_h^2+x_h\xi_h。$$

如果将上式两边同时乘以 $\mathrm{d}t$，然后在任意的时间（从 0 到 τ）上积分，最后再除以 τ，即可求得：

$$m_h\overline{u_h^2}+\overline{x_h\xi_h}=\frac{m_h}{\tau}(x_h^\tau u_h^\tau-x_h^0 u_h^0),$$

其中上标 τ 表示 τ 时刻的值，上标 0 表示 0 时刻的值。根据运动的稳态特性可知，

$$m_h(x_h^\tau u_h^\tau-x_h^0 u_h^0)$$

小于 $2m_h E\varepsilon$。如果整个运动的时间 τ 可以无限增加，那么 $2m_h E\varepsilon$ 将保持为有限的大小；因此表达式 $\frac{2m_h E\varepsilon}{\tau}$ 趋于零。如果对足够长的时间求平均，则有：

$$m_h\overline{u_h^2}+\overline{x_h\xi_h}=0。$$

对所有的坐标轴方向以及所有的质点，都可以得到类似的方程。如果将它们都加起来，

那么将有：

$$\sum m_h \overline{c_h^2} + \sum \overline{(x_h \xi_h + y_h \eta_h + z_h \zeta_h)} = 0。\tag{143}$$

$\frac{1}{2}\sum m_h C_h^2$ 为系统的动能 L。表达式

$$\sum (x_h \xi_h + y_h \eta_h + z_h \zeta_h)$$

被克劳修斯称为系统所受作用力的维里。因此,上述方程指出,动能的时间平均值的两倍,和系统的维里在很长一段时间内的时间平均值互为相反数。

下面我们假定,在相距 r_{hk} 的任何两个质点 m_h 和 m_k 之间存在作用力 $f_{hk}(r_{hk})$,该力的方向沿 r_{hk} 方向,我们称为内力。当作用力为排斥力时它取正值,为吸引力时取负值。此外,每个质点 m_h 还受到来自系统外部的一个作用力,我们分别用 X_h、Y_h、Z_h 来表示该力在三个坐标轴方向的分量。那么有：

$$\xi_1 = X_1 + \frac{x_1 - x_2}{r_{12}} f_{12}(r_{12}) + \frac{x_1 - x_3}{r_{13}} f_{13}(r_{13}) + \cdots。$$

不难发现,[①]这时(143)式变为：

$$2\overline{L} + \sum \overline{(x_h X_h + y_h Y_h + z_h Z_h)} + \sum \sum \overline{r_{hk} f_{hk}(r_{hk})} = 0。\tag{144}$$

第一个加数是整个系统动能的时间平均值的两倍。第二项是外力维里,第三项是内力维里。两个维里分别用 W_a 和 W_i 表示,从而(144)式简化为

$$2\overline{L} + W_a + W_i = 0。\tag{145}$$

§50 气体所受外部压力的维里

作为特例,我们考虑处于平衡状态的这样一个气体,它的分子如第一章所说明的那样,满足范德瓦尔斯假设。设气体装在体积为 V 的任意容器中;它包含 n 个质量为 m、直径为 σ 的同种分子,一个分子的方均速率是 $\overline{c^2}$。那么有：

$$2L = \sum m_h \overline{c_h^2} = nm\overline{c^2}。\tag{146}$$

除了作用于容器之上、单位面积上的强度为 p 的压力之外,没有其他外力的作用。容器具有边长为 α、β、γ 的平行六面体的形状,其中三个相邻的边将选为 x、y、z 轴。面积同为 $\beta\gamma$ 的两个侧面的横坐标值分别等于 0 和 α。这两个侧面上将分别受到 $p\beta\gamma$ 和 $-p\beta\gamma$ 的压力,方向沿横坐标轴方向。对这两个侧面来说,和式 $\sum x_h X_h$ 的值为 $-p\alpha\beta\gamma=-$

① 最简单的办法是分别计算任意两个质点之间作用力以及外力的维里,然后,记住这样一个性质,即,几个力的总维里等于各个力的维里之和,因为 ξ_h、η_h、ζ_h 是以线性的形式出现在维里表达式中的。

pV。由于另两个坐标轴方向也有同样的等式成立，因此对整个气体来说有：

$$\sum(x_hX_h+y_hY_h+z_hZ_h)=-3pV。$$

由于压强不随时间发生变化，所以这也是该量的平均值；因此，它是外力维里 W_a。

对于具有其他任意形状的容器来说，我们不难得出同样的方程。令 $d\omega$ 是容器在 yz 平面上的投影 ω 的面元，K 是以 $d\omega$ 为底、并在垂直于 $d\omega$ 的方向上向两边无限延伸的圆柱体。该圆柱体从容器的表面上截出一系列面元 $do_1, do_2, \cdots$，它们的横坐标分别为 $x_1, x_2, \cdots$，它们指向气体内部的法线分别为 $N_1, N_2, \cdots$。do_1 所受压力的 x 分量为：

$$p\,do_1\cos(N_1x)=p\,d\omega.$$

do_2 所受压力的 x 分量为：

$$p\,do_2\cos(N_2x)=-p\,d\omega，等等。$$

$\sum x_hX_h$ 的求和范围遍及圆柱体 K 内的所有面元，因此它等于：

$$-p\,d\omega(x_2-x_1+x_4-x_3+\cdots)。$$

和 $-p$ 相乘的因子恰好是圆柱从容器内部截出的体积。对整个气体的求和 $\sum x_hX_h$，可以通过将上式对整个投影面 ω 的所有面元 $d\omega$ 积分而求出，由此可得气体的总体积 V 和 $-p$ 的乘积。由于同样的分析也可以应用到 y 轴方向和 z 轴方向，因此有：

$$\sum(x_hX_h+y_hY_h+z_hZ_h)=-3pV=W_a。\tag{147}$$

§ 51 两个分子中心的间距为某已知距离的概率

内力维里将包含两部分，其中第一部分 W_i' 来自两个分子发生碰撞期间所发生的相互作用力，第二部分 W''_i 来自范德瓦尔斯所假设的吸引力。

为了求出 W_i'，我们（像之前一样）用 σ 表示分子的直径，并将分子周围半径为 σ 的球叫作它的覆盖球，因而覆盖球的体积是分子本身体积的八倍。第二个分子的中心和所考虑分子中心之间的距离不能够小于 σ，我们将先来计算一个特定分子的中心与其余任何一个分子之间的距离位于 σ 到 $\sigma+\delta$（其中 δ 和 σ 相比为无穷小量）之间的概率。为了便于准确地称呼，我们将这另外的一个分子叫作其余分子。

为了建立一个尽可能没有异议的概率概念，我们设想同一气体无限多次（N 次）存在于相同的容器之中，其中每一次气体中的分子位置都有所不同。对这 N 个气体的每一个来说，我们的指定分子通常处在不同的位置。在所有 N 个气体中，其余分子处于容器中几乎相同位置的气体假设有 N_1 个。那么，和 N 相比，N_1 非常小，但它应该总还是一个很大的数。容器壁对内部的影响，无论如何都可以通过令容器足够大而变得微不足道,而在气体内部,一个分子所受到的各个方向的范德瓦尔斯内聚力将彼此抵消。因此,根据(140)式,在所有这 N_1 个气体中,指定分子的中心位于容器里所有位置的概率均相同。令 N_2 是其中指定分子中心与其余分子相距为 σ 到 $\sigma+\delta$ 的气体数。那么 N_1 和 N_2 的比值,将等于指定分子的中心在 N_1 个气体之一的内部可选择的总空间,与该分子中心和一个其余分子的中心相距 σ 到 $\sigma+\delta$ 时所必须位于的空间之比值。后一空间我们将称为有利空间。由于在所有 N_1 个气体中,每个其余分子的中心都有一个给定的位置,且由于指定分子的中心和它们之间的距离不能小于 σ,所以,如果将气体的总体积减去所有其余分子的覆盖球所占的体积,即

$$\Gamma=\frac{4\pi(n-1)\sigma^3}{3},$$

便可以求得指定分子的中心在这样一个气体中可以利用的空间。由于 1 和 n 相比可以忽略不计,所以,指定分子的中心在 N_1 个气体之一的可用空间为

$$V-\frac{4\pi n\sigma^3}{3}。\tag{148}$$

上式中的负数项是体积 V 中所包含的所有覆盖球的总体积,也可以说是体积 V 中所包含的所有分子总体积的八倍。和 V 相比,它应该是小量,我们将它和 V 相比微小的程度表示为“一阶小”。为了求出有利空间,我们在每个其余分子中心的周围构建一个球壳,它由半径分别为 σ 和 $\sigma+\delta$ 且与分子本身同心的两个球面包围而成。所有这些球壳的体积之和就是有利空间。我们可以求得其结果为:

$$\Delta=4\pi(n-1)\sigma^2\delta,$$

我们也可将其写为

$$\Delta=4\pi n\sigma^2\delta。$$

作为一级近似,我们可以忽略(148)式中的负数项,因而有利空间与可用空间之比为

$$\frac{4\pi n\sigma^2\delta}{V}。$$

因此,在所讨论的 N_1 个气体中,指定分子的中心与其余分子之间的距离位于 σ 到 $\sigma+\delta$ 之间的气体数为

$$\frac{4\pi n\sigma^2 N_1\delta}{V}。$$

但是,由于所讨论的 N_1 个气体仍然可以完全随意地选择,所以上述结论对所有 N 个气体也成立。因此,指定分子的中心满足上述距离条件的气体数为 $\frac{4\pi n\sigma^2 N\delta}{V}$ 个。由于对所有其他的分子也有同样的结论,因此在所有 N 个气体中,其中心与任意其他分子中心之间间距位于 σ 到 $\sigma+\delta$ 之间的分子总数为

$$\frac{4\pi n^2\sigma^2 N\delta}{V}。$$

所以在每个气体中，满足这一条件的分子数为

$$\frac{4\pi n^2\sigma^2\delta}{V},$$

而一个气体中两分子中心间距处于 σ 到 $\sigma+\delta$ 之间的分子对数目为

$$\frac{2\pi n^2\sigma^2\delta}{V} \tag{149}$$

如果我们希望考虑更高一级的项，那么，不但要将 V 替换为(148)式，而且还要对分子项进行修正。Δ 是我们围绕每个其余分子中心构建的厚度为 δ 的所有球壳的总体积。并不是所有这些体积都应该被计为有利体积。特别是，两个分子的覆盖球可能会有部分重叠。这时，一个球壳的一部分处于另一个分子的覆盖球之内，因而该部分位置不在指定分子中心可选的范围，必须从有利空间 Δ 中减去。严格地说，计算其余分子的覆盖球所占据的体积 Γ 时，应该考虑到两个覆盖球可能互相贯通的情况；但我们不难发现，这样考虑以后应该会得到一个与 V 相比二阶无穷小的附加项。因此，在我们只考虑一阶无穷小量的时候，这个二阶无穷小项是可以忽略不计的。$\frac{\delta}{\sigma}$ 应该是比 $\frac{\sigma^3}{V}$ 更高阶的小量。因此，所有包含 δ^2 的项，即，两个或者更多个厚度为 δ 的球壳相互渗透的情形——都可以忽略不计，所以三个覆盖球同时互相渗透或者三个分子的相互作用不需要考虑进来。

接下来我们将计算有利体积 Δ 的修正值。当两个分子中心之间的距离位于 σ 到 2σ 之间时，它们的覆盖球将相互重叠。令 r 为上述距离范围内的某个值。那么，由(149)式类推，一个气体内两分子中心间距为 r 到 $r+\mathrm{d}r$ 之间的分子对数目为：

$$\nu=\frac{2\pi n^2 r^2\mathrm{d}r}{V}。$$

这里的覆盖球指的是以分子中心为球心、半径为 σ 的球面。由于 $\sigma<r<2\sigma$，因此所有这 ν 个分子对的覆盖球都会发生重叠，实际上，通过简单的计算可以发现，每个覆盖球面处于另一个覆盖球之内的部分大小为 $\pi\sigma(2\sigma-r)$。包围着整个覆盖球的，为一个厚度为 δ 的球壳。所以，这个球壳位于另一个分子覆盖球之内、因而指定分子不可使用的那部分空间的体积为：$\pi\sigma(2\sigma-r)\delta$。另一个分子的球壳中也有同样大的一部分处于第一个分子的覆盖球之内，因此也是不可用的。所以，我们得从分子对的两个球壳中减去总体积 $2\pi\sigma(2\sigma-r)\delta$，因为指定分子的中心不能使用该部分体积。对所有 ν 个分子对来说，要减去的体积为

$$\frac{4\pi^2}{V}n^2\sigma\delta(2\sigma-r)r^2\mathrm{d}r.$$

由于 r 可以取 σ 到 2σ 之间的所有值，因此，所有球壳中要减去的总体积等于：

$$\frac{4\pi^2}{V}n^2\sigma\delta\int_{\sigma}^{2\sigma}(2\sigma-r)r^2\mathrm{d}r=\frac{11\pi^2n^2\sigma^5\delta}{3V}。$$

一个气体中所有球壳的总体积应该是 $\Delta=4\pi n\sigma^2\delta$。因此剩余的有利体积为

$$4\pi n\sigma^2\delta\left(1-\frac{11}{12}\frac{\pi n\sigma^3}{V}\right)。$$

上式除以总的可用体积

$$V\left(1-\frac{4\pi n\sigma^3}{3V}\right)$$

后所得比值,在忽略二阶小量的情况下,可以写为

$$\frac{4\pi n\sigma^2\delta}{V}\left(1+\frac{5\pi n\sigma^3}{12V}\right),$$

它给出了指定分子的中心与另一个分子之间距为 σ 到 $\sigma+\delta$ 之间的概率。后续的结论仍然和之前一样。最后一个表示式乘以 $\frac{1}{2}n$ 后,表示任意时刻气体中两分子间距为 σ 到 $\sigma+\delta$ 之间的分子对数目。因此,这些分子对的数目为:

$$\frac{2\pi n^2\sigma^2\delta}{V}\left(1+\frac{5\pi n\sigma^3}{12V}\right)。\tag{150}$$

组成这些分子对的分子数目当然是上述分子对数目的两倍。

§52 分子的有限延展对维里产生的影响

我们可以用不同的方法来计算平均维里。最简单的方法就是应用§47 中的(142)式。我们用排斥力 $f(r)$来代替分子的弹性,其中 $f(r)$是分子中心间距 r 的函数,它在 $r\geqslant\sigma$ 时为零,而一旦 r 小于 σ 时它将无限增大。从现在开始我们用 r 表示稍小于 σ 的距离。如果在距离比 r 小一点点的时候,排斥力开始发生作用,那么,根据(150)式,中心间距位于 r 到 $r+\delta$ 之间的分子对数目等于:

$$\frac{2\pi n^2r^2\delta}{V}\left(1+\frac{5\pi nr^3}{12V}\right),\tag{151}$$

其中,我们之所以能将(150)式中的 σ 替换为 r,是因为两者之差为无穷小量。我们还需要计算排斥力导致分子对数目减少的具体情况。如果将(142)式中的 p 代为分子中心的直角坐标,那么我们将会发现,这些坐标处于特定体积元 $\mathrm{d}o_1,\mathrm{d}o_2,\cdots$之中的系统数目正比于 $\mathrm{e}^{-2hV_0}\mathrm{d}o_1\mathrm{d}o_2,\cdots$,其中 V_0 是势能函数,它对一个坐标的导数的相反数,等于使该坐标值增加的作用力。对我们的分子对来说,V_0 只是 r 的函数,实际上,它就等于 $f(r)\mathrm{d}r$ 积分的相反数。只要两个分子中心的间距等于或者大于 σ,则排斥力停止,这时势能的值

和它在无穷远处的值相同，我们将它记为 $F(\infty)$。r 处的势能值则表示为 $F(r)$。

当不存在任何排斥力时，两个分子中心的间距位于 r 到 $r+\delta$ 之间的概率，与存在排斥力时该间距位于相同区间的概率之比为

$$e^{-2hF(\infty)} : e^{-2hF(r)},$$

而关于分子中心间距位于 r 到 $r+\delta$ 之间的分子对数目，所求得的表示式不再是(151)式，而是

$$\frac{2\pi n^2 r^2 \delta}{V}\left(1+\frac{5\pi n r^3}{12V}\right)e^{2h[F(\infty)-F(r)]}。\tag{152}$$

由于

$$V_0 = F(r) = -\int f(r)\mathrm{d}r$$

因此

$$F(\infty) - F(r) = -\int_r^\infty f(r)\mathrm{d}r。$$

而且，由于(152)式中的 δ 表示 r 的一个无穷小增量，因此，我们可以像通常一样将它表示为 $\mathrm{d}r$，这样的话，(152)式变为

$$\frac{2\pi n^2 r^2 \mathrm{d}r}{V}\left(1+\frac{5\pi n r^3}{12V}\right)e^{-2h\int_r^\infty f(r)\mathrm{d}r}\tag{153}$$

如果将上式乘以所考虑分子对的维里 $rf(r)$，并对所有碰撞分子积分，那么，我们将得到碰撞中的作用力所产生的总维里 W_i'。因此，如果 $\sigma-\varepsilon$ 是两个分子以巨大的速度彼此撞击时可靠近的最小距离，则可得：

$$W'_i = \frac{2\pi n^2}{V}\int_{\sigma-\varepsilon}^{\sigma}\left(1+\frac{5\pi n r^3}{12V}\right)r^3 f(r)\mathrm{d}r\, e^{-2h\int_r^\infty f(r)\mathrm{d}r}。$$

由于 r 与 σ 之差总是无穷小，所以，如果 r 不是函数 f 的自变量的话，便总是可以用 σ 来代替，这样就可以将它从积分号内提取出来，从而有：

$$W'_i = \frac{2\pi n^2\sigma^3}{V}\left(1+\frac{5\pi n\sigma^3}{12V}\right)\int_{\sigma-\varepsilon}^{\sigma} f(r)\mathrm{d}r\, e^{-2h\int_r^\infty f(r)\mathrm{d}r}。$$

如果引入新的变量

$$x = \int_r^\infty f(r)\mathrm{d}r,$$

它在积分上限处的取值为零，而在积分下限处的取值为无穷，则上式中最后的积分很容易计算；实际上，它正是使一个分子在和另一个分子靠近到距离为 $\sigma-\varepsilon$ 时恰好静止所需要的初始动能；因此，引入这一新变量后，我们有

$$\int_{\sigma-\varepsilon}^{\sigma} f(r)\mathrm{d}r\, e^{-2h\int_r^\infty f(r)\mathrm{d}r} = \int_0^\infty e^{-2hx}\mathrm{d}x = \frac{1}{2h} = \frac{m\overline{c^2}}{3},$$

因为根据 § 42，$\frac{1}{4h}$是和一个类动量相对应的平均动能$\frac{1}{2}m\overline{u^2}$，而合速度 c 的每一个分量

代表一个类动量。[也可参看第一部分(44)式。] 如果像在(20)式中一样,我们代入

$$b=2\frac{\pi\sigma^3}{3m},$$

那么有

$$W_i'=nm\overline{c^2}\frac{b}{v}\left(1+\frac{5b}{8v}\right),\tag{154}$$

其中 $v=\frac{V}{nm}$ 为比容。

§53　范德瓦尔斯内聚力的维里

吸引力所对应的维里,很容易利用§2中有关相互作用性质的假说来求得。如果气体的密度为ρ,d_o 和 d_ω 是两个间距为r 的体积元,在该距离上,两个分子之间具有吸引力$F(r)$,也即相当于具有排斥力$-F(r)$,那么,$\frac{\rho\mathrm{d}o}{m}$和$\frac{\rho\mathrm{d}\omega}{m}$将分别是两个体积元中的分子数,而

$$-\frac{\rho^2\mathrm{d}o\,\mathrm{d}\omega}{m^2}rF(r)$$

是两个体积元中所包含分子的维里。因此,do 中分子与所有其他分子所发生相互作用的总维里为

$$-\frac{\rho^2}{m^2}\mathrm{d}o\int\mathrm{d}\omega rF(r)。$$

由于只有处于分子距离上的分子才有明显的贡献,因此,对气体内部所有体积元 do 来说,

$$\frac{1}{m^2}\int\mathrm{d}\omega rF(r)$$

具有相同的值。因为这个值只和函数 F 的性质有关,所以它必然是物质特有的常数,我们将它表示为 $3a$。对所有体积元 do 积分——将积出总体积 V——便可得到总维里 W''_i。离表面很近的那部分分子的贡献为无穷小量。因此

$$W_i''=3\rho^2aV。\tag{155}$$

因此,将 $W_i=W_i'+W''_i$——其中 W_i'和 W''_i 分别由(154)式和(155)式给出——以及(146)式和(147)式的值代入维里方程(145)式中,我们可以得到:

$$nm\overline{c^2}\left(1+\frac{b}{v}+\frac{5b^2}{8v^2}\right)-3aV\rho^2=3pV。$$

根据(21)式,我们令$\overline{c^2}=3rT$。此外,$\frac{V}{nm}=v=\frac{1}{\rho}$,因此上述方程变为

$$p+\frac{a}{v^2}=\frac{rT}{v}\left(1+\frac{b}{v}+\frac{5b^2}{8v^2}\right)。\tag{156}$$

如果忽略和$\frac{b^2}{v^2}$同阶的项，则上式右边和范德瓦尔斯所给出的表示式$\frac{rT}{v-b}$完全一样。但是在和$\frac{b^2}{v^2}$同阶的项中，就已经有了差别。范德瓦尔斯本人注意到，他的方程不是对任意的 v 都成立，因为他的方程预言，当 $v=b$ 时，压强变为无穷大，而实际上只有当 v 远远小于 b 时压强才会变得无穷大。

§54　范德瓦尔斯公式的替代物

从目前的分析可以看出，只要考虑$\frac{b^2}{v^2}$项的话，范德瓦尔斯给出的压强公式便会在 v 值较小的情况下和理论值不符合。由于更高阶项的理论推导异常困难，所以我们可以尝试用别的至少到$\frac{b^2}{v^2}$项还能和理论值相吻合的模型，来代替范德瓦尔斯方程。而且，我们发现，可以从理论上求出使压强变得无穷大的最大 v 值。它为 $v=\frac{1}{3}b$（参看第二部分 §6），因为大约在这个 v 值条件下，分子将排列得最为紧密，如果 v 取更小的值，那么分子之间将会互相渗透。因此我们可以建立一个状态方程，其中 p 在该 v 值条件下变为无穷大。

为了尽可能小地偏离范德瓦尔斯方程的形式，我们将把状态方程写成下述形式，其中 x,y,z 是需要经过适当选择的数值：

$$\left(p+\frac{a}{v^2}\right)(v-xb)=rT\left(1+\frac{yb}{v}+\frac{zb^2}{v^2}\right)。\tag{157}$$

这种形式的状态方程具有如下优势：对于给定的 p 和 T，我们得到关于 v 的三阶方程。如果我们令 $y=1-x$，$z=\frac{5}{8}-x$，那么，当$\frac{b}{v}$很小时，和$\frac{b^2}{v^2}$同阶的项将和理论值一致。如果令

$$x=\frac{1}{3}，因而\ y=\frac{2}{3}，z=\frac{7}{24}，\tag{158}$$

那么，p 在 $v=\frac{1}{3}b$ 时趋于无穷的条件也得到了满足。由于我们所有的分析都只是近似的，因此更合理的方法也许不是选择仅仅满足上述条件的一些 x,y,z 值，而是选择和观察结果尽可能符合得最好的一些值。

如果我们不希望分子上的 rT 有任何其他因子,那么,像如下定律

$$p+\frac{a}{v^2}=\frac{rT}{v}\left(1+\frac{xb}{v}+\frac{yb^2}{v^2}\right)^{-1}$$

一样,让 $\frac{b}{v}$ 的二次函数出现在分母上就很不可取了;因为这样的话,如果压强 p 还会变得无穷大,而且还将在 $\frac{b}{v}$ 的一阶上正确,则它就得在大于或者等于 $\frac{1}{2}b$ 的 v 值处变为无穷大。

如果令

$$p+\frac{a}{v^2}=\frac{rT}{v}\left(1-\frac{b}{2v}\right)^{-2}$$

的话,则后一情况就会发生。最好令

$$p+\frac{a}{v^2}=\frac{rT}{v-\varepsilon b}。\tag{158a}$$

而且,最好为 ε 选择一个更高阶代数函数或者超越函数,在 v 很大时它接近于 1,而当 $v=\frac{1}{3}b$ 时它约等于 $\frac{1}{3}$,而且和实验数据也符合得尽可能好。(158a)式的得出,应该归功于范德瓦尔斯和我的一次口头讨论(同时参见 275 页 § 60 脚注 1 中引用的卡末林-昂内斯的工作)。而且,范德瓦尔斯给我们提供了一个非常宝贵的公式,因为如果要通过巧妙的思考而获得一个真正比范德瓦尔斯可以说是凭灵感得到的更加有用的公式,需要付出相当大的努力。

一个使范德瓦尔斯的原始公式与经验符合得更好的更加通用的方法,可能是将表示式 $\frac{a}{v^2}$ 及 $v-b$ 中的参数当作体积和温度的经验函数,而非常数,或者更一般地说,要找到代替 $\frac{a}{v^2}$ 和 $v-b$ 的函数,从而使之与观测结果更好地吻合。当然,在选择这些函数时,必须确保有关临界量及液化的定理不发生本质上的变化。克劳修斯和萨劳(E. Sarrau)就用这种方法修正了范德瓦尔斯公式。虽然他们是以理论思想作为指导的(克劳修斯似乎尤其注意考虑分子结合为较大复合体的问题),但他们的方程更具有经验近似的特点,具体不再赘述,尽管我并不想贬低它们的实用价值。

§ 55 分子间任意排斥力的维里

通过(153)式,我们还可以用同样的方法计算另一情形中的 W_i',在该情形中,分子的行为不像弹性球,而更像质点,它们在碰撞中彼此施加的作用力,是任意的有心排斥力

$f(r)$。由于此时两个碰撞分子之间相互作用的时间不再能忽略不计，因此我们由(149)式推导(150)式时所用方法不再正确；但是，前一公式作为一级近似仍然是正确的。

因此，只要在距离 r 上没有力的作用，则间距位于 r 到 $r+\mathrm{d}r$ 之间的分子对数便为 $\frac{2\pi n^2 r^2 \mathrm{d}r}{v}$。由于排斥力的作用而导致该数目的修正值，之前已经根据普遍的(142)式求出。该公式在这里仍然有效，因此，如果在距离 r 上存在排斥力，那么[和(153)式相对应的]，间距位于 r 到 $r+\mathrm{d}r$ 之间的分子对数等于：

$$\frac{2\pi n^2 r^2 \mathrm{d}r}{v}\mathrm{e}^{-2h\int_r^\infty f(r)\mathrm{d}r}。$$

每个这样的分子对对维里 W_i'的贡献为 $rf(r)$。因此所有这些贡献之和为

$$W_i'=\frac{2\pi n^2}{v}\int_\zeta^\sigma r^3 f(r)\mathrm{d}r\mathrm{e}^{-2h\int_r^\infty f(r)\mathrm{d}r}, \tag{159}$$

其中 ζ 是两个分子之间可以靠近的最短距离，σ 是两个分子停止发生相互作用的距离。但是，由于当 $r<\zeta$ 时指数因子为零，而当 $r>\sigma$ 时 $f(r)=0$，所以，我们将积分区间从 ζ 到 σ 改为从 0 到无穷。

如果我们像在第一部分第三章中一样令 $f(r)=\frac{K}{r^5}$，那么，目前的假设当然并不严格成立，因为确切地说，所有分子之间的排斥作用都在连续变化；不过这种排斥作用随距离的增加衰减得非常快，所以我们的公式所产生的偏差可能完全微不足道。因此我们可以得到：

$$W_i'=\frac{2\pi n^2}{v}K\int_0^\infty \frac{\mathrm{d}r}{r^2}\mathrm{e}^{-\frac{hK}{2r^4}}=\frac{2\pi n^2}{v}\sqrt[4]{\frac{2}{h}K^3}\int_0^\infty \mathrm{e}^{-x^4}\mathrm{d}x。$$

我们将引入一个量 σ 来表示当两个分子中的一个固定不动，另一个分子以方均根速率向它靠近时两分子间所能达到的最近距离(参见第一部分 §24，只是当时我们是采用 s 来表示这一距离)。这样一来，我们有：

$$\frac{K}{2m\overline{c^2}}=\frac{1}{3}hK=\sigma^4。$$

因此

$$W_i'=\frac{4\pi n^2\sigma^3 m\overline{c^2}}{v}\sqrt[4]{\frac{2}{3}}\int_0^\infty \mathrm{e}^{-x^4}\mathrm{d}x。$$

如果我们设想存在范德瓦尔斯吸引力，并像之前一样在计算中将它考虑进来，那么，在将所有值代入(145)式后，将得到单位质量下的下述方程：

$$rT\left(\frac{1}{v}+\frac{b}{v^2}\right)=p+\frac{a}{v^2},$$

其中

$$b=4\pi n\sigma^3\sqrt[4]{\frac{2}{3}}\int_0^\infty \mathrm{e}^{-x^4}\,\mathrm{d}x。$$

但是,现在 σ 不再是常数,而是和绝对温度的四次方根成反比。因此,数值系数 b 变得和温度有关了。特别地,因为 σ 和温度的四次方根成反比,所以 b 和绝对温度的 $\frac{3}{4}$ 次方成反比。

§56　洛伦兹方法的原理

我们之前通过(142)式而由方程(154)得出了气体分子的行为类似于弹性球时的内力维里。正如洛伦兹最先指出的那样,我们也可以不通过(142)式而用另一种方法来达到同样的目的。根据定义,

$$W'_i=\frac{1}{t}\int_0^t\sum rf(r)\mathrm{d}t,$$

其中,求和范围包括在很长一段时间内发生碰撞的所有分子对。由于是稳态,所以,我们可以用单位时间 $t=1$ 来代替很长的时间 t。如果我们对求和式中的每一项积分,则可得:

$$W'_i=\sum\int_0^1 rf(r)\mathrm{d}t, \tag{160}$$

其中,求和的范围是单位时间内发生碰撞的所有分子对。但是在这里,两个分子之间的相对运动,其效果看起来就像是其中一个分子静止,而另一个分子以一半的质量相对于它运动。如果假设在这一相对运动中,第一个分子以相对速度 g 朝着(处于静止的)第二个分子运动,那么,g 在垂直于两分子中心连线的方向上的分量保持不变。而它在两分子中心连线方向上的分量 γ,则在力 $f(r)$ 的作用下恰好反转。因此,对于每次碰撞:

$$\int f(r)\mathrm{d}t=\frac{m}{2}\cdot 2\gamma=m\gamma。$$

$$而\int rf(r)\mathrm{d}t=\sigma\int f(r)\mathrm{d}t,$$

因为碰撞期间 r 总是近似等于 σ。如果将这一结果代入(160)式,则可得:

$$W'_i=m\sigma\sum\gamma, \tag{161}$$

其中求和的范围是单位时间内发生碰撞的所有分子对。

为了计算这一求和,我们先要求出很短的 $\mathrm{d}t$ 时间内,气体中有多少个分子以特定的方式发生碰撞。对于即将在 $\mathrm{d}t$ 时间内发生碰撞的两个分子来说,在 $\mathrm{d}t$ 的起始时刻其中

心间距必须仅仅稍大于σ。根据(150)式，任意时刻——因此也包括 dt 的起始时刻——间距位于 σ 到 $\sigma+\delta$ 的分子对数为

$$\frac{2\pi n^2\sigma^2\beta\delta}{V},$$

其中

$$\beta=1+\frac{5\pi n\sigma^3}{12V}=1+\frac{5b}{8v}, \tag{162}$$

v 是比容。这些分子对包含的分子数为

$$\frac{4\pi n^2\sigma^2\beta\delta}{V}。 \tag{163}$$

它们中的每一个都和另外某个分子非常靠近——两分子中心之间距位于 σ 到 $\sigma+\delta$ 之间。

这里，我们必须特别借助的实际上并不是(142)式，而是一个概率法则，因为我们假定，在(163)式描述的分子所处的空间中，分子的平均分布及这些分子中的状态分布都和整个气体中一样。这是可以从§46的"S 定理"直接得出的结论。因此，如果像方程(8)中一样，一个分子的速率位于 c 到 $c+dc$ 之间的概率是 $\varphi(c)dc$，从而 n 个分子中有 $n\varphi(c)dc$ 个的速率位于这一区间，那么，由(163)式所描述的那部分分子中，速率位于上述同一区间的分子数目为

$$4\pi n^2\sigma^2\frac{\beta\delta}{V}\varphi(c)dc \tag{164}$$

因此，正如我们在第一部分[同时参见第二部分中的(8)式]所发现的：

$$\varphi(c)=4\sqrt{\frac{m^3h^3}{\pi}}c^2e^{-hmc^2}。 \tag{165}$$

所以，(164)式给出了 dt 起始时刻的速率位于 c 到 $c+dc$ 之间、且和其他任何分子的间距位于 σ 到 $\sigma+\delta$ 之间的分子数。下面我们将来考虑其中的这样一部分分子：对它们来说，另外一个分子的速度大小位于 c' 到 $c'+dc'$ 之间，速度方向与第一个分子速率的方向所成夹角位于 ε 到 $\varepsilon+d\varepsilon$ 之间。由于不管其周围分子的状态如何，所有这些另外的分子都具有麦克斯韦速度分布，而且它们的速度方向取空间各方向的概率相同，因此，为了求出从(164)式所给出的所有分子中挑选出来的那一部分分子的数目，我们必须将该表示式乘以

$$\frac{1}{2}\varphi(c')dc'\sin\varepsilon\, d\varepsilon。$$

因此，乘积

$$d\mu=2\pi n^2\sigma^2\frac{\beta\delta}{V}\varphi(c)\varphi(c')\sin\varepsilon\, dc\, dc'\, d\varepsilon, \tag{166}$$

给出了满足下述条件的分子对的数目:在 dt 的起始时刻,它们中一个分子(我们称为 c 分子)的速率位于 c 到 $c+dc$ 之间,另一个分子(我们称为 c'分子)的速率位于 c'到 $c'+dc'$之间,两个分子速度方向之夹角位于 ε 到 $\varepsilon+d\varepsilon$ 之间,而两个分子中心的间距则位于 σ 到 $\sigma+\delta$ 之间。如果我们以每个 c 分子为中心画一个球壳,它由两个内半径和外半径分别为 σ 和 $\sigma+\delta$ 的球面包围而成,那么,(166)式给出的就是在 dt 的起始时刻分子中心位于其中的一个球壳内、分子速率位于 c'到 $c'+dc'$之间且其方向与 c 分子速度方向的夹角位于 ε 到 $\varepsilon+d\varepsilon$ 之间的分子数目。

§57 碰撞数

每个 c'分子与 c 分子都相隔很近。为了求出无穷小的时间间隔 dt 内实际发生的碰撞次数,我们假设所有的 c 分子都静止不动,而每个 c'分子相对于它邻近的 c 分子以速率

$$g=\sqrt{c^2+c'^2-2cc'\cos\varphi} \tag{167}$$

运动,从而在 dt 时间内它在相对速度 g 的方向上运动了 $g\,dt$ 的距离。

而且,我们依然设想,每个 c 分子的周围有一个以它的中心为球心、半径为 σ 的球 K。从每个 K 球的球心画一条线 G,它的方向为所考虑的 c 分子附近那个 c'分子的相对速度的方向。我们将 G 线朝相反方向延长,并将每个 K 球中与延长线所成夹角位于 ϑ 到 $\vartheta+d\vartheta$ 之间的半径画出来。所有这些半径的终点在每个 K 球的球面上所形成区域的面积为 $2\pi\sigma^2\sin\vartheta d\vartheta$。从这些区域中的每个点画这样一条线:线的长度为 $g\,dt$,方向与 c'分子的相对速度的方向相反。从一个区域中的点画出的所有线段构成一个体积为 $2\pi\delta^2 g\sin\vartheta\cos\vartheta d\vartheta dt$ 的圆环状空间,而且不难看出,在 c 的起始时刻分子中心位于这一圆环状空间的所有 c'分子(它们的数目用 $d\nu$ 表示),将与它们附近满足如下条件的 c 分子发生碰撞:从 c'分子中心指向 c 分子中心的线段与 c'分子相对于 c 分子的速度之间的夹角位于 ϑ 到 $\vartheta+d\vartheta$ 之间。然而,$d\nu$ 和[(166)式给出的]分子对数目 $d\mu$ 之比,等于 $d\nu$ 分子所在的一个圆环状空间的体积 $2\pi\sigma^2 g\sin\vartheta\cos\vartheta d\vartheta dt$ 与 $d\mu$ 分子中心所在的一个球壳的体积 $4\pi\sigma^2\delta$ 之比;因此我们有:

$$d\nu=\frac{2\pi\sigma^2}{V}n^2\beta\sin\vartheta\cos\vartheta g\varphi(c)\varphi(c')\frac{\sin\varepsilon\, d\varepsilon}{2}dc\,dc'\,d\vartheta\,dt。$$

如果将上式两边除以 dt,则可得单位时间内以如下方式发生碰撞的分子对数目:碰撞前的速率分别处于$(c,c+dc)$和$(c',c'+dc')$区间,两速度之间的夹角位于 ε 到 $\varepsilon+d\varepsilon$ 之间,两分子中心的连线与相对速度之间的夹角位于 ϑ 到 $\vartheta+d\vartheta$ 之间。这样得到的结果为:

$$dn_{cc'\varepsilon\vartheta}=\frac{2\pi\sigma^2}{V}n^2\beta\sin\vartheta\cos\vartheta g\varphi(c)\varphi(c')\frac{\sin\varepsilon d\varepsilon}{2}dc\,dc'd\vartheta。\tag{168}$$

如果我们将(168)式除以 $n\varphi(c)dc$，则可得上述条件下一个 c 分子与 c' 分子发生碰撞的次数。如果将 ϑ 从 0 到 $\frac{1}{2}\pi$、ε 从 0 到 π、c' 从 0 到 ∞ 积分，则可得一个运动速率为 c 的分子每秒钟经历的总碰撞次数 n_c。我们可以将表示式

$$\overline{g_c}=\int_0^\infty dc'\varphi(c')\int_0^\pi\frac{g\sin\varepsilon d\varepsilon}{2}\tag{169}$$

称为以速率 c 运动的一个分子相对于其他所有可能的速度的所有相对速率的平均值。因此

$$n_c=\frac{\pi\sigma^2 n\beta}{V}\overline{g_c}$$

如果将(165)式给出的 φ 函数值以及(167)式给出的 g 值代入(169)式，则如我们在第一部分§9中所看到的那样，可以得出：

$$\overline{g_c}=4\sqrt{\frac{m^3h^3}{\pi}}\int_0^\infty c'^2dc'e^{-hmc'^2}\int_0^\pi\frac{\sin\varepsilon d\varepsilon}{2}\sqrt{c^2+c'^2-2cc'\cos\varepsilon}$$

$$=\frac{2}{\sqrt{\pi hm}}\left(e^{-hmc^2}+\frac{2hmc^2+1}{c\sqrt{hm}}\int_0^{c\sqrt{hm}}e^{-x^2}dx\right)。$$

由于 $\varphi(c)dc$ 是一个分子的速率介于 c 和 $c+dc$ 之间的概率，因而也是它的速率处于上述区间的时间在整个运动所维持的很长一段时间中占据的比例，所以，单位时间内任意一个分子所经历的总碰撞数平均为

$$n=\int_0^\infty n_c\varphi(c)dc=\frac{\pi\sigma^2 n\beta}{V}\overline{g},\tag{170}$$

其中

$$\overline{g}=\int_0^\infty\overline{g_c}\varphi(c)dc$$

$$=\frac{8mh}{\pi}\int_0^\infty c^2e^{-hmc^2}dc\left(e^{-hmc^2}+\frac{2hmc^2+1}{c\sqrt{hm}}\int_0^{c\sqrt{hm}}e^{-x^2}dx\right)$$

为气体中所有可能的分子对的平均相对速率。我们在第一部分§9中也计算过一个类似的积分；如果采用和那里同样的方法，我们可以得到：

$$\overline{g}=\overline{c}\sqrt{2}=\frac{2\sqrt{2}}{\sqrt{\pi hm}}。$$

因此，平均相对速度的大小，正好和当两个分子分别以其平均速率沿互相垂直的方向运动时彼此的相对速度一样大。当两个分子不是同种分子时，这一定理也一样成立。如果将所求得的 $\overline{g}$ 值代入(170)式，可以得到：

$$\mathfrak{n}=\frac{2\sigma^2 n\beta}{v}\sqrt{\frac{2\pi}{hm}}。$$

§58 平均自由程的修正值 用洛伦兹的方法计算 W_i'

由于平均自由程为 $\lambda=\frac{\bar{c}}{n}$,因而

$$\lambda=\frac{V}{\sqrt{2}\,\pi\sigma^2 n\beta},$$

如果代入(162)式的 β 值,并展开成 $\frac{b}{v}$ 的幂级数,那么,可进一步得到

$$\lambda=\frac{V(1-\frac{5b}{8v})}{\sqrt{2}\,\pi\sigma^2 n}=\frac{\sqrt{2}\,\sigma v}{3b}\left(1-\frac{5b}{8v}\right)。\tag{171}$$

因此,上述平均自由程的值比第一部分§10中给出的值高一个数量级(相对 $\frac{b}{v}$ 而言)。

利用(161)式和(168)式,我们现在不难求出碰撞中所有作用力的平均维里。对于(168)式所包含的每一个碰撞,相对速度 g 在中心连线方向上的分量 γ 的大小为 $\gamma=g\cos\vartheta$;因此,每个这样的碰撞对求和式(161)的贡献为 $m\sigma g\cos\vartheta$。如果将(168)式乘以这个值,则可以得到所有这些碰撞对求和式(161)的贡献。如果接下来再对所有可能的值积分,那么,最终我们将得到总的求和结果,因而根据(161)式,我们将得到 W_i'。但是,我们最终必须将所得结果除以2,因为不然的话,每个碰撞都被统计了两次——当其中一个分子的速率位于 c 到 $c+\mathrm{d}c$ 之间的时候被统计了一次,然后在另一个分子的速率位于 c 到 $c+\mathrm{d}c$ 之间的时候又被统计了一次。所以:

$$W_i'=\frac{\pi\sigma^3 n^2 m\beta}{2V}\int_0^{\frac{\pi}{2}}\sin\vartheta\cos^2\vartheta\,\mathrm{d}\vartheta$$
$$\times\int_0^\infty\varphi(c)\,\mathrm{d}c\int_0^\infty\varphi(c')\,\mathrm{d}c'\int_0^\pi g^2\sin\varepsilon\,\mathrm{d}\varepsilon。$$

如果代入(167)式的 g 值,并注意到:

$$\int_0^\infty\varphi(c)\,\mathrm{d}c=\int_0^\infty\varphi(c')\,\mathrm{d}c'=1,$$

$$\int_0^\infty c^2\varphi(c)\,\mathrm{d}c=\int_0^\infty c'^2\varphi(c')\,\mathrm{d}c'=\overline{c^2},$$

那么我们将得到之前已经得到过的结果

$$W_i' = \frac{2\pi\sigma^3 n^2 m\overline{c^2}\beta}{3V}。$$

平均自由程的修正值(171)式最初是克劳修斯给出的。① 波义耳-查尔斯定律中附加的$\frac{b}{v}$项,则首先由洛伦兹通过上述方法求得;②雅格(G. Jäger)③和范德瓦尔斯④计算了附加的$\frac{b^2}{v^2}$项;雅格给出的值和我们这里得到的结果一致,但是范德瓦尔斯得出的结果和我们的不一样。

§59 分子中心可用空间的修正值

现在我们假设一个体积为 V 的容器中共有 n 个同种分子,并把这些分子看作直径为 σ 的球。那么,在所有 n 个分子的位置已知的情况下,我们可以通过将总体积 V 减去 n 个分子所占据的空间,即,$\Gamma=\frac{4\pi n\sigma^3}{3}=2Gb$,的方法,而求得容器中引入的另一个分子的中心可以占用的空间[参看(148)式]。和之前一样,m 是一个分子的质量,$mn=G$ 是气体的总质量,而

$$b=\frac{2\pi\sigma^3}{3m}$$

和(20)式中一样是单位质量气体中所有分子覆盖球总体积的一半。这里,和两个分子覆盖球互相渗透相对应的$\frac{\Gamma^2}{V^2}$阶项被忽略不计了。下面我们来计算该项的大小,不过$\frac{\Gamma^3}{V^3}$阶项仍然忽略不计。

设 Z 为所有分子覆盖球中重叠部分的总体积,因而我们要令:

$$D=V-2Gb+Z。\tag{172}$$

两个分子的覆盖球发生重叠的情形总是出现在它们的中心间距位于 σ 到 2σ 之间的时候。设 x 是满足这一条件的间距。覆盖球的半径为 σ,它们和所考虑的分子同心。如果两个分子的中心相距 x,那么同时属于两个分子覆盖球的总空间是高为 $\sigma-\frac{x}{2}$的两个球缺(spherical section)。这样一个球缺的体积为

---

① Clausius, *Kinetische Gastheorie*, Vol. 3 of *Mechanische Wärmetheorie* (Vieweg, 1889—1891), p. 65.

② Lorentz, *Ann. Physik*. [3] 12, 127, 660 (1881).

③ Jäger, *Wien. Ber*. 105, 15 (16 Jan. 1896).

④ Van der Waals, *Verslagen Acad. Wet. Amsterdam* [4] 5, 150 (31 October 1896).

$$K=\pi\int_{\frac{x}{2}}^{\sigma}(\sigma^2-y^2)\mathrm{d}y=\pi\left(\frac{2\sigma^3}{3}-\frac{\sigma^2x}{2}+\frac{x^3}{24}\right)。$$

我们将为每个分子构建一个内、外半径分别为 x 和 $x+\mathrm{d}x$ 的同心球壳。这些球壳的总体积 $4\pi nx^2\mathrm{d}x$ 与气体的总体积 V 之比,等于和其他分子中心之间距位于 x 到 $x+\mathrm{d}x$ 之间的分子数 $\mathrm{d}n_x$ 与总分子数 n 之比。因此:

$$\mathrm{d}n_x=\frac{4\pi n^2x^2\mathrm{d}x}{V}。$$

这里,忽略了和 $\frac{\Gamma\mathrm{d}n_x}{V}$ 同阶的项,但我们不难证明,忽略的项对最后结果的贡献只会是 $\frac{I^3}{V^3}$ 阶项。

间距为 x 到 $x+\mathrm{d}x$ 之间的分子对数目是 $\frac{1}{2}\mathrm{d}n_x$。由于对每个这样的分子对来说,覆盖球内有两个体积为 K 的球缺,因此所有这些分子对对 Z 的贡献为 $K\mathrm{d}n_x$,将该值从 $x=\sigma$ 到 $x=2\sigma$ 积分,便可求得 Z 的大小。由此可得

$$Z=\frac{\pi^2n^2}{V}\int_0^{2\sigma}\left(\frac{8\sigma^3}{3}-2\sigma^2x+\frac{x^3}{6}\right)x^2\mathrm{d}x=\frac{17}{36}\frac{\pi^2n^2\sigma^6}{V}=\frac{17}{16}\frac{G^2b^2}{V},$$

$$D=V-2Gb+\frac{17}{16}\frac{G^2b^2}{V}\tag{173}$$

§ 60 用概率法则计算饱和蒸气的压强[①]

下面假定一个物质的液相和气相在某特定温度 T 下彼此接触。液体部分的总质量为 G_f、总体积为 V_f;气体部分的质量为 G_g、它所在空间的体积为 V_g,因而 $v_f=\frac{V_f}{G_f}$,$v_g=\frac{V_g}{G_g}$ 分别是液体和气体的比容,或者两者的密度 ρ_f、ρ_g 的倒数。

如果此时在两相共存的空间引入一个分子,那么根据(173)式,该分子在液体内的可用空间为

$$V_f-2G_fb+\frac{17}{16}\frac{G_f^2b^2}{V_f},$$

而它在气体内的可用空间为

---

① 卡末林-昂内斯也处理过同样的问题,详见 Kamerlingh Onnes, *Arch. Neerl.* 30, § 7, p. 128 (1881).

$$V_g-2G_g b+\frac{17}{16}\frac{G_g^2 b^2}{V_g}。$$

上述体积之比应该等于——如果不存在范德瓦尔斯内聚力的话——其他所有分子位置已知的情况下，最后一个分子位于液体或者气体中的相对概率。(考虑到范德瓦尔斯内聚力的作用)这一比值要乘以 $e^{-2h\psi_f}:e^{-2h\psi_g}$，其中 ψ_f 和 ψ_g 分别是分子处于液体或者气体中时的范德瓦尔斯内聚力势能值。如果将分子间距为无穷远时选为势能零点，即 $\psi=0$，那么，$-\psi_f$ 就是将一个受范德瓦尔斯内聚力作用、质量为 m 的分子带出液体内部，并将它移到远处所需要做的功。在 § 24 中我们求得这一做功的值为 $2ma\rho_f=\frac{2ma}{v_f}$，而单位质量中所有分子的总分离功为 $a\rho_f$。同样，

$$-\psi_g=2ma\rho_g=\frac{2ma}{v_g}。$$

考虑范德瓦尔斯内聚力，我们求得最后一个分子处于液体中的概率和处于气体中的概率之比为：

$$\left(V_f-2G_f b+\frac{17}{16}\frac{G_f^2 b^2}{V_f}\right)e^{\frac{4hma}{v_f}}:\left(V_g-2G_g b+\frac{17}{16}\frac{G_g^2 b^2}{V_g}\right)e^{\frac{4hma}{v_g}}。$$

在平衡状态中，上述比值必然也等于 n_f 与 n_g 之比；或者，将 n_f 和 n_g 乘以 m，即得上述比值等于$\frac{G_f}{G_g}$。如果将这一比例写出来，我们立刻可得

$$v_g-2b+\frac{17}{16}\frac{b^2}{v_g}=\left(v_f-2b+\frac{17}{16}\frac{b^2}{v_f}\right)e^{4hma\left[\left(\frac{1}{v_f}\right)-\left(\frac{1}{v_g}\right)\right]}。$$

这时，如果 r 是蒸气在高温和低密度情况下的气体常数，则根据(21)式和(135)式[①][同时参见第一部分(44)式]可得，$2h=\frac{1}{mrT}$。如果取对数，并展开成 b 的幂级数，然后保留到 b^2 阶项，那么有

$$\frac{1}{v_f}-\frac{1}{v_g}=\frac{r}{2}\frac{T}{a}\left[\ln\frac{v_g}{v_f}-2b\left(\frac{1}{v_g}-\frac{1}{v_f}\right)-\frac{15}{16}b^2\left(\frac{1}{v_g^2}-\frac{1}{v_f^2}\right)\right]。\tag{174}$$

自然，这个公式几乎只能给出定性正确的结果，因为对于液体来说，b 和 v 相比很小的假设并不正确。

如果我们引入摄氏温度 t，将 ρ_f 看作是远大于 ρ_g 的常数，并假设蒸气遵守波义耳-查尔斯定律，即，$pv_g=rT$，那么由(174)式可得下述形式的方程

$$p=\frac{1}{A+Bt}e^{\frac{t}{(C+Dt)}},\tag{175}$$

① 特别是，$\overline{S}=\frac{1}{2}m\overline{c^2}$。

这是一个具有某些实际用途的方程,但其中的常数 A、B、C、D 的意义在不同情况下有所不同。

根据§16 中得到的条件,即图 2 中两个阴影面积必须相同,我们还可以计算饱和蒸气的压强。在这一图形中,横坐标 OJ_1 是液体的比容 v_f,横坐标 OG_1 是蒸气的比容 v_g,而纵坐标 $J_1J=G_1G$ 等于相应的饱和压强。根据两个阴影面积相等的条件,长方形的面积 $JJ_1G_1GJ=p(v_g-v_f)$,必须等于上由曲线 $JCHDG$、下由横坐标轴、左右分别由纵坐标 J_1J 和 G_1G 所围成区域的面积 $\int_{v_f}^{v_g}p\,\mathrm{d}v$。因此,我们有:

$$p(v_g-v_f)=\int_{v_f}^{v_g}p\,\mathrm{d}v。\tag{176}$$

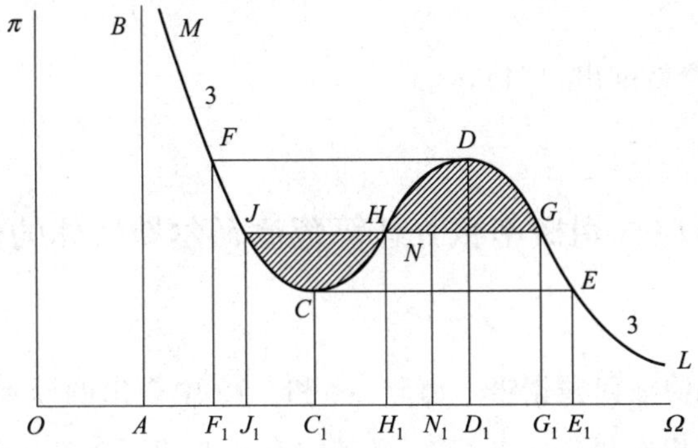

图 2[①]

如果以范德瓦尔斯方程

$$p=\frac{rT}{v-b}-\frac{a}{v^2}\tag{177}$$

作为出发点,那么,通过积分可求得:

$$p(v_g-v_f)=rT\ln\frac{v_g-b}{v_f-b}+a\left(\frac{1}{v_g}-\frac{1}{v_f}\right)\tag{178}$$

其中 T 和常数 a、b 及 r 要被看作是已知量。三个未知量 p、v_f 及 v_g 通过(178)式和如下两个条件求得:v_f、v_g 分别是(177)式的最小和最大的根。如果对于蒸气,我们还是取波义耳-查尔斯定律 $pv_g=rT$,并假设 b 和 v_f 远小于 v_g,ρ_g 远小于 ρ_f(后者被视为温度的线性函数),那么,我们将再次得到具有(175)形式的饱和压强公式;但(178)式和(174)式不会完全吻合。

我们也并不指望它们完全吻合,因为(177)式是有附加条件的,而并非所讨论问题条件下的准确结论。

相反,如果我们使用

$$p=rT\left(\frac{1}{v}+\frac{b}{v^2}+\frac{5b^2}{8v^3}\right)-\frac{a}{v^2}\tag{179}$$

---

① 为便于读者阅读,将图 2 复制到此处。——编辑注

而不是(177)式，则可以严格得出(174)式，前者在忽略包含 b 的二次方以上的项的情况下，严格满足问题中的条件。

事实上，在这种情况下，我们通过积分可从(176)式得到

$$p(v_g-v_f)=rT\left[\ln\frac{v_g}{v_f}-b\left(\frac{1}{v_g}-\frac{1}{v_f}\right)-\frac{5b^2}{16}\left(\frac{1}{v_g^2}-\frac{1}{v_f^2}\right)\right]+a\left(\frac{1}{v_g}-\frac{1}{v_f}\right)。\quad(180)$$

由于现在 v_g 和 v_f 都必须满足(179)式，因此我们可以分别通过将 $v=v_g$ 和 $v=v_f$ 代入该方程来计算 pv_g 和 pv_f。将所得到的两个值相减后有

$$p(v_g-v_f)=rT\left[b\left(\frac{1}{v_g}-\frac{1}{v_f}\right)+\frac{5b^2}{8}\left(\frac{1}{v_g^2}-\frac{1}{v_f^2}\right)\right]+a\left(\frac{1}{v_g}-\frac{1}{v_f}\right),$$

它与(180)式联立可严格推出(174)式。

§61 用概率积分计算范德瓦尔斯气体的熵

下面我将简要说明如何根据第一部分§8和§19中得出的原理，来计算当分子所占空间和整个气体体积相比并非微乎其微，且其中存在范德瓦尔斯内聚力时气体的熵。范德瓦尔斯内聚力不改变分子的速度分布，而只是使分子聚集得更紧密一些。像重力一样，它对熵没有直接的影响，因而对这样的气体来说，熵对温度的依赖关系和上述章节中理想气体的熵－温关系一样；只是在目前的情形中，需要就分子的有限延展所产生的影响进行修正。

第一部分§8中所求得的熵的表达式——下面我们将称为 S——很容易改写为下述形式[①]

$$S=RM\ln\mathfrak{M}=RM\ln(v^nT^{\frac{3n}{2}})$$

如果 M 是氢原子的质量，那么 R 即为游离氢(dissociated hydrogen)的气体常数，因此它是普通氢气气体常数的两倍。当分子存在内部运动，且其中平均动能和势能之和的变化与平均平动动能之比恒为 $\beta:1$ 时，T 的指数必须用

$$\frac{3n}{2}(1+\beta)\text{代替}\frac{3n}{2}。$$

如果 β 是温度的函数，那么，$\ln T^{\frac{3n}{2}}$ 必须用

$$\frac{3n}{2}\int(1+\beta)\,\frac{\mathrm{d}T}{T}$$

① 在第一部分§8中，n 是单位体积中的分子数；因此体积 Ω 中的气体总分子数是 Ωn，但在这里我们是用 n 来表示该数目。

来代替。

S 是单位质量的熵,因而 n 是单位质量的分子数;v 是单位质量的体积。

如果我们将 S 理解为概率描述,那么,其中出现的量 v^n 具有下述意义:它代表所有 n 个分子同时处于体积 v 中的概率与某个标准位形——比如这样一个位形:第一个分子处于体积为 1 的一个特定空间、第二个分子处于体积同样为 1 的另一个完全不同的空间,等等——的概率之比。当我们考虑分子的有限大小时,这个量是唯一会发生变化的量,事实上,它指的是下述事件同时发生的概率 W:第一个分子处在 v 中,第二个、第三个、第四个等也都处在 v 中(而不是像 §60 中那样,考虑一个额外的分子处在 v 中的概率)。

第一个分子中心的可用空间是整个体积 v。因此,它处于该空间的概率与它处于体积为 1 的给定空间的概率之比为 v。在计算第二个分子中心同时处于空间 v 中的概率时,我们得从 v 中减去第一个分子覆盖球的体积,$\frac{4}{3}\pi\sigma^3=2mb$。如果 v 中已经有 ν 个分子,那么,根据(173)式,第 $\nu+1$ 个分子的中心可以利用的空间为:

$$v-2\nu mb+\frac{17\nu^2m^2b^2}{16v}。\tag{181}$$

因此,这个表达式也等于第 $\nu+1$ 个分子处于空间 v 的概率与它处于另一个体积为 1、且同其他空间完全隔开的空间的概率之比。因此,乘积

$$W=\prod_{\nu=0}^{\nu=n-1}\left(v-2\nu mb+\frac{17\nu^2m^2b^2}{16v}\right)$$

表示下述概率之比:所有 n 个分子同时处于空间 v 的概率与它们每个位于一个独立的单位体积空间中的概率之比。① 当我们考虑分子具有有限大小时,熵表达式中的 v^n 得用上式来代替。所以,单位质量的熵为

$$S=rm\left[\frac{3n}{2}\int(1+\beta)\frac{\mathrm{d}T}{T}+\sum_{\nu=0}^{\nu=n-1}\ln\left(v-2\nu mb+\frac{17}{16}\frac{\nu^2m^2b^2}{v}\right)\right]。$$

这里,r 是所讨论的其状态足够近似于理想气体状态的物质的气体常数,因此,$rm=RM$。

如果将对数展开成 b 的级数,并像通常一样,忽略 b 的二次方以上的项,那么可得:

$$\ln\left(v-2\nu mb+\frac{17}{16}\frac{\nu^2m^2b^2}{v}\right)=\ln v-\frac{2\nu mb}{v}-\frac{15\nu^2m^2b^2}{16v^2}。$$

由于我们还假设 n 远大于 1,因此可以令:

$$\sum_{\nu=0}^{\nu=n-1}\nu=\frac{n^2}{2},\quad\sum_{\nu=0}^{\nu=n-1}\nu^2=\frac{n^3}{3},$$

① b^3 阶项自然忽略不计,同时还应该注意到在除无限小的项之外的所有项之中,ν 都远大于 1。

再考虑到 $nm=1$，于是我们可得

$$S=r\left[\frac{3n}{2}\int(1+\beta)\frac{\mathrm{d}T}{T}+\ln v-\frac{b}{v}-\frac{5b^2}{16v^2}\right]。$$

由于在温度保持不变的情况下，TS 对 v 的偏导数等于分子碰撞所产生的压强，因此我们可以求得这一压强与之前的结果一致，为

$$rT\left(\frac{1}{v}+\frac{b}{v^2}+\frac{5b^2}{8v^3}\right)。$$

上式中 b 的更高阶项的计算很简单，可以通过在 S 和 W 的表示式中考虑这些高阶项的方式，而用同样的方法求出。[①]

如果分子不是球形的，但行为类似固体，那么，第 $\nu+1$ 个分子处于体积 v 的概率公式仍然具有下述形式

$$v-c_1\nu m-c_2\frac{\nu^2m^2}{v}\cdots-c_k\frac{\nu^km^k}{v^{k-1}}\cdots$$

假设通过级数展开的方法，有

$$\begin{cases}\ln\left(v-c_1\nu m\cdots-c_k\dfrac{\nu^km^k}{v^{k-1}}\cdots\right)\\=\ln v-\dfrac{2b_1\nu m}{v}-\dfrac{3b_2\nu^2m^2}{v^2}\cdots-\dfrac{(k+1)b_k\nu^km^k}{kv^k}-\cdots\end{cases}\tag{182}$$

那么，可得

$$\begin{aligned}S&=rm\left[\frac{3n}{2}\int(1+\beta)\frac{\mathrm{d}T}{T}+\sum_{\nu=0}^{\nu=n-1}\left(\ln v-\frac{2b_1\nu m}{v}\cdots-\frac{k+1}{k}b_k\frac{\nu^km^k}{v^k}\cdots\right)\right]\\&=r\left[\frac{3}{2}\int(1+\beta)\frac{\mathrm{d}T}{T}+\ln v-\frac{b_1}{v}-\frac{b_2}{2v^2}\cdots-\frac{b_k}{kv^k}\cdots\right]。\end{aligned}$$

所以，单纯由于分子碰撞而产生的压强为

$$\frac{\partial(TS)}{\partial v}=rT\left(\frac{1}{v}+\frac{b_1}{v^2}\cdots+\frac{b_k}{v^{k+1}}\cdots\right),$$

而作用于气体之上的外部总压强为：

---

① 这里求得的 S 表示式和(第 194 页) § 21 中给出的熵公式当然不会一致，因为后者的计算假定范德瓦尔斯方程严格成立。但是，如果我们在推得

$$\int\frac{\mathrm{d}Q}{T}=\int\left[\frac{3r}{2}(1+\beta)\frac{\mathrm{d}T}{T}+\left(p+\frac{a}{v^2}\right)\frac{\mathrm{d}v}{T}\right]$$

的 § 21(38)式中代入作为我们目前计算基础的状态方程

$$p+\frac{a}{v^2}=rT\left(\frac{1}{v}+\frac{b}{v^2}+\frac{5b^2}{8v^3}\right),$$

而不是(22)式，则可得到完全相同的熵公式。

$$p=rT\left(\frac{1}{v}+\frac{b_1}{v^2}+\frac{b_2}{v^3}\cdots+\frac{b_k}{v^{k+1}}\cdots\right)-\frac{a}{v^2}。\tag{183}$$

如果我们将上述方程代入下式

$$p(v_g-v_f)=\int_{v_f}^{v_g}p\,\mathrm{d}v,$$

则可得气、液共存的条件为：

$$p(v_g-v_f)=r\mathrm{T}\left[\ln\frac{v_g}{v_f}-b_1\left(\frac{1}{v_g}-\frac{1}{v_f}\right)-\cdots-\frac{b_k}{k}\left(\frac{1}{v_g^k}+\frac{1}{v_f^k}\right)\cdots\right]+a\left(\frac{1}{v_g}-\frac{1}{v_f}\right),$$

若反复应用(183)式的话，上式也可以写为：

$$\begin{cases}2a\left(\frac{1}{v_f}-\frac{1}{v_g}\right)=rT\left[\ln\frac{v_g}{v_f}-2b_1\left(\frac{1}{v_g}-\frac{1}{v_f}\right)-\frac{3b_2}{2}\left(\frac{1}{v_g^2}-\frac{1}{v_f^2}\right)\right.\\ \left.\qquad-\cdots-\frac{k+1}{k}b_k\left(\frac{1}{v_g^k}-\frac{1}{v_f^k}\right)\cdots\right]。\end{cases}\tag{184}$$

我们现在也可以用和之前推得(174)式的相同的方法得到气、液平衡的条件为：

$$\frac{2a}{rT}\left(\frac{1}{v_f}-\frac{1}{v_g}\right)=\ln\left(v_g-c_1-\frac{c_2}{v_g}\cdots\right)-\ln\left(v_f-c_1-\frac{c_2}{v_f}\cdots\right),$$

上式和(182)式联立，同样可得(184)式。

下面作为第一、二章的补充，是在该两章付印之后范德瓦尔斯和我口头交流的内容，我想把它安插在这里。

(1)他从没有明确地做过§2中提到的这样一个假设，即分子之间的吸引力随距离的增加而减小的速度非常缓慢，从而在远大于两相邻分子之间平均距离的尺度上该力保持恒定；且他认为这样一种作用力规律是不大可能的。但如果没有这样一个假设，我便不能准确地推导出他的状态方程。

(2)如果设想两相区域(§17中图3)的边界曲线 JKG 在 K 点附近是抛物线或者圆弧形状，那么，我们将发现，假如 N 始终在线段 KK_1 上的话，则 N 离 K 愈近，JN 就愈接近于 NG。因此，如果一个物质恰好具有临界体积，那么当新月面消失的瞬间，液体部分的体积将正好等于气体部分的体积。另一方面，如果体积与临界体积稍有不同，那么新月面总是会从装物质的管子中部渐进式移动很长一段距离，直至最后消失。

根据昆宁(J. P. Kuenen)的实验，实际结果与理论值之间的背离主要是重力导致的。

第六章

离解理论

Abschnitt Ⅵ

· *Theorie der Dissociation* ·

玻尔兹曼的课程……显得惊人的清晰，他有着非凡人的头脑，因为他说起哈密顿函数或六重积分时根本不用看笔记。

——长冈半太郎(1865—1950)，日本物理学家。

JOSIAH WILLARD GIBBS LL D

§62 同种单价原子之间化学亲和性的力学图景

我曾经在差不多是最普遍的假设的基础上处理过气体离解的问题,不过,最后我还是不得不进行特殊化处理。①

由于这里更侧重于明晰性而不是普遍性,因此我将提出一些尽可能简单的特殊假设。对此,读者千万不要产生误会,甚至于觉得我认为化学吸引力完全遵照这里所假定的作用力规律。相反,这些规律应该被看作是与化学吸引力有某种相似性的力的最简单、也许最明晰的描述,因此在目前的情形中,它们可以被当作化学吸引力作用规律的某种程度上的近似。

我们首先将考虑最简单的离解情形,其中碘蒸气可以作为典型的代表。在不太高的温度下,所有的分子都包含两个碘原子;但随着温度的升高,越来越多的分子分解为单个的原子。之所以存在由两个原子(双原子)所构成的分子,我们认为是由于原子之间存在吸引力,我们将这一吸引力称为化学吸引力。化合价的事实告诉我们,化学吸引力很可能并不仅仅是原子中心之间距离的函数;相反,它必然和原子表面上一个相对较小的区域有关联。而且,只有在后一假设而非前一假设条件下,我们才能得出与实际相符合的气体离解理论。一方面为计算简便起见,另一方面也因为碘的单价性,我们假设一个碘原子对另一个碘原子的化学吸引力只在远小于原子尺寸的区域里有效,我们将该区域称为敏感区域。这一区域位于原子的外部表面,并和原子有着紧密的联系。从原子中心指向敏感区域某一特定点(比如其中心位置,或者它纯几何意义上的重心位置)的线段称为这个原子的轴。只有当两个原子的敏感区域彼此接触或者部分重叠时,它们之间才会发生化学吸引作用。这时,我们说这两个原子彼此化合。当它们通过表面上其他任何位置发生接触时,则不产生化学吸引作用。敏感区域只占原子整个表面极小的一部分,从而三个原子的敏感区发生接触或者部分重叠的可能性被完全排除。在下面的计算中,并不需要假设原子具有球的形状。但由于这是最简单的情形,所以我们依然这么假设。令球形原子的直径是 σ。

我们考虑一个特定的原子;假设用图 4 中的圆 M 来表示它。设 A 点是它的中心。

① Boltzmann, *Wien. Ber.* 88, 861(18 October 1883); 105, 701(1896); *Ann. Physik* [3] 22, 39(1884).

◀ 吉布斯雕像,位于耶鲁大学吉布斯实验室入口处。

阴影区域 α 为敏感区域。我们并不需要特地排除敏感区部分地位于原子内部的情形，但在图示中它似乎完全位于原子的外部，因为我们若要设想原子完全密不可入的话，自然就要作这样的假定。如果第二个原子 M_1 和第一个原子之间发生化合，那么第二个原子的敏感区 β 必然和 α 空间发生部分重叠，或者至少发生接触。我们仍将建构第一个原子的覆盖球（以 A 点为中心、半径为 σ 的球），我们在图 4 中用圆 D 来表示它。我们在覆盖球 D 的表面上构建一个具有如下性质的空间（临界空间，图中用 ω 表示的阴影区域）：除非第二个原子的中心 B 位于这一临界空间内或者边界上，否则敏感区 α 和 β 不可能发生重叠或者接触。反过来则不成立。如果第二个原子的中心 B 处于临界空间 ω 中，那么，该原子的轴的取向仍然可以在很大的角度范围内，使敏感区 α 和 β 不发生接触或者重叠。

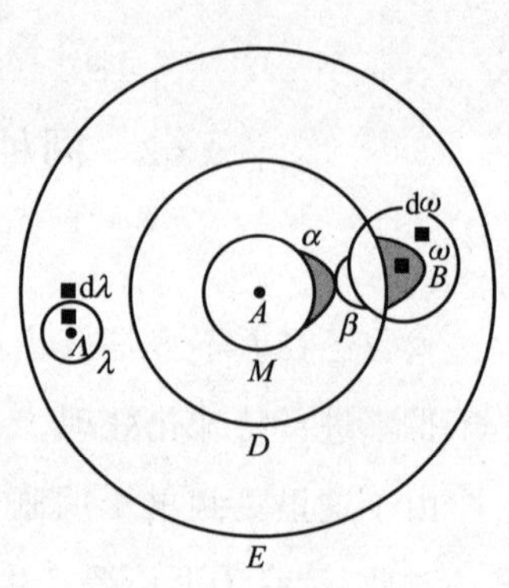

图 4

为了准确定义第二个原子和第一个原子之间处于何种相对位置时才会产生化合作用，我们接下来要在临界空间 ω 中构建一个体积元 $d\omega$。同时，临界空间的总体积就设为 ω。① 此外，我们将设想第一个原子上固连着一个半径为 1 的同心球；这个球在图 4 中用圆 E 表示。如果第二个原子和第一个原子发生化合，那么，第二个原子的轴和 BA 所成夹角必然不会太大，不然的话，敏感区 α 和 β 将彼此分开。从 A 点出发并和第二个原子的轴方向一致的线段交球面 E 于一点，该点我们将始终称为 Λ 点。由于球 E 和第一个原子之间为刚性连接，因此，第二个原子的轴相对于第一个原子的位置完全由这个 Λ 点决定，这样，对应于临界空间中每个体积元 $d\omega$，我们可以在球面 E 上构建具有如下性质的区域 λ。如果 Λ 位于 λ 区域之内或者它的边界上，那么，只要第二个原子的中心位于体积元 $d\omega$ 的内部或者边界上，则两个敏感区域 α 和 β 将彼此渗透或者接触。但是只要 Λ 在 λ 区域的外面，则两个敏感区域 α 和 β 将彼此无交集。随着体积元 $d\omega$ 在临界空间 ω 中的位置的不同，这个 λ 区域当然通常具有不同的大小，且其在球面 E 上的位置也会不同。不过，假若第二个原子的中心位于临界空间中任何体积元 $d\omega$ 的内部或者边界上，且 Λ 位于和体积元 $d\omega$ 相对应的 λ 区域的一个面元 $d\lambda$ 内部或者边界上，那么，第二个原子将和第一个原子发生化合，即，两个原子将发生有效的吸引作用。将它们从这样一个相对位置分开到彼此不再有明显的相互作用的距离所需要做的功，记为 χ。这个量通常会随体积元 $d\omega$ 在临界空间的位置，以及 $d\lambda$ 在对应的 λ

① 不存在三个原子发生化合的充分必要条件为，如果两个原子发生化合，则第一个原子的临界空间 ω 总是完全位于第二个原子的覆盖球之内，即，临界空间中任何两点之间的距离都小于 σ。

区域中的位置的不同而不同。

§63 两个同种原子之间发生化合的概率

下面假设体积为 V 的容器中装有 a 个相同的原子,其压强为 p、绝对温度为 T。设一个原子的质量是 m_1,所有原子的质量为 $am_1=G$。我们挑选其中一个原子,并依然将其他的原子叫作其余原子。我们先设想气体存在于无限多个(N 个)完全相同、但空间上彼此分开的容器中,其中气体的温度和压强也都相同。在每个这样的气体中,令其余原子中未与其他其余原子结合的原子数目为 n_1,而发生了结合的其余原子数目为 $2n_2$,因而它们形成 n_2 个双原子。下面我们来计算 N 个气体中,指定原子和其余原子之一发生化合的气体数目是多少,指定原子未和其余原子发生化合的气体数目又是多少。

我们先只考虑其中一个气体。由于我们已经排除了三个原子的化合,因此,指定原子若是发生化合的话,只可能和 n_1 个未与其他原子发生化合的原子中的一个化合。

所以,我们像图 4 中一样,给这 n_1 个原子中的每一个画覆盖球和半径为 1 的同心球 E;在每个这样的覆盖球上的某处都有一个临界空间 ω。在和所有 n_1 个原子相对应的每个临界空间中,我们画一个体积元 $\mathrm{d}\omega$,它相对于所考虑原子的位置,和图 4 中 $\mathrm{d}\omega$ 相对于那里所画出的原子的位置,完全一样,同时,我们在每个球面 E 上画一个面元 $\mathrm{d}\lambda$,同样,它相对于所讨论原子的位置,和图 4 中的面元 $\mathrm{d}\lambda$ 相对于所画出原子的位置一样。这时,如果指定原子的中心处于任何一个体积元 $\mathrm{d}\omega$ 之中,同时 Λ 点位于相应 λ 区域的一个面元 $\mathrm{d}\lambda$ 中(或者该区域的边界上),则它和另一个原子发生了化合,而且它相对于另一个原子的位置也完全确定,因而用 χ 表示的量具有确定的值。

如果不存在我们所谓的化学吸引力,那么,指定原子的中心处于其中一个体积元 $\mathrm{d}\omega$ 的概率 w_1 和它位于气体内任意空间 Ω——该空间既不是其余原子覆盖球的一部分,也没有包含任何 ω 空间——中的概率 w 之比,等于 $n_1\mathrm{d}\omega:\Omega$。如前所述,空间 Ω 是这样的一个空间,指定原子的中心可以位于其中任何一点而不与其他原子发生化合。在没有化学力的情况下,指定分子位于其中一个 $\mathrm{d}\omega$ 体积元之中,且 Λ 点位于面元 $\mathrm{d}\lambda$ 内的概率 w_2 与 w_1 之比,等于 $\mathrm{d}\lambda:4\pi$,因而

$$w_2=\frac{\mathrm{d}\lambda}{4\pi}\frac{n_1\mathrm{d}\omega}{\Omega}w。$$

根据(142)式,当存在化学吸引力的时候,这一概率需要乘以因子 $\mathrm{e}^{2h\chi}$;所以,在存在化学吸引力的情况下,概率为

$$w_2' = e^{2h\chi} \frac{d\lambda}{4\pi} \frac{n_1 d\omega}{\Omega} w。$$

为了将指定原子可与 n_1 个其余原子之一发生结合的所有位置包含进来，我们必须将上式对整个临界空间 ω 中所有 $d\omega$ 体积元积分，而对于每个这样的体积元，又要对相应 λ 区域的所有面元 $d\lambda$ 积分；由此可得指定原子发生化合的概率公式为

$$w_3 = \frac{n_1 w}{\Omega} \iint \frac{d\omega d\lambda}{4\pi} e^{2h\chi} \tag{185}$$

如果令

$$k = \iint \frac{d\omega d\lambda}{4\pi} e^{2h\chi}, \tag{186}$$

则有

$$w_3 = \frac{n_1 w k}{\Omega} \tag{187}$$

这里，w 是指定原子的中心位于任意一个不包含任何其余原子覆盖球及临界空间在内的 Ω 空间的概率。

接下来我们要计算所考虑气体中指定原子不发生化合的概率。如果指定原子的中心处于没有任何其他原子覆盖球，以及没有 n_1 个原子的临界空间的区域时，便总也不会发生化合现象。那些临界空间之和为 $n_1\omega$，而覆盖球所占据的总空间则和§59 中一样，等于 Gb。由于气体的总体积是 V，因此，没有覆盖球和临界空间的区域体积为 $V-Gb-n_1\omega$。[①] 指定原子的中心处于这一空间的概率 w_4 与它处于 Ω 中的概率之比，等于对应空间的体积之比，因为后一空间只不过是前一空间中截出的任意一个部分。因此：

$$w_4 = \frac{w(V-Gb-n_1\omega)}{\Omega}。$$

当指定原子的中心处于临界空间的一个体积元中，但 A 点不在相应的 λ 区域时，该指定原子也是不会发生化合的，因为这时它的轴处在敏感区不发生重叠的方向。根据(185)式类推，我们可以得出后一事件发生的概率为

$$w_5 = \frac{w n_1}{\Omega} \iint \frac{d\varpi d\lambda_1}{4\pi}, \tag{188}$$

但其中，对每个体积元 $d\omega$ 来说，$d\lambda_1$ 代表球面 E 上和 $d\omega$ 相对应的 λ 区域之外的一个面元。同样，积分范围是满足这一条件的所有面元以及所有的 $d\omega$ 体积元。当然，这里略去了指数项，因为此处所考虑的位置区间，没有吸引力的作用。因此，在 N 个气体的每一个中，指定原子不发生化合的总概率为：

① 两个覆盖球或者一个覆盖球和一个临界空间之间的重叠忽略不计，因为这种情况仅会导致很小的高阶小量出现。

$$w_6=w_4+w_5=\left(V-Gb-n_1\omega+n_1\iint\frac{\mathrm{d}\omega\,\mathrm{d}\lambda_1}{4\pi}\right)\frac{w}{\Omega} \tag{189}$$

Gb,$n_1\omega$ 及 $n_1\iint\frac{\mathrm{d}\omega\,\mathrm{d}\lambda_1}{4\pi}$ 这三个量和化学吸引力完全无关。第一个量代表范德瓦尔斯所考虑的由于分子的非质点性而导致波义耳-查尔斯定律的偏差。由于临界空间远小于覆盖球,所以,上述三个量中的后两个量和第一个量相比很小。因为我们要计算的离解气体在其他方面的性质和理想气体的性质一样,从而由离解以外其他原因引起的波义耳-查尔斯定律的偏差可以忽略不计,所以,和 V 相比,这三个量都可以忽略不计。同样的原因,在追求更大准确性的时候,(189)式括号中所有其他附加项就不可以都忽略掉了。这里,(189)式简化为

$$w_6=\frac{Vw}{\Omega} \tag{190}$$

另一方面,我们不能认为[(186)式给出的]量 k 远小于 V,因为化学力的强度很大,从而指数项的值会很大。由于只有当指数 $\mathrm{e}^{2h\chi}$ 的数量级和 $\frac{V}{n_1\omega}$ 的数量级相当时,才会出现明显的离解现象,因此 k 和 V 的数量级相当。由(187)式 和(190)式可得

$$w_6:w_3=V:n_1k。$$

如果我们现在回到 N 个全同气体的情形,并假设在其中 N_3 个气体中,指定原子发生了化合,而指定原子没有发生化合的气体有 N_6 个,那么我们也可以有:

$$N_6:N_3=w_6:w_3=V:n_1k。$$

由于指定原子是任意的,所以,在平衡状态下,这必然也是未化合的原子数 n_1 和已化合的原子数 $2n_2$ 之比。故有:

$$n_1:2n_2=V:n_1k。$$

因此

$$n_1^2k=2n_2V。 \tag{191}$$

§64　离解度和压强的关系

在计算 n_1 和 n_2 这两个数时,我们显然假设其中的一个原子,即我们所谓的指定原子,被排除在外。但是,由于这些数远远大于1,所以,当 n_1 指气体中所有未化合原子(简单分子)的总数目,n_2 为所有双原子(复合分子)的数目时,(191)式依然成立。由于 a 是气体中所有原子的总数目,因此我们还有关系式 $n_1+2n_2=a$ 。由此可得:

$$n_1=-\frac{V}{2k}+\sqrt{\frac{V^2}{4k^2}+\frac{Va}{k}}。 \tag{192}$$

我们用 G 表示气体的总质量，用 m_1 表示一个原子的质量，因而 $a=\frac{G}{m_1}$，$\frac{a}{G}=\frac{1}{m_1}$，是单位质量气体中离解和发生化合的原子总数目。我们依旧用 $v=\frac{V}{G}$ 表示比容，即，给定温度和压强下部分离解的气体之单位质量的体积，同时用 $q=\frac{n_1}{a}$ 表示离解度，即，未发生化合（也即离解状态）的原子数与总原子数之比。最后，我们令

$$K=\frac{k}{m_1}=\frac{1}{m_1}\iint \mathrm{e}^{2h\chi}\ \frac{\mathrm{d}\omega\mathrm{d}\lambda}{4\pi}。 \tag{193}$$

这样一来，上述方程简化为：

$$q=-\frac{v}{2K}+\sqrt{\frac{v^2}{4K^2}+\frac{v}{K}}。 \tag{194}$$

考虑到方向问题，我们需要注意：如果两个单个的原子在碰撞过程中，它们的敏感区域彼此渗透，那么，由于这些区域非常微小，而因为化学力的作用却又使得原子的相对速度达到非常大的值，因此，在大多数情况下，敏感区域发生重叠的时间和一个分子相邻两次碰撞之间的平均时间相比很短。双原子的能量非常之大，以至于两个原子又可以彼此分开。[我们将这种情形称为虚化合(virtual chemical binding)。]

不管怎样，这些虚化合的原子数目和 a 相比微乎其微，因为它们能维持的时间总是很短。所以，当 n_2 和 a 相比不太小的时候，它们对 n_2 的贡献也是极其微小的。只有当原子的质心运动的动能转变为原子的内能（比如，原子绕轴转动或者内部运动的能量）时，才可能在原子不是固体球的情况下产生更长久一些的相互作用。（此为第一种类型的正常化合。）另一方面，如果在两个原子的敏感区域发生重叠的时候，第三个单原子或者双原子介入，那么其能量将大幅降低，从而不再能使两个原子分开，于是至少在下一次碰撞发生之前它们都必然处于结合之中（此为第二种类型的正常化合）。在我们的计算结果得出双原子数目 n_2 和 a 相比不可忽略的所有情形中，都必然有大量双原子彼此长时间结合在一起。我们的普遍公式的主要优势在于，我们能够在不需特别考虑原子对产生和离解的过程的情况下，利用它来计算发生化合的原子对数目。无论如何，在计算出来的 n_2 个双原子中——假如这一数目不太小的话——除极少数之外全都会彼此结合较长的时间，因而在气体理论的意义上说，它们要被看作是分子。

因此，为了计算压强，我们必须设想离解气体是由两种气体组成的混合物。其中一种气体分子是单原子，而另一种气体分子为两个原子形成的原子对。任何气体混合物的总压强为：

$$p=\frac{1}{3V}(n_1m_1\overline{c_1^2}+n_2m_2\overline{c_2^2}\cdots),$$

其中 $m_1,m_2,\cdots$是质量,$\overline{c_1^2},\overline{c_2^2},\cdots$是各种分子的质心方均速率。$n_1$ 是第一种气体分子的总数目,n_2 是第二种气体分子的总数目,以此类推[参看第一部分 § 2 中方程(8)]。而且,如果 M 是一个标准气体分子的质量,$\overline{C^2}$ 是它在同一温度 T 下的方均速率,$\mu_h=\frac{m_h}{M}$ 是在令标准气体的分子量为 1 的情况下,另外一种气体的原子量,那么:

$$m_1\overline{c_1^2}=m_2\overline{c_2^2}=\cdots=M\overline{C^2}=3MRT=\frac{3}{2h},$$

因此

$$p=\frac{MRT}{V}(n_1+n_2+\cdots)。\tag{195}$$

在我们的特殊情形中,

$$2n_2=a-n_1,n_3=n_4=\cdots=0,$$

因此

$$p=\frac{a+n_1}{2V}MRT=(1+q)\frac{am_1}{2V}\frac{M}{m_1}RT,$$

又因为 $v=\frac{V}{am_1}$,所以

$$p=\frac{1+q}{2\mu_1 v}RT。\tag{196}$$

如果将(194)式的 q 值代入上式中,则可求得压强 p 随比容 v 和温度 T 变化的函数关系。K 仍然是温度的函数,我们将会在后面对它进行讨论。实际上,通过实验观测也可得到 p、v、T 之间的关系。但化学家通常习惯于将离解度 q 表示为 p 和 T 的函数。我们可以通过将(191)式写成下述形式来实现这一目标:

$$q^2=\frac{v}{K}(1-q)。$$

将上式和(196)式相乘可得

$$q^2=\frac{RT}{2\mu_1 Kp}(1-q^2),$$

因此

$$q=\sqrt{\frac{1}{1+\frac{2\mu_1 pK}{RT}}}。\tag{197}$$

将上式的 q 值代入(196)式中,即可得到 v 随 p、T、K 变化的函数关系。

§65　离解度和温度的关系

前面还遗留了一个问题,那就是对 K 的讨论。如果我们将(193)式中的 h 代以其值 $\frac{1}{2MRT}$,则有:

$$K=\frac{1}{m_1}\iint\frac{\mathrm{d}\omega\,\mathrm{d}\lambda}{4\pi}\mathrm{e}^{\frac{\chi}{MRT}}, \tag{198}$$

上式任何情况下都只是温度的函数。因此当温度恒定不变时,K 即为常数,(194),(196),(197)式直接给出 p 和 v 之间的关系,以及 q 对 p 和 v 的依赖关系,其中只涉及一个待定的新常数 K。

由于(198)式的积分号内包含温度,因此 K 对温度的依赖关系不可能通过简单的方式直接得出。我们必须就 χ 函数对两个敏感区域的重叠程度的依赖关系作出某种假设。为避免陷入模糊不清的假设之中,我们将只讨论最简单的一种假设:只要两个原子发生化合,即,只要两个敏感区域发生重叠,而不管重叠多少,则 χ 恒为常数。当在两个敏感区域接触的瞬间,出现一个对这些区域表面上各点来说都相同的强吸引作用时,便是这种情况。但只要敏感区域彼此进一步渗透,这一吸引作用便立即减小到零。这时,χ 即为把发生化合的两个原子分开所需要做的大小恒定的功,或者反过来,是在原子化合的过程中,化学吸引力所做的功。

如果单位质量气体中所有 $\frac{a}{G}$ 个原子一开始都没有结合,但随后结合为 $\frac{a}{2G}$ 个双原子,那么,所做的功应为 $\frac{a\chi}{2G}$;所以,在采用力学单位的情况下,单位质量气体的总结合(或者离解)热为 $\Delta=\frac{a\chi}{2G}$,所以我们有:

$$\chi=\frac{2G\Delta}{a},\ \frac{\chi}{MRT}=\frac{2G\Delta}{aMRT}=\frac{2\Delta\mu_1}{RT}。 \tag{199}$$

$$K=\mathrm{e}^{\frac{2\mu_1\Delta}{RT}}\frac{1}{m_1}\iint\frac{\mathrm{d}\omega\,\mathrm{d}\lambda}{4\pi} \tag{200}$$

在化学上,人们把质量 $2\mu_1$ 称为"一个分子。"因此,$2\mu_1\Delta$ 是"一个分子"的离解热。

不难看出,对于任何原子位形,χ 顶多可以为对数无穷大,因为不然的话,相应原子位形的概率将为 e^{χ} 级无穷大,而在这么大的概率下,原子是永远也分不开的了。不管 χ 是原子位置的何种函数,我们都可以将一切的 χ 用它的平均值来代替,而所得结果不会有本质上的不同,因此总是可以导出(200)式。因此在通常的意义上说,这一方程为实际情况提供了很好的近似。

在χ为常数的情形中,发生化合的原子只要保持结合的状态,则它们之间的相对运动就不会导致分子内功的产生。但是,在给定温度下,不管原子发生化合与否,平均动能都总是相同的;因此,相同的平均动能增量对应于相同的温度增量,而只要χ为常量,比热的大小就和原子是否发生化合无关。当然,这里的比热指的是离解开始之前和结束之后的比热;在离解度发生变化的情形中,比热中不包含离解热。

为简便起见,我们下面引入符号

$$\alpha=\frac{2\mu_1\Delta}{R}, \tag{201}$$

$$\beta=\frac{1}{m_1}\iint\frac{\mathrm{d}\omega\,\mathrm{d}\lambda}{4\pi}=\frac{1}{m_1}\int\frac{\lambda\,\mathrm{d}\omega}{4\pi}, \tag{202}$$

$$\gamma=\frac{2\mu_1}{R}\beta, \tag{203}$$

其中λ是球E表面上的一片区域,当第二个原子的中心B位于图4中的$\mathrm{d}\omega$之内时,Λ点若离开λ区域,则意味着化学键破裂;因此,由(197),(200),(201),(202)以及(203)式可得

$$q=\sqrt{\frac{1}{1+\frac{\gamma p}{T}\mathrm{e}^{\frac{\alpha}{T}}}}。 \tag{204}$$

如果已经通过实验得到q随p、T变化的函数关系,那么,由上式可以确定α和γ这两个常数。利用α,我们不难通过(201)式求得离解热——或者,如果我们愿意的话,也可得到单位质量气体的结合热Δ。利用γ,我们可以通过(203)式计算β。由(202)式可知,β这个量具有重要的分子意义。对原子临界空间中的每个体积元$\mathrm{d}\omega$来说,只有当Λ点位于球面E上某一特定λ区域之内时,才能发生化合。下面我们将不统计临界空间中每个体积元$\mathrm{d}\omega$的全部体积,而只统计它的一部分,即它和$\frac{\lambda}{4\pi}$相乘后所得的那一部分。我们把体积元中的这一部分叫作约化体积。因此,$\int\frac{\lambda\,\mathrm{d}\omega}{4\pi}$是一个原子的临界空间中所有体积元的总约化体积;我们简单地称之为临界空间的约化体积。

下面我们将采用简称方式。我们不再说第二个原子的中心位于体积元$\mathrm{d}\omega$中,同时Λ点处于相应的区域,而是简单地说第二个原子位于约化体积元$\mathrm{d}\omega$之中。也不再说它位于临界空间某个约化体积元中,而是简单地说它位于约化临界空间中某处。

最后,由于$\frac{1}{m_1}$是单位质量中的总原子数,所以,β是单位质量中所有原子的所有临界

空间的约化体积之和。如果我们愿意就敏感区域的形状作一个明确的假定，那么，我们就能据此计算和临界空间中每个体积元 dω 相对应的 λ 区域的形状，从而不但能计算约化体积，而且能计算属于单位质量中所有原子的所有临界空间的绝对体积。但我们不再继续深入讨论这个问题。

如果将(204)式代入(196)式，即能将比容 v 表示为压强 p、温度 T、离解气体的气体常数 $\frac{R}{\mu_1}$，以及两个常数 α 和 γ 的函数。如果我们希望将 p 表示为 v 和 T 的函数，那么我们可以在[根据(220)式]令 $K=\beta e^{\frac{\alpha}{T}}$ 后，将(194)式的 q 值代入(196)式中。

§66 数值计算

下面要插入一个很短的数值计算。我利用(204)式分析过[①]德维尔(Saint-Claire Deville)和 特罗斯特(L. J. Troost)[②]以及瑙曼(L. Naumann)[③]关于四氧化二氮(dinitrogen tetroxide)离解的实验，还分析了梅尔(F. Meier)和克拉夫茨(J. M. Crafts) [④]关于碘蒸气离解的实验。他们实验中称之为 a 和 b 的常数与我们这里称之为 α 和 γ 的常数存在如下关系：

$$\alpha=b\ln 10,\ \gamma=\frac{1}{a},$$

其中 ln 表示自然对数。我发现(属于四氧化二氮的量用下标 u 表示，属于气的量则用下标 j 表示)：

$$a_u=1970270\,\frac{p_u}{1℃},\ b_u=3080\cdot 1℃,$$

$$a_j=2.617\,\frac{p_j}{1℃},\ b_j=6300\cdot 1℃,$$

由此可得：

$$\alpha_u=3080\cdot\ln 10\cdot 1℃,\ \gamma_u=\frac{1℃}{1970270p_u},$$

$$\alpha_j=6300\cdot\ln 10\cdot 1℃,\ \gamma_j=\frac{1℃}{2.617p_j}$$

---

① *Wien. Ber.* 88,891,895(1883).

② *C. R. Paris* 64,237(1867);86,332,1395(1878);Jahresber. f. *Chem.* ,177(1867);Naumann, *Thermochemie*, p. 115-128.

③ Ber. *d. deutsch. chem. Ges.* 11,2045(1878);Jahresber. f. *Chem.* ,120(1878).

④ Ber. *d. deutsch. chem. Ges.* 13,851(1880).

p_u 是德维尔和特罗斯特在他们的四氧化二氮离解实验中所使用的平均压强(大约为 755.5 毫米汞柱);p_j 是梅尔和克拉夫茨在他们的碘蒸气离解实验中所使用的平均压强(大约为 728 毫米汞柱)。根据(201)式,一个分子(宏观意义上的、化学上的)的离解热为

$$\Pi=2\mu_1\Delta=\alpha R。$$

这个公式建立在用力学单位来量度热量的基础之上。假如使用热学单位,则必须乘以一个适当的转换因子 J。因此,用热学单位量度时,一个化学分子的离解热为

$$P=\alpha RJ。\tag{205}$$

对于力学量,我们将采用克、厘米、秒作单位。一个升高 1 米的 430 千克的重物在落下时产生的热量为 1 千卡。因此

$$J=\frac{\text{cal}}{430\text{g}\cdot 100\text{cm}\cdot G}。\tag{206}$$

这里,$G=981\text{cm/s}^2$ 为重力加速度,而"cal"表示卡(也称小卡)的意思。空气的气体常数 r 的值可通过将下述值代入空气的状态方程 $pv=rT$ 中而得到:

$$T=273℃(和冰的融点相对应)$$

$$p=1 个大气压强=\frac{1033\text{g}\cdot G}{\text{cm}^2}$$

$$v=\frac{1000\text{cm}^3}{1.293\text{g}}。$$

对一个空气分子来说,当我们令 $H=1, H_2=2$ 时,μ_0 大约为 28.9。由于 $R=r\mu$,所以对单原子氢来说我们有:

$$R=\frac{28.9}{273℃}\frac{1033\text{g}\cdot G}{\text{cm}^2}\cdot\frac{1000\text{cm}^3}{1.293\text{g}}=84570\,\frac{G\cdot\text{cm}}{1℃}。\tag{207}$$

最后,我们可得

$$RJ=\frac{28.9}{273℃}\frac{1033\text{g}\cdot G}{\text{cm}^2}\cdot\frac{1000\text{cm}^3}{1.293\text{g}}\cdot\frac{\text{cal}}{430\text{g}\cdot 100\text{cm}\cdot G}=1.967\,\frac{\text{cal}}{\text{g}\cdot 1℃}。\tag{208}$$

因此,对于四氧化二氮,我们可得:

$$P_u=\alpha_u RJ=13920\,\frac{\text{cal}}{\text{g}}\tag{209}$$

将上式除以四氧化二氮(N_2O_4)的分子量 $2\mu_1=92$,则可得它每克的离解热为

$$D_u=151.3\,\frac{\text{cal}}{\text{g}},\tag{210}$$

这一结果和贝特洛(M. Berthelot)及奥吉尔(Ogier)①直接测得的四氧化二氮的离解热值符合得很好。

---

① *C. R. Paris* 94,916(1882). *Ann. Chim. Phys.* [5] 30,382-400(1883).

对于碘蒸气，我们可得：

$$P_j = 28530\,\frac{\mathrm{cal}}{\mathrm{g}},\ D_j = 112.5\,\frac{\mathrm{cal}}{\mathrm{g}}。\tag{211}$$

根据(202)式和(203)式，单位质量中所有原子的约化临界空间之和为

$$\beta = \frac{1}{2\mu_1} R\gamma。\tag{212}$$

由于现在已知

$$\gamma_{\mathrm{u}} = \frac{1℃}{1970270 p_u},$$

其中 p_u 对应于 755.5 毫米高的汞柱，因此①

$$p_u = \frac{1033\mathrm{g}\cdot G}{\mathrm{cm}^2}\cdot\frac{755.5}{760} = \frac{1027\mathrm{g}\cdot G}{\mathrm{cm}^2}。\tag{213}$$

所以我们有

$$\beta_u = \frac{1}{92}84570\,\frac{G\cdot\mathrm{cm}}{1℃.}\cdot\frac{1℃.}{1970270}\cdot\frac{\mathrm{cm}^2}{1027\mathrm{g}\cdot G} = \frac{\mathrm{cm}^3}{2200000\mathrm{g}}。\tag{214}$$

这一结果比我之前求得的结果小了三倍，②原因主要在于当时我不太合理地假设在两个 NO_2 分子结合与分离的过程中，四个氧原子可以任意交换，而在这里，我认为这样的分子不可分解，它们所起的作用和原子完全一样。

对于碘蒸气，我求得②

$$\gamma_i = \frac{1℃}{2.617 p_j}。\tag{215}$$

实验也是在大气压下(平均为 728 毫米汞柱)进行的。此外，碘的分子量为 253.6③。代入这些值后，可得

$$\beta_j = \frac{\mathrm{cm}^3}{8\mathrm{g}}。$$

无论是对四氧化二氮，还是对碘蒸气来说，范德瓦尔斯的常数 b 都是未知的，所以我们不能利用范德瓦尔斯方程来计算分子占据的空间。上式也只能给出数量级的大小，因为它将分子当作几乎不发生形变的球体，同时还作了其他各种会对结果产生影响的简化。最后还是保留洛施密特的估算方法。我们设在低于冰的熔点的温度下，液态四氧化二氮的密度为 $1.5\mathrm{g/cm}^3$，固态碘的密度为 $5\mathrm{g/cm}^3$。在这些温度下，两种物质的蒸气压

---

① 如果我们把 R 写为 $\frac{\mu_0 p_0}{\rho_0 T_0}$，其中 μ_0、p_0、ρ_0 及 T_0 为任意气体，比如空气，在 0℃和标准大气压下的参数，那么有

$$\beta = \frac{\gamma p}{2\rho_0 T_0}\cdot\frac{p_0}{p}\cdot\frac{\mu_0}{\mu_1}。$$

这样，我们就可以直接使用所求得的 γp 值，而不必知道 p 的值。

② *Wien. Ber.* 88,891,895(1883).

③ 按最新元素周期表，碘的分子量约为 253.8。—编辑注。

都很小;当然,碘的蒸气压远远低于四氧化二氮的蒸气压。但在这里,我们可以不考虑那么多,因为我们只需要一个大致的、数量级上的估算。我们完全随意地假设,在这两种物质中,分子占据的空间为总空间的三分之二。这样一来,1 克四氧化二氮分子所占据的空间应为 0.44cm³/g;这些分子的覆盖球的体积之和是上述体积的 8 倍,即 3.55cm³/g。对于碘来说,相应的两个值分别为 0.133cm³/g 和 1.07cm³/g。因此,对四氧化二氮来说,一个 NO_2 分子被看作是一个原子的话,它的约化临界体积只有覆盖球的八百万分之一,但对碘来说,它是覆盖球的九分之一到八分之一。因此,鉴于两者每克物质的离解热之差别相对比较小,所以,碘的低离解性主要是因为其临界体积相对于覆盖球的体积不太小的缘故。当碘蒸气被稀释一百万倍时,它的离解性就和四氧化二氮差不多了。

§67 两个非同种单价原子之间亲和性的力学图景

我们再来分析一个简单的例子。一个体积为 V 的空间中存在两种原子,系统的温度为 T,总压强为 p。第一种原子数为 a_1,第二种原子数为 a_2。设第一种原子的原子质量为 m_1,第二种原子的原子质量为 m_2。两个第一种原子可以结合为一个分子(第一种双原子),同样,两个第二种原子也可以结合为一个分子(第二种双原子)。对于每个这样的结合物来说,遵从与上一节中所建立的相同的规律。我们将用下标 1 来表示所有与第一种双原子有关的量,用下标 2 来表示与第二种双原子有关的量。但除此之外,一个第一种原子和一个第二种原子之间将有可能化合为我们所称作的混合分子。这些化合物也遵从类似的定理,我们将同时用两个下标 1 和 2 来表示相关的量。

当我们的气体处于平衡状态时,其中将包含下述成分:首先,有 n_1 个第一种单原子和 n_2 个第二种单原子;其次,有 n_{11} 个第一种双原子和 n_{22} 个第二种双原子;最后,还有 n_{12} 个混合分子。两个以上原子的化合将不予考虑。第一种原子将是直径为 σ_1 的不可穿透的球体。我们将把以这样一个原子为中心、半径为 σ_1 的球叫作该原子的覆盖球。与之相伴随的则是用于描述它和其他同种原子相互作用的临界空间 ω_1;$d\omega_1$ 表示这一临界空间的体积元。如果另一个第一种原子的中心不在 ω_1 中,则它不和第一个原子发生化合。如果它的中心位于 ω_1 之中,而且是处于约化体积 $d\omega_1$ 中——当 Λ_1 点位于和第一个原子同心的球面 E 上一片特定区域 λ_1 中——则化合过程发生。设 $d\lambda_1$ 是 λ_1 区域的一个面元。和之前一样,Λ_1 是从第一个原子的中心出发、沿第二个原子的轴线方向画出的线与球面 E 的交点。最后,χ_1 依旧是使两个彼此分开很远的原子到达现在这样的位置,即第二个原子的中心位于 $d\omega_1$ 之中,Λ_1 点位于 $d\lambda_1$ 内时,所做的功。

如果在第一种原子中挑选一个出来，那么我们可以假设，在其余的第一种原子中，总是有 n_1 个原子既没有与第二种原子发生化合，也没有与其余的第一种原子发生化合。如果指定原子和第一种原子形成双原子，那么它只能和这 n_1 个第一种原子之一结合，因为我们不考虑三原子分子的情形。用和前一节中同样的方法，我们不难发现，这一事件发生的概率和它保持为单原子的概率之比为 $k_1 n_1 : V$，其中

$$k_1 = \iint e^{2h\chi_1} \frac{d\omega_1 d\lambda_1}{4\pi}。 \tag{216}$$

而上述概率之比必然等于比值 $2n_{11} : n_1$，由此我们有

$$k_1 n_1^2 = 2Vn_{11}。 \tag{217}$$

同理可得第二种原子的下述方程

$$k_2 n_2^2 = 2Vn_{22}, \tag{218}$$

其中各量的意义与前一节中各量的意义类似。因此：

$$k_2 = \iint e^{2h\chi_2} \frac{d\omega_2 d\lambda_2}{4\pi}。 \tag{219}$$

接下来还需要讨论混合分子的形成。由于我们假设第一种原子是直径为 σ_1 的不可穿透的球体，第二种原子是直径为 σ_2 的不可穿透的球体，因此，我们将假设两个不同原子之间的最小间距为$\frac{1}{2}(\sigma_1+\sigma_2)$。我们以第一种原子的中心为球心构建一个半径为$\frac{1}{2}(\sigma_1+\sigma_2)$的球，并将它称为该原子对第二种原子的覆盖球。在两种原子的表面，都有所谓的敏感区域，只有当这些敏感区域发生接触或者部分重叠时，才会产生吸引作用。不同种原子之间相互作用的敏感区域似乎极有可能和同种原子相互作用的敏感区域一样；但这一假设并非不可或缺。不管怎样，我们可以像之前一样，在第一种原子覆盖球的周围构建一个针对第二种原子的附属临界空间，并把它叫作 ω_{12}。对该临界空间中的每一个体积元 $d\omega_{12}$，我们可以在覆盖球的单位同心球 E 上构建一个这样的区域 λ_{12}，即和之前一样，当第二个原子的中心位于 $d\omega_{12}$ 内时，只有在与之对应的特定点 Λ_{12} 位于 λ_{12} 区域某个面元 $d\lambda_{12}$ 之中的条件下。换句话说，只有当原子处于约化体积元 $d\omega_{12}$ 之中时，两个原子才会发生吸引作用。在这种情形中，分离功为 χ_{12}。

同样，我们也挑选出某个第二种原子。假如它要成为一个单原子，则它可以利用的空间在总体积 V 中所占比例绝不应该小到可以忽略的地步。另一方面，如果它是混合分子中的一员，那么，它的中心必然位于未结合的 n_1 个第一种原子中某个原子临界空间的某个体积元 $d\omega_{12}$ 中，而 Λ_{12} 点则应该位于对应的 λ_{12} 区域的某个面元 $d\lambda_{12}$ 之中。它的中心位于一个特定的体积元 $d\omega_{12}$ 中，同时 Λ_{12} 点位于一个特定面元 $d\lambda_{12}$ 中的概率，与它

的中心处于V中、其轴为任意取向的概率之比为：

$$e^{2h\chi_{12}}\frac{d\omega_{12}d\lambda_{12}}{4\pi}:V。$$

指定原子结合为混合分子的概率与它为单原子的概率之比为

$$n_1\iint e^{2h\chi_{12}}\frac{d\omega_{12}d\lambda_{12}}{4\pi}:V。$$

所以,若依旧令

$$k_{12}=\iint e^{2h\chi_{12}}\frac{d\omega_{12}d\lambda_{12}}{4\pi} \tag{220}$$

则可得比例

$$n_2:n_{12}=V:n_1k_{12},$$

因此

$$Vn_{12}=k_{12}n_1n_2。 \tag{221}$$

§68 一个分子离解为两个非同种原子

我们首先考虑这样一种特殊情形,即k_1、k_2分别和k_{12}、$\frac{V}{n_1}$相比非常小,以至于两种原子的双原子数量都完全忽略不计。这样的话,气体中就只包含三种分子:第一种单原子、第二种单原子以及混合分子。

再进一步,我们只讨论没有多余单原子存在的情形,即,第一种单原子的数量恰好等于第二种单原子的数量。那么,我们可以令：

$$a_1=a_2=a。$$

从而有：

$$n_1=n_2=a-n_{12}。$$

同样,我们将商$q=\frac{(a-n_{12})}{a}$称作离解度,从而由(221)式可得

$$ak_{12}q^2=V(1-q)。$$

而且,由(195)式可得

$$p=\frac{MRTa}{V}(1+q)。$$

因此

$$q^2=\frac{MRT}{k_{12}p}(1-q^2)。$$

同样,我们也假设 χ_{12} 是常数,那么,

$$\frac{1}{m_1+m_2}\chi_{12}=\Delta_{12}$$

即为单位质量原纯混合分子的离解热。此外,

$$k_{12}=e^{\frac{(\mu_1+\mu_2)\Delta_{12}}{RT}}\int\frac{\lambda_{12}\,d\omega_{12}}{4\pi}。$$

这里,μ_1 为由第一种单原子组成的气体的原子量——相对于 $H_1=1, H_2=2$。μ_2 为第二种气体具有类似意义的量。指数中的量,$(\mu_1+\mu_2)\Delta_{12}=\Pi$,是质量(化学上的分子量)为 $\mu_1+\mu_2$、化学或者宏观意义上未离解的物质分子的离解热(用力学单位量度)。如果令

$$\frac{(\mu_1+\mu_2)\Delta_{12}}{R}=\alpha,\kappa_{12}=\int\frac{\lambda_{12}\,d\omega_{12}}{4\pi},\gamma=\frac{\kappa_{12}}{MR},$$

那么,我们便又得到

$$q=\sqrt{\frac{1}{1+\frac{\gamma p}{T}e^{\frac{\alpha}{T}}}}。$$

κ_{12} 是一个第一种原子有关它与一个第二种原子之间相互作用的约化临界空间。$\frac{\kappa_{12}}{m_1}$ 则是单位质量第一种气体中包含的所有原子的所有约化临界空间之和。另一方面,$\frac{\kappa_{12}}{M}$ 是一个(化学意义上的)分子——质量为 $\frac{m_1}{M}$ 的第一种气体,在化学上,它和单位质量的标准物质相当——中所包含的所有第一种气体原子的所有临界空间之和。

如果一种气体有富余的量存在,那么,(221)式将给出

$$(a_1-n_{12})(a_2-n_{12})=\frac{V}{k_{12}}n_{12}, \tag{221a}$$

$$n_{12}=\frac{a_1+a_2}{2}+\frac{V}{2k_{12}}-\sqrt{\frac{(a_1-a_2)^2}{4}+(a_1+a_2)\frac{V}{2k_{12}}+\frac{V^2}{4k_{12}^2}}。 \tag{222}$$

由于 n_{12} 既不能大于 a_1,也不能大于 a_2,因此,根号前必须取负号。假如 a_1 很大,从而方程(221a)左边另一个因子 a_2-n_{12} 必然很小,于是 n_{12} 必然近似等于 a_2。如果将 a_1 看作是远大于 a_2 的量,那么由(222)式也可以得出同样的结论。随着第一种原子数目的增加,将有越来越多的第二种原子和它们发生化合,直到最后所有第二种原子都发生化合为止,这与古德伯格(C. M. Guldberg)和沃格(P. Waage)的质量作用定律(law of mass action)相吻合。

§69　碘化氢气体的离解

下面我们考虑另一个特例，它是§67中处理过的普遍情形中的一个极其特殊的案例。我们依旧令$a_1=a_2=a$，不过我们现在设$\frac{V}{a}$远小于k_1、k_2、k_{12}，从而两种气体的单原子数可以忽略不计。比如，当HI分解为I_2和H_2的时候就是这种情况。将(221)式平方后，我们得到$V^2n_{12}^2=k_{12}^2n_1^2n_2^2$。如果代入(217)式的$n_1^2$值和(218)式的$n_2^2$值，可得：

$$n_{12}^2=\frac{4k_{12}^2}{k_1k_2}n_{11}n_{22}。\tag{223}$$

如果我们依旧用$q=\frac{(a-n_{12})}{a}$表示离解度，则有：

$$n_{11}=n_{22}\frac{aq}{2}。$$

因此，在将上述关系式代入(223)式，并且开平方之后，我们有：

$$1-q=\frac{k_{12}}{\sqrt{k_1k_2}}q,$$

$$q=\frac{1}{1+\frac{k_{12}}{\sqrt{k_1k_2}}}。$$

如果我们仍然假设在整个约化临界空间中χ为常数，并分别用χ_1、χ_2、χ_{12}表示两个第一种原子、两个第二种原子，及一个第一种原子与一个第二种原子之间的分离功(或者结合热)，那么由(216)，(219)及(220)式可得：

$$\frac{k_{12}}{\sqrt{k_1k_2}}=\frac{\kappa_{12}}{\sqrt{\kappa_1\kappa_2}}e^{h(2\chi_{12}-\chi_1-\chi_2)}$$

$$=\frac{\kappa_{12}}{\sqrt{\kappa_1\kappa_2}}e^{\frac{2\chi_{12}-\chi_1-\chi_2}{2MRT}}。$$

在一个I_2分子和一个H_2分子结合为两个HI分子时，有$2\chi_{12}-\chi_1-\chi_2$的热量释放出来。因此，从普通的碘和氢气化合出单位质量的HI所释放出的热量Δ为：

$$\frac{1}{2(m_1+m_2)}(2\chi_{12}-\chi_1-\chi_2)。$$

所以有

$$\frac{k_{12}}{\sqrt{k_1k_2}}=\frac{\kappa_{12}}{\sqrt{\kappa_1\kappa_2}}e^{(\mu_1+\mu_2)\left(\frac{\Delta}{RT}\right)}。$$

$\Pi=2(\mu_1+\mu_2)\Delta$ 当然也就是一个普通的碘蒸气分子和一个普通的氢气分子在化学意义上合成为两个 HI 分子时释放的热量，即生成热。

当温度很高时，q 趋于极限

$$\frac{1}{1+\frac{\kappa_{12}}{\sqrt{\kappa_1\kappa_2}}}。$$

根据勒莫因(G. Lemoine)的实验，[①]我们可以算得这一极限的值为 $\frac{3}{4}$；但考虑到存在假化学平衡(false chemical equilibrium)的可能，所以这个结果也许并不完全可靠。所以，一个碘原子和一个氢原子相互作用的约化临界空间，大约只有两个碘原子和两个氢原子各自相互作用的约化临界空间的几何平均值的三分之一。

§70　水蒸气的离解

下面我们来简要分析这样一个特例：两个水蒸气分子($2H_2O$)分解为两个氢气分子($2H_2$)和一个氧气分子(O_2)。在体积为 V、温度为 T、压强为 p 时，可以由氢原子和氧原子合成的各种可能的分子，严格来讲都存在。设所存在的具有 H、O、H_2、O_2、HO 及 H_2O 形式的分子数目分别为 n_{10}、n_{01}、n_{20}、n_{02}、n_{11} 及 n_{21}。我们分别用 κ_{20}、κ_{02}、κ_{11}、κ_{21} 来表示两个氢原子结合、两个氧原子结合、一个氧原子和一个氢原子结合为 HO 组合以及一个 HO 组合与另一个氢原子结合为水蒸气的约化临界空间。此外，我们分别用 χ_{20}，χ_{02}，χ_{11}，χ_{21} 表示形成相应复合物时所释放的热量，因而：

$$2\chi_{11}+2\chi_{21}-2\chi_{20}-\chi_{02}$$

是两个氢气分子和一个氧气分子化合为两个水蒸气分子时所释放的热量。每个 χ 量在相应的临界空间中都将为常数。

下面我们挑选出一个氢原子。当它处于 n_{01} 个氧原子之一的约化临界空间 κ_{11} 中时，即表示它和一个氧原子结合成了一个 HO 分子。它为单原子的概率与它合成 HO 分子的概率之比为

$$V:\kappa_{11}n_{01}e^{2h\chi_{11}}。$$

而这一比值同时也等于 $n_{10}:n_{11}$，由此可得：

$$n_{11}V=n_{01}n_{10}\kappa_{11}e^{2h\chi_{11}}。$$

① *Ann. Chim. Phys.* [5] 12，145(1877)；同时参见 Hautefeuille，*C. R. Paris* 64，608，704(1867).

如果拿指定氢原子保持为单原子的概率,与它和一个 HO 分子结合为 H_2O 的概率进行比较,则用同样的方法可得:

$$n_{21}V=n_{10}n_{11}\kappa_{21}e^{2h\chi_{21}}。$$

因此:

$$n_{21}V^2=n_{10}^2n_{01}\kappa_{21}\kappa_{11}e^{2h(\chi_{21}+\chi_{11})}。\tag{224}$$

指定氢原子保持为单原子的概率与它和一个剩余氢原子结合为一个 H_2 分子的概率之比为

$$V:n_{10}\kappa_{20}e^{2h\chi_{20}}。$$

这一比值同样也等于单个氢原子数 n_{10} 与和另一个氢原子发生化合的氢原子数 $2n_{20}$ 之比。因此有:

$$2n_{20}V=n_{10}^2\kappa_{20}e^{2h\chi_{20}},$$

同理,

$$2n_{02}V=n_{01}^2\kappa_{02}e^{2h\chi_{02}}。$$

所以,由(224)式可得:

$$n_{21}^2=n_{20}^2n_{02}\frac{8}{V}\frac{\kappa_{21}^2\kappa_{11}^2}{\kappa_{20}^2\kappa_{02}}e^{2h(2\chi_{21}+2\chi_{11}-2\chi_{20}-\chi_{02})}。\tag{225}$$

我们假设最初有 a 个水分子。其中有 n_{21} 个保持未离解状态,因而有 $a-n_{21}$ 个分子发生了离解,假设它们全部都离解为了 H_2 和 O_2。与之前一样,$q=\frac{(a-n_{21})}{a}$被称为离解度。

由于 $a-n_{21}$ 个水分子会分解为 $a-n_{21}$ 个氢气分子和$\frac{1}{2}(a-n_{21})$个氧气分子,因此我们有:

$$n_{20}=aq,\ n_{02}=\frac{1}{2}aq,\ n_{21}=a(1-q)。$$

两个氢气分子和一个氧气分子合成两个水分子时所释放的热量为 $2\chi_{21}+2\chi_{11}-2\chi_{20}-\chi_{02}$。如果我们用 Δ 表示由通常的爆炸性气体形成单位质量的水所产生的热量,则有:

$$\Delta=\frac{2\chi_{21}+2\chi_{11}-2\chi_{20}-\chi_{02}}{2(2m_1+m_2)}。$$

假如令

$$\frac{2(2\mu_1+\mu_2)\Delta}{R}=\alpha,\ \frac{8\kappa_{21}^2\kappa_{11}^2}{2(2m_1+m_2)\kappa_{20}^2\kappa_{02}}=\gamma,\tag{226}$$

那么有:

$$(1-q)^2=q^3\frac{\gamma}{v}e^{\frac{\alpha}{T}}。\tag{227}$$

另外，由(195)式可得

$$p=(n_{20}+n_{02}+n_{21})\frac{MRT}{V}=\left(1+\frac{q}{2}\right)\frac{RT}{v(2\mu_1+\mu_2)}。\tag{228}$$

如果消掉 q，则可得 p、v、T 之间的关系式。另一方面，如果消去 v，则可得离解度对压强与温度的依赖关系满足下述方程：

$$(1-q)^2\left(1+\frac{q}{2}\right)\frac{RT}{(2\mu_1+\mu_2)p}=q^3\gamma e^{\frac{\alpha}{T}}。$$

q、p、v 之间的方程可以通过从(227)和(228)式中消去 T 而得到。

为了考虑氧原子的二价情形，我们可以假设它的表面有两个等效的敏感区域。因此，由 H 和 O 形成 HO 的临界空间是 HO 和 H 形成 H_2O 的临界空间的两倍那么大。但这样一来，敏感区域就不必直接处于面对面的位置了；要不然它们就得能够在分子的表面上移动，以保证两个氧原子间可以实现双键结合。我们可以通过假定一个氧原子的临界区域不完全被和它化合的单氧原子或者单氢原子的覆盖球所覆盖，从而使它还可以与另一个原子发生化合的方法，而得到一种至少和二价情形类似的现象。

我当然并不指望目前能对这些推测作出更精准的表述；但也许我可以在这里引用一位伟大科学家的观点，即这些普遍的力学模型对化学实验事实的理解，起着积极的作用，而非消极的作用。

§71　离解的普遍理论

接下来我们要对最普遍的离解情形作些分析。假设有任意多种物质的任意多个原子。一个包含 a_1 个第一种原子、b_1 个第二种原子、c_1 个第三种原子等的分子用符号 $(a_1b_1c_1\cdots)$ 表示。由 C_1 个具有 $(a_1b_1c_1\cdots)$ 形式的分子、C_2 个具有 $(a_2b_2c_2\cdots)$ 形式的分子、C_3 个具有 $(a_3b_3c_3\cdots)$ 形式的分子等构成的聚合物，可以变为由 Γ_1 个 $(\alpha_1\beta_1\gamma_1\cdots)$ 分子、Γ_2 个 $(\alpha_2\beta_2\gamma_2\cdots)$ 分子、Γ_3 个 $(\alpha_3\beta_3\gamma_3\cdots)$ 分子等构成的聚合物。由于两种聚合物所包含的原子数必须相同，所以我们有下述方程

$$\begin{cases}C_1a_1+C_2a_2+\cdots=\Gamma_1\alpha_1+\Gamma_2\alpha_2+\cdots,\\ C_1b_1+C_2b_2+\cdots=\Gamma_1\beta_1+\Gamma_2\beta_2+\cdots\end{cases}\tag{229}$$

现在我们假定气体中存在所有原子间的各种可能的化合物，尽管其中有些成分的含量可能很小。我们用 $n_{100\cdots}$ 表示第一种单原子数，用 $n_{200\cdots}$ 表示第一种双原子数等。同样，令 $n_{010\cdots}$ 表示第二种单原子数，用 $n_{020\cdots}$ 表示第二种双原子数等；令 $n_{110\cdots}$ 为包含一个第一种原子和一个第二种原子的分子数目等。为简便起见，我们不考虑异构体。第一种双原子

只有在一个第一种原子的中心位于另一个第一种原子的约化临界空间内时,才有可能形成。因此,如果$\kappa_{200\cdots}$是这一约化临界空间,而$\chi_{200\cdots}$是第一种双原子的结合热,那么,根据我们的理论原理有

$$n_{100\cdots}:2n_{200\cdots}=V:n_{100\cdots}\kappa_{200}\mathrm{e}^{2h\chi_{200\cdots}}$$

同理可得

$$n_{100\cdots}:3n_{300\cdots}=V:n_{200\cdots}\kappa_{300}\mathrm{e}^{2h\chi_{300\cdots}},$$

其中$\chi_{300\cdots}$是由一个第一种单原子和一个第一种双原子形成的、包含三个第一种原子的分子的结合热。$\kappa_{300\cdots}$是该化合作用中单原子在双原子附近可以利用的约化临界空间。由这两个比值可得:

$$n_{300\cdots}=n_{100\cdots}^{3}V^{-2}\kappa'_{300\cdots}\mathrm{e}^{2h\psi_{300\cdots}},$$

其中$\kappa'_{300\cdots}$是约化临界体积$\kappa_{200\cdots}$和$\kappa_{300\cdots}$之乘积的六分之一;$\psi_{300\cdots}=\chi_{300\cdots}+\chi_{200\cdots}$是三个第一种单原子合成一个分子的结合热。按照这一推理方法,不难发现

$$n_{a_100}=n_{100\cdots}^{a_1}V^{1-a_1}\kappa'_{a_100\cdots}\mathrm{e}^{2h\psi_{a_100\cdots}},$$

其中κ'_{a_100}等于所有约化临界体积之积除以$a!$,ψ_{a_100}是a_1个第一种原子彼此结合产生的热量。

每个这样的分子都有一个特定的约化临界空间$\kappa_{a_110\cdots}$,它对应于该分子同一个第二种原子之间的结合。设$\psi_{a_110\cdots}$为一个包含a_1个第一种原子和一个第二种原子的分子,在由其原子合成时所产生的热量。那么

$$n_{010\cdots}:n_{a_110\cdots}=V:n_{a_100\cdots}\kappa_{a_110\cdots}\mathrm{e}^{2h(\psi_{a_110\cdots}\psi_{a_100\cdots})}。$$

如果再合并更多第二种和第三种等等原子,则最终可得

$$n_{a_1b_1c_1\cdots}=n_{100\cdots}^{a_1}n_{010\cdots}^{b_1}n_{001\cdots}^{c_1}V^{1-a_1-b_1-c_1-\cdots}\kappa'_{a_1b_1c_1\cdots}\mathrm{e}^{2h\psi_{a_1b_1c_1\cdots}},$$

其中$\psi_{a_1b_1c_1\cdots}$是由原子合成分子$(a_1b_1c_1\cdots)$的合成热,$\kappa'_{a_1b_1c_1\cdots}$等于所有的临界空间之积除以$a_1!\ b_1!\ c_1!\ \cdots$

当然,同理可得$n_{a_2b_2c_2\cdots}$ $n_{a_3b_3c_3\cdots}$ $n_{\alpha_1\beta_1\gamma_1\cdots}$考虑(229)式,则所有含有一个下标1,其余下标全为0的n量可以被消掉,由此可得:

$$\begin{cases}n_{a_1b_1c_1\cdots}^{c_1}n_{a_2b_2c_2\cdots}^{c_2}\cdots=n_{\alpha_1\beta_1\gamma_1\cdots}^{\Gamma_1}n_{\alpha_2\beta_2\gamma_2\cdots}^{\Gamma_2}\cdots\times\\ V^{\Sigma C-\Sigma\Gamma}\kappa\mathrm{e}^{2h(c_1\psi_{a_1b_1\cdots}+c_2\psi_{a_2b_2\cdots}+\cdots-\Gamma_1\psi_{\alpha_1\beta_1\cdots}-\Gamma_2\psi_{\alpha_2\beta_2\cdots}-\cdots)}。\end{cases}\tag{230}$$

这里,$\kappa=\dfrac{\kappa'^{C_1}_{a_1b_1\cdots}\kappa'^{C_2}_{a_2b_2\cdots}\cdots}{\kappa^{\Gamma_1}_{\alpha_1\beta_1\cdots}}$,其中分子中包含复合物$(a_1b_1\cdots)$、$(a_2b_2\cdots)$的所有约化临界体积,每个都有一个适当的$C$作为指数,同时还包含所有的阶乘因子$(\alpha_1!)^{\Gamma_1}(\beta_1!)^{\Gamma_1}\cdots(\alpha_2!)^{\Gamma_2}(\beta_2!)^{\Gamma_2}\cdots$,分母中则包含化合物$(\alpha_1\beta_1\cdots)$、$(\alpha_2\beta_2\cdots)$的临界体积的$\Gamma_1$、$\Gamma_2\cdots$次

幂，以及因子$(a_1!)^{C_1}(b_1!)^{C_1}\cdots(a_2!)^{C_2}\cdots$。$\Gamma_1\psi_{\alpha_1\beta_1\cdots}+\Gamma_2\psi_{\alpha_2\beta_2\cdots}-C_1\psi_{a_1b_1\cdots}-\cdots$是当$C_1$个$(a_1b_1\cdots)$分子、$C_2$个$(a_2b_2\cdots)$分子等变成$\Gamma_1$个$(\alpha_1\beta_1\cdots)$分子、$\Gamma_2$个$(\alpha_2\beta_2\cdots)$分子等时所释放出来的反应热。而且，

$$\Sigma C=C_1+C_2+\cdots,\ \Sigma\Gamma=\Gamma_1+\Gamma_2+\cdots$$

下面我们将用$m_{a_1b_1\cdots}$表示一个$(a_1b_1\cdots)$分子的气体理论意义上的质量，用$\mu_{a_1b_1\cdots}$表示这个物质分子在宏观意义上的质量，即，$\frac{m_{a_1b_1\cdots}}{M}$。因此，一个宏观意义上的$(a_1b_1\cdots)$分子包含$\frac{1}{M}$个气体理论分子。同样，在由$C_1$个宏观$(a_1b_1\cdots)$分子、$C_2$个宏观$(a_2b_2)$分子等组成的聚合物中，总共包含$\frac{C_1}{M}$个气体理论$(a_1b_1\cdots)$分子、$\frac{C_2}{M}$个气体理论$(a_2b_2\cdots)$分子等。因此，当$C_1,C_2,\cdots$，个特定类型的宏观分子与$\Gamma_1,\Gamma_2,\cdots$，个特定类型的宏观分子发生这种转换时，应该释放的热量为

$$\frac{1}{M}[C_1\psi_{a_1b_1\cdots}+C_2\psi_{a_2b_2\cdots}+\cdots-\Gamma_1\psi_{\alpha_1\beta_1\cdots}-\Gamma_2\psi_{\alpha_2\beta_2\cdots}-\cdots]=\Pi。$$

因此，我们也可以将(230)式写为：

$$n_{a_1b_1\cdots}^{C_1}n_{a_2b_2\cdots}^{C_2}\cdots=n_{\alpha_1\beta_1\cdots}^{\Gamma_1}n_{\alpha_2\beta_2\cdots}^{\Gamma_2}\cdots V^{\Sigma C-\Sigma\Gamma}\kappa e^{\frac{\Pi}{RT}}。\tag{231}$$

这个方程对任何可能的反应都成立。下面我们考虑一个特例：气体中只可能发生一种反应。设初始时刻有a乘以C_1个$(a_1b_1\cdots)$类型的(气体理论)分子、a乘以C_2个$(a_2b_2\cdots)$类型的分子等，但没有$(\alpha_1\beta_1\cdots)$、$(\alpha_2\beta_2\cdots)$等类型的分子。设在压强为p、温度为T的平衡状态中，只有$(a-b)\times C_1$个$(a_1b_1\cdots)$类型的分子、$(a-b)\times C_2$个$(a_2b_2\cdots)$类型的分子等，以及$b\times\Gamma_1$个$(\alpha_1\beta_1\cdots)$类型的分子、$b\times\Gamma_2$个$(\alpha_2\beta_2\cdots)$类型的分子等存在。那么，$\frac{b}{a}=q$就是离解度。而且，

$$n_{a_1b_1\cdots}=a(1-q)C_1,n_{a_2b_2\cdots}=a(1-q)C_2\cdots,$$

$$n_{\alpha_1\beta_1}\cdots=aq\Gamma_1,\ n_{\alpha_2,\beta_2\cdots}=aq\Gamma_2\cdots$$

因此(231)式具有下述形式：

$$C_1^{C_1}C_2^{C_2}\cdots(1-q)^{\Sigma C}=\left(\frac{a}{V}\right)^{\Sigma\Gamma-\Sigma C}q^{\Sigma\Gamma}\Gamma_1^{\Gamma_1}\Gamma_2^{\Gamma_2}\cdots\kappa e^{\frac{\Pi}{RT}}。$$

所存在气体的质量为$a[C_1m_{a_1b_1\cdots}+C_2m_{a_2b_2\cdots}\cdots]$。如果我们依旧用$v$表示单位质量的体积，那么

$$v=\frac{V}{a[C_1m_{a_1b_1}\cdots+C_2m_{a_2b_2\cdots}+\cdots]}。$$

同时令

$$\gamma=\frac{\kappa\cdot\Gamma_1{}^{\Gamma_1}\Gamma_2{}^{\Gamma_2}\cdots}{C_1{}^{C_1}C_2{}^{C_2}\cdots[C_1m_{a_1b_1}\cdots+C_2m_{a_2b_2\cdots}+\cdots]^{\Sigma\Gamma-\Sigma C}}。$$

这样一来，上述方程将变为

$$(1-q)^{\Sigma C}=\gamma v^{\Sigma C-\Sigma\Gamma}q^{\Sigma\Gamma}\mathrm{e}^{\frac{\Pi}{RT}}。\qquad(232)$$

这一方程给出了离解度对温度和比容的依赖关系。γ 以及 $\frac{\Pi}{R}$（假如反应热没有通过其他途径求得的话）是有待通过实验测定的常数。

如果我们希望引入总压强 p 而不是 v，那么由(195)式可得

$$\begin{aligned}p&=(n_{a_1b_1\cdots}+n_{a_2b_2\cdots}+n_{\alpha_1\beta_1\cdots}+n_{\alpha_2\beta_2\cdots\cdots})\frac{MRT}{V}\\&=[(1-q)\Sigma C+q\Sigma\Gamma]\frac{aM}{V}RT\\&=[(1-q)\Sigma C+q\Sigma\Gamma]\frac{RT}{v(C_1\mu_{a_1b_1\cdots}+C_2\mu_{a_2b_2\cdots})}。\end{aligned}$$

由于 $C_1\mu_{a_1b_1\cdots}+C_2\mu_{a_2b_2\cdots}+\cdots$ 是未离解物质的分子质量，因此，上式在 $q=0$ 时和波义耳-查尔斯-阿伏伽德罗定律相一致，而当 q 不等于零时，它给出了因离解而导致和这一定律之间的偏差。

如果利用上式和(232)式消去 q，则又可以得到 p、v、T 之间的关系；如果从同样的方程中消去 v，则可得离解度 q 与 p、T 之间的函数关系。

如果假设一个第一种原子可以和一个第二种原子结合，然后这一结合物又可以和另一个第一种原子结合，但是第一种原子不能彼此单独结合(同分异构)，那么将可以得到更普遍的公式。

就目前所进行的观测而言，所有这些公式都和实验结果符合得很好。

§72　和吉布斯理论之间的关系

吉布斯在没有参考分子动力学的情况下，从普遍的热力学原理出发也推导出了本质上相同的公式。但我们不应该忘记，他的推导建立在这样一个假设的基础之上，那就是在正发生离解的气体中，所有的成分都是独立地作为单个气体而存在，而能量、熵、压强等都是简单可加的。从分子理论的角度来看，这个假设完全是显而易见的，因为这些不同的分子实际上就是彼此独立存在的；我们从很多地方都可以看出来，吉布斯的心里一直是有这些分子理论概念的，尽管他没有使用分子力学方程。

另一方面,如果我们采用马赫[①]和奥斯特瓦尔德[②]所极力主张的现代观点,即,在化合过程中,将有一些崭新的东西而不是组分出现,因此,诸如在水蒸气离解的过程中同时存在水蒸气、氢气和氧气之类的假设是没有意义的。相反,我们必须说,在低温下只有水蒸气;在中等温度下,有一些新物质存在,最后这些新物质在极高的温度下变成氧氢气(oxhydrogen)[氢氧混合气(Knallgas)]。

在上述中等温度下水蒸气和氧氢气的能量与熵具有可加性的假设失去了意义;但是,如果没有这一假设,则基本的离解方程既不可能从热力学第一、二定律导出,也不可能从任何能量原理导出。我们只能将它们看作经验方程。

当然,在没有弄清其理论基础的情况下,仅凭这些方程来计算自然过程是没有问题的,也是足够的;同样,经实验检验过的方程比推导它们所使用的假设具有更高的确定性。但另一方面,我觉得,在力学的基础上来对这些抽象的方程加以解释是必要的,就像通过几何作图来说明代数关系一样。正如后者并没有被排斥在纯代数之外一样,我也认为,人们不能完全摒弃分子动力学所提供的关于宏观物体作用定律的直观表述,哪怕他怀疑分子动力学被弄清楚的可能性或者说分子的存在。对已有知识的清晰的理解,和从定律与公式推导结论具有同等的重要性。

还需要提到的一点是,我们在这里只讨论了在理论上作为离解平衡之条件的最简单的关系式。对分子力学的深入研究还能解释我们称为假化学平衡的现象。[③] 相关的事实如下。在室温下,氧氢气和水蒸气都可以存在很长时间而不彼此转换。所有分子都结合得非常牢固,从而在观测的时间里,不可能观察到物质任何明显的离解或者反应。当然,在数学意义上的无限长时间里,还是会发生反应的。

假化学平衡现象和我们在§15 中讨论的过冷和过热现象非常相似,且其基础也完全一样。

§73　敏感区域均匀分布于整个原子的周围

作为比较,我们下面将在另一种力学图像的基础之上来分析最简单的离解情形,它实际上是我们之前分析过的情形的一个特例。同样,我们有 a 个直径为 σ 的相同原子。我们所称作的敏感区域此时将不再限于分子表面上很小的一部分,而是均匀分布于整个

---

① *Populärwissenschaftliche Vorlesungen*,Barth,1896,Vorl. XI. *Die Ökonomische Natur der phys. Forschung*,p. 219.

② *Die Ueberwindung des wissenschaftlichtl. Materialismus*. Verh. *d. Ges. d. Naturf*. 1,5,6(1895).

③ Pelabon,Doctordiss. D. *Univ. Bordeaux*(Paris: Hermann,1898).

分子上。因此,敏感区域具有和分子同心的球壳形状,其内球半径为$\frac{1}{2}\sigma$,外球半径为$\frac{1}{2}(\sigma+\delta)$,其中$\delta$远小于$\sigma$。只要两个分子的敏感区域发生接触或者重叠,则意味着它们将发生化合。对所有这些位置来说,用力学单位来量度的离解热,恒等于常数χ。

覆盖球依然是一个和分子同心、半径为σ的球。临界空间——此时它与约化临界空间相同——是位于覆盖球表面与半径为$\sigma+\delta$的同心球面之间的球壳。每当第二个原子的中心位于这一临界空间时,它便与第一个原子发生化合,而其离解热为大小等于χ的常量。

假设存在n_1个单原子和n_2个双原子,从而

$$n_1 : 2n_2 = V : 4\pi n_1\sigma^2\delta e^{2h\chi},$$

其中V是气体的总体积。因此

$$\frac{n_2}{n_1}=\frac{2\pi n_1\sigma^2\delta}{V}e^{2h\chi}。\tag{233}$$

结合为双原子的两个原子中心之间的距离大约为σ。其中每个原子的临界空间$4\pi\sigma^2\delta$中,有$3\pi\sigma^2\delta$位于第二个原子的覆盖球之外,其余$\pi\sigma^2\delta$位于第二个原子的覆盖球里面。第三个原子的中心只可能位于前一部分中,因此我们将这一部分称为“自由”空间。因此,两个原子的总“自由临界空间”为$6\pi\sigma^2\delta$。需要注意的是,在两个原子的临界空间重叠的区域,存在这样一小片地带,即对每个双原子来说,有一个体积为$2\pi\sigma\delta^2$的狭窄环状空间,我们称之为“临界环”,它同属两个临界空间。在计算总自由临界空间的体积时,正确的做法应该是将$6\pi\sigma^2\delta$减去两倍的临界环体积。但由于临界环的体积和自由临界体积相比非常小,所以我们可以忽略这一效应。因此,将与双原子发生结合从而形成一个三原子分子的第三个原子可以利用的空间,由两部分组成:第一部分是双原子的自由临界空间,第二部分是双原子的临界环。前一情形中第三个原子从双原子分离所需要做的功为χ,而后一情形中所需要做的功为2χ。如果我们用n_3表示三原子的数目,那么,根据我们的理论原理可以得到下述比值:

$$n_1 : 3n_3 = V : n_2(6\pi\sigma^2\delta e^{2h\chi}+2\pi\sigma\delta^2 e^{4h\chi}),$$

因此

$$\frac{n_3}{n_2}=\frac{2\pi\sigma^2 n_1\delta}{V}e^{2h\chi}+\frac{2\pi\sigma n_1\delta^2}{3V}e^{4h\chi}。\tag{234}$$

将上式和(233)式进行比较,我们不难发现,任何情况下,$\frac{n_3}{n_2}$总是大于$\frac{n_2}{n_1}$。因此,在临界空间均匀散布于整个作用球上面的情形中,双原子很多、三原子极少的离解状态应该是不可能存在的。

实际上不仅如此。我们可以将(233)式的右边写成下述形式：

$$\frac{2\pi n_1\sigma^3}{V}\cdot\frac{\delta}{\sigma}e^{2h\chi}$$

这时，$\frac{4\pi n_1\sigma^3}{3}$是 n_1 个单原子的覆盖球所占据的空间，而 V 是气体所占据的总体积。因此 $\frac{2\pi n_1\sigma^3}{V}$无论如何都是一个很小的量。所以，如果 n_2 和 n_1 相比不是本来就很小，从而气体几乎完全离解，则 $e^{2h\chi}\cdot\frac{\delta}{\sigma}$必然很大，因此在(234)式中也是第二项远大于第一项。但第一项等于$\frac{n_2}{n_1}$。所以，$\frac{n_3}{n_2}$必然远大于$\frac{n_2}{n_1}$。

因此，只要有数量可观的单原子结合为双原子，则后者必然又结合为三原子。所以，像我们很熟悉的一些气体那样，大多数原子配对成为双原子的情形，仅当临界空间只涉及每个原子覆盖球表面相对较小的一部分时才有可能出现。

在目前的情形中，由于临界空间均匀分布于覆盖球的整个表面，所以只要原子开始结合，它们便更倾向于形成包含大量原子的聚合物。这时将出现气体液化之类的现象。不幸的是，除 n_2 远小于 n_1 的情形之外，进一步的计算存在难以克服的困难。在这一假设下所能得到的液化定律，和我们根据其他截然不同的假设推导出来的范德瓦尔斯方程所给出的相关定律，是否一样尚不得而知。因为在后一情形中，我们是从这样一个假设出发的，即分子之间的相互作用延伸到远大于两个相邻原子中心之间距的距离上，但在这里，我们假设一个原子的吸引区域和该原子所占据的空间相比很小。

笔者曾经试图用下述方法来建立一个有关气体分子性质的力学模型。① 将它们看作质量为 m、方均速率为$\overline{c^2}$ 的质点(单原子)。当原子间距大于或者等于$(\sigma+\varepsilon)$时，彼此不发生相互作用，当间距小于或者等于 σ 时同样也不发生相互作用。在介于两者之间的距离上，它们会彼此施加一个巨大的吸引力，从而当它们的间距从$(\sigma+\varepsilon)$变到 σ 时，它们的动能增加了 χ。这里，假设 ε 和 σ 相比很小。

设 $\omega=\frac{4}{3}\pi\sigma^3$ 是一个半径为 σ 的球，n_1 为体积 v 中的单原子数目，n_2 是双原子数目，即，原子中心间距小于 σ 的那些原子。那么，和之前一样，我们可得

$$\frac{n_2}{n_1}=\frac{n_1\omega}{2v}e^{2h\chi}=\frac{n_1\omega}{2v}e^{\frac{3\chi}{m\overline{c^2}}}。$$

如果(像普通空气一样)，$\frac{n_1\omega}{v}$大约等于$\frac{1}{1000}$，而且 $m\overline{c^2}=\chi$，那么 n_2 和 n_1 相比可以非常

① *Wien. Ber.* 89(2) 714(1884).

小;而且两个原子相遇时运动轨迹会发生明显的偏离,从而大致上保持气体的特征。但当绝对温度增大十倍时,分子之间由于相遇而导致与直线运动路径的偏离将非常微小,以至于系统几乎不再呈现气体的性质。而当绝对温度降低为原来的十分之一时,n_2 将远大于 n_1,而且和之前一样,在吸引力发生作用的区域将出现较大的原子复合物的聚结,因此发生液化。

所以,虽然一个力学系统可能在一个温度下表现出气体的特征,但它依然不能作为所有温度下的力学模型。作者在同一个文献中提出的另一个以吸引力与距离成五次方反比规律为基础的模型,很可能也是同样的情况。如果这一规律一直到距离为零都是正确的,那么所有原子都将聚结。如果相互作用在某个特定的小距离上失效,那么在某个特定的温度以上,由于碰撞导致的偏离也还是会很小。仅仅建立在吸引力的基础之上,而不考虑碰撞中存在弹性排斥力,且还和所有气态及液态聚合物的实验结果相一致的力学模型,迄今为止还没有发现。

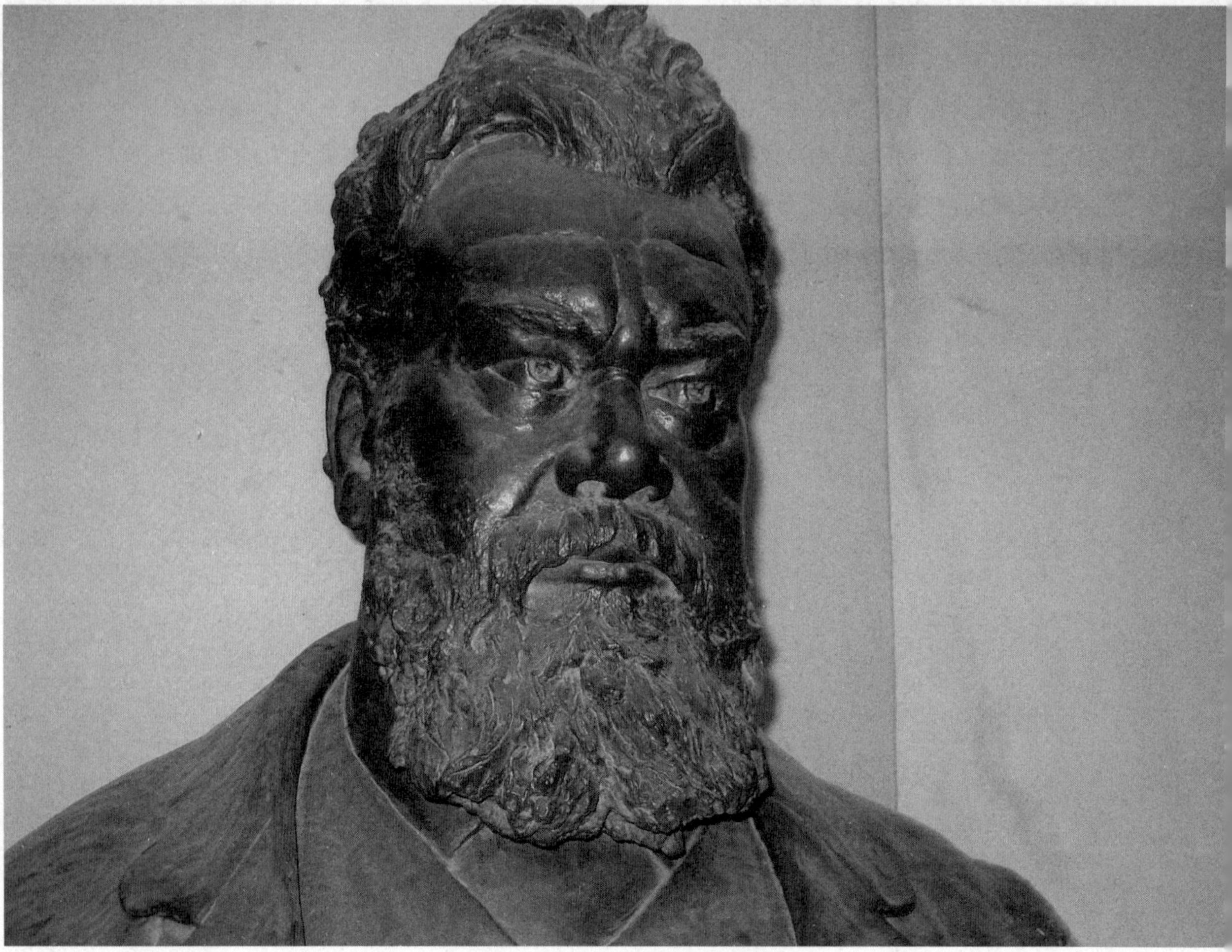
位于维也纳大学的玻尔兹曼雕像。

第七章

复合分子气体中热平衡定律的补充

Abschnitt Ⅶ

· Ergänzungen zu den Sätzen über das Wärmegleichgewicht in Gasen mit zusammengesetzten Molekülen ·

玻尔兹曼的思想体系扮演着一种为科学青年所热恋的角色，再没有其他思想能使我如此着迷。

——薛定谔(E. Schrödinger，1887—1961)，奥地利物理学家

§74 作为状态概率量度的物理量 H 的定义

前面我们已经证明(第一部分§3),单原子分子气体的麦克斯韦速度分布满足稳态所必须满足的一切条件;然后(第一部分§5)又在假设分子之间的运动完全随机,从而可以在运用概率法则的基础之上,证明它是满足这些条件的唯一的分布。因此,只要这个假设是正确的,则它就是气体中唯一能保持稳定的分布。

而在第二部分中,我们证明,§37中(118)式所代表的普遍状态分布,满足复合分子稳态分布的条件。关于它是唯一满足这些条件的分布的结论,还没有得到完整而普遍的证明。但在一些最简单和最具实际意义的情形中,是有可能像我们就单原子分子气体所作证明一样,得到比较满意的证明的。因此,接下来我将给出通常的证明步骤——当然是针对能够进行证明的情形——然后再附加其他一些至少在某些特例中用得上的手段。

设容器中的气体包含全同的复合分子,或者由几种不同复合分子组成的混合物。它们应该具有理想气体的性质,即,一个分子的作用范围和两相邻分子之间的平均间距相比非常小。设 x,y,z 为直角坐标,而

$$u,\ v,\ w \tag{235}$$

是一个第一种分子质心的速度分量;设 $p_1 \cdots p_\nu$ 是广义坐标,它们决定这样一个分子各组成成分相对于过其质心、空间方向保持不变的三个坐标轴的位置;并令 $q_1 \cdots q_\nu$ 为相应的动量。

考虑外力的作用本质上并不会增加难度,但公式会更复杂一些,我们将外力排除在外。此外,我们还假设在容器中体积足够大以至于包含许多分子的各个部分,分子的混合比与状态分布都相同。设

$$f_1(u,v,w,p_1 \cdots q_\nu,t)\mathrm{d}u \cdots \mathrm{d}q_\nu \tag{236}$$

是单位体积中满足下述条件的第一种分子数,即 t 时刻变量(235)以及变量

$$p_1 \cdots p_\nu,\ q_1 \cdots q_\nu \tag{237}$$

分别位于区间

$$u \sim u+\mathrm{d}u,\ v \sim v+\mathrm{d}v,\ w \text{ 到 } w+\mathrm{d}w, \tag{238}$$

$$p_1 \sim p_1+\mathrm{d}p_1+\cdots+q_\nu \sim q_\nu+\mathrm{d}q_\nu。 \tag{239}$$

◀ 1907年4月30日,英国物理学家汤姆生(J. J. Thomson,1856—1940)发现了电子,直接给那些否定原子存在的科学家致命一击。图为汤姆生在实验室。

为简便起见,我们略去函数符号中的变量,并令

$$H_1=\iint\cdots f_1\ln f_1\,\mathrm{d}u\,\mathrm{d}v\,\mathrm{d}w\,\mathrm{d}p_1\cdots\mathrm{d}q_\nu, \tag{240}$$

其中 ln 指自然对数的意思,积分区间为各变量所有可能的值。

由于 $f_1\mathrm{d}u\mathrm{d}v\mathrm{d}w\mathrm{d}p_1\cdots\mathrm{d}q_\nu$ 是 t 时刻变量(235)与(237)满足条件(238)和(239)的分子数,因此,我们可用下述方法求得任意时刻的 H_1 值:将该时刻气体中每个第一种分子的变量(235)与(237)之值代入函数 $\ln f_1$ 中,并将由此所得的 $\ln f_1$ 值加起来。因此,我们也令

$$H_1=\sum\ln f_1, \tag{241}$$

其中求和范围是 t 时刻气体中所有第一种分子。以此类推,我们为第二种气体定义 H_2,为第三种气体定义 H_3 等,并令

$$H_1+H_2+H_3+\cdots=H。 \tag{242}$$

在 H 与气体相应状态的概率之间存在一种完全类似于第一部分 §6 中所描述过的关系。但这里我们不准备深入讨论这个问题,因为我们有意抛开一切与我们的目标无关的东西。

§75　分子内部运动过程中 H 的变化

我们先完全不考虑碰撞的作用,而只计算分子的内部运动所导致的 H 变化。这样一来,由于每种分子都完全独立于其他种类的分子,因此只考虑一种分子就够了。容器壁的作用也将忽略不计。当容器非常大,以至于内部的热平衡和容器壁上附近的特殊过程完全无关,或者,如果每个分子被容器壁反弹时,除其质心速度的方向发生改变之外,其他运动状态都不变的话,这么处理是合理的。所以,为简便起见,我们假设容器壁处的斥力作用对分子的各个组分都相同,就像重力对一个物体各个部分的作用相同一样。

对于 t 时刻变量(237)位于区间(239)的那些分子来说,其变量在之前的某个时刻,比如零时刻,所处的区间设为

$$P_1\sim P_1+\mathrm{d}P_1,\cdots,Q_\nu\sim Q_\nu+\mathrm{d}Q_\nu。 \tag{243}$$

我们将始终使用 §28 中提到的简写方式来表示变量值所处的区间。u、v、w 的值将不随时间发生变化。

用 F_1 表示将 $t=0$ 以及 $p_1\cdots q_\nu$ 的值

$$P_1\cdots Q_\nu \tag{244}$$

代入函数 f_1 后所得到的表示式。因此,零时刻变量(235)和(237)位于区间(238)和

(243)的分子数为

$$F_1 \mathrm{d}u \mathrm{d}v \mathrm{d}w \mathrm{d}P_1 \cdots \mathrm{d}Q_\nu, \tag{245}$$

由于这些分子也就是其变量在 t 时刻位于区间(238)和(239)的那部分分子，而该部分分子数为

$$f_1 \mathrm{d}u \mathrm{d}v \mathrm{d}w \mathrm{d}p_1 \cdots \mathrm{d}q_\nu,$$

所以我们有：

$$F_1 \mathrm{d}u \mathrm{d}v \mathrm{d}w \mathrm{d}P_1 \cdots \mathrm{d}Q_\nu = f_1 \mathrm{d}u \mathrm{d}v \mathrm{d}w \mathrm{d}p_1 \cdots \mathrm{d}q_\nu。 \tag{246}$$

但是，由(52)式可知，

$$\mathrm{d}p_1 \cdots \mathrm{d}q_\nu = \mathrm{d}P_1 \cdots \mathrm{d}Q_\nu。$$

因此必有 $F_1 = f_1$，以及

$$\ln F_1 = \ln f_1。 \tag{247}$$

与此同时，令

$$H_1' = \sum F_1 \ln F_1$$

为函数 H_1 在零时刻的值。t 时刻变量(235)和(237)位于区间(238)和(239)的分子，对和式 $H_1 = \sum f_1 \ln f_1$ 所产生的贡献为：

$$f_1 \ln f_1 \mathrm{d}u \mathrm{d}v \mathrm{d}w \mathrm{d}p_1 \cdots \mathrm{d}q_\nu。 \tag{248}$$

对于同一部分分子来说，这些变量的值在零时刻位于区间(238)和(243)中。因此，这同一部分分子对 H_1' 所产生的贡献为：

$$F_1 \ln F_1 \mathrm{d}u \mathrm{d}v \mathrm{d}w \mathrm{d}P_1 \cdots \mathrm{d}Q_\nu。 \tag{249}$$

由(246)式和(247)式可知，表示式(248)与(249)彼此相等。因此，同一部分分子对求和式 H_1 和 H_1' 所贡献的加数相同。由于这一结论通常对所有时刻的所有分子都成立，所以很明显，H_1 甚至 H 根本不会因为分子内运动而发生改变。之所以对 H 也有这一结论，是因为对其他每种分子都可以得出同样的结论使然。

§76　特例之一

虽然对于复合分子理想气体来说，由碰撞导致的 H 变化通常计算不了，但这里我们可以处理一种特殊情形，对该情形而言，相关的计算具有特别简单的形式。

和前两节中一样，我们考虑包含任何复合分子的任何理想气体混合物。在每种气体的每个分子中，总是只有一个原子能够对其他同种或者不同种分子中的一个原子施加力的作用；两个不同分子中的这样两个原子之间的相互作用，总是和两个完全弹性的、几乎不发生形变的球体之间的相互作用一样。因此，两个分子之间的相互作用持续时间总是

很短，以至于在这段时间里，两个分子的各组成部分之间的相对位置——以及除发生碰撞的原子之外所有其他原子的速度大小及方向——的变化量为无穷小。

下面我们来计算在无穷小的时间 $\mathrm{d}t$ 之内，由于一个第一种分子和一个第二种分子之间的碰撞而导致的 H 的变化量。第一种分子的状态我们之前曾用变量(235)和(237)来描述，它在空间的绝对位置则用其质心坐标 x、y、z 来表示。现在我们保留变量(237)，但舍弃变量(235)，而引入与其他分子的一个原子发生碰撞的那个原子——我们称之为 A_1 原子——的速度分量

$$u_1, v_1, w_1。\tag{250}$$

与它发生碰撞的另一个原子则称之为 A_2 原子。我们通过 A_1 原子中心的坐标 x_1、y_1、z_1 来确定第一种分子的绝对空间位置。由于变量(237)给出的是所有原子的速度与质心速度之差，因而也给出了 u_1-u, v_1-v, w_1-w 的值，因此我们发现，当变量(237)保持不变时，

$$\mathrm{d}u_1=\mathrm{d}u,\ \mathrm{d}v_1=\mathrm{d}v,\ \mathrm{d}w_1=\mathrm{d}w。$$

所以，

$$f_1\mathrm{d}u_1\mathrm{d}v_1\mathrm{d}w_1\mathrm{d}p_1,\cdots,\mathrm{d}q_\nu\tag{251}$$

是变量(237)和(250)位于区间(239)和

$$u_1\sim u_1+\mathrm{d}u_1 \text{ 之间},\ v_1\sim v_1+\mathrm{d}v_1 \text{ 之间},\ w_1\sim w_1+\mathrm{d}w_1 \text{ 之间}\tag{252}$$

的分子数目。这里，不管是将 f_1 中的变量 u, v, w 替换为 u_1, v_1, w_1，还是保持原来的变量，都没有区别。

我们将第二个分子中 A_2 原子中心的坐标表示为 x_2, y_2, z_2，将它的速度分量表示为

$$u_2,\ v_2,\ w_2,\tag{253}$$

而确定第二个分子状态所需要的其他广义坐标和动量则表示为

$$p_{\nu+1}\cdots p_{\nu+\nu'},\ q_{\nu+1}\cdots q_{\nu+\nu'}。\tag{254}$$

那么，根据(251)式类推，变量(253)和(254)位于区间

$$u_2\sim u_2+\mathrm{d}u_2 \text{ 之间},\ v_2\sim v_2+\mathrm{d}v_2 \text{ 之间},\ w_2\sim w_2+\mathrm{d}w_2 \text{ 之间},\tag{255}$$

$$p_{\nu+1}\sim p_{\nu+1}+\mathrm{d}p_{\nu+1} \text{ 之间},\ \cdots,\ q_{\nu+\nu'}\sim q_{\nu+\nu'}\mathrm{d}q_{\nu+\nu'} \text{ 之间}\tag{256}$$

的第二种分子数将表示为

$$f_2\mathrm{d}u_2\mathrm{d}v_2\mathrm{d}w_2\mathrm{d}p_{\nu+1}\cdots\mathrm{d}q_{\nu+\nu'}。\tag{257}$$

利用第一部分 §3 的方法，我们可以求出这样一些分子对的数目，即在它们所包含的两个分子中，第一个分子属于第一种分子，而第二个分子属于第二种分子，在 $\mathrm{d}t$ 时间内，两个分子发生相互作用，其中第一个分子中的 A_1 原子和第二个分子中的 A_2 原子发生碰撞，而且在碰撞的瞬间满足下述条件：变量(250)，(237)，(253)以及(254)将分别位于区间(252)，(239)，(255)，及(256)中，并且 A_1 原子和 A_2 原子中心的连线将平行于无限小圆

锥 $d\lambda$ 中的一条线。dt 时间内发生于两个分子之间并满足上述所有条件的各种情形的相互作用,我们称之为特种碰撞。

如果 σ 是两个原子 A_1 和 A_2 的半径之和,g 是它们的相对速度,且在碰撞的瞬间后者与碰撞原子中心连线所成夹角的余弦是 ε,那么,利用所引用章节中的方法我们可以求出特种碰撞次数为:

$$dN=\sigma^2 f_1 f_2 g\varepsilon du_1 dv_1 dw_1 du_2 dv_2 dw_2 dp_1 \cdots dq_{\nu+\nu'} d\lambda dt。\tag{258}$$

§77 刘维定理在所考虑特例中的形式

由于碰撞是瞬间发生的,因此在碰撞期间变量(237)和(254)不发生变化。同样,碰撞后 g,ε 及 A_1 和 A_2 共同质心的速度分量 ξ、η、ζ 的值也都和碰撞前一样(参见第一部分§4)。只有 u_1、v_1、w_1、u_2、v_2、w_2 的值会发生变化。碰撞后这些量的值将用对应的大写字母来表示;对于给定的 g 值和 ε 值,若碰撞前 u_1、v_1、w_1、u_2、v_2、w_2 的值满足条件(252)和(255),则碰撞后它们的值将位于下述区间

$$U_1 \sim U_1+dU_1 \text{ 之间},\ V_1 \sim V_1+dV_1 \text{ 之间},\ W_1 \sim W_1+dW_1 \text{ 之间},\tag{259}$$

$$U_2 \sim U_2+dU_2 \text{ 之间},\ V_2 \sim V_2+dV_2 \text{ 之间},\ W_2 \sim W_2+dW_2 \text{ 之间},\tag{260}$$

因此,不难发现,可由(52)式——或者像第一部分§4中一样,利用很简单的方法而更加普遍地——得到

$$du_1 dv_1 dw_1 du_2 dv_2 dw_2 = dU_1 dV_1 dW_1 dU_2 dV_2 dW_2 \tag{261}$$

或者

$$\sum \pm \frac{\partial U_1}{\partial u_1}\cdot\frac{\partial V_1}{\partial v_1}\cdot\frac{\partial W_1}{\partial w_1}\cdot\frac{\partial U_2}{\partial u_2}\cdot\frac{\partial V_2}{\partial v_2}\cdot\frac{\partial W_2}{\partial w_2}=1。$$

(之前我们使用的是 ξ,η,ζ 而非 u,v,w,同时也没有使用大写字母,而是使用带撇的字母。)

第一部分§4中的证明包含一个错误,维恩德(C. H. Wind)[①]和喀山的西格尔(M. Segel)先后指出了这一点。因此,这里我将再次用正确的方法给出证明。

我们用 ξ、η、ζ 代替 u_2、v_2、w_2 来表示将 A_1 原子和 A_2 原子当作一个力学系统看待时其共同质心的速度分量。如果 m_1 和 m_2 是两个原子的质量,那么有

$$\xi=\frac{m_1 u_1+m_2 u_2}{m_1+m_2},$$

在另两个坐标轴方向也有同样的方程成立。由这些方程可知,如果我们保留变量 u_1、v_1、

① *Wien. Ber.* 106(2A) 21(1897).

w_1 不变，而用 ξ,η,ζ 代替 u_2,v_2,w_2，那么将有

$$du_1dv_1dw_1du_2dv_2dw_2=\left(\frac{m_1+m_2}{m_2}\right)^3du_1dv_1dw_1d\xi d\eta d\zeta。\quad(262)$$

接下来，我们将右边表达式中的 u_1,v_1,w_1 替换为 U_1,V_1,W_1，而 ξ,η,ζ 保持不变。从第一部分§3的图2中，我们用几何方法很容易发现，如果质心位置保持不变，那么，代表碰撞前第一个原子速度大小与方向的线段的末端描述了一个体积元，这个体积元与代表同一原子碰撞后速度大小与方向的线段末端所描述的体积元全等。因此

$$du_1dv_1dw_1d\xi d\eta d\zeta=dU_1dV_1dW_1d\xi d\eta d\zeta\quad(263)$$

下面我们保持 U_1,V_1,W_1 不变，而用 U_2,V_2,W_2 替换 ξ,η,ζ。由于我们同样有

$$\xi=\frac{m_1U_1+m_2U_2}{m_1+m_2}$$

以及其他两个坐标轴方向的两个类似的方程，因此可得：

$$\left(\frac{m_1+m_2}{m_2}\right)^3dU_1dV_1dW_1d\xi d\eta d\zeta=dU_1dV_1dW_1dU_2dV_2dW_2。$$

由上式以及(262)式和(263)式，不难推出待证明的(261)式。

由于第一部分§4中考虑的情形是这里所讨论的情况的一个特例，其中除了 A_1 原子和 A_2 原子之外，分子中再没有其他原子，因此，我们之前有欠缺的证明现在已经得到补证。

§78　碰撞导致的 *H* 变化

在§76中，我们将一特定种类的碰撞称为特种碰撞。这种碰撞是 dt 时间内发生在一个第一种分子和一个第二种分子之间的碰撞，而且在相互作用开始的瞬间，变量(250)，(237)，(253)及(254)位于区间(252)，(239)，(255)，及(256)中，两碰撞原子的中心连线在碰撞的瞬间平行于给定锥元 $d\lambda$ 中的一条线。对于这些碰撞来说，在相互作用结束的瞬间，变量(237)和(254)所处区间不变，但变量(250)和(253)则位于区间(259)和(260)。此外，g、ε 及 $d\lambda$ 在碰撞期间不发生变化。

接下来，我们将满足下述条件的碰撞表示为逆碰撞，它们同样发生在 dt 时间内，但在起始时刻变量(250)和(253)位于区间(259)和(260)中，而其他变量所处的区间则和特种碰撞中的情形一样。

对逆碰撞来说，它们发生的前提条件是，两个分子的初始相对位置必须作这样的调整，即第二个分子相对第一个分子的位移须和从 A_1 原子指向 A_2 原子的中心连线大小

相等、方向相反。[1] 同时,对逆碰撞而言,变量(250)和(253)将反过来是在相互作用结束时位于区间(252)和(255)中。

下面,我们来计算在特种碰撞和逆碰撞共同作用的情况下,§74 中用 H 表示的[参考(241)和(242)式]求和在 dt 时间内的变化。前一种碰撞每发生一次,变量(250)和(237)位于区间(252)和(239)的第一种分子就减少一个,因此 H_1 减小 $\ln f_1$。同样,变量(253)和(254)位于区间(255)和(256)的第二种分子数也将减少一个,因而 H_2 减小 $\ln f_2$。另一方面,每发生这样一次碰撞,变量(250)和(237)位于区间(259)和(239)的第一种分子数将增加一个,变量(253)和(254)位于区间(260)和(256)的第二种分子数也将增加一个。因此,如果我们分别用 F_1 和 F_2 来表示 $f_1(U_1, V_1, W_1, p_1 \cdots q_\nu, t)$ 和 $f_2(U_2, V_2, W_2, p_{\nu+1} \cdots q_{\nu+\nu'}, t)$,那么,$H_1$ 将增加 $\ln F_1$,H_2 将增加 $\ln F_2$。特种碰撞的次数由(258)式给出;因此,所发生的全部特种碰撞将使得 H 增加

$$(\ln F_1 + \ln F_2 - \ln f_1 - \ln f_2)\sigma^2 g\varepsilon f_1 f_2 \cdot du_1 dv_1 dw_1 du_2 dv_2 dw_2 dp_1 \cdots dq_{\nu+\nu'} d\lambda dt。\tag{264}$$

反过来,每个逆碰撞将使得变量(250)和(237)位于区间(259)和(239)的第一种分子数减少一个;而同样的变量位于区间(252)和(239)的分子数则增加一个。类似地,变量(253)和(254)位于区间(260)和(256)的第二种分子数将减少一个,同样的变量位于区间(255)和(256)的分子数将增加一个。因此,逆碰撞使 H_1 增加 $\ln f_1 - \ln F_1$,H_2 增加 $\ln f_2 - \ln F_2$,因而 H 增加 $\ln f_1 + \ln f_2 - \ln F_1 - \ln F_2$。

由(258)式类推,dt 时间内发生的逆碰撞的总次数为:

$$\sigma^2 g \varepsilon F_1 F_2 dU_1 dV_1 dW_1 dU_2 dV_2 dW_2 dp_1 \cdots dq_{\nu+\nu'} d\lambda dt,$$

或者,由(261)式得

$$\sigma^2 g \varepsilon F_1 F_2 du_1 dv_1 dw_1 du_2 dv_2 dw_2 dp_1 \cdots dq_{\nu+\nu'} d\lambda dt,$$

因此所有逆碰撞导致 H 增加

$$(\ln f_1 + \ln f_2 - \ln F_1 - \ln F_2) \cdot \sigma^2 g\varepsilon F_1 F_2 \cdot du_1 dv_1 dw_1 du_2 dv_2 dw_2 dp_1 \cdots\cdots dq_{\upsilon+\nu'} d\lambda dt$$

(需要注意的是,g、ε、$d\lambda$ 都不因碰撞发生改变。)如果将上式和(264)式进行比较,则不难发现,特种碰撞和逆碰撞一起共使 H 产生增量

$$(\ln f_1 + \ln f_2 - \ln F_1 - \ln F_2)(F_1 F_2 - f_1 f_2)\sigma^2 g\varepsilon \cdot du_1 dv_1 dw_1 du_2 dv_2 dw_2 dp_1 \cdots dq_{\nu+\nu'} d\lambda dt。\tag{265}$$

后一个表示式的值实质上为负数。如果将除 dt 之外的所有微元对所有可能的值积分,并除以 2(因为不然的话,每个碰撞都将统计两次,一次是作为特种碰撞,另一次是作为逆碰撞),则可得 dt 时间内 H 的总增量。因此,只要 H 有任何明显的变化,则其变化量也本质上是

---

[1] *Bayr. Akad. d. Wissensch.* Bd 22,347(1892);*Phil. Mag.*[5] 35,166(1893).

负值。因为对其他各种分子来说，也可得出相同的结论，而且对同种分子之间的碰撞同样如此，所以，在这一特殊情形中，我们证明了碰撞只能使 H 减小。

对于稳态来说，H 的持续降低是不允许的，因而对这种状态而言(265)式通常必须等于零。所以，对所有各种分子来说，必然有方程

$$f_1 f_2 - F_1 F_2 = 0 \tag{266}$$

成立，对于同种分子之间的碰撞也有类似的方程存在。

§79 有关两个分子之间碰撞的最普遍描述

下面我们将从§76中讨论的特殊相互作用过渡到最普遍的情形。

我们用 s 表示一个第一种分子的质心和一个第二种分子的质心之间的距离，并假设，如果 s 大于某个特定的常数 b，则意味着两个分子之间没有发生可以观测到的相互作用。以一个第一种分子的中心为球心、b 为半径的球，将被简称为所讨论分子的领域。因此我们可以说：只要一个第二种分子的质心在一个第一种分子的领域之外，则两个分子之间不会发生可以观测到的相互作用。任何导致前一种分子的质心进入后一种分子领域的过程，都将被称作碰撞。

当然，有可能存在这样的情况，即，尽管一个第一种分子的中心确实进入一个第二种分子的领域之中，但是又在没有任何可观测相互作用发生的情况下离开了该领域，因而碰撞没有对两个碰撞分子的运动产生明显的影响。但是，大部分的碰撞实际上都使两个分子的运动发生了明显的改变。

正如§75—§78中一样，一个第一种分子的各组分相对于其质心的位置、围绕质心的转动，以及各部分的速度将分别用变量(250)和(237)来描述，一个第二种分子的相应状态则用变量(253)和(254)来描述。这里，u_1, v_1, w_1 将是一个第一种分子的质心速度分量，而 u_2, v_2, w_2 则是一个第二种分子质心的速度分量。

当两个分子中心之间的距离等于 b 时，我们称它们之间的位形为临界位形。我们考虑满足下述条件的临界位形：对第一个分子来说，变量(250)和(237)位于区间(252)和(239)中，对第二个分子来说，变量(253)和(254)位于区间(255)和(256)中。最后，两个分子中心的连线平行于孔径为 $d\lambda$ 的一个无穷小圆锥中的某条线。这些条件的集合我们称之为：

条件。 (267)

当第二个分子的质心正在进入第一个分子的领域时，临界位形代表两个分子相互作

用过程(广义上的碰撞)的开始,因此被称为初始位形。另一方面,如果处于临界位形时第二个分子正在离开第一个分子的领域,则它代表碰撞的结束(终末位形)。而如果其时两个分子中心之间的距离正好达到最小,那么,这样的临界位形将不予考虑,因为它同时代表一个碰撞的开始和结束,而这种碰撞对分子的运动并不会产生影响。

如果两个临界位形坐标相同、速度分量大小相同而方向相反,则我们称它们互为相反临界位形。如果对于两个临界位形来说,第一个分子的坐标(237)和第二个分子的坐标(254),以及所有的速度分量都分别具有相同的大小和符号,但其中一个分子的质心,在和过另一个分子质心的一固定坐标轴平行的坐标轴方向的坐标分量大小相同、符号相反,则我们称它们为相互对应的临界位形。因此,和任意给定临界位形相对应的临界位形可以用这样的方式来建构:令第一个分子固定不动,而第二个分子在不改变其组分的位形和速度的前提下,沿两分子质心连线且指向第一个分子质心的方向移动 $2b$。换句话说,我们在不改变其状态、并且不使它们发生旋转的情况下,交换两个分子中心的位置。

这样一来,很显然的是:如果我们设想将所有初始位形聚集到一起,并寻找每个的相反位形,那么可得所有终末位形,反之亦然。同样,如果我们寻找每个初始位形的对应位形,也可得所有的终末位形,反过来也是这样。

§80 刘维定理在最普遍类型碰撞中的应用

下面,我们像之前一样,设 t 时刻气体中其变量(250)和(237)位于区间(252)和(239)的第一种分子数由(251)式给出。同样,t 时刻其变量(253)和(254)位于区间(255)和(256)的第二种分子数由(257)式给出。如果我们将

$$du_1dv_1dw_1dp_1\cdots dq_\nu \text{ 和 } du_2dv_2dw_2dp_{\nu+1}\cdots dq_{\nu+\nu'}$$

简写为

$$d\omega_1 \text{ 和 } d\omega_2,$$

那么,

$$dN=f_1f_2d\omega_1d\omega_2b^2k\,d\lambda\,dt \tag{267a}$$

即为 dt 时间内发生的、以条件(267)所决定的临界位形为初始位形的碰撞次数。这里,k 是碰撞开始时第二个分子质心相对于第一个分子质心的速度在两质心连线方向上的分量。对所有这些碰撞的终末临界位形来说,第一个分子的变量(250)和(237)将位于区间(259)和(243)中;另一个分子的变量(253)和(254)将于区间(260)和

$$P_{\nu+1} \sim P_{\nu+1} + dP_{\nu+1} \cdots Q_{\nu+\nu'} \sim Q_{\nu+\nu'} + dQ_{\nu+\nu'} \tag{268}$$

中,两分子质心之间的连线则平行于孔径为 $d\Lambda$ 的圆锥内的一条线。这些条件的集合我们称为

$$\text{条件。} \tag{269}$$

我们将依旧对§27中更加复杂但也更加精确的术语采用简写的形式。其中

$$dU_1 dV_1 dW_1 dP_1 \cdots dQ_\nu \text{ 和 } dU_2 dV_2 dW_2 dP_{\nu+1} \cdots dQ_{\nu+\nu'}$$

将被简写为 $d\Omega_1$ 和 $d\Omega_2$，并设 K 为碰撞结束时两个分子质心之间的相对速度在此时两质心连线方向上的分量。

最后，像之前一样，我们用 ξ、η、ζ 表示初始位形中两分子质心坐标之差（从第一个分子指向第二个分子），而用 Ξ、H、Z 表示终末位形中两分子质心坐标之差。那么，将刘维定理[(52)式]应用到这一情形时，可以写为

$$d\xi d\eta d\zeta d\omega_1 d\omega_2 = d\Xi dH dZ d\Omega_1 d\Omega_2\text{。} \tag{270}$$

下面我们将 ξ,η,ζ 以及 Ξ,H,Z 变换为极坐标,令

$$\xi = s\cos\vartheta,\ \eta = s\sin\vartheta\cos\varphi,\ \zeta = s\sin\vartheta\sin\varphi\text{。}$$

$$\Xi = S\cos\Theta,\ H = S\sin\Theta\cos\Phi,\ Z = S\sin\Theta\sin\Phi\text{。}$$

这样一来,(270)式变为

$$s^2 \sin\vartheta ds d\vartheta d\varphi d\omega_1 d\omega_2 = S^2 \sin\Theta dS d\Theta d\Phi d\Omega_1 d\Omega_2\text{。} \tag{271}$$

$\sin\vartheta d\vartheta d\varphi$ 和 $\sin\Theta d\Theta d\Phi$ 是碰撞前和碰撞后质心连线所处圆锥的孔径。由于我们像之前一样用 $d\lambda$ 和 $d\Lambda$ 来表示这些圆锥的孔径,因此有

$$\sin\vartheta d\vartheta d\varphi = d\lambda \text{ 及 } \sin\Theta d\Theta d\Phi = d\Lambda\text{。}$$

我们还将引入时间微分 dt 来代替 ds 和 dS。设 g 是两个质心的相对速度,并设 s 是碰撞前两质心的连线;那么,这 g 和 s 的方向余弦为

$$\frac{u_2-u_1}{g},\ \frac{v_2-v_1}{g},\ \frac{w_2-w_1}{g} \text{及} \frac{\xi}{s},\ \frac{\eta}{s},\ \frac{\zeta}{s}\text{。}$$

相对速度在 s 方向的分量为：

$$k = \frac{1}{s}[(u_2-u_1)\xi + (v_2-v_1)\eta + (w_2-w_1)\zeta]\text{。}$$

碰撞后,这一相对速度分量的对应值将用 K 表示。因此我们有

$$ds = k dt,\ dS = K dt\text{。}$$

代入所有这些值,同时注意到碰撞开始和结束时 $s=b$,那么,(270)式具有如下形式：

$$b^2 k d\lambda dt d\omega_1 d\omega_2 = b^2 K d\Lambda dt d\Omega_1 d\Omega_2,$$

其中,方程左边和右边的 dt 具有相同的值,因为在刘维定理中 t 总是被看作常数的。如果我们将最后一个方程的两边同时除以 $b^2 dt$,则可得：

$$k\,d\lambda\, d\omega_1\, d\omega_2 = K\, d\Lambda\, d\Omega_1\, d\Omega_2\text{。}\tag{272}$$

现在我们将关注(267a)式中 dN 所包含的那些碰撞的所有终末位形。另外,我们构建与之相对应的临界位形,并将 dt 时间内发生且按所描述的方式从对应临界位形开始的碰撞次数表示为 dN'。那么有

$$dN' = F_1 F_2 b^2 K\, d\Omega_1\, d\Omega_2\, d\Lambda\, dt,\tag{273}$$

其中,F_1 和 F_2 是

$$f_1(U_1, V_1, W_1, P_1 \cdots Q_\nu, t) \text{和} f_2(U_2, V_2, W_2, P_{\nu+1} \cdots Q_{\nu+\nu'}, t)$$

的简写,并且,如果所有的碰撞都满足(266)式的话,则通常有 $dN = dN'$。接下来,在一个第一种分子所发生的用 dN 表示的碰撞中,我们将变量(250)和(237)位于区间(252)和(239)的状态替换为这些变量位于区间(259)和(243)的状态。反过来,在一个第一种分子的用 dN' 表示的碰撞中,我们将后一种状态替换为前一种状态;对第二种分子及所有其他碰撞都采取同样的做法。那么我们将可以得出结论,当方程(266)得到满足时,状态分布将不因碰撞发生改变,同时不难证明,(115)式实际上满足这个方程,因此,我们用另一种方法证明了,这个公式所表示的状态分布满足一个稳定状态分布所必须满足的条件。为了在可能的范围内证明,该分布是满足这些条件的唯一分布,我们同样要计算 H 的变化。

§81 采用有限差分的计算方法

下面我们将需要一种抽象化分析,对许多人来说,这种抽象化可能显得不可思议,但对真正懂得微分和积分的整个符号系统只在先从考虑大的有限数开始的情况下才有意义的人来说,它必然又显得极其自然。

我们将假定分子只能取有限多个状态,并用数字 1,2,3 等来表示这些状态;任意一个状态都可以被标为 1,任何其他状态都可以被标为 2 等。这种表示和连续状态的表示以这样的方式发生联系,那就是,满足同一区域条件且服从刘维定理的所有状态之集合,总是被视作为相同的。设符号(a,b)表示状态为 a 和 b 的两个分子的一个临界位形;设(b,a)为其对应位形,而$(-a,-b)$表示相反位形。一个开始于位形(a,b)、结束于位形(c,d)的碰撞将表示为

$$\binom{a,b}{c,d}\text{。}$$

设 w_a 是单位体积内状态为 a 的分子数目;w_b 是单位体积内状态为 b 的分子数目,以此类推。设

$$C_{c,d}^{a,b}\cdot w_a\cdot w_b$$

为气体中开始于位形(a,b),结束于位形(c,d)的碰撞次数;那么,如果 $\mathrm{d}w_a$ 表示 w_a 在 $\mathrm{d}t$ 时间内由于碰撞的作用而产生的增量,那么有

$$\frac{\mathrm{d}w_a}{\mathrm{d}t}=\sum C_{a,z}^{x,y}w_x w_y-\sum C_{p,q}^{a,n}w_a w_n,$$

其中,求和范围是 x、y、z、n、p、q 所有可能的值。下面假设如下各量

$$\frac{\mathrm{d}w_1}{\mathrm{d}t},\ \frac{\mathrm{d}w_2}{\mathrm{d}t},\ \cdots$$

的表示式都已经给出,并令

$$E=w_1(\ln w_1-1)+w_2(\ln w_2-1)+\cdots.$$

用 $\mathrm{d}E$ 表示 $\mathrm{d}t$ 时间内由于碰撞的作用而导致的 E 的增量,并将上述

$$\frac{\mathrm{d}w_1}{\mathrm{d}t},\ \frac{\mathrm{d}w_2}{\mathrm{d}t},\ \cdots$$

的值代入

$$\frac{\mathrm{d}E}{\mathrm{d}t}=\frac{\mathrm{d}w_1}{\mathrm{d}t}\ln w_1+\frac{\mathrm{d}w_2}{\mathrm{d}t}\ln w_2+\cdots$$

之中,其中,ln 表示自然对数。碰撞

$$\begin{pmatrix}2,1\\3,4\end{pmatrix}$$

为 $\mathrm{d}w_1$ 及 $\mathrm{d}w_2$ 的表示式贡献的项为

$$-C_{3,4}^{2,1}w_1 w_2,$$

其中,1、2、3、4 可以是任何状态,(2,1)和(3,4)可以是任何临界位形。但它对

$$\frac{\mathrm{d}w_3}{\mathrm{d}t}\text{和}\frac{\mathrm{d}w_4}{\mathrm{d}t}$$

的表示式所贡献的项却是正数项。所有这些项对$\frac{\mathrm{d}E}{\mathrm{d}t}$所产生的总贡献为

$$C_{3,4}^{2,1}w_1 w_2(\ln w_3+\ln w_4-\ln w_1-\ln w_2)。$$

对应的碰撞

$$\begin{pmatrix}4,3\\5,6\end{pmatrix}$$

即,它以与前述碰撞的终末位形(3,4)相对应的位形(4,3)作为初始位形,对

$$\frac{\mathrm{d}w_3}{\mathrm{d}t}\text{和}\frac{\mathrm{d}w_4}{\mathrm{d}t}$$

所贡献的项为

$$-C_{5,6}^{4,3} w_3 w_4,$$

而对

$$\frac{dw_5}{dt} \text{和} \frac{dw_6}{dt}$$

所贡献的项也是两个相等的正数项。

我们可以用同样的方法继续分析与碰撞

$$\binom{4,3}{5,6}$$

相对应的碰撞

$$\binom{6,5}{7,8},$$

以此类推。

由于我们只有有限多个状态，因此最终必然轮到和前面某个碰撞相对应的碰撞

$$\binom{k,k-1}{x,y},$$

可以证明，首次出现这一情形的碰撞所对应的前面的碰撞必然是

$$\binom{2,1}{3,4}。$$

因为，假若它对应于别的碰撞，比如碰撞

$$\binom{6,5}{7,8},$$

那么，(x,y)和$(6,5)$必然是对应碰撞，因此(x,y)和$(5,6)$应为相同的碰撞，而分别从$(k,k-1)$和$(4,3)$开始的两个碰撞最后结束于相同的终末位形。另一方面，初始位形$(-5,-6)$将导向终末位形$(-4,-3)$以及$(-k,-k+1)$。因此最后两个碰撞必须相同，所以

$$\binom{k,k-1}{x,y} \text{必然等于} \binom{4,3}{5,6}$$

同理可得

$$\binom{k-2,k-3}{k-1,k} \text{必然等于} \binom{2,1}{3,4}。$$

因此，循环必然在之前就已经合拢。

在我们现在的符号中，(272)式表明，

$$C_{c,d}^{a,b} \text{ 和 } C_{e,f}^{d,c}$$

必须相等，因为其变量处于按照刘维定理相同的区间的所有状态都集合到了一起，并被合称为一个状态。由此可以得出结论，我们可以将$\frac{\mathrm{d}E}{\mathrm{d}t}$中所包含的所有项写成下述循环的形式：

$$C_{3,4}^{2,1}[w_1w_2(\ln w_3+\ln w_4-\ln w_1-\ln w_2)+w_3w_4(\ln w_5+\ln w_6-\ln w_3-\ln w_4)$$
$$+\cdots+w_{k-1}w_k(\ln w_1+\ln w_2-\ln w_{k-1}-\ln w_k)]。$$

如果将方括号中的表示式记为 $\ln X$，并令 $w_1w_2=\alpha$，$w_3w_4=\beta$，……，那么有：

$$X=\beta^{\alpha-\beta}\gamma^{\beta-\gamma}\delta^{\gamma-\delta}\cdots\alpha^{\sigma-\alpha}。\tag{274}$$

在数值 $\alpha,\beta,\gamma\cdots$中，至少有一个数，比如 γ，小于它相邻的两个数，比如 β 和 δ；因此有

$$X=\left(\frac{\gamma}{\delta}\right)^{\beta-\gamma}Y,\tag{275}$$

其中

$$Y=\beta^{\alpha-\beta}\delta^{\beta-\delta}\cdots\alpha^{\sigma-\alpha}$$

除了少一项之外，和 X 表示式的形式完全一样。

如果 $\gamma=\beta$ 或者 $\gamma=\delta$，则(275)式中 Y 前面的因式等于 1，否则的话，它总是小于 1 的。如果我们对 Y 反复进行上述处理，那么最终我们将把 X 简化为一系列分式之积，而其中每个分式的值都小于或者等于 1；除非所有的量 $\alpha,\beta,\gamma\cdots$都相等，否则这些分式不可能全都等于 1。

因此量 E——它的时间导数在微元取无穷小极限时等于$\frac{\mathrm{d}H}{\mathrm{d}t}$——在碰撞过程中只会减小或者保持不变；它保持不变的前提条件是对所有的碰撞

$$\binom{a,b}{c,d}$$

来说，都有方程

$$w_aw_b=w_cw_d$$

成立。由于对所有的稳定状态来说，E 不再进一步减小，因此方程

$$w_aw_b=w_cw_d$$

必须对稳定状态中所有可能的碰撞都成立，而且在趋于无穷小极限的时候，它和(266)式相同。

§82 *H* 变化的积分公式

如果我们希望避免从有限多个状态向无限多个状态过渡，但同时又使用微积分，则

可以使用下述方法。像第一部分§18和第二部分§75—§78中一样,我们求得

$$\frac{\mathrm{d}}{\mathrm{d}t}\int f_1 \ln f_1 d\omega_1 = \iiint f_1 f_2 (\ln F_1 + \ln F_2 - \ln f_1 - \ln f_2)\mathrm{d}\omega_1 \mathrm{d}\omega_2 b^2 g \mathrm{d}\lambda, \tag{276}$$

其中,单重积分表示对 $\mathrm{d}\omega_1$ 中包含的微分进行积分,而三重积分则表示对 $\mathrm{d}\omega_1\mathrm{d}\omega_2\mathrm{d}\lambda$ 中包含的所有微分积分。$\mathrm{d}\int f_1 l f_1 \mathrm{d}\omega_1$ 包含的只有因第一种分子和第二种分子之间的碰撞而导致该积分的变化量。分子内运动引起的变化为零。其他量的意义和前一节中相同。我们假设构建了每个碰撞的对应碰撞,后者的初始位形对应于前者的终末位形。代入描述后一种碰撞结束时两个分子状态的变量后,所得函数 f_1 和 f_2 的值我们用 f''_1 和 f''_2 表示;而且,我们将再次构建第二个碰撞的对应碰撞,并将代入描述这后一个对应碰撞中两个分子末态的变量值后所得函数值,表示为 f'''_1 和 f'''_2,然后以此类推。

那么,$\frac{\mathrm{d}}{\mathrm{d}t}\int f_1 \ln f_1 \mathrm{d}\omega_1$ 可以变为下述形式:

$$\begin{cases} b^2 g \mathrm{d}\omega_1 \mathrm{d}\omega_2 d\lambda [f_1 f_2 (\ln F_1 + \ln F_2 - \ln f_1 - \ln f_2) \\ + F_1 F_2 (\ln f''_1 + \ln f''_2 - \ln F_1 - \ln F_2) \\ + f''_1 f''_2 (\ln f'''_1 + \ln f'''_2 - \ln f''_1 - \ln f''_2) + \cdots + \cdots]。\end{cases} \tag{277}$$

如果再令

$$f_1 f_2 = \alpha, F_1 F_2 = \beta, f''_1 f''_2 = \gamma \text{ 等},$$

那么,(277)式中方括号里的表达式将为

$$\beta^{\alpha-\beta}\gamma^{\beta-\gamma}\delta^{\gamma-\delta}\cdots \tag{278}$$

的自然对数。

上式和(274)式的形式完全一样,只是这里 $\alpha,\beta,\gamma\cdots$ 等量的循环通常不是有限的。尽管如此,如果我们将这种循环推进得足够远,则最终达到的项的底数也会非常接近于 α,从而,截至这一点所得的表达式与(278)式之差可以任意小。只要两个分子的运动不因碰撞而发生变化,则当然会出现下述情况,即 $\alpha,\beta,\gamma\cdots$ 中的一个量和它相邻的量相等。但是,只要我们选的 b 不是足够大,从而并非大多数碰撞都是这种情况,那么,这些量中大多数将和其相邻的量完全不同,以至于(278)式中所乘的分式大多数都小于1;(275)式中 Y 的因式也是如此。因此,$\frac{\mathrm{d}H}{\mathrm{d}t}$ 将小于等于零,而且只能在所有的碰撞都满足条件(266)时才能等于零。

§83　特例之二

我们在前面的章节中已经证明,对处于热平衡状态的任何复合分子理想气体来说,

所有同种或不同种分子之间的碰撞都必须满足(266)式。在证明的过程中,我们抛开了外力的作用,而实际上将外力考虑在内的话,也仍然可以证明。而且不难发现,只要状态分布服从(118)式,则方程(266)将得到满足。

然而,这一分布是唯一可能的分布的证明,显然不能在完全普遍的意义上进行,因而还是只能在每个特殊情形中加以证明。所有这些不同的特例的证明,自然得留到专著中去处理;我们在这里只能处理极少量的例子。

其中最简单的例子是下述特殊情形。假设存在一种由任意理想气体组成的混合物,它不受外力的作用。不同分子的原子在满足拉格朗日方程的任意保守力的作用下结合在一起。两个不同分子发生相互作用的方式,就如同其中一个分子中的一个原子和另一个分子中的一个原子,像几乎不发生形变的弹性球一样发生碰撞。

由于几乎不发生形变,所以在这样的碰撞中,不但碰撞原子的位置,而且其他原子的位置和速度也不发生改变。但因为碰撞前每一单个原子的速度在空间各个方向的概率相等,因此我们可以像第一部分 §3 中一样计算各种碰撞的概率。

为不失普遍性起见,我们考虑两个非同种分子发生相互作用的碰撞情形,并把这两种分子叫作第一种气体和第二种气体。而所得结论在两种分子实际上为同一种分子时亦有效。

§84 求解每一个碰撞方程

属于第一个分子、质量为 m_1 的一个特定原子,与属于第二个分子、质量为 m_2 的另一个特定原子发生碰撞。我们将所有和第一个原子相同的原子称为 m_1-原子,将和第二个原子相同的原子称为 m_2-原子。设 c_1 和 c_2 分别为两个原子在发生碰撞之前的速率,γ_1 和 γ_2 分别是两个原子在碰撞刚结束时的速率。c_1 和 c_2 的大小完全是任意的。γ_1 可取 0 和

$$\sqrt{c_1^2+\frac{m_2 c_2^2}{m_1}} \tag{279}$$

之间的任何值,但根据能量守恒原理,γ_2 必须等于

$$\sqrt{c_2^2+\frac{m_1}{m_2}(c_1^2-\gamma_1^2)},$$

这是由于碰撞的持续时间很短,分子的能量不会发生明显改变。

整个气体中,质心在三个坐标轴方向的速度分量位于区间

$$u_1 \sim u_1+\mathrm{d}u_1,\ v_1 \sim v_1+\mathrm{d}v_1,\ w_1 \sim w_1+\mathrm{d}w_1, \tag{280}$$

而决定分子运动状态的所有其他变量可取任意可能值的 m_1-原子数目,将表示为

$$f_1(c_1)\mathrm{d}u_1\mathrm{d}v_1\mathrm{d}w_1。$$

由于这些原子的速度在空间的取向完全随机,所以各微分之积的系数显然只是 c_1 的函数,因此将被称为 $f_1(c_1)$。

以此类推,速度分量位于区间

$$u_2 \sim u_2+\mathrm{d}u_2,\ v_2 \sim v_2+\mathrm{d}v_2,\ w_2 \sim w_2+\mathrm{d}w_2 \tag{281}$$

的 m_2-原子数目表示为

$$f_2(c_2)\mathrm{d}u_2\mathrm{d}v_2\mathrm{d}w_2。$$

对于这一碰撞而言,(266)式简化为

$$f_1(c_1)f_2(c_2)=f_1(\gamma_1)f_2\left[\sqrt{c_2^2+\frac{m_1}{m_2}(c_1^2-\gamma_1^2)}\right]。 \tag{282}$$

由于所有符合能量守恒条件的变量值都必须满足这一方程,因此,通过简单的计算(同时参见第一部分§7)可以得到:

$$f_1(c_1)=A_1\mathrm{e}^{-hm_1c_1^2},\ f_2(c_2)=A_2\mathrm{e}^{-hm_2c_2^2}。$$

上述公式,连同速度在所有空间方向上机会均等的条件,完全决定了各种速度分量出现的概率。如果所有分子的所有原子都可以彼此发生碰撞,那么,对所有碰撞来说 h 必须具有相同的值。因此,所有原子的平均动能都相同,而且根据速度在各方向机会均等的假设不难证明,所有分子的质心平动动能的平均值都相同,并等于一个原子的平均动能。系数 A_1 和 A_2 是常数;但是,它们和决定分子状态的其他变量以及那些变量所处的区间有关,假如那些变量不能取所有值,而只能处于给定区间的话。

特例之一是这样一种双原子分子,它们由两个用杆连接起来的固体球形原子组成,因此它们构成一个像所谓的健身哑铃球一样的固体系统。[①] 如果连接杆被看作是弹性的,那么,原子就可以在径向产生来回的振动。但是,我们可以考虑连接杆的形变度为零的极限情形,因此这些振动的幅度非常小,从而,它们和绕两分子中心连线的转动一样,在观测时间里并不参与其他运动的热平衡过程。

那么,所得结果和之前的结果完全一致,当时所得比热比的值为1.4。

另一个特例是由三个或者更多刚性结合的球形原子组成的分子。此即为之前我们

① 参见 Ramsay, *Les gaz de l'atmosphère*(Paris: Carré, 1898), p. 172.

得到比热比值为 $1\frac{1}{3}$ 的情形。全面处理这一情形并不太难，我们可以像之前一样求出各种坐标值组合的概率。对这些特例我们不准备细究，相反我们将举例说明更复杂情形的处理。

§85　两个分子之间只通过某一同种原子发生碰撞的情形

已知一种理想气体，它的所有分子都是相同的。每个分子包含两个质量分别为 m_1 和 m_2 的不同的原子(我们将分别称为第一种原子和第二种原子)。分子中的两个原子在分子内运动方面的表现，就像两个集中于原子中心的质点一样，彼此在两者连线的方向施加一个大小为两者间距之函数的力的作用。因此，分子内运动将为普通的有心运动。[①] 两个不同分子之间的相互作用则是这样的情形：两个第一种原子像几乎不发生形变的弹性球一样发生碰撞，但两个第二种原子之间不发生相互作用，而第一种原子和第二种原子之间也不发生相互作用。

采用和前面相同的推理方法，我们可以得到第一种原子所满足的类似于(282)式的方程，并通过该方程推得：

$$f_1(c_1)=A\mathrm{e}^{-hm_1c_1^2}。\tag{283}$$

和之前一样，u_1,v_1,w_1 是一个第一种原子的速度分量；$f_1(c_1)\mathrm{d}u_1\mathrm{d}v_1\mathrm{d}w_1$ 是变量 u_1，v_1,w_1 位于区间(280)的第一种原子的数目；A 仍然和分子状态的限定条件有关。

但是，同样的推理方法不能应用于第二种原子，因为它们不和其他分子的原子发生碰撞。因此我们必须引入有心运动的轨道概率和运动位相。

§86　一种特定有心运动的概率

我们已经将第一个原子和第二个原子在任意时刻的绝对速度的大小表示为 c_1 和 c_2。现设 ρ 为两个原子的中心在同一时刻的间距；并设 α_1 和 α_2 分别为两个绝对速度的方向与从第一个原子指向第二个原子的连线方向之间的夹角；最后，设 β 为通过线段 ρ 并分别与两个绝对速度同方向的两个平面之夹角。

分子的总能量为

---

① Boltzmann, *Vorlesungen über die Principe der Mechanik*, §20—§24。

$$L=\frac{m_1c_1^2}{2}+\frac{m_2c_2^2}{2}+\varphi(\rho),\tag{284}$$

其中 φ 是有心力的势函数。m_2 在轨道平面内相对于 m_1 的角速度的两倍为

$$K=\rho\sqrt{c_1^2\sin^2\alpha_1+c_2^2\sin^2\alpha_2-2c_1c_2\sin\alpha_1\sin\alpha_2\cos\beta},\tag{285}$$

分子质心的速率和 (m_1+m_2) 的乘积为

$$G=\sqrt{m_1^2c_1^2+m_2^2c_2^2+2m_1m_2c_1c_2(\cos\alpha_1\cos\alpha_2+\sin\alpha_1\sin\alpha_2\cos\beta)},\tag{286}$$

它在垂直于轨道平面方向上的分量为

$$H=\frac{c_1c_2\sin\alpha_1\sin\alpha_2\sin\beta}{\sqrt{c_1^2\sin^2\alpha_1+c_2^2\sin^2\alpha_2-2c_1c_2\sin\alpha_1\sin\alpha_2\cos\beta}}。\tag{287}$$

单位体积内 K,L,G,H 位于区间

$$K\sim K+\mathrm{d}K,L\sim L+\mathrm{d}L,G\sim G+\mathrm{d}G,H\sim H+\mathrm{d}H$$

的分子数目将表示为

$$\Phi(K,L,G,H)\mathrm{d}K\,\mathrm{d}L\,\mathrm{d}G\,\mathrm{d}H。$$

ρ 位于 $\rho\sim\rho+\mathrm{d}\rho$ 之间的分子数目为

$$\Phi\cdot\mathrm{d}K\,\mathrm{d}L\,\mathrm{d}G\,\mathrm{d}H\cdot\frac{\mathrm{d}\rho}{\sigma}:\int_{\rho_0}^{\rho_1}\frac{\mathrm{d}\rho}{\sigma}=\Psi\mathrm{d}K\,\mathrm{d}L\,\mathrm{d}G\cdot\mathrm{d}H\,\frac{\mathrm{d}\rho}{\sigma}.$$

这里，

$$\sigma=\frac{\mathrm{d}\rho}{\mathrm{d}t},\text{ 而}\int_{\rho_0}^{\rho_1}\frac{\mathrm{d}\rho}{\sigma}$$

为从近地点到远地点所用的时间，因而是 K,L,G,H 的已知函数；所以

$$\Psi=\Phi:\int_{\rho_0}^{\rho_1}\frac{d\rho}{\sigma}$$

是这四个量的已知函数。我们只限于考虑满足下述条件的分子：第一，路径的拱线(line of apses)与轨道平面内一条平行于某固定平面的直线所成夹角位于 ε 到 $\varepsilon+\mathrm{d}\varepsilon$ 之间；第二，通过质心速度且垂直于轨道平面的平面与通过质心速度并平行于一固定直线 Γ 的平面，所成夹角位于 ω 到 $\omega+\mathrm{d}\omega$ 之间；第三，质心速度方向位于一个具有特定方向和无穷小孔径 $\mathrm{d}\lambda$ 的圆锥内。这样一来，我们需要乘以因子 $\mathrm{d}\varepsilon\,\mathrm{d}\omega\,\mathrm{d}\lambda:16\pi^3$。因此，气体中满足所有这些条件的分子数目为

$$\Psi\cdot\frac{1}{16\pi^3\sigma}\mathrm{d}K\,\mathrm{d}L\,\mathrm{d}G\,\mathrm{d}H\,\mathrm{d}\rho\,\mathrm{d}\varepsilon\,\mathrm{d}\omega\,\mathrm{d}\lambda。\tag{288}$$

如果我们用 $g\sim g+\mathrm{d}g,h\sim h+\mathrm{d}h,k\sim k+\mathrm{d}k$ 表示这些分子质心速度相对于固定直角坐标轴的分量所处的区间，那么有

$$G^2\mathrm{d}G\,\mathrm{d}\lambda=\mathrm{d}g\,\mathrm{d}h\,\mathrm{d}k.$$

这时，保持 g,h,k 不变，过第一个原子的质心建立一个直角坐标系统，其中 z 轴建立在 G 方向。将第二个原子相对于这个坐标系统的坐标与速度分量表示为 x_3,y_3,z_3,u_3,v_3,w_3，并将这六个变量变换为 $K,L,H,\rho,\varepsilon,\omega$。为了这个目的，我们过第二个原子的中心建立另一个坐标系统，第二个原子在该坐标系中的坐标和速度分量将被表示为 x_4,y_4,z_4,u_4,v_4,w_4。第二个坐标系统的 z 轴将垂直于轨道平面，x 轴则位于轨道平面与旧的 xy 平面的交线上。那么有

$$H=G\sin\vartheta,$$

其中两个 z 轴之间的夹角为 $90°-\vartheta$；由于 G 是常数，所以有

$$\mathrm{d}H=G\cos\vartheta\,\mathrm{d}\vartheta。$$

最后，我们将两个 x 轴之间的夹角表示为 ω，因为它和之前用 ω 所表示的量，只相差一个在我们现在看来恒为常数的量。我们发现：

$$z_4=x_3\cos\vartheta\sin\omega+y_3\cos\vartheta\cos\omega+z_3\sin\vartheta,$$

$$w_4=u_3\cos\vartheta\sin\omega+v_3\cos\vartheta\cos\omega+w_3\sin\vartheta,$$

由于 x_4y_4 平面是轨道平面，所以上述两式必须为零。借助于这两个方程，我们用 ϑ、ω 代替 z_3、w_3，并令 x_3、y_3、u_3、v_3 保持不变，然后可得

$$\mathrm{d}z_3\mathrm{d}w_3=(y_3u_3-x_3v_3)\frac{\cos\vartheta}{\sin^3\vartheta}\mathrm{d}\vartheta\mathrm{d}\omega。$$

由于我们还有

$$x_4=x_3\cos\omega-y_3\sin\omega,$$

$$y_4\sin\vartheta=x_3\sin\omega+y_3\cos\omega,$$

及可以由此推得的关于 u_4、v_4 的方程。因此，我们可以得到

$$y_3u_3-x_3v_3=\sin\vartheta(y_4u_4-x_4v_4)=K\sin\vartheta,$$

在 ϑ、ω 为常数的情况下，有

$$\mathrm{d}x_4\mathrm{d}y_4\sin\vartheta=\mathrm{d}x_3\mathrm{d}y_3,\quad \mathrm{d}u_4\mathrm{d}v_4\sin\vartheta=\mathrm{d}u_3\mathrm{d}v_3,$$

因此

$$\mathrm{d}x_3\mathrm{d}y_3\mathrm{d}z_3\mathrm{d}u_3\mathrm{d}v_3\mathrm{d}w_3=K\cos\vartheta\,\mathrm{d}x_4\mathrm{d}y_4\mathrm{d}u_4\mathrm{d}v_4\mathrm{d}\vartheta\mathrm{d}\omega$$

下面像之前一样，我们分别用 σ 和 τ 表示第二个原子相对于第一个原子的速度在平行及垂直于 ρ 的方向上的分量；那么，当 x_4 和 y_4 保持不变时，

$$\mathrm{d}\sigma\mathrm{d}\tau=\mathrm{d}u_4\mathrm{d}v_4$$

$$K=\rho\tau,\quad L=L_g+\frac{m_1m_2}{2(m_1+m_2)}(\sigma^2+\tau^2)+\varphi(\rho)$$

$$\mathrm{d}K\mathrm{d}L=\frac{m_1m_2}{m_1+m_2}\sigma\rho\mathrm{d}\sigma\mathrm{d}\tau,$$

其中 L_g 是质心运动的能量,现在被看作常数。最后,如果 ψ 是 ρ 与最后的拱线之间的夹角,那么

$$x_4=\rho\cos(\varepsilon+\psi),\ y_4=\rho\sin(\varepsilon+\psi),$$

其中 ψ 是 ρ、K、L 的函数。但后两个量现在是常数,因此

$$\rho\mathrm{d}\rho\mathrm{d}\varepsilon=\mathrm{d}x_4\mathrm{d}y_4。$$

联立上述方程,我们可得:

$$\mathrm{d}x_3\mathrm{d}y_3\mathrm{d}z_3\mathrm{d}u_3\mathrm{d}v_3\mathrm{d}w_3=\frac{m_1+m_2}{m_1m_2}\frac{K}{\sigma}\mathrm{d}K\,\mathrm{d}L\,\mathrm{d}H\,\mathrm{d}\rho\mathrm{d}\omega\mathrm{d}\varepsilon,$$

而且不难发现,如果 x,y,z 是第二个原子在以第一个原子的中心为原点、坐标轴和最初随意选取的各坐标轴平行的坐标系统中的坐标,那么同样有

$$\mathrm{d}x\,\mathrm{d}y\,\mathrm{d}z\,\mathrm{d}u_2\mathrm{d}v_2\mathrm{d}w_2=\frac{m_1+m_2}{m_1m_2}\frac{K}{\sigma}\mathrm{d}K\,\mathrm{d}L\,\mathrm{d}H\,\mathrm{d}\rho\mathrm{d}\omega\mathrm{d}\varepsilon。$$

如果将上式代入(288)式中,并注意到当 u_2、v_2、w_2 为常数时

$$\mathrm{d}g\,\mathrm{d}h\,\mathrm{d}k=\frac{m_1^3}{(m_1+m_2)^3}\mathrm{d}u_1\mathrm{d}v_1\mathrm{d}w_1,$$

那么,我们可求得单位体积中变量 $x\cdots w_2$ 位于区间 x 到 $x+\mathrm{d}x\cdots w_2$ 到 $w_2+\mathrm{d}w_2$ 的分子数目为

$$\frac{1}{16\pi^3}\frac{m_1^4m_2}{(m_1+m_2)^4}\frac{\Psi}{KG^2}\mathrm{d}x\,\mathrm{d}y\,\mathrm{d}z\,\mathrm{d}u_1\mathrm{d}v_1\mathrm{d}w_1\mathrm{d}u_2\mathrm{d}v_2\mathrm{d}w_2。\tag{289}$$

令该分子数等于

$$F=B\mathrm{e}^{-h[m_1c_1^2+m_2c_2^2+2\varphi(\rho)]}.\tag{290}$$

一方面,由(283)式可知,B 只能是 c_2、ρ 及 α_2 的函数,而另一方面,(289)式则告诉我们,它只能是 K、L、G、H 的函数。因此,B 必然是后面那些与 c_1、α_1、β 的值无关而只与 c_2、ρ、α_2 有关的变量的函数。因此,如果我们令 $B=f(K,L,G,H)$,那么,当我们将(284)到(287)各式中的 K、L、G、H 值代入进来后,所得函数值必然和 c_1、α_1、β 完全无关。由于这一结论对所有的 c_2、ρ 及 α_2 值都成立,因此我们先令 $c_2=0$;那么有

$$K=\rho c\sin\alpha,\ L=\frac{mc^2}{2}+\varphi(\rho),\ G=mc,\ H=0,$$

因此

$$B=f\left(\rho c_1\sin\alpha_1,\frac{mc_1^2}{2}+\varphi(\rho),mc_1,0\right)。$$

由于上式必然和 c_1,α_1 无关,因此,K 根本不会出现在 f 中,而 L 和 G 也只会以 $2mL-G^2$ 的形式出现。如果在 f 中代入 $2mL-G^2$ 和 G,而不是 L 和 G,那么很容易得出后一结论。因此我们有

$$B=f(2mL-G^2,H),$$

而在代入(284)到(287)式的值后可得

$$B=f\Big(m_1(m_1-m_2)c_1^2+2m_1\varphi(\rho)$$
$$-2m_1m_2c_1c_2(\cos\alpha_1\cos\alpha_2+\sin\alpha_1\sin\alpha_2\cos\beta),$$
$$\frac{c_1^2c_2^2\sin^2\alpha_1\sin^2\alpha_2\sin^2\beta}{c_1^2\sin^2\alpha_1+c_2^2\sin^2\alpha_2-2c_1c_2\sin\alpha_1\sin\alpha_2\cos\beta}\Big)。$$

上式必然和 c_1、α_1、β 完全无关。不难发现,此时函数符号里的两个量必然完全无关,因此 B 必然是一个常数。但这样一来,(290)式实际上变成了(118)式的一个特例。

另一个处理起来并不特别难的特例,是可当作任意固体的分子,它们要么是固态旋转体,要么是固态非旋转体。但是,我担心在特殊情形的复杂计算方面花费的精力已经太多,因此,我准备将其他特殊问题的处理交由博士生们在他们的博士论文中去完成。

§87　有关初始状态的假设

如果气体封装在刚性容器中,且一开始,气体的不同部分之间存在整体性的相对运动,那么,由于黏滞性的原因,这种运动会很快停止下来。如果初始时刻两种气体没有发生混合,但保持接触,那么,最终两种气体会混合起来,哪怕一开始较轻的气体处于容器的上面部分,也是如此。一般而言,如果一种气体或者由好几种气体组成的混合系统在初始时刻处于某个不可几的状态,那么,在给定的外部条件下,它会转变为最可几状态,并且在后续可观测的时间里始终保持这一状态。为了证明这是气体分子运动论的必然结果,我们使用了本章所定义和讨论的量 H。我们证明了,由于气体中分子间的相互运动,H 会不断减小。这一过程的单向性显然并非建立在分子运动方程的基础之上。因为当时间改变方向时这些方程不会发生变化。这一单向性仅仅取决于初始条件。

我们不能由此认为,在每个实验中,我们必须专门假设某些特定的条件,而不能假设具有同等可能性的相反的条件;实际上,我们只需对力学世界图景的初始性质作出统一的基本假设即可,而该假设所导致的逻辑结果必须为:如果物体间的相互作用始终存在,则它们必然总是处在合适的初始条件下。特别地,我们的理论并不要求,每次物体间发生相互作用时,它们所构成的系统的初始状态必须具有某种特殊的性质(即有序或者不可几),因为在所讨论的外部力学条件下,同样的力学系统可能具有的状态中,为有序态的毕竟只有极少数。由此说明,随着时间的推移,该系统采取了不具有这些性质的状态,也即我们所谓的无序状态。无疑,系统绝大多数的状态都是无序的,因此我们称这样的无序状态为可几状态。

有序初始状态和无序初始状态之间的关系,不同于一个确定的状态与其相反状态(令所有速度反向所得到的状态)之间的关系,反而,和每个有序状态相反的状态也是一个有序状态。

自我调节的最可几状态——我们称为麦克斯韦速度分布,因为是麦克斯韦首先从一个特殊情形中发现其数学表达式的——并不是和另外无穷多个非麦克斯韦分布形成对比的某种特殊的奇异态。相反,它具有这样的特点,那就是在可能的状态中,具有麦克斯韦分布特性的状态数目最为巨大,和这一数目相比,明显偏离麦克斯韦分布的速度分布数目微乎其微。而刘维定理告诉我们,各个可能的状态具有等可能性或者说等概率性。

为了解释在这一假设的基础上所开展的计算和实际可观测过程相符合的事实,我们必须假定,世界图景可以用一个极其复杂的力学系统来很好地描绘,而且,我们周围世界的所有或者至少大部分,最初都处在极其有序——因而非常不可几——的状态。如果真是这种情况,那么,只要其中两个或者更多小的部分之间发生相互作用,则这些部分所构成的系统,在初始时刻也处于一种有序状态,并且任其自由发展的话,它很快就会演变为无序的最可几状态。

§88 关于系统退回到过去的状态

我们强调以下几点:

1. 构成有序态和无序态之间特性差异的绝非时间。假如我们将力学世界图景的“初始状态”中所有速度的方向反向,但不改变它们的大小和系统各部分的位置;如果在某种程度上,我们按时间回溯系统的各状态,那么我们照样会是先拥有一个不可几状态,然后到达更可几的状态。只有在系统经由一个极其不可几的初始状态变换为后续更可几状态的时间里,正时间方向和负时间方向的状态变化才会不同。

2. 从有序态向无序态的转变只是概率极大。同样,相反的转变也具有确定的、可以算得出来(但小到难以想象)的概率,这一概率的大小只有在分子数为无穷大的极限情形下才会趋近于零。因此,如果一个有限多个分子的封闭系统在一开始处于有序状态,然后变为无序状态,最后在经过一段超乎想象的长时间以后必然又会返回到有序状态,这样一个事实并不是对我们的理论的一个反驳,相反它还是一个有力的证明。但是我们不应该想当然地认为:一个$\frac{1}{10}$升的容器中装有两种气体,一开始这两种气体未发生混合,随着时间的推移它们将发生混合,而几天之后它们又彼此分开,然后再次混合等。相反,采用我曾经在一个类似的计算中所使用①的相同的原理，我们将发现，只有在经过比 $10^{10^{10}}$ 年更漫长得多的时间之后，气体中才会出现明显的分离现象。如果我们注意到，在这么长的一段时间里，按照概率法则，一个大国的居民纯属偶然地全都在同一天自杀，或者每幢建筑都在同一时间焚毁的现象，可在许多年里发生——但是保险公司在不考虑这种事件发生的可能性的情况下，依然能够顺利运营——那么，我们不得不承认，这样的事情发生的可能性实际上等同于从不发生。如果一个比这还小得多的概率实际上还不能被视作不可能的话，那我们也有理由怀疑今天白天过完后会是一个晚上，之后再是另一个白天。

我们主要考察了气体中的过程，并计算了这种情况的 H 函数。而在这一方面，支配固态和液态物体中原子运动的概率法则，显然和气体中原子运动的概率法则没有本质上的区别，因此，和熵对应的 H 函数的计算，理论上没有更难的地方，尽管它肯定会涉及更大的数学上的困难。

§89　和热力学第二定律的关系

如果我们因此把世界设想为一个包含巨大数量原子的极为庞大的力学系统，它起源于一个完全有序的初始状态，即便是现在也仍然处于一个相当有序的状态，那么，所得结果实际上将和观察事实保持一致；虽然从纯理论上——应该说是哲学上——的观点来看，这一设想在其他某些方面，和建立在纯唯象论观点基础之上的普通热力学有矛盾之处。普通热力学是从这样一个事实出发，即，就迄今为止我们凭经验观察所得来看，所有的自然过程都是不可逆的。因此，根据唯象学原理，第二定律的普通热力学是用这样一种方式来阐述的，即所有自然过程的绝对不可逆性作为公理提出，就像建立在纯唯象观点基础之上的普通物理学将物质绝对无限可分作为一条公理提出来一样。

正如建立在这后一公理基础之上的弹性理论和流体力学的微分方程，因为它为观察事实提供了最为简单的近似描述，因而始终作为大量自然现象唯象描述的基础一样，普通热力学公式也将同样如此。任何一个喜欢分子理论的人都不会同意完全抛弃它。但是也要避免走另一个极端，即陷入孤立的唯象学教条之中。

就像微分方程仅代表一种数学计算方法，它的明确的意义只能通过采用大量而有限多个微元的模型，才能理解一样，②普通热力学同样也需要建立力学模型来对它加以

① *Ann. Phys.* [3] 57, 783(1896).

② Boltzmann, *Die Unentbehrlichkeit der Atomistik i.d. Naturwissenschaft. Wien. Ber.* 105(2)907(1896); *Ann. Phys.* [3] 60, 231(1897). *Ueber die Frage nach der Existenz der Vorgänge in der unbelebten Natur, Wien. Ber.* 106(2)83(1897).

描述(这并不会损害它不可动摇的重要性),以便加深我们对自然的理解——这些模型所涵盖的领域并不总是和普通热力学相同,而仅只是提供一种新的观点这样一个事实,并不会妨碍、反倒是凸显了它们的重要作用。因此,普通热力学紧紧抓住所有自然发生的过程的绝对不可逆性。它假定一个其值在一切自然过程中只能单向变化——比如,只能增加——的函数(熵)。因此,我们可以根据较大的熵值,而将任何较晚出现的世界状态同任何较早出现的世界状态区分开来。熵与其最大值之间的差值——这是所有自然过程的驱动力——总是减小的。尽管总能量保持不变,但它的可变换性将因此变得更小,自然事件将变得越来越平淡而毫无生机,而且回归到原有熵值的可能性被排除在外。

我们不能断言这一结论和我们的经验相违背,因为实际上它似乎是我们目前所掌握的有关这个世界的知识的一个合理推断。但是,本着在超越任何经验结果时所应秉持的谨慎态度,我们必须承认,这些结论很难令人满意,最好是找到令人满意的方法来避开它们,至于是将时间设想为无限延伸之物,还是闭合循环,都没有关系。无论如何,我们宁愿将经验告诉我们的时间独特的方向性,看作由于我们极其局限的观点所导致的纯粹的幻觉。

§ 90 应用于宇宙

所有已知的自然过程所表现出来的不可逆性,与所有自然事件都可能不受限制的观点是彼此一致的吗?时间的表观单向性和时间的无限广延性或者循环性相一致吗?试图对这些问题给出肯定回答的人,势必要采用如下系统来作为世界的模型:在决定该系统随时间演变过程的方程中,正的时间方向和负的时间方向是等价的,并且长时间尺度上出现的不可逆性,可以借助于该模型,而通过一些特殊的假设来加以解释。但是在原子论世界观中,这恰是真实发生的事情。

我们可以将世界看作是一个包含数量巨大的组成成分且时间跨度很长很长的力学系统,从而包含我们自己的“固定恒星”的那一部分与宇宙的广延部分相比简直微不足道;我们称作世纪的时间与这样一个宇宙时间相比同样也是极为短暂的。那么,在整个处于热平衡之中因而死寂的宇宙中,将零零星星地出现一些(如我们的银河系般)尺度相对较小的区域(我们称为孤立的世界),在相对较短的以世纪为单位的时间里,这些区域会产生明显偏离热平衡状态的波动,而且事实上,在这些情形中,状态概率增加与降低的可能性一样大。对于宇宙来说,两个时间方向很难区分,就像太空中没有上、下之分一样。但是,正如在地球表面某个特定地点,我们称指向地球中心的方向为“下面”一样,生活在这样一个孤立世界里某特定时段的一个人，也将可以区分指向小概率状态的时间方向和与之相反的时间方向（前者指向过去，后者指向将来）。通过使用这一术语，宇宙中这种小而孤立的区域将总是发现它们自己“最初”处于不可几状态。在我看来，这个方法是唯一使我们能够理解第二定律——每个孤立世界的热寂——而又不会导致整个宇宙从一个特定的初始状态到一个末态的单向变化的方法。

显然，没人会将这种猜想当作重要发现或者甚至——像古代哲学家那样——当作科学的最高宗旨。但是，也很难让人相信会有人认为这样的猜想完全荒诞不经。谁知道它们会不会拓宽我们的思路，并通过激发思考而促进对经验事实的理解呢？

自然界中从可几状态向不可几状态的转变，不如相反方向的转变发生得那么频繁，这一事实可以通过下述假设来加以解释：我们周围的整个宇宙有一个极不可几的初始状态，因此，由相互作用着的物体所组成的任意系统通常也拥有一个不可几的初始状态。但是，可能会有人反对说，肯定时不时还会发生从可几状态到不可几状态的转变，并且偶尔会被观察到。对此，刚提出的宇宙学分析给出了一个答案。根据计算结果所显示的，在可观测的时间里和可观测的维度里，从一个可几状态向一个不那么可几的状态之间的转变无比稀少的程度，我们发现，在我们所谓的孤立世界——尤其是我们自己所在的孤立世界——里发生这样一个过程的可能性极其小，以至于观察不到。

但在整个宇宙——所有孤立世界的集合体——中，实际上将有沿相反方向演变的过程发生。但观察这种过程的生物只会认为时间是从不太可几的状态向更加可几的状态的方向延伸，并且永远不会知道它们看待时间的方式是否和我们看待时间的方式有所不同，因为他们和我们在时间上相隔数亿万年，在空间上相距天狼星距离的 $10^{10^{10}}$ 倍那么远——而且他们的语言和我们的语言之间也没什么关联。

好吧，对上述观点你也许会一笑置之；但你必须承认，这里提出来的世界模型至少是一种可能的模型，它没有内在的矛盾，也很有用，因为它给我们呈现了许多新的观点。同时它也带来了一种动力，不但促使人们展开猜想，也促进了实验的发展（比如有关物质可分性的极限、作用范围的大小及其所导致的流体力学、扩散及热传导方程的偏差），这是任何其他理论所不曾有的。

§91　概率积分在分子物理学中的应用

有人曾对是否能将概率积分应用到这一领域表示过怀疑。但由于概率积分已经在许许多多的特殊情形中得到了检验，我没有找到任何不能将它应用到更具普遍性的一类自然过程之上的理由。我们当然不能从分子运动的微分方程来严格推断，概率积分可以应用于气体中的分子运动。相反,概率积分的可用性起源于气体分子的巨大数目以及它们的路径长度,因为根据这些特点,气体中一个分子后一次碰撞发生之地的性质和它前一次碰撞的地点毫无关系。这种独立性当然只有在气体分子数目为无穷大且持续时间为任意长时才存在。对于器壁十分光滑的刚性容器中有限多个分子来说,它绝不是完全准确的,因此,麦克斯韦速度分布并非总是成立的。①

但实际上,容器壁不断受到扰动,从而破坏有限多个分子数所带来的周期性。不管怎样,一个有限封闭系统在数亿万年的时间里所呈现出来的运动周期性,不是反驳而是证明了概率法则适用于气体理论的观点,而且由此导出的一个世界模型不但和经验相吻合,也促使人们提出各种猜想和开展各种实验,因此应该将它保留在气体理论之中。

此外,我们发现概率积分在物理学中还发挥着另外的作用。用著名的高斯方法所进行的误差计算在纯物理过程中得到了证实,比如保险费的统计计算。管弦乐队中各种声音有规律地同步加强而不是通过干涉而相消的事实,就应归功于概率法则;非偏振光的性质也是通过概率法则才得以解释清楚的。由于当今人们普遍期望将来有这么一天,我们的自然观将发生彻底的改变,因此我要提到这样一种可能性,那就是,单个分子的基本运动方程将被证明只是近似公式,它们只能给出物理量的平均值,而这些平均值要按照概率定理,由构成周围介质的许多独立运动实体之间的相互作用推得——比如在气象学中,规律只对借助概率积分而从大量观察结果中所得到的平均值有效。这些运动实体的数目当然得巨大,而且它们之间的相互作用也要非常迅捷,以至于可以神不知鬼不觉地在百万分之一秒的时间里产生正确的平均值。

§92 用时间反演的方法推导热平衡

这些分析和(266)式的推导方法有关联,该方程首先由麦克斯韦②提及,后被普朗克③进一步发展。我们假设这样一种混合气体,它封装在器壁固定不动的固体容器中,包含任意多种具有任意理想性质的理想气体,我们将这整个系统称为我们的力学系统。其中

---

① 相关的文献中,我仅引用:Loschmidt, *Ueber den Zustand des Warmegleichgewichts eines Systems von Körpern mit Rucksicht auf die Schwere*, *Wien. Ber.* 73, 139(1876). Boltzmann, *Wien. Ber.* 75(2)67(1877); 76, 373(1878); 78, 740(1878). *Wien. Alm.* 1886; *Nature* 51, 413(1895). *Vorlesungen über Gastheorie*, Part I, § 6. *Ann. Phys.* [3] 57, 773(1896); 60, 392(1897). *Math. Ann.* 50, 325(1898). Burbury, *Nature* 51, 78(1894). Bryan, *Am. J. Math.* 19, 283(1897). Zermelo, *Ann. Phys.* [3] 57, 485(1896); 59, 793(1896).

② Maxwell, *Phil. Mag.* [4] 35, 187(1868); *Scientific Papers*, Vol. 2, p. 45.

③ Planck, *Mun. Ber.* 24, 391(1894); *Ann. Phys.* [3] 55, 220(1895).

一种气体——我们称为第一种气体——的分子各组成部分的位置用 μ 个坐标 $p_1, p_2, \cdots p_\mu$ 表示,另一种(第二种)气体分子成分的位置用坐标 $p_{\mu+1}, p_{\mu+2}, \cdots p_{\mu+\nu}$ 表示。对应的动量则用 $q_1, q_2 \cdots q_{\mu+\nu}$ 来表示。

假设除少数奇异态之外,所有初始状态都逐渐转变为可几态,之后系统保持在这样一些可几态的时间远远长于它处在不可几状态的时间。对所有可几状态来说,各量在不同小区域中的平均值都分别相同,尽管单个的分子以不同的方式分布于许多不同的状态之中。

我们用

$$f_1(p_1, p_2 \cdots q_\mu) \mathrm{d}p_1 \mathrm{d}p_2 \cdots \mathrm{d}q_\mu \tag{290a}$$

表示一个第一种分子的变量

$$p_1, p_2 \cdots q_\mu \tag{291}$$

位于区间

$$p_1 \sim p_1 + \mathrm{d}p_1,\ p_2 \sim p_2 + \mathrm{d}p_2 \cdots\ q_\mu \sim q_\mu + \mathrm{d}q_\mu \tag{292}$$

的概率,而且我们将在系统持续处于可几状态之中的很长一段时间里来考察它。那么,所有第一种分子的变量(291)位于区间(292)的所有时间之和,与总时间 T 同第一种分子的数目之乘积的比值,就是一个第一种分子的变量(291)位于区间(292)的概率的定义。

时间 T 中可以包含系统处于不可几状态的时间,因为这样的时间反正也罕见。只有持续偏离可几状态的奇异态必须抛开。如果在较短的一段时间里有两个或者三个第一种分子的变量(291)同时位于区间(292),那么这段时间需要在求和时统计两次或者三次。

同理,设

$$f_2(p_{\mu+1}, p_{\mu+2} \cdots q_{\mu+\nu}) \mathrm{d}p_{\mu+1} \mathrm{d}p_{\mu+2} \cdots \mathrm{d}q_{\mu+\nu} \tag{293}$$

为一个第二种分子的变量

$$p_{\mu+1}, p_{\mu+2} \cdots q_{\mu+\nu} \tag{294}$$

位于区间

$$p_{\mu+1} \sim p_{\mu+1} + \mathrm{d}p_{\mu+1},\ p_{\mu+2} \sim p_{\mu+2} + \mathrm{d}p_{\mu+2} \cdots\ q_{\mu+\nu} \text{ 到 } q_{\mu+\nu} + \mathrm{d}q_{\mu+\nu} \tag{295}$$

的概率。

下面设区间(292)和(295)具有这样的特点:其变量分别位于这两个区间的两个分子尚未发生但即将发生相互作用。以这种方式发生的相互作用我们将称为具有 A 性质的碰撞。那么[参见(123)式],

$$f_1(p_1\cdots q_\mu)f_2(p_{\mu+1}\cdots q_{\mu+\nu})\mathrm{d}p_1\cdots \mathrm{d}q_{\mu+\nu} \tag{296}$$

即为一个分子对[①]的变量(291)和(294)位于区间(292)和(295)的概率，我们将把它简称为一个具有 A 性质的碰撞发生的概率。

假设从一个分子对(由属于第一种气体的 B 分子和属于第二种气体的 C 分子组成)的变量(291)和(294)刚进入区间(292)和(295)算起，经过了某一特定的时间 t，这一时间大于任何碰撞中两个分子发生相互作用的时间。在时间 t 的末尾，B 分子和 C 分子的变量(291)和(294)位于区间

$$P_1\sim P_1+\mathrm{d}P_1\cdots Q_{\mu+\nu}\sim Q_{\mu+\nu}+\mathrm{d}Q_{\mu+\nu}。 \tag{297}$$

现在，我们在上述用 T 来表示的时间结束时，将所有分子各组成部分的速度方向反向，但各部分的速度大小及其位置保持不变。那么，接下来系统将经历与之前顺序相反的一系列状态，我们称为逆过程，以区别于我们原先分析的 T 时间内的状态变化过程，即我们所谓的直接过程。

在逆过程中，变量(291)和(294)位于区间

$$\begin{cases}P_1\sim P_1+\mathrm{d}P_1\cdots P_{\mu+\nu}\sim P_{\mu+\nu}+\mathrm{d}P_{\mu+\nu}\\ -Q_1\sim -Q_1-\mathrm{d}Q_1\cdots -Q_{\mu+\nu}\sim -Q_{\mu+\nu}-\mathrm{d}Q_{\mu+\nu}\end{cases} \tag{298}$$

的概率，将正好和直接过程中这些变量位于区间(292)和(295)的概率相同。

接下来假定在我们的系统中，下述两种状态出现的概率相同：两种状态中所有的坐标和速度大小分别都相同，但两状态中的速度方向分别相反。我们称这一假设为 A 假设。当分子为简单的质点或者任意形状的固体时，这一假设显然是正确的，在其他许多情形中也同样如此。但是在某些特定情形中，这是需要加以证明的。

这样一来，在逆过程中变量落入区间(297)的次数和在直接过程中它们落入区间(292)和(295)的次数一样多。但逆过程同样也由长长的一系列状态组成，在这些状态中变量可以呈现出大小不一的许多值。因此，这些状态不能全为或者主要为奇异态，相反，其中大多数必须为可几状态。所以，逆过程中的各种平均值必然和直接过程中的那些平均值相等，而对一个分子对来说，变量值位于区间(297)的概率由类似于(296)式的下式给出：

$$f_1(P_1\cdots Q_\mu)f_2(P_{\mu+1}\cdots Q_{\mu+\nu})\mathrm{d}P_1\cdots \mathrm{d}Q_{\mu+\nu},$$

而由前面的分析可知，上式必然和(296)式相等。但根据刘维定理，

$$\mathrm{d}p_1\cdots \mathrm{d}q_{\mu+\nu}=\mathrm{d}P_1\cdots \mathrm{d}Q_{\mu+\nu},$$

因此我们最终得到方程

$$f_1(p_1\cdots q_\mu)f_2(p_{\mu+1}\cdots q_{\mu+\nu})=f_1(P_1\cdots Q_\mu)f_2(P_{\mu+1}\cdots Q_{\mu+\nu}), \tag{299}$$

---

① 后面我们说到分子对的时候，总是指包含一个第一种分子和一个第二种分子的分子对。

由此可证得(266)式对各种可能的碰撞都成立。

§93 有限个状态的循环

如果你不想作出前述绝非在各种情形中都显而易见的 A 假设,那么,必须像 §81 中一样,通过循环递推的方式作出证明。为简便起见,我们假设只存在一种分子,并考虑一系列碰撞

$$\binom{2,1}{3,4},\binom{4,3}{5,6},\binom{6,5}{7,8}\cdots\cdots\binom{a,a-1}{1,2}。\tag{300}$$

上式中符号的意义和 §81 中一样。其中第一个碰撞发生的概率为

$$C_{3,4}^{2,1}w_1w_2,$$

第二个碰撞的概率为

$$C_{5,6}^{4,3}w_3w_4,\text{等等。}$$

而根据刘维定理,

$$C_{3,4}^{2,1}=C_{5,6}^{4,3}=C_{7,8}^{6,5}\cdots$$

如果用 C 来表示所有这些系数共同的值,那么表示式(300)中各不同碰撞的概率为:

$$Cw_1w_2,Cw_3w_4,Cw_5w_6,\cdots,Cw_{a-1}w_a。$$

下面假设用前述方法将我们系统的整个状态变化过程反转过来。那么,我们同样也必然得到一个稳定的状态分布。因此,任何一个特定碰撞在反转状态系列中发生的概率,必然和它在原系列中发生的概率一样。这样,在反转系列中,(300)式中最后一个碰撞的概率将为 Cw_1w_2,倒数第二个碰撞的概率为 $Cw_{a-1}w_a$,依此类推。因此,我们必然有

$$w_1w_2=w_{a-1}w_a=w_{a-3}w_{a-2}\cdots=w_3w_4。$$

由于这些方程对所有的碰撞都成立,因此(266)式再次得证。

总之,我认为自己在这里忠实地阐释了麦克斯韦①在一段以"因此这是速度最终分布的一种可能的形式;同时它也是唯一的形式"开头的文章中所提出的观点。

① Maxwell, *Phil. Mag.* [4] 35, 187(1868); *Scientific Papers*, Vol. 2, p. 45.

参考文献

· *References* ·

(玻尔兹曼揭示的)熵和概率之间的联系是物理学的最深刻的思想之一。

——劳厄(Max Felix von Laue,1879—1960),德国物理学家

扫描二维码,查看参考文献

科学元典丛书

1	天体运行论	[波兰]哥白尼
2	关于托勒密和哥白尼两大世界体系的对话	[意]伽利略
3	心血运动论	[英]威廉·哈维
4	薛定谔讲演录	[奥地利]薛定谔
5	自然哲学之数学原理	[英]牛顿
6	牛顿光学	[英]牛顿
7	惠更斯光论（附《惠更斯评传》）	[荷兰]惠更斯
8	怀疑的化学家	[英]波义耳
9	化学哲学新体系	[英]道尔顿
10	控制论	[美]维纳
11	海陆的起源	[德]魏格纳
12	物种起源（增订版）	[英]达尔文
13	热的解析理论	[法]傅立叶
14	化学基础论	[法]拉瓦锡
15	笛卡儿几何	[法]笛卡儿
16	狭义与广义相对论浅说	[美]爱因斯坦
17	人类在自然界的位置（全译本）	[英]赫胥黎
18	基因论	[美]摩尔根
19	进化论与伦理学(全译本)(附《天演论》)	[英]赫胥黎
20	从存在到演化	[比利时]普里戈金
21	地质学原理	[英]莱伊尔
22	人类的由来及性选择	[英]达尔文
23	希尔伯特几何基础	[德]希尔伯特
24	人类和动物的表情	[英]达尔文
25	条件反射：动物高级神经活动	[俄]巴甫洛夫
26	电磁通论	[英]麦克斯韦
27	居里夫人文选	[法]玛丽·居里
28	计算机与人脑	[美]冯·诺伊曼
29	人有人的用处——控制论与社会	[美]维纳
30	李比希文选	[德]李比希
31	世界的和谐	[德]开普勒
32	遗传学经典文选	[奥地利]孟德尔 等
33	德布罗意文选	[法]德布罗意
34	行为主义	[美]华生
35	人类与动物心理学讲义	[德]冯特
36	心理学原理	[美]詹姆斯
37	大脑两半球机能讲义	[俄]巴甫洛夫
38	相对论的意义：爱因斯坦在普林斯顿大学的演讲	[美]爱因斯坦
39	关于两门新科学的对谈	[意]伽利略
40	玻尔讲演录	[丹麦]玻尔
41	动物和植物在家养下的变异	[英]达尔文
42	攀援植物的运动和习性	[英]达尔文
43	食虫植物	[英]达尔文
44	宇宙发展史概论	[德]康德

45 兰科植物的受精 ［英］达尔文
46 星云世界 ［美］哈勃
47 费米讲演录 ［美］费米
48 宇宙体系 ［英］牛顿
49 对称 ［德］外尔
50 植物的运动本领 ［英］达尔文
51 博弈论与经济行为（60 周年纪念版） ［美］冯·诺伊曼 摩根斯坦
52 生命是什么（附《我的世界观》） ［奥地利］薛定谔
53 同种植物的不同花型 ［英］达尔文
54 生命的奇迹 ［德］海克尔
55 阿基米德经典著作集 ［古希腊］阿基米德
56 性心理学、性教育与性道德 ［英］霭理士
57 宇宙之谜 ［德］海克尔
58 植物界异花和自花受精的效果 ［英］达尔文
59 盖伦经典著作选 ［古罗马］盖伦
60 超穷数理论基础（茹尔丹 齐民友 注释） ［德］康托
61 宇宙（第一卷） ［德］亚历山大·洪堡
62 圆锥曲线论 ［古希腊］阿波罗尼奥斯
63 几何原本 ［古希腊］欧几里得
64 莱布尼兹微积分 ［德］莱布尼兹
65 相对论原理（原始文献集） ［荷兰］洛伦兹［美］爱因斯坦 等
化学键的本质 ［美］鲍林

科学元典丛书（彩图珍藏版）

自然哲学之数学原理（彩图珍藏版） ［英］牛顿
物种起源（彩图珍藏版）（附《进化论的十大猜想》） ［英］达尔文
狭义与广义相对论浅说（彩图珍藏版） ［美］爱因斯坦
关于两门新科学的对话（彩图珍藏版） ［意］伽利略
海陆的起源（彩图珍藏版） ［德］魏格纳

科学元典丛书（学生版）

1 天体运行论（学生版） ［波兰］哥白尼
2 关于两门新科学的对话（学生版） ［意］伽利略
3 笛卡儿几何（学生版） ［法］笛卡儿
4 自然哲学之数学原理（学生版） ［英］牛顿
5 化学基础论（学生版） ［法］拉瓦锡
6 物种起源（学生版） ［英］达尔文
7 基因论（学生版） ［美］摩尔根
8 居里夫人文选（学生版） ［法］玛丽·居里
9 狭义与广义相对论浅说（学生版） ［美］爱因斯坦
10 海陆的起源（学生版） ［德］魏格纳
11 生命是什么（学生版） ［奥地利］薛定谔
12 化学键的本质（学生版） ［美］鲍林
13 计算机与人脑（学生版） ［美］冯·诺伊曼
14 从存在到演化（学生版） ［比利时］普里戈金
15 九章算术（学生版） 〔汉〕张苍 耿寿昌
16 几何原本（学生版） ［古希腊］欧几里得

全新改版·华美精装·大字彩图·书房必藏

科学元典丛书，销量超过100万册！

——你收藏的不仅仅是“纸”的艺术品，更是两千年人类文明史！

科学元典丛书（彩图珍藏版）除了沿袭丛书之前的优势和特色之外，还新增了三大亮点：

①增加了数百幅插图。

②增加了专家的“音频＋视频＋图文”导读。

③装帧设计全面升级，更典雅、更值得收藏。

名作名译·名家导读

《物种起源》由舒德干领衔翻译，他是中国科学院院士，国家自然科学奖一等奖获得者，西北大学早期生命研究所所长，西北大学博物馆馆长。2015年，舒德干教授重走达尔文航路，以高级科学顾问身份前往加拉帕戈斯群岛考察，幸运地目睹了达尔文在《物种起源》中描述的部分生物和进化证据。本书也由他亲自“音频＋视频＋图文”导读。

《自然哲学之数学原理》译者王克迪，系北京大学博士，中共中央党校教授、现代科学技术与科技哲学教研室主任。在英伦访学期间，曾多次寻访牛顿生活、学习和工作过的圣迹，对牛顿的思想有深入的研究。本书亦由他亲自“音频＋视频＋图文”导读。

《狭义与广义相对论浅说》译者杨润殷先生是著名学者、翻译家。校译者胡刚复（1892—1966）是中国近代物理学奠基人之一，著名的物理学家、教育家。本书由中国科学院李醒民教授撰写导读，中国科学院自然科学史研究所方在庆研究员“音频＋视频”导读。

《关于两门新科学的对话》译者北京大学物理学武际可教授，曾任中国力学学会副理事长、计算力学专业委员会副主任、《力学与实践》期刊主编、《固体力学学报》编委、吉林大学兼职教授。本书亦由他亲自导读。

《海陆的起源》由中国著名地理学家和地理教育家，南京师范大学教授李旭旦翻译，北京大学教授孙元林，华中师范大学教授张祖林，中国地质科学院彭立红、刘平宇等导读。